无轨导全位置爬行焊接机器人

冯消冰　主　编

哈尔滨工程大学出版社
Harbin Engineering University Press

内容简介

本书综述了焊接机器人技术基础、焊接相关知识，无轨导全位置爬行焊接机器人的工作原理、焊接接头检验及质量控制，同时概述了机器人的维护保养等内容，可使读者快速使用无轨导全位置爬行焊接机器人，以满足自动化焊接领域特殊焊接岗位的需求。

本书可作为高校相关专业的教材，还可作为相关领域研究人员的参考书。

图书在版编目（CIP）数据

无轨导全位置爬行焊接机器人/冯消冰主编. —哈尔滨：哈尔滨工程大学出版社，2024.1

ISBN 978-7-5661-4223-8

Ⅰ. ①无… Ⅱ. ①冯… Ⅲ. ①焊接机器人 Ⅳ. ①TP242.2

中国国家版本馆CIP数据核字(2024)第020141号

无轨导全位置爬行焊接机器人

WUGUIDAO QUANWEIZHI PAXING HANJIE JIQIREN

选题策划 宗盼盼
责任编辑 章 蕾 宗盼盼
封面设计 李海波

出版发行 哈尔滨工程大学出版社
社 址 哈尔滨市南岗区南通大街145号
邮政编码 150001
发行电话 0451-82519328
传 真 0451-82519699
经 销 新华书店
印 刷 哈尔滨午阳印刷有限公司
开 本 787 mm×1 092 mm 1/16
印 张 21.5
字 数 556千字
版 次 2024年1月第1版
印 次 2024年1月第1次印刷
书 号 ISBN 978-7-5661-4223-8
定 价 50.00元

http://www.hrbeupress.com

E-mail: heupress@hrbeu.edu.cn

编 审 人 员

主　编　冯消冰

副主编　李海龙　胡木林　方乃文

参　编　刘　伟　戴　红　韦　晨　冯志强　魏　然
马青军　武昭妤　孙婷婷　武鹏博　刘大双
潘百蛙　吴成杰　程启超　周修乐　王仁胜
宋　铂　余红信　李　翔　韩　磊　徐　敏
奚　韬　李添秀　刘　阳　吴　妍　董兵天

主　审　陈苏云

副主审　汪正伟　张　玮　郃骏鹏　周　燕

前　言

随着装备制造业的快速发展,焊接技术广泛应用于航空航天、核工业、军工船舶、桥梁建筑及轨道交通等工业领域。进入 21 世纪后,焊接技术的迅速发展也为焊接产业带来了前所未有的发展机遇。

在市场需求和技能要求的双重推动下,焊接机器人应运而生。焊接机器人可以在恶劣的环境下连续工作,并能保证稳定的焊接质量,大幅提高工作效率,减轻工人的劳动强度,有效地解决了焊接技能人才的短缺与市场需求日益扩大的矛盾。

本书是为了适应自动化焊接技术发展需要而编写的。在编写过程中,编者在总结焊接机器人发展和焊接技术实践经验的基础上,介绍了焊接机器人领域在智能化、自动化发展方向中最具代表性的产品——无轨导全位置爬行焊接机器人。它可吸附于导磁性工件表面自由爬行,无须铺设轨道和人工导向,可以实现大型结构现场横焊、平焊、立焊、仰焊、曲面焊等全位置自动跟踪焊接,并实现了多层、多道自动布道焊,具有焊接质量好、效率高、成本低、劳动条件安全、操作人员远离危险区等明显优势。

本书由冯消冰任主编,李海龙、胡木林、方乃文任副主编。其中第 1 章由刘伟、韩磊、徐敏、奚韬、李添秀编写,第 2 章由魏然、潘百蛙、吴成杰、程启超、戴红、武昭妤、孙婷婷、刘大双编写,第 3 章由韩磊、徐敏、周修乐编写,第 4 章由方乃文、韦晨、冯志强、马青军、武鹏博、刘阳编写,第 5 章由余红信、宋铂、吴妍、董兵天编写,第 6 章由王仁胜、李翔、吴成杰编写。全书由陈苏云任主审,汪正伟、张玮、郃骏鹏、周燕任副主审。

本书在编写过程中得到了中国焊接协会、北京博清科技有限公司、安徽博清自动化科技有限公司、合肥职业技术学院、中国焊接协会机器人焊接(厦门)培训基地、中国机械总院集团哈尔滨焊接研究所有限公司、北部湾大学、机械工业职业能力评价焊接行业分中心、武汉船舶职业技术学院、江南造船集团职业技术学校、成都工业职业技术学院、中机生产力促进中心有限公司、哈焊所华通(常州)焊业股份有限公司、天津市特种设备监督检验研究院、合肥工业大学、平度市技师学院等单位的大力支持,在此一并表示感谢。

本书虽倾尽编者的智慧和心血,但仍难免有疏漏及不足之处,恳请读者及同行专家批评指正。

编　者

2023 年 9 月

目　　录

第 1 章　焊接机器人技术基础

1.1　焊接机器人概述

1.1.1　认识焊接机器人

自 1959 年美国第一台工业机器人诞生之日起，经过半个多世纪的飞速发展，世界各国逐渐形成种类繁多、功能齐全的机器人系列产品，涉足的领域不断扩大，制造和应用技术都有了很大的进步。GB/T 12643—2013《机器人与机器人装备 词汇》中对工业机器人的定义是："自动控制的、可重复编程、多用途的操作机，可对三个或三个以上轴进行编程。它可以是固定式或移动式。在工业自动化中使用。"为了不同的用途，机器人最后一个轴的机械接口通常是一个连接法兰，可接装不同工具(或称末端执行器)。它可以把任一物件或工具按空间位置、姿态的时变要求进行移动，从而完成某一工业生产的作业要求。

工业机器人通常按结构坐标系、受控运动方式、驱动方式、用途等进行分类。

1. 按结构坐标系分类

工业机器人按结构坐标系可分为直角坐标型、圆柱坐标型、极坐标型、全关节型。

(1) 直角坐标型

直角坐标型机器人的结构和控制方案与机床类似，其到达空间位置的 3 个运动(x,y,z)由直线运动构成，运动方向互相垂直，其末端操作器的姿态调节由附加的旋转机构实现，如图 1-1(a)所示。

(2) 圆柱坐标型

圆柱坐标型机器人在基座水平转台上装有立柱，水平臂可沿立柱做上下运动并可在水平方向伸缩，如图 1-1(b)所示。

(3) 极坐标型

与圆柱坐标型结构相比较，极坐标型机器人更为灵活。采用同一分辨率的码盘检测角位移时，伸缩关节的线位移分辨率恒定，但转动关节反映在末端操作器上的线位移分辨率则是个变量，这增加了控制系统的复杂性，如图 1-1(c)所示。

(4) 全关节型

全关节型机器人结构类似人的上半身，位置和姿态全部由垂直、旋转运动实现，如图 1-1(d)所示。目前，焊接机器人大多采用全关节型的结构形式。

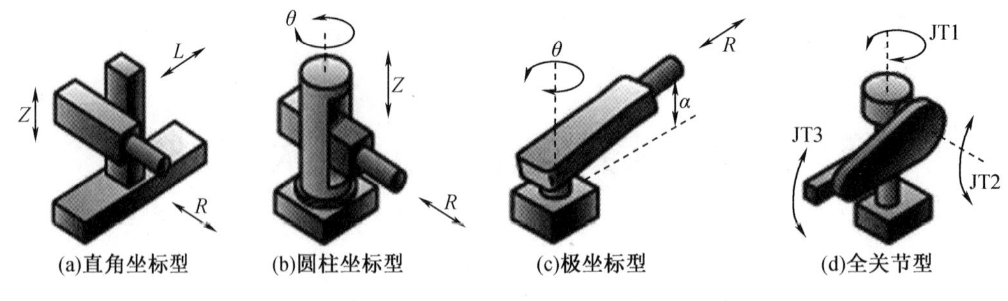

图 1-1　工业机器人按结构坐标系分类

2. 按受控运动方式分类

工业机器人按受控运动方式可分为点位控制(PTP)型、连续轨迹控制(CP)型。

(1)点位控制型

工业机器人受控运动方式为一个点位目标移动到另一个点位目标,只在目标点上完成操作。要求工业机器人在目标点上有足够的定位精度。相邻目标点间的一种运动方式是关节驱动机以最快的速度趋近终点,各关节视其转角大小不同而到达终点有先有后;另一种运动方式是各关节同时趋近终点。由于各关节运动时间相同,角位移的运动速度较高。

(2)连续轨迹控制型

工业机器人各关节做连续受控运动,运行终端按预期的轨迹和速度运动,为此,各关节控制系统需要实时获取驱动机构的角位移和角速度信号。

3. 按驱动方式分类

工业机器人按驱动方式可分为气压驱动、液压驱动、电动驱动。

(1)气压驱动

大多气压驱动机器人采用压缩空气作为动力源,具有速度快、系统结构简单、维修方便、成本低等特点。气压驱动适于中、小负荷的机器人采用。但因气压驱动难于实现伺服控制,故多用于程序控制的机器人中,在上、下料和冲压机器人中应用较多。另外,它的工业环境适应性好,特别适合在易燃、易爆、多尘埃、强磁、强辐射、振动等恶劣条件下工作。气压驱动多用于点位控制机器人。

(2)液压驱动

液压驱动技术是一种比较成熟的技术,具有动力大、力(或力矩)与惯量比大、快速响应高、易于实现直接驱动等特点,适于在承载能力大、惯量大以及防焊环境中工作的机器人采用。但液压系统需进行能量转换(电能转换成液压能),速度控制在多数情况下采用节流调速,效率比电动驱动系统低,工作噪声也较高,且液压系统的液体泄漏会对环境产生污染。因此,近年来,在负荷为 100 kg 以下的机器人中液压系统往往被电动系统所取代。

(3)电动驱动

电动驱动是利用各种电动机产生力和力矩,直接或经过减速机去驱动机器人关节,从而获得机器人的位置、速度和加速度,具有易于控制、运动精度高等优点。由于电动驱动低惯量,大转矩交、直流伺服电机及其配套的伺服驱动器(交流变频器、直流脉冲宽度调制器)的广泛采用,这类驱动系统在机器人中被大量选用。这类系统不需能量转换,使用方便,控制灵活。大多数电机后面需安装精密的传动机构,虽然成本较气压驱动和液压驱动系统高,但由于这类驱动系统优点比较突出,因此在机器人系统中被广泛选用。

4. 按用途分类

工业机器人按用途可分为焊接、装配、搬运、涂胶、喷漆、打磨等机器人。其中,焊接用途的机器人是指从事焊接(包括切割与喷涂)作业的工业机器人。下面对焊接机器人予以着重介绍。

(1)点焊机器人

点焊机器人(图 1-2)通常是指电阻点焊机器人。它是基于电阻焊原理,利用电阻热熔化金属。其在工作时是焊接电极和工件触碰,因此,电极和工件的准确定位非常重要。通常对点焊机器人的移动轨迹没有严格规定,但是要求它的承载能力强,而且在点与点之间移位时速度要快捷、动作要平稳、定位要准确,以减少移位的时间,提高工作效率。汽车工业是点焊机器人典型的应用领域。例如,每台轿车车身有 3 000~5 000 个焊点,其中 60%以上的焊点由点焊机器人完成,从而实现了汽车焊装生产自动化。点焊机器人主要由工业机器人(含机器人本体、机器人控制柜和示教器)、一体式焊钳(含焊接变压器、焊接电极和电极驱动装置)以及焊接控制器(含编程器)等组成。

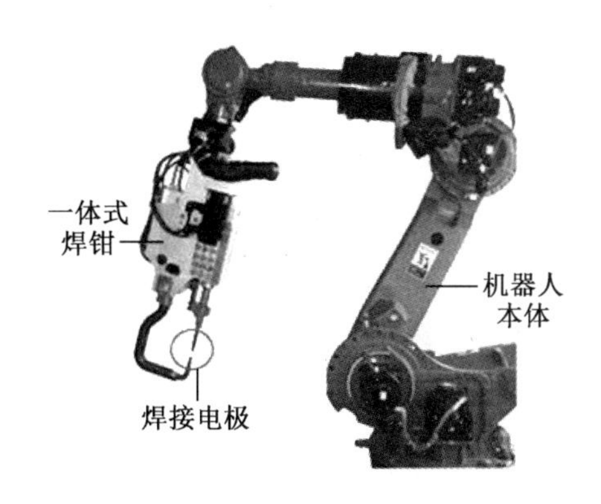

图 1-2　点焊机器人

(2)CO_2 气体保护焊/熔化极活性气体保护电弧/熔化极惰性气体保护电弧(CO_2/MAG/MIG)弧焊机器人

弧焊机器人主要包括熔化极焊接和非熔化极焊接两种类型。CO_2/MAG/MIG 弧焊机器人(图 1-3)是以电弧热作为热源熔化金属的熔化极焊接机器人。弧焊工序要比点焊工序复杂,对焊枪的运动轨迹、姿态、焊接参数都要求精确控制。所以,弧焊机器人除具有运行平稳的功能外,还必须具备一些适合弧焊要求的功能。比如,弧焊机器人在做“之”字形拐角焊或小直径圆焊缝焊接时,其轨迹应能够贴近示教的轨迹;在焊接厚板和较宽焊缝时,系统还应具备摆动的功能,可以设置摆幅点停留时间等功能,以满足工艺要求。此外,对于中厚板多层多道焊接,还应有传感功能,补偿工件组对精度不高和焊接热变形的影响等。CO_2/MAG/MIG 弧焊机器人主要由工业机器人(含机器人本体、机器人控制柜和示教器)、焊接设备(含焊接电源、送丝机构、焊枪)和焊接相关辅机具等构成。

(3)激光焊机器人

激光焊机器人(图 1-4)以高性能的激光作为热源,光束斑点小,加工精度成倍提高。其热影响区极小,焊缝质量高,不易产生收缩、变形、脆化及热裂等热副作用。激光焊接熔池净化效应能净化焊缝金属,焊缝力学性能相当或优于母材。激光焊机器人常用于焊接精度要求比较高的工件,主要由工业机器人(含机器人本体、机器人控制柜和示教器)、激光发生器、激光头、光缆以及冷却系统和相关辅机具等构成。

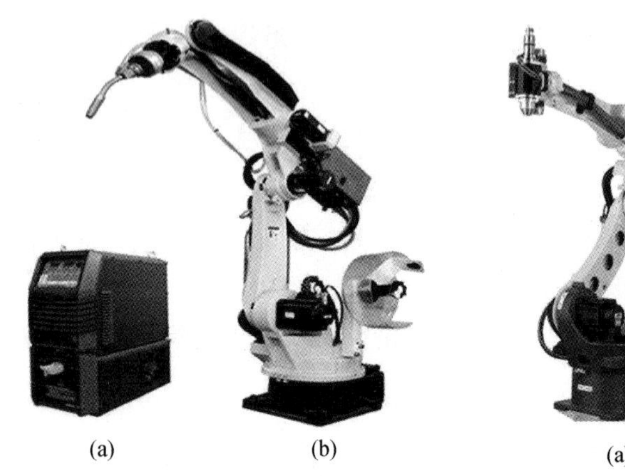

(a)　(b)

图 1-3　CO_2/MAG/MIG 弧焊机器人

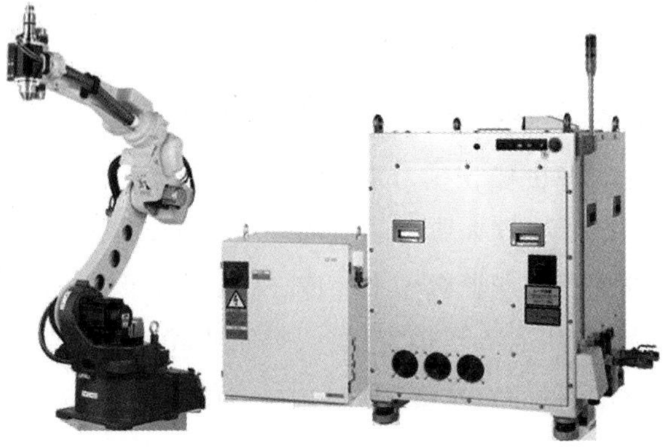

(a)　(b)

图 1-4　激光焊机器人

(4)钨极惰性气体保护电弧(TIG)弧焊机器人

TIG 弧焊机器人(图 1-5)是一种搭载 TIG 焊枪的非熔化极焊接机器人,根据焊接工艺要求,有填丝焊和不填丝焊之分。其电弧温度高且十分稳定,焊接质量好,成形美观,适用于各类薄壁金属的焊接。TIG 弧焊机器人主要由工业机器人(含机器人本体、机器人控制柜和示教器)、氩弧焊电源、TIG 焊枪、送丝装置(选配)以及焊接相关辅机具等构成。

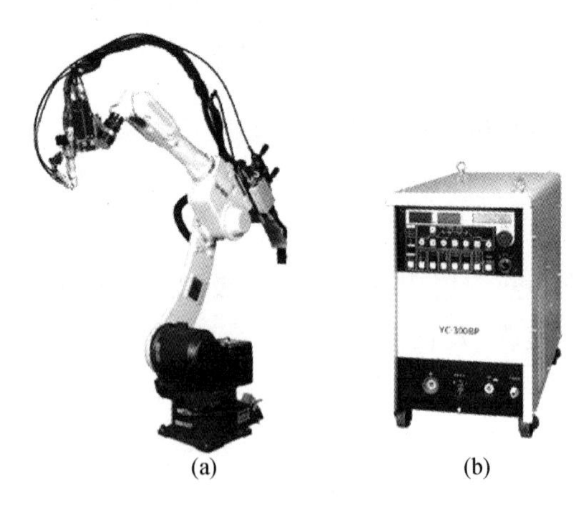

(a)　(b)

图 1-5　TIG 弧焊机器人

(5)等离子弧切割机器人

等离子弧切割机器人(图 1-6)是借助等离子弧切割技术对金属材料进行加工的机械,

使机器人搭载等离子割炬,利用高温等离子电弧的热量使工件切口处的金属部分或局部熔化(和蒸发),并借高速等离子的动量排除熔融金属,以形成切口的一种加工方法,适用于切割不锈钢、铸铁、铜、铝及其他有色金属的板材或厚度在 6 mm 以下的薄板。等离子弧切割机器人主要由工业机器人(含机器人本体、机器人控制柜和示教器)、等离子切割电源、等离子割炬以及相关辅机具等构成。

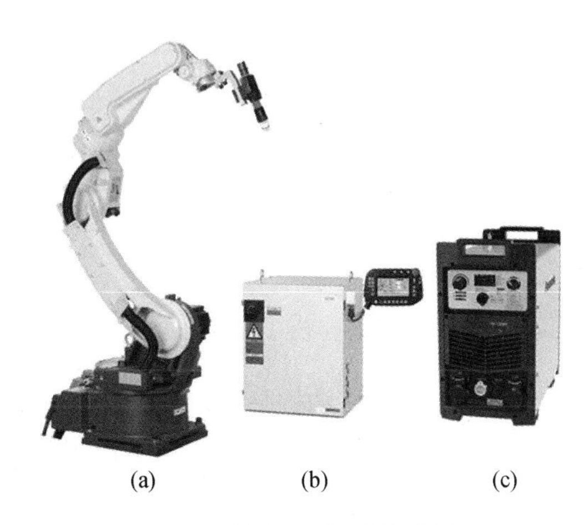

(a)　　(b)　　(c)

图 1-6　等离子弧切割机器人

5. 工业机器人的技术发展阶段

工业机器人融合了多种技术,如电子技术、计算机技术、智能技术、机器人技术、现代焊接技术等。从技术层次角度来看,工业机器人经历了以下三个技术发展阶段。

(1)第一阶段:示教再现型机器人

示教也称引导,机器人由操作者直接引导,按照实际任务逐步执行整个任务过程。机器人在被引导的过程中记忆示教每个动作指令,并生成一个连续执行全部任务的程序。完成示教后将给机器人一个启动命令,机器人将按照示教动作精确地完成每一步操作,这就是早期的示教再现型机器人。

(2)第二阶段:基于传感技术的机器人

基于传感技术的机器人借助接触传感、视觉、电弧、力矩等相关传感器获取焊接环境的相关信息,并根据传感器获取的相关信息进行自身运行轨迹的优化,以改善示教再现型机器人对生产环境的适应能力。

(3)第三阶段:智能机器人

智能机器人是基于机器人生产任务智能化规划技术、机器人传感与动态过程智能化控制技术、机器人系统电源配套设备技术、机器人运动轨迹控制技术、机器人执行复杂系统的智能控制与优化管理技术、机器人遥控技术等众多先进技术,具有自主决策和灵活运动的类人思维与动作的高级智能机器人。

目前,焊接机器人已成为工业机器人家族中的主力军,约占工业机器人数量的40%。它能在恶劣环境下连续工作并能保证稳定的焊接质量,提高了工作效率,减轻了工人的劳动强度。

世界上首台弧焊机器人是1974年日本川崎重工业株式会社以美国Unimate为基础开发的,用于摩托车车架制造。我国在20世纪80年代中期由哈尔滨工业大学研制出华宇I型弧焊机器人。在工业发达国家,焊接机器人已广泛应用于汽车、航天、船舶、机械加工、电子电气、食品工业及其他相关制造业,并作为先进制造业中不可替代的重要装备和手段,成为衡量一个国家制造水平和科技水平的重要标志之一。目前,我国应用的焊接机器人主要分为日系、欧系和国产三种类型。日系中主要包括Yaskawa、Panasonic、OTC、FANUC、NACHI、Kawasaki等公司的产品;欧系中主要包括德国的KUKA、CLOOS,瑞典的ABB,美国的Adept,意大利的COMAU以及奥地利IGM公司的产品等;国产的主要是沈阳新松机器人自动化股份有限公司、浙江钱江机器人有限公司、重庆广数机器人有限公司、上海新时达机器人有限公司等公司的产品。随着科学技术的发展,焊接机器人将逐步向小型化、精细化、智能化和个性化方向发展。

1.1.2 机器人控制原理及示教编程

机器人控制系统采用分级控制的系统结构,一般分为两级:上级具有存储单元,可实现重复编程、存储多种操作程序,负责管理、坐标变换、轨迹生成等;下级由若干组伺服驱动器组成,每一组伺服驱动器负责一个关节的动作控制及状态检测,驱动关节动作的伺服电机(减速机)要求实时性好,易于实现高速、高精度控制,并通过编码器将关节角位置反馈给控制计算机,如图1-7所示。

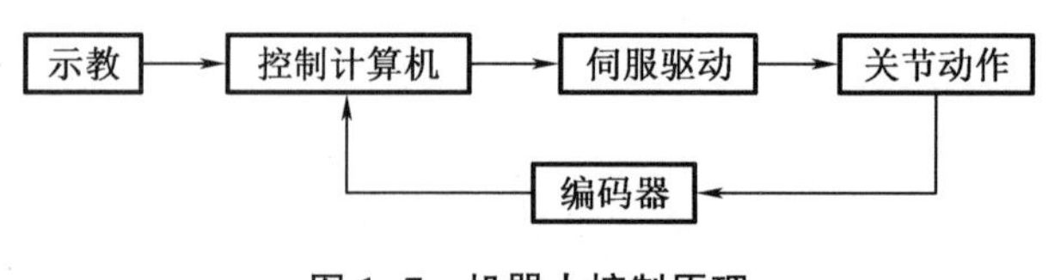

图1-7 机器人控制原理

对于焊接机器人周边设备的控制,如工件定位夹紧、变位、保护气体供断等调控均设有单独的控制装置。例如,可编程控制器(PLC)可以单独编程,同时又能与机器人控制装置进行信息交换,由机器人控制系统实现全部作业的协调控制。

现在工业生产中广泛应用的焊接机器人大多是基于示教-再现原理,通过示教的方法为焊接机器人作业程序生成运动命令。也就是由编程人员通过示教器使机器人动作,当机器人焊枪的位置姿态符合作业要求时,将这些位置点记录下来(包括位置、姿态、运动参数等),生成动作命令,存入控制器指定的示教数据区,并在程序中的适当位置加入相应的工艺参数作业命令及其他输入/输出命令。在焊接机器人编程工作中,通常需要将示教的程序经过试运行、修改、调整,才能得到有效的焊接作业程序。

当焊接机器人自动运行时,控制系统将自动逐条读取示教命令及其他有关数据,按预先设定好的路径(轨迹)和动作进行运动。在运动过程中,根据工艺要求发出各种焊接作业命令,完成焊接作业任务,同时进行作业过程监测,以保证作业的正常完成。

1.1.3　机器人焊接的意义

焊接机器人在加工制造过程中的应用实质就是机器人焊接,也就是将机器人作为工具,再结合操作人员的技能,达到焊接生产过程的优质高效,因此,机器人焊接体现出很强的工艺性,要求操作人员既要懂机器人操作,又要懂机器人焊接工艺,懂得如何匹配好机器人的轨迹、姿态、速度、焊接工艺参数,以获得合格焊缝。机器人焊接在现代制造中的意义主要体现在以下几个方面。

1. 提高焊接稳定性

焊接工艺参数,如焊接电流、焊接电压、焊接速度及焊丝伸出长度等对焊接结果起决定作用。采用机器人焊接时,对于每条焊缝的焊接工艺参数都可以做到恒定不变,焊缝质量受人的因素影响较小,降低了对工人操作技术的要求,因此焊接质量是稳定的。采用人工焊接时,焊接速度、焊丝伸出长度等都是变化的,因此很难做到焊接质量的稳定。

2. 改善工人的劳动条件

采用机器人焊接时,操作人员远离了焊接弧光、烟雾和飞溅等对身体有害的环境,同时将工人从高强度的体力劳动中解脱出来。

3. 提高劳动生产效率

机器人一天可 24 h 连续工作。随着高速、高效焊接技术的应用,机器人的焊接效率明显提高。

4. 产品周期明确

机器人焊接的生产节拍是固定的,因此生产计划非常明确。

5. 缩短产品改型换代的周期,减小相应的设备投资

机器人焊接与专机焊接的最大区别就是,机器人可以通过修改程序以适应不同工件的生产,可实现小批量产品的焊接自动化,而专机焊接则不能。

机器人焊接生产案例如图 1-8 所示。

(a)汽车行业的应用

(b)工程机械行业的应用

图 1-8　机器人焊接生产案例

1.2 弧焊机器人设备及工作站

1.2.1 弧焊机器人设备技术参数

弧焊机器人系统基本构成如图 1-9 所示。

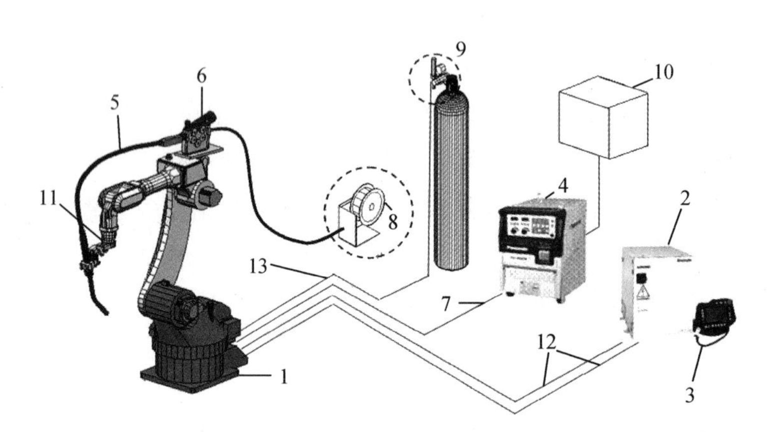

1—工业机器人本体;2—机器人控制柜;3—机器人示教器;4—全数字焊接电源和接口电路;5—焊枪;
6—送丝机构;7—焊接电缆;8—焊丝盘架(焊接量较大时可选用桶装焊丝);9—气体流量计;
10—变压器(380 V/200 V 为日系机器人配置);11—焊枪防碰撞传感器;12—控制电缆;13—气管。

图 1-9 弧焊机器人系统基本构成

1. 工业机器人技术参数

以松下 TM 系列工业机器人为例。机器人本体各关节轴名称及其与人的手臂(腕)对比如图 1-10 所示。

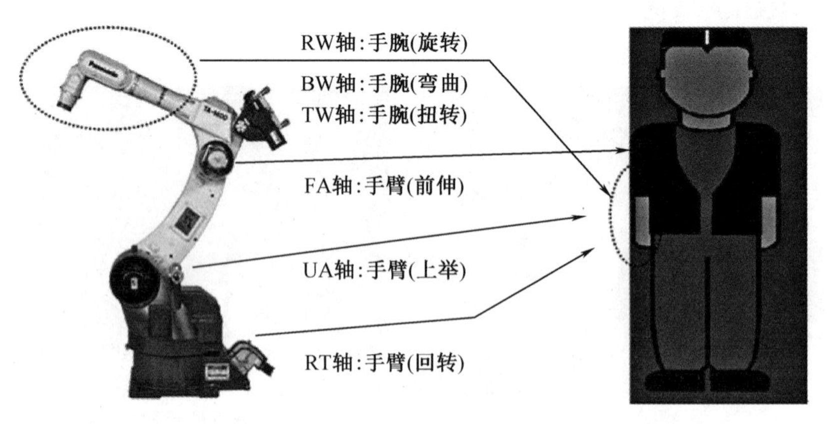

图 1-10 机器人本体各关节轴名称及其与人的手臂(腕)对比

松下 TM-1400 工业机器人本体、控制柜及示教器的技术参数如下。

(1)机器人本体技术参数

TM 系列工业机器人本体技术参数见表 1-1。机器人臂伸长通常以 *P* 点水平方向的最大伸展距离为指标，TM-1400 工业机器人的最大伸展距离是 1 437 mm，动作范围如图 1-11 所示，阴影部分为有效区域动作范围。

表 1-1　TM 系列工业机器人本体技术参数

<table>
<tr><td colspan="4">项目</td><td colspan="2">规格</td></tr>
<tr><td colspan="4">本体名称</td><td>TM-1400</td><td>TM-1800</td></tr>
<tr><td colspan="4">结构</td><td colspan="2">6 轴独立多关节型</td></tr>
<tr><td rowspan="7">动作范围</td><td rowspan="4">手臂</td><td>RT(回转)</td><td>正面基准</td><td>±170°</td><td>±170°</td></tr>
<tr><td>UA(上举)</td><td>垂直基准</td><td>−90°~155°</td><td>−90°~165°</td></tr>
<tr><td rowspan="2">FA(前伸)</td><td>水平基准</td><td>−195°~240°</td><td>−205°~240°</td></tr>
<tr><td>上臂基准</td><td>−85°~180°</td><td>−85°~180°</td></tr>
<tr><td rowspan="3">手腕</td><td colspan="2">RW(旋转)</td><td>±190°</td><td>±190°</td></tr>
<tr><td>BW(弯曲)</td><td>前臂基准</td><td colspan="2">−130°~110°</td></tr>
<tr><td colspan="2">TW(扭转)</td><td colspan="2">焊枪电缆外置型：±400°(出厂默认设定)
焊枪电缆内置型：±220°；电缆分离型：±220°</td></tr>
<tr><td rowspan="6">动作领域</td><td colspan="2" rowspan="2">手臂动作断面积</td><td>P 点</td><td>3.80 m^2</td><td>6.10 m^2</td></tr>
<tr><td>O 点</td><td>3.52 m^2</td><td>6.47 m^2</td></tr>
<tr><td colspan="2" rowspan="2">手臂前后动作距离
(转动轴中心基准)</td><td>P 点</td><td>−1 117~1 437 mm</td><td>−1 489~1 809 mm</td></tr>
<tr><td>O 点</td><td>−1 093~1 413 mm</td><td>−1 465~1 785 mm</td></tr>
<tr><td colspan="2" rowspan="2">手臂上下动作距离
(机器人上下面基准)</td><td>P 点</td><td>−803~1 697 mm</td><td>−1 204~2 069 mm</td></tr>
<tr><td>O 点</td><td>−779~1 673 mm</td><td>−1 180~2 045 mm</td></tr>
<tr><td rowspan="6">瞬时最大速度</td><td colspan="2" rowspan="3">手臂</td><td>RT(回转)</td><td>3.93 rad/s(225°/s)</td><td>3.40 rad/s(194°/s)</td></tr>
<tr><td>UA(上举)</td><td>3.93 rad/s(225°/s)</td><td>3.43 rad/s(196°/s)</td></tr>
<tr><td>FA(前伸)</td><td>3.93 rad/s(225°/s)</td><td>3.57 rad/s(204°/s)</td></tr>
<tr><td colspan="2" rowspan="3">手腕</td><td>RW(旋转)</td><td colspan="2">7.42 rad/s(425°/s)</td></tr>
<tr><td>BW(弯曲)</td><td colspan="2">7.42 rad/s(425°/s)</td></tr>
<tr><td>TW(扭转)</td><td colspan="2">10.98 rad/s(629°/s)</td></tr>
<tr><td colspan="4">最大可搬质量</td><td colspan="2">6 kg</td></tr>
<tr><td rowspan="6">手腕部最大负荷</td><td colspan="2" rowspan="3">扭矩</td><td>RT(回转)</td><td colspan="2">12.2 N·m</td></tr>
<tr><td>UA(上举)</td><td colspan="2">12.2 N·m</td></tr>
<tr><td>FA(前伸)</td><td colspan="2">5.29 N·m</td></tr>
<tr><td colspan="2" rowspan="3">惯量</td><td>RT(回转)</td><td colspan="2">0.283 kg·m^2</td></tr>
<tr><td>UA(上举)</td><td colspan="2">0.283 kg·m^2</td></tr>
<tr><td>FA(前伸)</td><td colspan="2">0.057 kg·m^2</td></tr>
<tr><td colspan="4">重复定位精度</td><td colspan="2">±0.08 mm</td></tr>
<tr><td colspan="4">位置检出器</td><td colspan="2">带多旋转数据备份</td></tr>
</table>

表 1-1(续)

项目			规格	
本体名称			TM-1400	TM-1800
驱动动力	手臂	RT(回转)	750 W(AC 伺服电机)	1 600 W(AC 伺服电机)
		UA(上举)	1 600 W(AC 伺服电机)	2 000 W(AC 伺服电机)
		FA(前伸)	750 W(AC 伺服电机)	750 W(AC 伺服电机)
	手腕	RT(回转)	100 W(AC 伺服电机)	150 W(AC 伺服电机)
		UA(上举)	100 W(AC 伺服电机)	100 W(AC 伺服电机)
		FA(前伸)	100 W(AC 伺服电机)	100 W(AC 伺服电机)
制动			带全轴制动	
安全姿态			普通(天吊)	
搬运及保存温度			-25~60 ℃	
本体质量			170 kg	215 kg

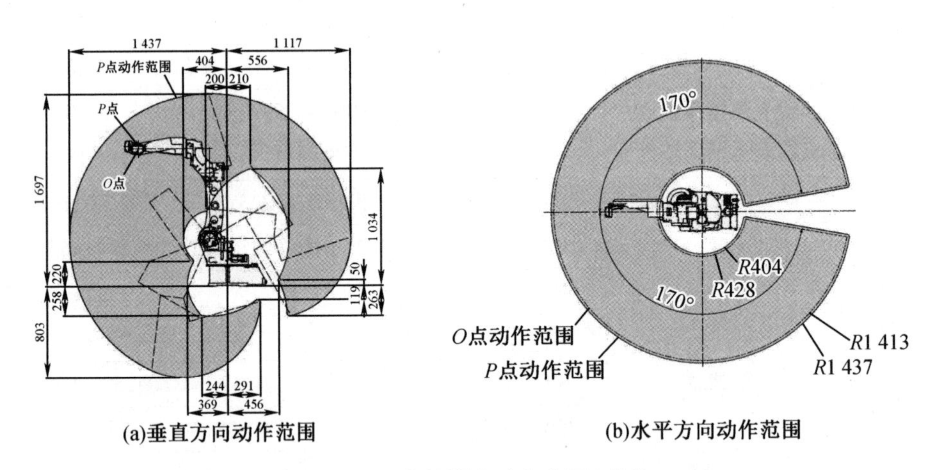

(a)垂直方向动作范围 (b)水平方向动作范围

图 1-11 TM-1400 工业机器人动作范围(单位:mm)

(2)机器人控制柜技术参数

机器人控制装置是机器人系统的核心部分,包括控制柜和示教器两部分。控制柜的小型化,使空间更加节省。TM-$G_{Ⅲ}$ 系列工业机器人使用 64 bit 中央处理器(CPU),处理速度更快,通过选装最多可控制 27 轴,标准存储量达 40 000 点。其根据安全标准设计,可以同先进的数字焊机通信,数字化设定焊接条件。采用 Windows CE 系统的控制器,使操作性能大幅度提高,符合国际标准的安全性,具有自动停止功能,同时配备 IT 通信接口,可与互联网连接。TM-$G_{Ⅲ}$ 控制器的技术规格见表 1-2。

表 1-2　TM-$G_{Ⅲ}$控制器的技术规格

项目	规格
名称	$G_{Ⅲ}$控制器
外形尺寸/mm	(*W*)553×(*D*)550×(*H*)681
质量	60 kg
冷却方式	间接风冷（内部循环方式）
存储容量	标准 40 000 点(可无限扩容)
控制轴数	同时 6 轴(最多 27 轴)
位置控制方式	软件伺服控制
输入电源	3 相 AC 200 V±20 V、3 kV·A、50 Hz/60 Hz 通用
输入/输出信号	专用信号:输入 6/输出 8 通用信号:输入 40/输出 40 最大输入/输出:输入 2 048/输出 2 048
适用焊接电源	CO_2/MAG:350/500GR3;350GS4 脉冲 MAG/MIG:350/500GL3;400GE2 TIG:300BP4;300TX;300/500WX4 等离子弧切割:YP-60/100PS

(3)机器人示教器技术参数

示教器是进行机器人操作、程序编写、参数设置及监控的手持装置,是人机交互的终端设备。其采用功能键操作,为菜单式结构,窗口显示,方便各种功能的示教操作,可根据需要设定为中文、英文或日文。USB/SD 接口,方便数据存取,可扩展应用。TM-$G_{Ⅲ}$机器人示教器的技术规格见表 1-3。

表 1-3　TM-$G_{Ⅲ}$机器人示教器的技术规格

项目	规格
名称	TM-$G_{Ⅲ}$机器人示教器
外形尺寸/mm	(*W*)290×(*D*)76×(*H*)178
操作系统	Windows CE 系统
屏幕显示	7 in① LCD 屏彩显,工业级防护设计
外部存储接口	示教器:SD 卡插槽×1;USB×2
示教器质量	约 0.98 kg(不含电缆)

注:①1 in=0.025 m。

2. 焊接设备技术参数

机器人只有配上执行机构才具有使用价值。工业机器人与不同的焊接电源组合可构成不同功能的焊接机器人，如图 1-12 所示。

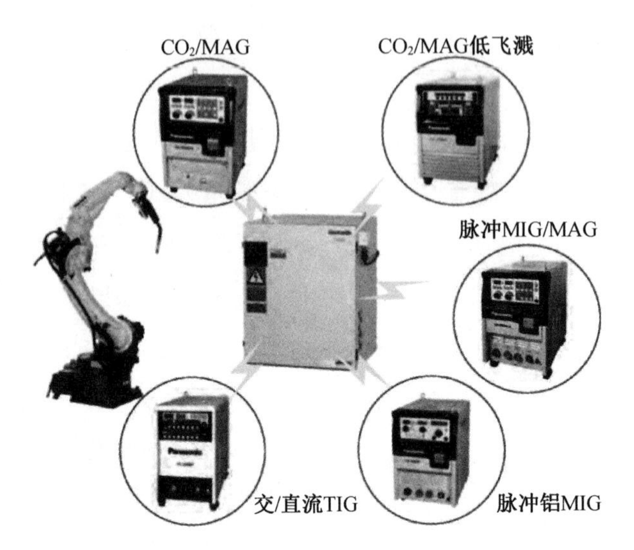

图 1-12　工业机器人与不同的焊接电源组合

(1) 对机器人焊接配套的焊接电源的要求

①焊接电源的工艺性能优良、动态特性好。

②工作的高可靠性、起弧成功率 100%。

③具有与机器人之间进行数据通信的功能，并符合相关标准的通信接口。

④需采用数字信号传输的全数字焊机，以便能够在示教器上设定和修改焊接参数。

唐山松下生产的 CO_2/MAG/MIG 焊接电源 YD-350GS_6 外观如图 1-13 所示，焊接电源主要技术参数见表 1-4。

图 1-13　焊接电源 YD-350GS_6 外观

表 1-4　焊接电源 $YD-350GS_6$ 主要技术参数

焊接电源型号	$YD-350GS_6$
输入相数、电压、频率	三相,AC 380 V,50 Hz/60 Hz
额定输入	17.6 kV·A(13.5 kW)
输出电流范围	30~350 A
输出电压范围	16~35.5 V
控制方式	IGBT 逆变方式
焊接法	CO_2/MAG/脉冲 MAG/不锈钢 MIG/不锈钢脉冲 MIG
焊丝直径	0.8 mm/0.9 mm/1.0 mm/1.2 mm
焊接材料	碳钢/碳钢药芯/不锈钢/不锈钢药芯
额定负载持续率	60%
外壳防护等级	IP23
绝缘等级	200 ℃(主变 155 ℃)

(2)弧焊机器人对送丝机构的要求

①送丝平稳、精确度高,保证电弧和焊接过程的稳定性。一般配套带编码器的送丝机构,当送丝阻力增加时,能够自动补偿送丝力矩,保持送丝速度不变。

②送丝力矩大。机器人焊接时,送丝路径一般都比较长。另外,机器人运行过程中,焊枪电缆常处于弯曲状态,造成送丝阻力较大,一般采用双驱动四轮送丝机构。必要时增设助力的推、拉丝机构。

③机器人焊枪。焊枪是弧焊机器人焊接任务的执行工具,针对不同的机器人焊接工艺,应选配不同形式的焊枪。例如,对于中、低碳钢焊接而言,如果采用 CO_2 作为保护气体,工作电流在 300 A 以下,可采配熔化极空冷焊枪,暂载率为 60%;如果工作电流较大,采用混合气体(体积分数为 20%的 CO_2+体积分数为 80%的 Ar)焊接,焊接铝或不锈钢时,应选配熔化极 MAG/MIG 水冷焊枪或暂载率为 100%焊枪;如果焊接薄板类有色金属材料,应选配非熔化极 TIG 氩弧焊枪(有空冷和水冷以及填丝和不填丝之分)。需要说明的是,不同的焊枪配置需要有与之相配套的焊接电源、送丝(填丝)装置以及相应的保护气体。弧焊机器人焊枪类别如图 1-14 所示。

1.2.2　弧焊机器人工作站

实际应用于生产的弧焊机器人系统在工程上也被称为弧焊机器人工作站。除弧焊机器人系统基本构成外,它还包括电气控制系统、变位机、公共底座、焊接工装、操作屏、防护围栏等非标设备,以及弧焊机器人系统安全装置、清枪装置、净化和除尘设备等。图 1-15 为 L 形变位机弧焊机器人工作站。

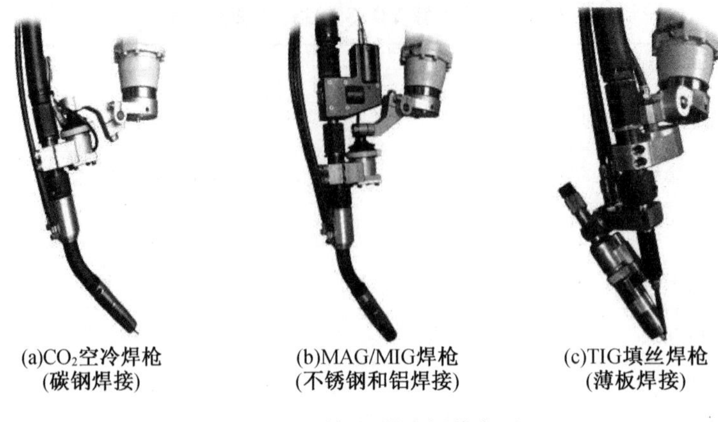

图 1-14　弧焊机器人焊枪类别

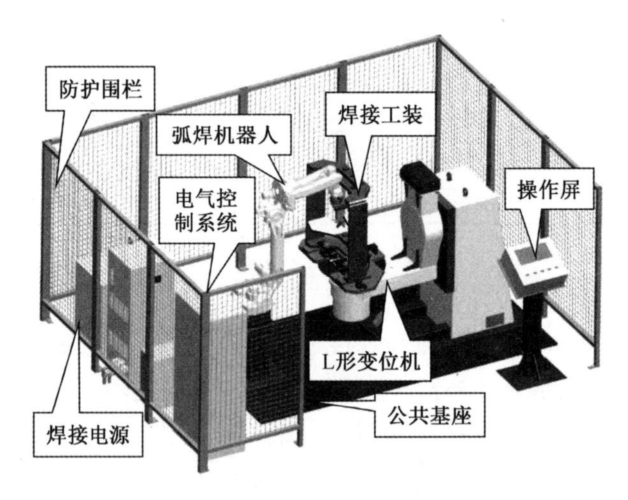

图 1-15　L 形变位机弧焊机器人工作站

1. 变位机

随着机器人应用越来越普遍,在现代工业生产中为充分发挥机器人的功效,其通常与各种变位机组合使用,从而实现高效、优质的焊接生产。目前,变位机已成为弧焊机器人工作站不可缺少的组成部分。一台较复杂的多轴焊接变位机的价格往往超过标准机器人本身的价格,可见变位机的重要性。

(1)变位机的特点

①使用变位机可得到最合适的焊接姿态,以实现高焊接品质。

②提高焊道美观和熔深稳定程度,以提高焊接速度。

③变位机+协调控制软件,可大幅减少示教点,同时容易示教焊接速度。

④即便是焊接枪角度难调的复杂工件,也可用最少的示教点数实现焊接。

(2)变位机的种类

目前与机器人配套使用的变位机有多种结构形式,最常用的如下。

①固定式回转平台

固定式回转平台是一种最简单的单轴变位机,结构形式如图 1-16(a)所示。工作平台可采用电机或风动马达驱动。通常工作平台的回转速度是固定不变的，其功能是配合机器人按预编程序将工件旋转一定的角度。

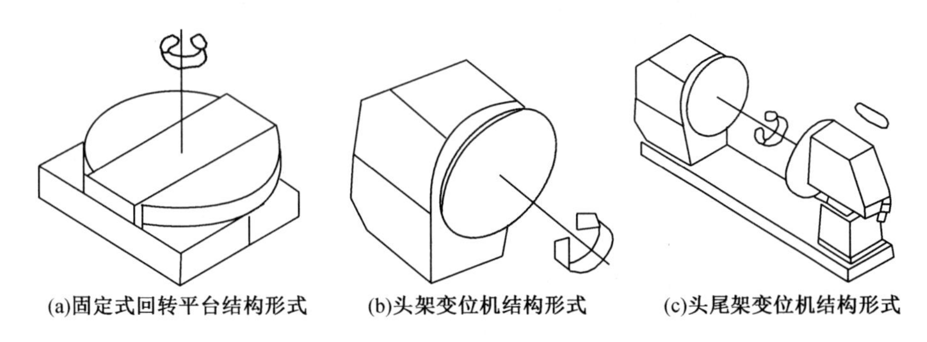

(a)固定式回转平台结构形式　(b)头架变位机结构形式　(c)头尾架变位机结构形式

图 1-16　三种结构形式典型的变位机

②头架变位机

头架变位机也是一种单轴变位机，结构形式如图 1-16(b)所示。其卡盘通常由电机驱动。与回转平台不同，其旋转轴是水平的，适用于装卡短小型工件，可配合机器人将工件接缝转到适于焊接的位置。

③头尾架变位机

头尾架变位机由头架和尾架组成，结构形式如图 1-16(c)所示。它是机器人工作站最常用的变位机。在一般情况下，头架装有驱动机构，带动卡盘绕水平轴旋转。尾架则是从动的。如工件长度较大或刚度较小，亦可将尾架装上驱动机构，并与头架同步启动。严格地说，头尾架变位机仍属于单轴变位机。尾架在基座轨道上的水平移动对装卡工件起作用，不与机器人协调动作。

④座式变位机

座式变位机是一种双轴变位机，可同时将工件旋转和翻转，结构形式如图 1-17(a)所示。与机器人配套使用的座式变位机的旋转轴和翻转轴均由电机驱动，可按指令分别或同时进行旋转和翻转运动。其适用于焊缝三维布置结构较复杂的工件。

⑤L 形变位机

L 形变位机可以设计成二轴变位机，即悬臂回转轴和工作平台旋转轴，如图 1-17(b)所示；也可以设计成三轴变位机，即在上述二轴的基础上增加悬臂上下移动轴。这种变位机的最大特点是回转空间较大，适用于外形尺寸较大、质量不超过 5 t 的框架构件焊接。

(3)机器人外部轴

机器人外部轴是由变频调速电机、伺服电机制成的变位装置，特点是结构简单、系统成本相对较低，但无法与机器人进行协调作业，对于曲面焊缝难以达到优质的焊接效果。

(a)座式变位机

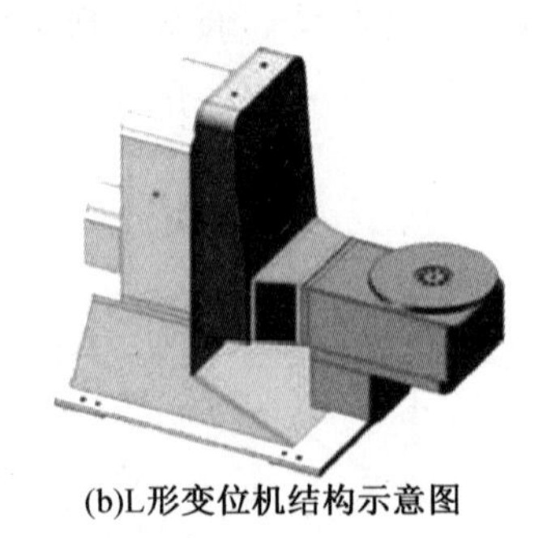
(b)L形变位机结构示意图

图 1-17　两种变位机

机器人外部轴,习惯被称作机器人的第七轴,能与机器人实现协调作业。由外部轴组成的变位机可与机器人本体配合,在焊接过程中通过对焊接工件的变位或移位,使空间位置的焊缝转变为平焊、平角焊、船型焊等焊接位置,提高了焊接质量和焊接效率。在实际工作中,为使工件的多个侧面处于最佳焊接位置,以及工位变换或机器人行走,或进行相贯线焊接和一些焊接要求较高的弧线焊缝时,经常借助外部轴变位机和机器人协调动作来完成。外部轴装置由伺服电机、减速机构、编码器和驱动电路等组成。选择外部轴时,除考虑外部轴变位机的变位(行走)功能外,还要考虑它所能承载的质量(功率)、形式和几个方向的变位等因素。

外部轴属于标准化设备,能很方便地与机器人组合。Panasonic 生产的四种外部轴规格和技术参数见表 1-5。

表 1-5　Panasonic 生产的四种外部轴规格和技术参数

名称	单持双轴回转倾斜变位机			
型号	YA-1GJB23	YA-1RJB11	YA-1RJB21	YA-1RJB31
适合机器人	Panasonic G_{III} 系列所有机型			
最大负载	500 kg	250 kg	500 kg	1 000 kg
最高输出转速	96°/s (16 r/min)	180°/s (30 r/min)	96°/s (16 r/min)	120°/s (20 r/min)
动作范围	最大±10 r,带多回转复位功能			
容许力矩	1 470 N·m	1 470 N·m	1 470 N·m	6 125 N·m

2. 焊接工装

用于焊接的工装是指在焊接结构生产的装配与焊接过程中起配合及辅助作用的夹具、机械装置或设备的总称,简称焊接工装。

夹具的使用范围相当广泛,它是用于工件装夹、定位的工具。焊接夹具装置的主要用途是固定被焊工件并保证定位精度,同时对焊件提供适当的支撑。由于被焊材料的几何形状、壁厚和零件的对称性均可影响能量并向界面的传递,在设计夹具时对这个因素必须加以考虑。夹具属于工装,工装包含夹具,属于从属关系。一些韩资和日资等企业把夹具称作“治具”。焊接夹具通常分为手动、气动、液压、电动等驱动类型。弧焊手动夹具如图 1-18 所示，电阻点焊气动夹具如图 1-19 所示。

图 1-18　弧焊手动夹具

图 1-19　电阻点焊气动夹具

(1)焊接工装的作用

①保证和提高产品质量

采用焊接工装，不仅可以保证装配定位焊时各零件正确的相对位置，而且可以防止或减少工件的焊接变形。

②提高劳动生产率，降低制造成本

采用焊接工装，能减少装配和焊接工时的消耗，减少辅助工序的时间，从而提高劳动生产率；降低对装配、焊接工人的技术水平要求；缩短整个产品的生产周期，使产品成本大幅度降低。

③减轻劳动强度，保障安全生产

采用焊接工装，工件定位快速，装夹方便、省力，减轻了焊件装配定位和夹紧时的繁重体力劳动；劳动条件大为改善，同时有利于焊接生产安全管理。

(2)焊接工装的分类

①焊接工装按用途分类

a. 装配用工艺装备

装配用工艺装备的主要任务是按产品图样和工艺上的要求，把焊件中各零件或部件的相互位置准确地固定下来，只进行定位焊，而不完成整个焊接工作。这类工装通常称为装配定位焊夹具，也称暂焊夹具，它包括各种定位器、夹紧器、推拉装置、组合夹具和装配台架。

b. 焊接用工艺装备

焊接用工艺装备专门用来焊接已点固好的工件。例如，移动焊机的龙门式、悬臂式、可伸缩悬臂式、平台式、爬行式等焊接机；移动焊工的升降台等。

c. 装配、焊接用工艺装备

装配、焊接用工艺装备既能完成整个焊件的装配，又能完成焊缝的焊接工作。这类工装通常是专用焊接机床或自动焊接装置，或者是装配焊接的综合机械化装置，如一些自动化生产线。

②焊接工装按应用范围分类

a. 通用焊接工装

通用焊接工装,指已标准化且有较大适用范围的工装。这类工装无须调整或稍加调整,就能适用于不同工件的装配或焊接工作。

b. 专用焊接工装

专用焊接工装只适用于某一工件的装配或焊接,产品变换后,该工装就不再适用。

c. 柔性焊接工装

柔性焊接工装是一种可以自由组合的万能夹具,以适应在形状与尺寸上有所变化的多种工件的焊接生产。

(3)焊接工装的基本要求

①足够的强度和刚度

焊接工装在生产中投入使用时要承受多种力度的作用,所以其应具备足够的强度和刚度。

②夹紧的可靠性

焊接工装在夹紧时不能破坏工件的定位位置,并保证产品形状、尺寸符合图样要求,既不能允许工件松动滑移,又不使工件的拘束度过大而产生较大的拘束应力。

③焊接操作的灵活性

使用焊接工装生产时应保证足够的装焊空间,使操作人员有良好的视野和操作环境,使焊接生产的全过程处于稳定的工作状态。

④便于焊件的装卸

在操作时应考虑制品在装配定位焊或焊接后能顺利地从焊接工装中取出,并在翻转或吊运时使制品不受损害。

⑤良好的工艺性

所设计的焊接工装应便于制造、安装和操作,便于检验、维修和更换易损零件,同时设计时还要考虑车间现有的夹紧动力源、吊装能力及安装场地等因素,降低焊接工装的制造成本。

(4)焊接工装安装调试

焊接工装的安装调试是决定焊接件质量的重要因素之一。如果焊接工装采用面定位,根据标准样件定位面在焊接工装支座上安装定位件和夹紧件,利用三坐标检测仪检测并精确调整,确保定位精度。一般是以工件作为试样,连续试制 5~10 件均检测合格即视为合格。

3. 弧焊机器人系统安全装置

安全装置是弧焊机器人系统安全运行的重要保障,主要包括驱动系统过热自断电保护、动作超限位自断电保护、超速自断电保护、安全门锁保护、安全光栅保护、变位定位销及工件装夹到位确认、机器人系统工作空间干涉自断电保护及人工急停断电保护等。它们起到防止机器人伤人或保护周边设备的作用。在机器人的末端执行器上还装有各类触觉或接近传感器,可以使机器人在十分接近工件或发生碰撞时停止工作。

4. 清枪装置

熔化极气体保护焊在焊接过程中，电弧会产生金属飞溅物，部分飞溅物会黏结到焊枪的喷嘴上和导电嘴上。作为与机器人自动化焊接相匹配的清枪装置（图1-20）应作为标准配置，一是代替人工定期对焊枪进行清理；二是减少机器人焊接时人员的参与，既可以减少人工，也能提高安全性；三是可以提高机器人作业效率。

根据需要，清枪装置每个工作周期启动一到数次，其功能如下。

（1）自动清理焊枪喷嘴内的飞溅物，确保喷嘴内的保护气体通道畅通，以保证气体保护效果，提高焊缝质量。

（2）给焊枪喷嘴喷洒清枪剂，降低焊接飞溅对喷嘴、导电嘴的粘连，以增加喷嘴和导电嘴的寿命。

（3）自动剪切焊丝，保证焊丝在每次重新开始工作时伸出长度一致，保证机器人接触传感功能和引弧性能的可靠、稳定。

5. 净化和除尘设备

根据生产环境的要求，在机器人焊接时，应配套焊接烟尘的净化和除尘设备。净化和除尘设备可分为固定式、可移动式。可移动式焊接烟尘净化器（图1-21）可用于对在焊接、抛光、切割、打磨等工序中产生的烟尘和粉尘的净化，可净化大量悬浮在空气中对人体有害的细小金属颗粒，具有净化效率高、噪声低、使用灵活、占地面积小等特点。

图1-20　清枪装置

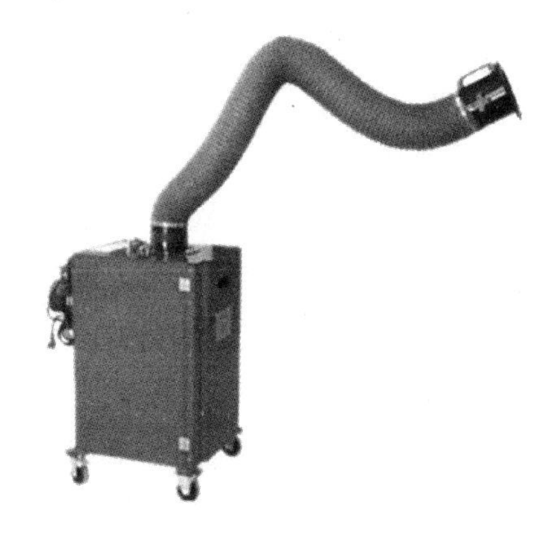

图1-21　可移动式焊接烟尘净化器

1.3　弧焊机器人操作规程与维护保养

1.3.1　弧焊机器人安全操作规程

（1）焊接机器人是生产的重点关键设备，操作员必须培训合格，持证上岗。

（2）操作前必须进行设备点检，确认设备完好后才能开机工作。

(3)操作前先检查电压、气压、指示灯显示是否正常,模具是否正确,工件安装是否到位。

(4)操作前检查和清理操作场地,确保无易燃物(如油抹布、废弃油手套、油漆、香蕉水等)。

(5)操作前检查操作现场,确保遮光装置完好、到位,吸尘装置运作正常。

(6)操作时一定要穿戴工作服、工作手套、工作鞋、防护眼镜。

(7)操作者必须精心操作,防止发生碰撞事故。

(8)操作时严禁非专业人员进入焊接机器人工作区域。

(9)操作中发现设备异常或故障应立即停机,保护好现场,然后报修。

(10)必须在停机后,才进入焊接机器人操作区域调整或修理。

(11)严禁在机床工作时进行调整、清理及抹擦等工作。

(12)工作完毕,切断电源,确认设备已停止,才能进行清扫、保养。

1.3.2 弧焊机器人维护与保养

1. 日检查及维护

日检查及维护的内容:检查送丝机构,包括送丝力矩是否正常、送丝导管是否损坏、有无异常报警;检查气体流量是否正常;检查焊枪安全保护系统是否正常(禁止关闭焊枪防碰撞安全保护进行工作);检查水循环系统工作是否正常;测试工具中心点(TCP 点)是否准确(固定一个尖点,编制一个测试程序,每班在工作前例行检查)。

2. 周检查及维护

周检查及维护的内容:擦洗机器人各轴;检查程序点的精度;检查润滑油注油孔油位,各关节轴是否有漏油情况;检查机器人各轴零位是否准确;清理焊机水箱后面的过滤网;清理压缩空气进气口处的过滤网;清理焊枪喷嘴处杂质,以免堵塞水循环;清理送丝机构,包括送丝轮、压丝轮、导丝管;检查软管束及导丝软管有无破损及断裂,建议取下整个软管束用压缩空气清理;检查焊枪安全保护系统是否正常,以及外部急停按钮是否正常。

3. 一年检查及维护(包括日常/三个月)

一年检查及维护的内容:检查控制箱内部各基板接头有无松动;检查内部各线有无异常情况(如断开,有无灰尘,各接点情况);检查本体内配线是否断线;检查机器人的电池电压是否正常(ABB 机器人正常为 3.6 V);检查机器人各轴的马达刹车是否正常;检查 5 轴的皮带松紧度是否正常;检查第 4,5,6 (腕部)轴减速机加油,是否使用机器人专用油;检查各设备的电压是否正常。

4. 三年检查及维护(包括日常/三个月/一年)

以 ABB 机器人为例,检查及维护内容如下。

(1)进行机器人本体第 1,2,3(基本轴)轴减速机更换油,必须使用机器人专用油。

(2)进行机器人本体电池更换(机器人专用电池),更换电池步骤如下。

①将机器人设置为“MOTORS OFF”(电机关闭)操作模式(更换电池后不必进行粗校准)。

②移除法兰盖。除了用于串行链路的信号接触件外,法兰盖上的所有连接均可断开。

③卸除其中一个螺丝,并拧松固定串行测量电路板的其余两个螺丝。把装置推到一侧并向后卸除。所有电缆和触点必须保持完好无损。注意 ESD 防护(ESD =静电放电)。

④拧松串行测量电路板上的电池接线端,断开固定电池单元位置的挂钩。

⑤使用两个挂钩安装新电池,并把接线端连接到串行测量电路板上。

⑥重新安装串行测量电路板、法兰盖并连接。

⑦镍镉电池充电需 36 h,在此期间主电源必须打开。

5. 机器人设备管理条例

(1)每次保养必须填写保养记录,设备出现故障应及时汇报给维修人员,并详细描述故障出现前设备的情况和所进行的操作,积极配合维修人员检修,以便顺利恢复生产。主管人员对设备保养情况将进行不定期抽查。操作人员在每班交接时仔细检查设备完好状况,记录好各班设备运行情况。

(2)操作人员必须严格按照“保养计划书”保养、维护设备,严格按照操作规程操作。设备发生故障,应及时向维修部门反映设备情况,包括故障出现的时间、故障现象,以及故障出现前后的情况,操作者都应如实地详细说明,以便维修人员正确、快速地排除故障。

1.4　弧焊机器人示教编程

1.4.1　示教器的功能及操作

示教器是机器人控制系统和操作者的人机交互界面,具备机器人操作、轨迹示教、编程、控制、显示等功能。通过示教器操作者可以对机器人进行编程和操作,以及监视机器人运行情况和系统设定等。

1. 示教器的持握方法

由于机器人品牌众多,示教器的操作与持握方法有所不同,有双手持握和单手持握、横屏和竖屏、触摸屏和非触摸屏等区别。以 ABB、KUKA、OTC 机器人为例,示教器的持握方法见表 1-6。

表 1-6　示教器的持握方法

机器人品牌	示教器正面持握方法	示教器背面持握方法
ABB		

表 1-6(续)

机器人品牌	示教器正面持握方法	示教器背面持握方法
KUKA	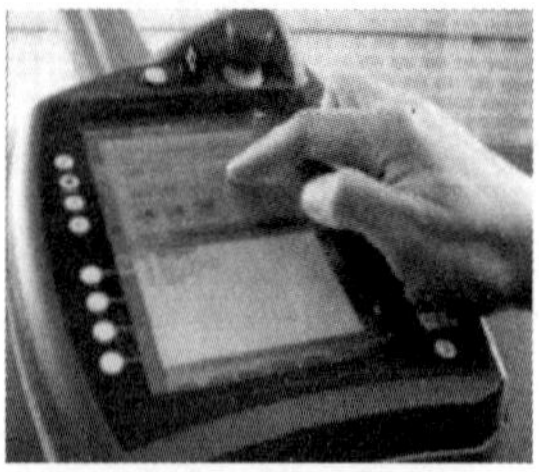	
OTC		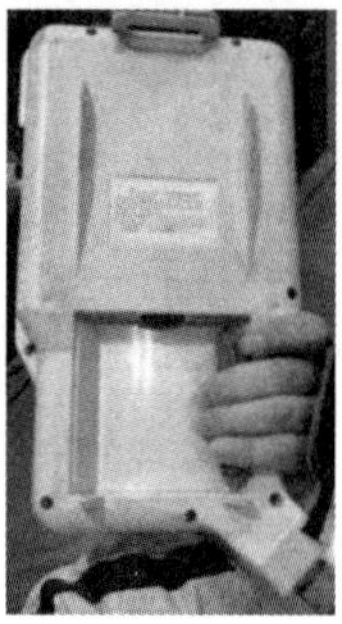

2. 示教器的功能及使用

(1)示教器各功能键名称

在使用示教器之前,必须了解其功能,以及如何操作示教器面板上的每个按钮。以 TM-$G_{Ⅲ}$型示教器为例,示教器正面按键(按钮)、开关及功能如图 1-22 所示。TM-$G_{Ⅲ}$型示教器背面按键(按钮)、开关及功能如图 1-23 所示。TM-$G_{Ⅲ}$型示教器的底部有外部存储器插口,2 个 USB 接口和 1 个 SD 卡插槽,便于数据的导入和导出,如图 1-24 所示。

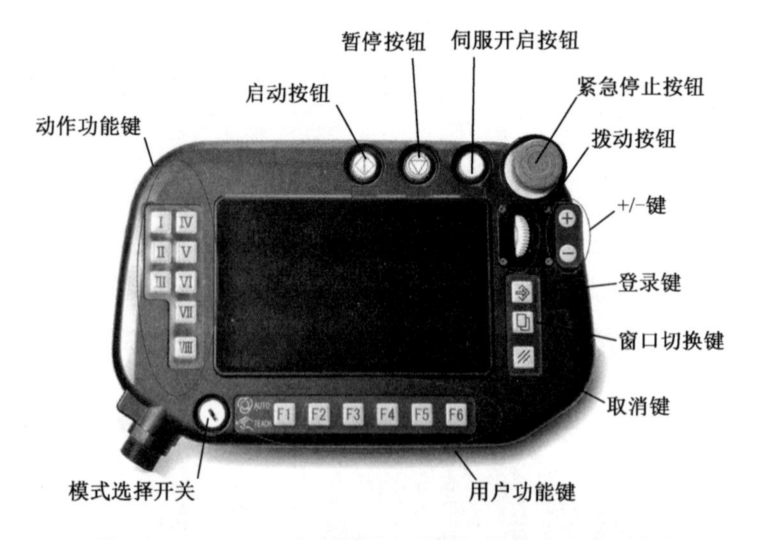

图 1-22 TM-$G_{Ⅲ}$型示教器正面按键(按钮)、开关及功能

图 1-23　TM-$G_{Ⅲ}$型示教器背面按键(按钮)、开关及功能

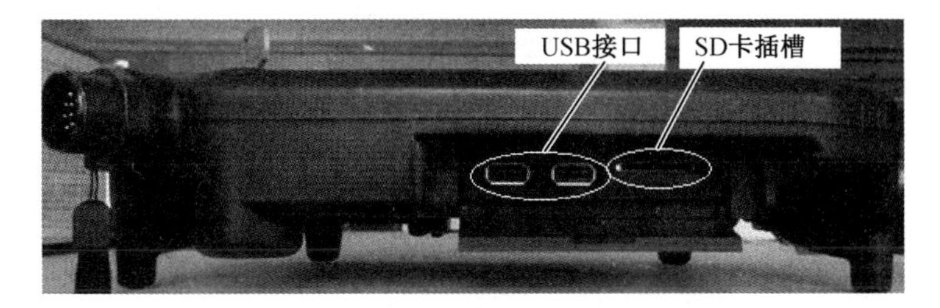

图 1-24　TM-$G_{Ⅲ}$型示教器外部存储器插口

(2)显示窗口及菜单图标

TM-$G_{Ⅲ}$机器人控制器采用 Windows CE 操作系统,示教器各窗口位置及其名称如图 1-25 所示。

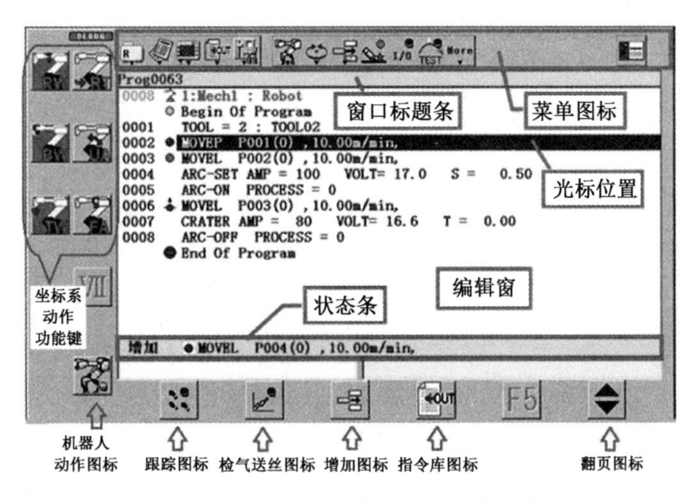

图 1-25　示教器各窗口位置及其名称

示教器提供了一系列图标来定义屏幕上的各种功能,易于辨识和操作。当示教器屏幕显示处于初始界面、示教界面、编辑界面、运行界面时,有些图标无法显示和使用,必须切换到相应的界面才能进入图标子菜单。下面以文件菜单为例进行介绍。

①文件菜单的各子菜单图标如图 1-26 所示。

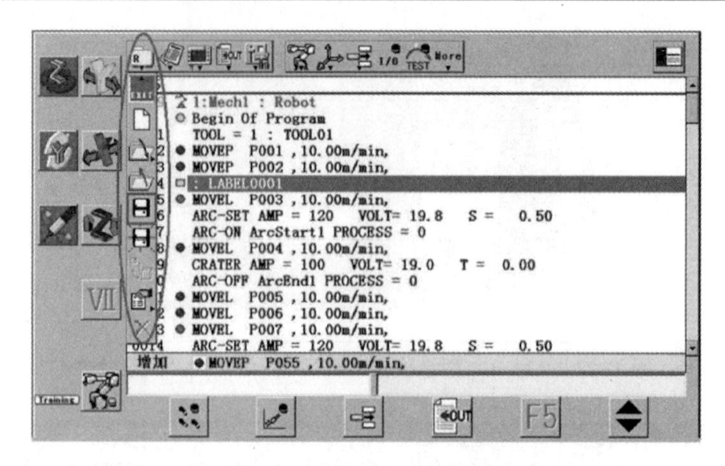

图 1-26　文件菜单的各子菜单图标

②文件菜单的各子菜单图标及说明见表 1-7。

表 1-7　文件菜单的各子菜单图标及说明

子菜单图标	说明	子菜单图标	说明
新建	创建一个新的文件	发送	从控制器向示教器发送文件
打开	打开一个文件	属性	显示文件属性
关闭	关闭一个当前打开的文件	删除	删除文件
保存	保存数据	name A→B 重命名	重新给文件命名
另存为	将当前文件以其他文件名另存进行保存	—	—

(3)示教器持握及示教姿势

①示教器的正确持握

示教器的正确持握非常重要,一是保证示教器的安全,二是便于拿握和操作使用。松下机器人示教器通常采用双手持握,正确持握方法是:首先,将挂带套在左手上,以免示教器脱落损坏。左、右手分别握住示教器的两侧,拇指在上,其余四指呈拿握状在示教器两侧。示教器的显示屏位置应便于眼睛观看,根据示教器正面按钮所在位置,使用左、右手的拇指来进行操作。背面的左、右切换键由左、右手的食指进行操作,左、右手的中指、无名指和小指自然按在安全开关的位置上。

②示教姿势

操作人员的正确示教姿势:将示教器水平持握在靠近眼睛下方易于观察的地方,眼睛距离示教点的最佳位置为 100～500 mm。不要将示教器顶靠在工作台上方,或置于工作台下方,以免造成示教器损坏,如图 1-27 所示。

(4)示教器屏幕上的操作

①移动光标

通过窗口切换键或拨动按钮可以改变光标位置,这样示教器上的按键就可对光标所在的窗口位置进行操作,如图 1-28 所示。

图 1-27　正确示教姿势

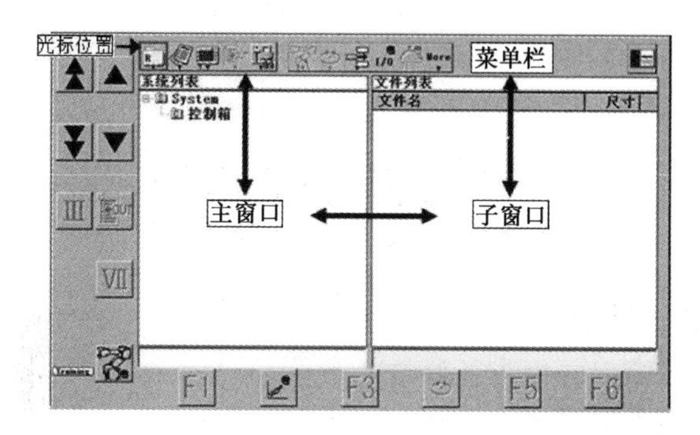

图 1-28　菜单与窗口之间的切换示意图

a. 旋转拨动按钮向上或向下轻微移动光标。光标的位置由红色粗线轮廓或选黑表示。

b. 在光标所在位置,如果单击拨动按钮可进入子菜单或数据编辑界面。如果按动切换键,每按动一下,光标在菜单和窗口间移动一个位置。

c. 在数据编辑界面,旋转拨动按钮移动光标到所需的修改位置,然后单击拨动按钮进行数据修改,最后确认保存或退出。

②选择菜单

移动光标到菜单图标位置后单击拨动按钮,可显示子菜单图标,由菜单进入子菜单,如图 1-29 所示。

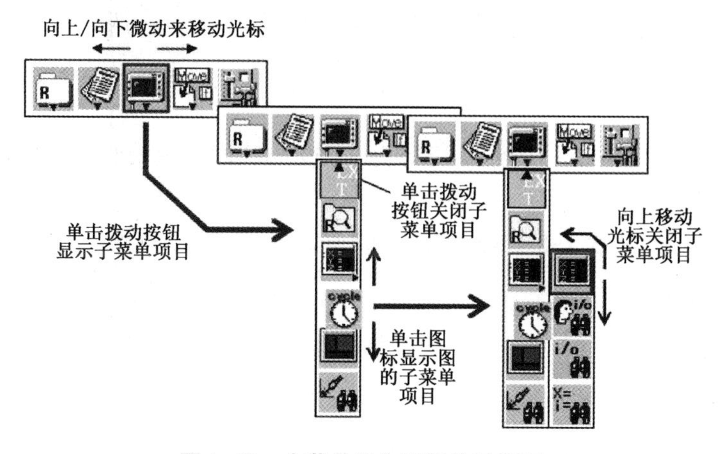

图 1-29　由菜单进入子菜单示意图

③输入数值

若要显示数字输入框,输入数值,可按照以下步骤进行操作。

a. 单击数字所在的行,显示数字输入框后,使用左切换键或右切换键切换数值位,如图1-30 所示。

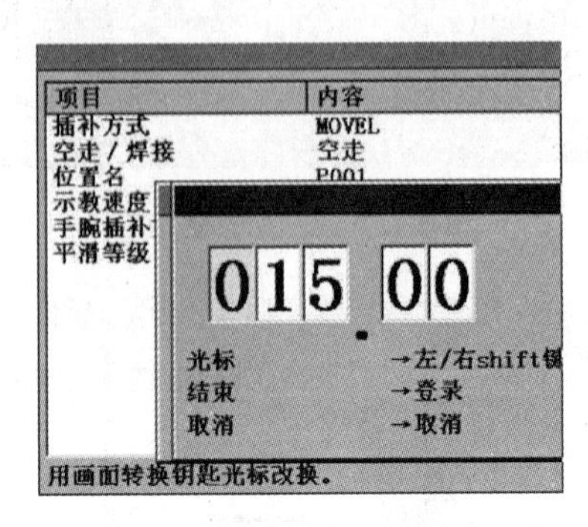

图 1-30　输入数值

b. 使用拨动按钮修改数值。

c. 按确认键,则关闭窗口并保存所修改的数值。

d. 按取消键,则不保存所修改的数值直接关闭窗口。

④输入字母

新文件命名时,通过输入框来输入字母或数字,以利于查找和辨识。大、小写字母和数字输入图标显示在左侧,按下对应的图标键即可输入大、小写字母或数字,如图 1-31 所示。

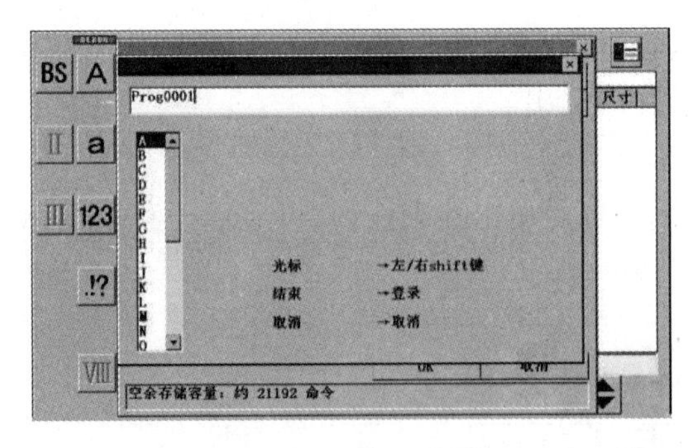

图 1-31　输入字母

输入字母时的动作功能键图标及其功能见表 1-8。输入键及其功能见表 1-9。

表 1-8　输入字母时的动作功能键图标及其功能

动作功能键图标	功能
Ⅰ	显示大写字母
Ⅱ	显示小写字母
Ⅲ	显示数字

表 1-8(续)

动作功能键图标	功能
	显示符号

表 1-9　输入键及其功能

输入键	功能
拨动按钮	旋动或单击,将选择的内容输入框内
左、右切换键(L/R)	通过左(L)、右(R)切换键移动光标
确认键	确定(与拨动按钮单击“OK”的作用一样)
取消键	取消并关闭对话框

⑤创建新程序文件

在开始示教操作之前,必须新建一个文件保存示教数据。在生成的文件中存储由示教或者编辑文件时生成的示教点数据或机器人指令。

a. 在文件菜单中,选择新建文件,如图 1-32 所示,弹出文件属性编辑界面,如图 1-33 所示。

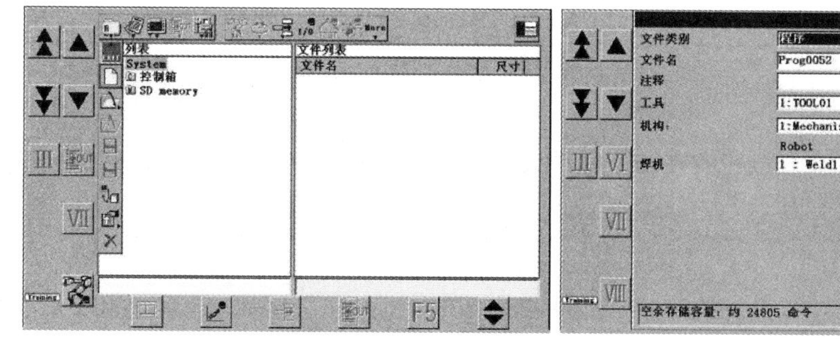

图 1-32　进入新建文件图标

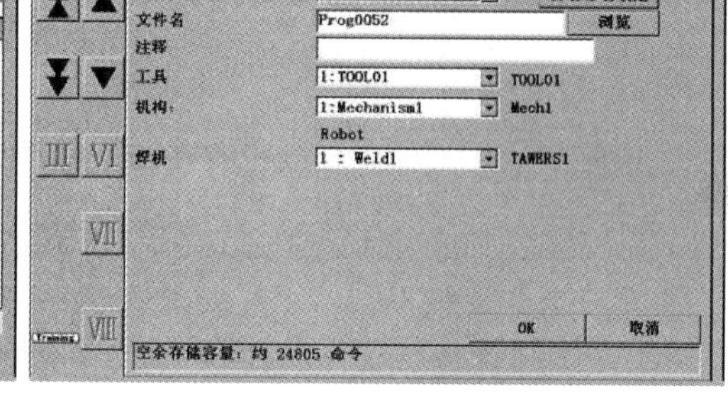

图 1-33　文件属性编辑界面

b. 对话框中有一个顺序文件名 Prog * * * *,如需重新命名,通过功能键编辑另一个文件名,然后单击“OK”按钮作为一个新的文件保存。

(5)使用示教器移动机器人

闭合伺服电源是机器人进行工作的必要条件,这项操作需要开机送电、握住安全开关以及按下伺服“ON”按钮三个动作,具体操作步骤如下。

①旋开机器人控制器开关

旋开机器人控制器开关(开机)后,示教器要读取控制柜中的系统数据,约需 30 s 时间。示教器读取数据后,出现操作界面。

②按下安全开关

安全开关为三段式,松开或用力握住安全开关都将关闭伺服电源。示教器启用时,用左手(或右手)的中指和无名指握住其中任何一个安全开关,如图 1-34 所示。

③按下伺服“ON”按钮

当伺服电源启动开关灯出现闪烁时，按下伺服“ON”按钮，此时，伺服电源启动开关灯保持常亮，如图 1-35 所示。

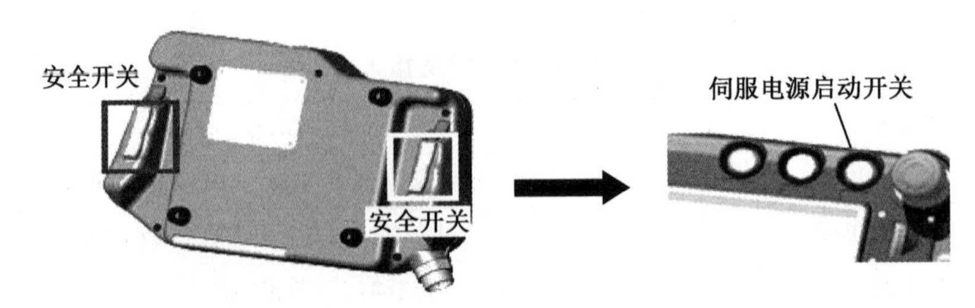

图 1-34　安全开关位置　　　　图 1-35　伺服电源启动开关

操作移动机器人过程中，应一直握住安全开关，当不慎松开或握紧力过大造成伺服电源关断时，应再次轻握安全开关，当伺服电源灯闪亮时，按下伺服“ON”按钮。

④移动机器人

在手动模式(TEACH)下使用示教器移动机器人的操作步骤如下。

a. 点亮机器人动作图标进入示教状态，使用条件见表 1-10。

表 1-10　机器人动作图标状态及使用条件

动作图标状态	机器人所处状态	可进行的操作
(图标亮)	示教状态	能移动机器人，增加示教点，但不能在程序间移动光标编辑程序
(图标灭)	编辑状态	能在程序间移动光标编辑程序，但不能移动机器人及增加示教点

b. 用左手拇指按住动作功能键，然后右手拇指上、下旋动拨动按钮，对应的机器人手臂随之运动。

c. 当左手拇指松开动作功能键或停止旋转拨动按钮时，机器人停止运动。机器人动作图标和移动速度的显示，如图 1-36 所示。

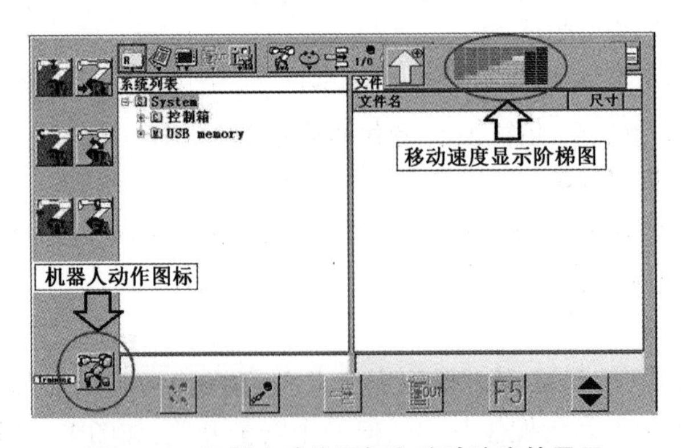

图 1-36　机器人动作图标和移动速度的显示

当小幅度移动机器人或微调焊枪姿态时,用右手拇指上、下旋动拨动按钮缓慢移动机器人。当大幅度移动机器人时,用右手拇指侧压拨动按钮的同时,上、下旋动拨动按钮可进行高速、低速移动机器人,如图 1-37 所示。

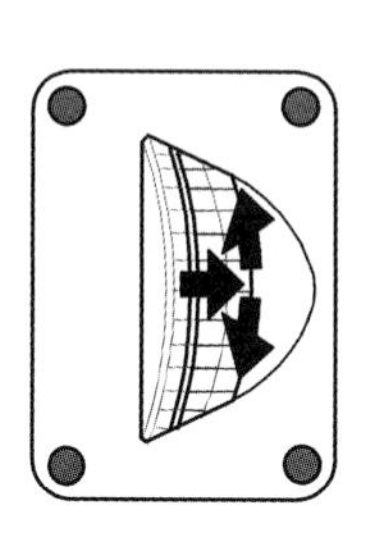
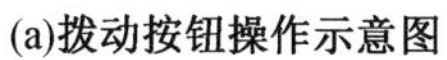

(a)拨动按钮操作示意图

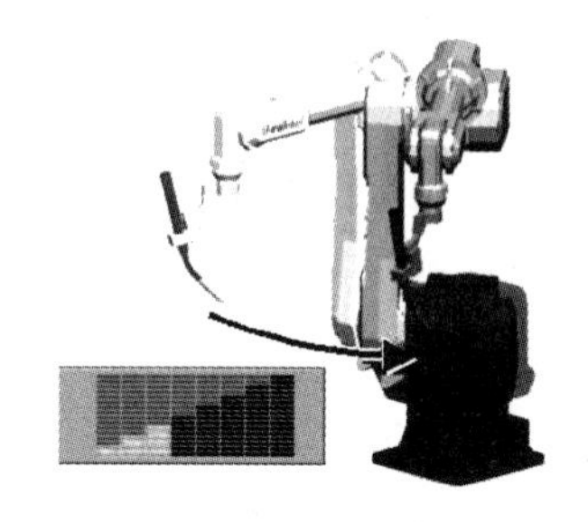

(b)小旋动时低速移动

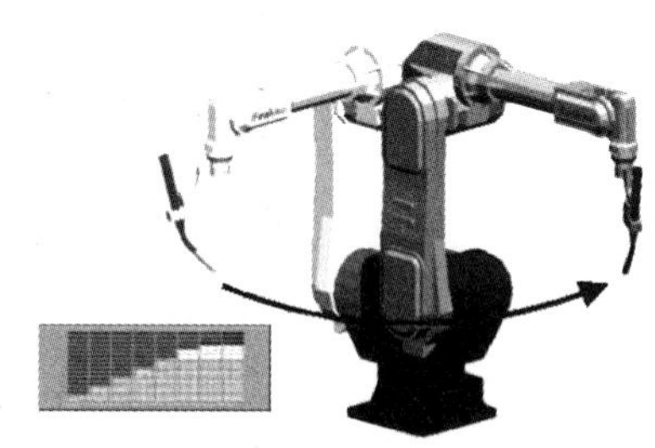

(c)大旋动时高速移动

图 1-37　用拨动按钮移动机器人组图

(6)转换坐标系

在机器人操作过程中,通常选择在关节坐标系、直角坐标系和工具坐标系不断切换进行示教。其中,关节坐标系用于调整机器人各手臂角度和位置,直角坐标系多用于进行直线移动和机器人姿态调整,工具坐标系多用于调整焊枪角度和 TCP 点补偿。根据使用环境和操作习惯进行正确选择,可以提高示教效率。三种坐标系的机器人移动方式及图标见表 1-11。

表 1-11　三种坐标系的机器人移动方式及图标

示教器动作功能键	关节坐标系		直角坐标系		工具坐标系	
	机器人各个关节轴单独转动		沿坐标轴方向平动	绕坐标轴方向转动	沿坐标轴方向平动	绕坐标轴方向转动
Ⅰ Ⅳ						
Ⅱ Ⅴ						
Ⅲ Ⅵ						

1.4.2　示教编程方法

弧焊机器人的示教编程工作顺序如图 1-38 所示。

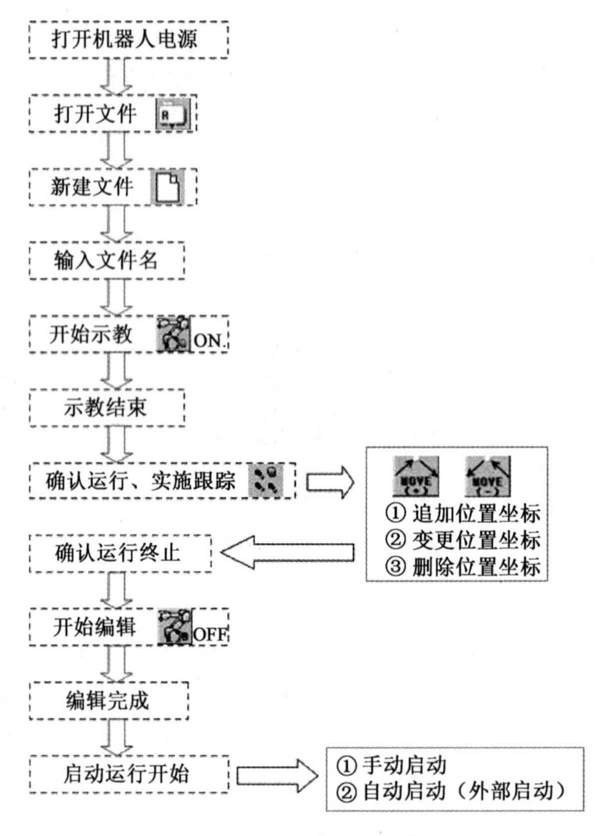

图 1-38　弧焊机器人的示教编程工作顺序

1. 插补指令与弧焊指令

(1)插补

插补,也称插值,指已知曲线上的某些数据,按照某种算法计算已知点之间的中间点的方法,也称为“轨迹起点和终点之间的数据密化”。依据机器人运动学理论,机器人手臂关节在空间进行运动规划时,需进行的大量工作是对关节变量的插值计算。插补是一种算法,可以理解为示教点之间的运动方式。对于有规律的轨迹,仅示教几个特征点,机器人就能利用插补算法获得中间点的坐标。直线插补和圆弧插补是机器人系统中的基本算法,如两点确定一条直线、三点确定一段圆弧。在实际工作中,对于非直线和圆弧的轨迹,可以切分成若干个直线段或圆弧段,以无限逼近的方法实现轨迹示教。

(2)插补指令

①点到点插补指令(MOVEP)

插补指令也可称作移动指令。点到点插补指令在某些机器人品牌中被称为关节插补指令(MOVEJ)。机器人工具 TCP 点在两点之间以计算结果最短、最舒适的姿态移动,6 个关节轴协同移动,因此移动速度快,但是无法准确预知机器人的轨迹。点到点插补指令常应用于非焊接段。机器人点到点移动轨迹如图 1-39 所示。

②直线插补指令(MOVEL)

直线插补也称线性插补,指机器人工具 TCP 点沿着直线移动。直线轨迹通过起始点和结束点插补指令来描述。机器人直线移动轨迹如图 1-40 所示。

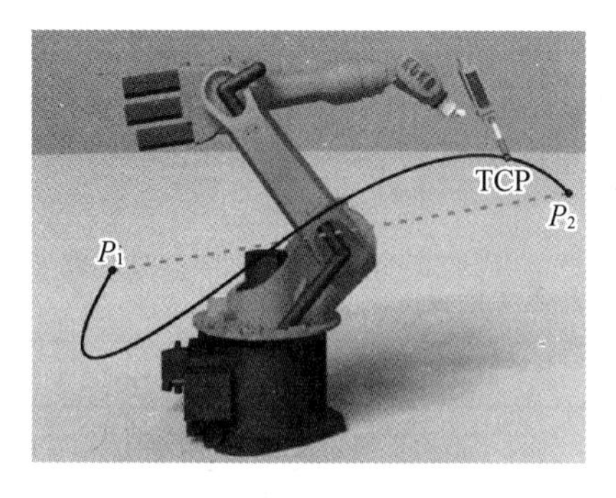

图 1-39　机器人点到点移动轨迹

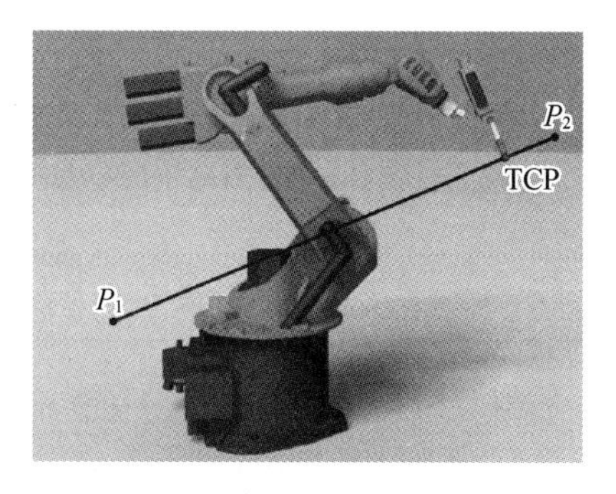

图 1-40　机器人直线移动轨迹

③圆弧插补指令(MOVEC)

圆弧插补也称圆周插补,指机器人工具 TCP 点沿着一条圆弧移动。这条圆弧轨迹通过起始点、中间点和结束点插补指令来描述。机器人圆弧移动轨迹如图 1-41 所示。

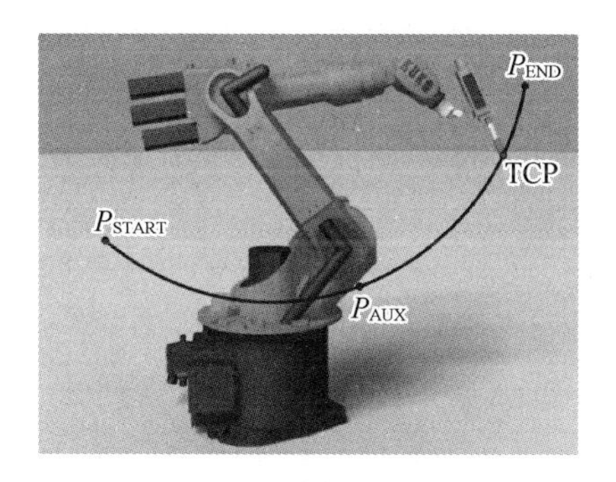

图 1-41　机器人圆弧移动轨迹

机器人移动轨迹须经过输入相应插补指令实现。各品牌机器人插补指令见表 1-12。

表 1-12　各品牌机器人插补指令

机器人品牌	插补指令		
	点到点(关节)	直线	圆弧
ABB	MOVEJ	MOVEL	MOVEC
KUKA	PTP	LIN	CIRC
松下	MOVEP	MOVEL	MOVEC
安川	MOVJ	MOVL	MOVC
FANUC	J	L	C
OTC	JOINT	LIN	CIR
钱江机器人	MJ(MOVJ)	ML(MOVL)	MC(MOVC)
广州数控	MOVJ	MOVL	MOVC
安徽埃夫特	MOVJ	MOVL	MOVC
北京时代	MOVJ	MOVL	MOVC
上海新时达	PTP	Lin	Circ
南京埃斯顿	PTP	LIN	CIRC

(3)机器人弧焊指令

机器人弧焊指令自动调用机器人焊接应用软件包系统中的焊接子程序,来完成起、收弧焊接过程。各品牌机器人弧焊指令见表 1-13。

表 1-13　各品牌机器人弧焊指令

机器人品牌	弧焊指令	
	焊接开始	焊接结束
ABB	ArcStart	ArcEnd
KUKA	ARC-ON	ARC-OFF
松下	ARC-ON	ARC-OFF
安川	ARCON	ARCOF
FANUC	Arc Start	Arc End
OTC	AS	AE
钱江机器人	ARCON	ARCOFF
广州数控	ARCON	ARCOFF
安徽埃夫特	ARCON	ARCOFF
北京时代	ARCON	ARCOF
上海新时达	ARCON	ARCOFF
南京埃斯顿	ARCON	ARCOFF

(4)示教点信息

机器人行走轨迹是通过若干个点来描述的,所以示教过程就是示教点的过程,并将这些示教点按顺序保存下来。示教点信息主要包括机器人坐标数据和运动方式等,如图 1-42 所示。

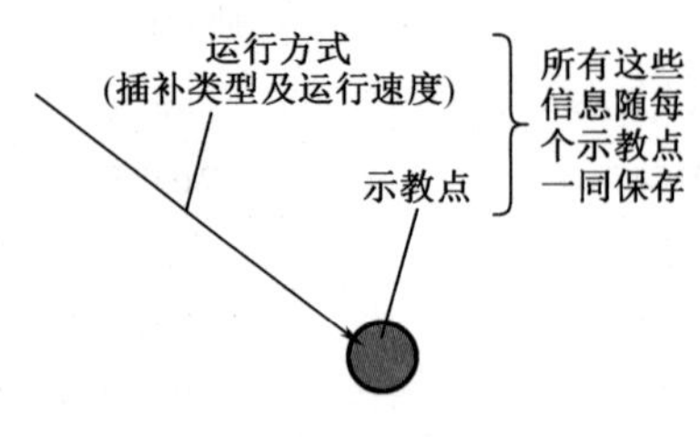

图 1-42　示教点信息

机器人程序的示教编程须在示教模式下进行,此时要将示教器模式开关旋至“TEACH”一侧,在此模式下,可以使用示教器进行示教或编辑程序的操作。

2. 直线编程

根据两点确定一条直线的原则,当示教直线焊接开始点时,插补指令为“MOVEL”,属性设为“焊接”,将焊接结束点设为“空走”,如图 1-43 所示。

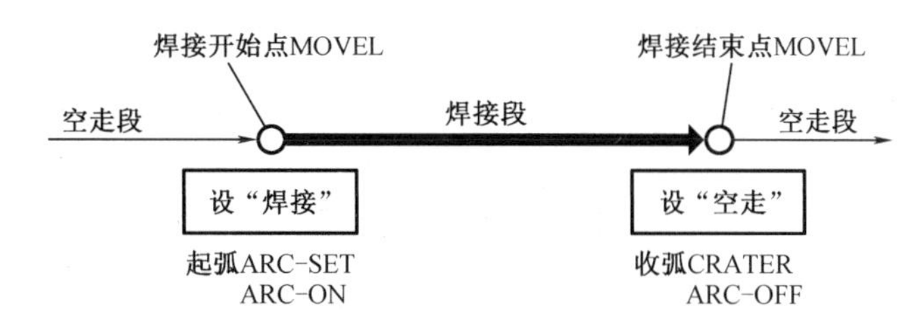

图 1-43　直线插补图示及示教方法

以图 1-43 为例,示教焊接开始点的步骤如下。

(1)使用用户功能键将编辑类型切换为增加。

(2)点亮机器人动作图标。

(3)将机器人移动到焊接开始点,按确认键,弹出示教点属性编辑界面。

(4)设置示教点的插补指令为“MOVEL”。

(5)将该点设为“焊接”点,按回车键或单击“OK”保存示教点,如图 1-44 所示。

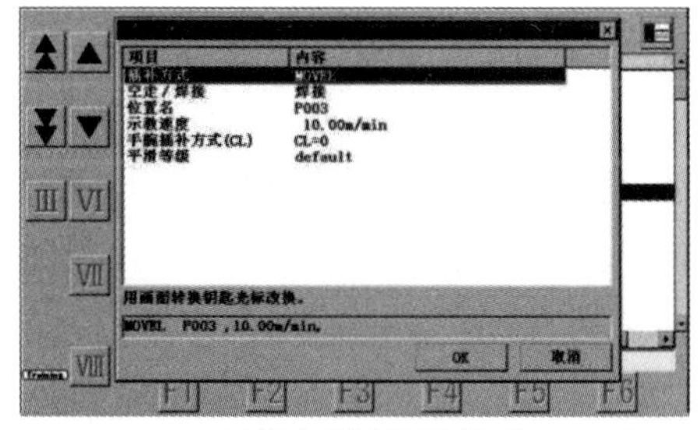

(a)示教点属性编辑界面

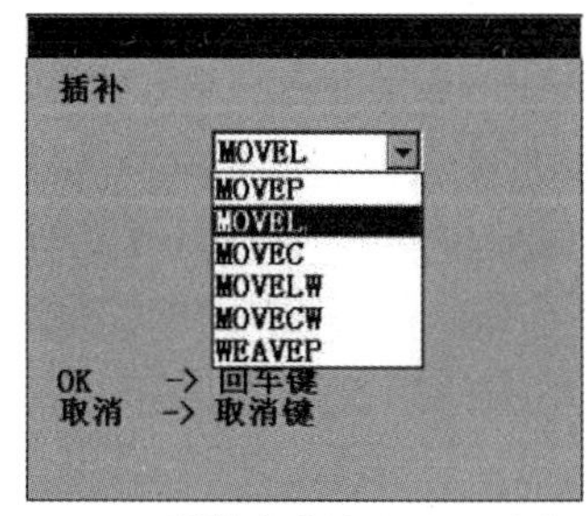

(b)插补方式选“MOVEL”

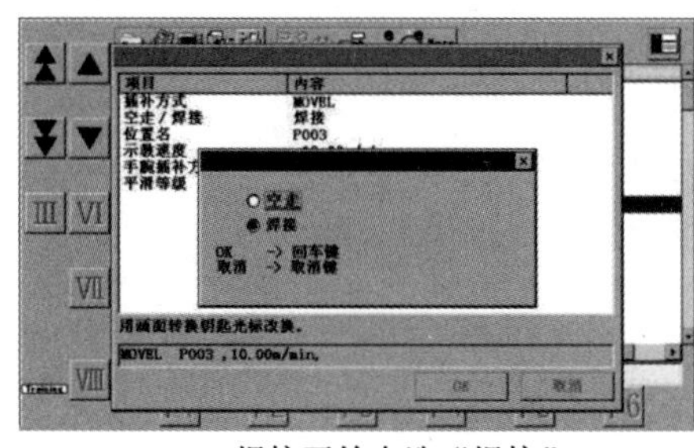

(c)焊接开始点选“焊接”

(d)焊接开始点存储完成

图 1-44　示教点存储步骤图

在图 1-44 中,“平滑等级”指机器人运行的平滑程度,有 1~10 个等级,系统默认为 6。“手腕差补方式(CL)”通常设置为“0”(自动计算),手腕计算时可以指定为 1~3。由于手腕的 3 个轴形成特定角度时为特殊姿态(RW 轴、BW 轴和 TW 轴成一条直线,为 0°),会发生 RW 轴的快速转动,这是由插补计算处理上的原因造成的。这时,如果指定关节计算处理方法(CL 号 1 或 3),可使反转动作解除,也可通过改变任一腕部轴的角度予以消除。

3. 圆弧编程

松下机器人圆弧示教规则:一段圆弧路径至少要有 3 个圆弧插补指令,在圆弧开始点输入圆弧插补指令后,后面还要有 2 个圆弧插补指令,如图 1-45 所示。

当有 2 个圆弧相接但方向不同时,如图 1-46 所示,由于机器人示教圆弧必须采用圆弧插补指令,此时,机器人在 a 点会出现计算错误,导致机器人运行时轨迹出现偏离。解决办法是在 2 个圆弧相接的 a 点重复登录 3 次,插补指令分别为圆弧插补指令、直线插补指令/点到点插补指令、圆弧插补指令。其中直线插补指令作为前一段圆弧的结束点,又作为下一段圆弧的开始点,因此被称作“圆弧分离点”。对于较为复杂的非圆弧曲线,通常采用“圆弧分离点”方法进行分割。

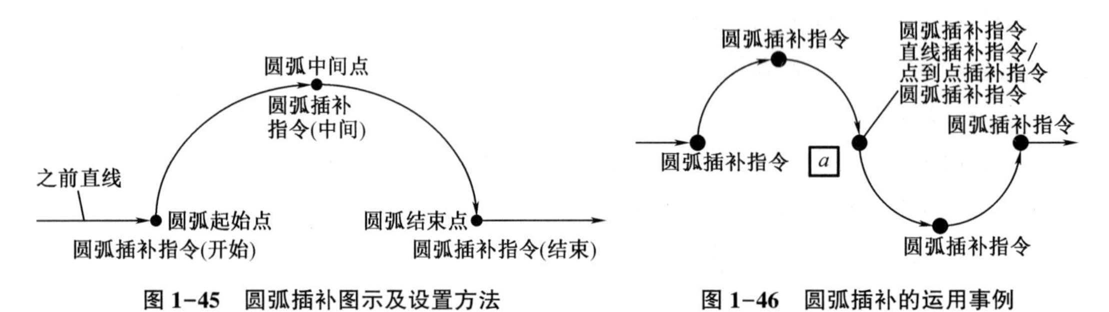

图 1-45　圆弧插补图示及设置方法　　图 1-46　圆弧插补的运用事例

4. 直线摆动编程

(1)直线摆动示教点

直线摆动插补指令为 MOVELW。首先在直线摆动起始点设置直线摆动插补指令(焊接点),然后在两个摆幅点设置摆幅点指令(WEAVEP),它决定焊缝的宽度,最后在摆动结束点设置直线摆动插补指令(空走点)。直线摆动示教方法如图 1-47 所示。

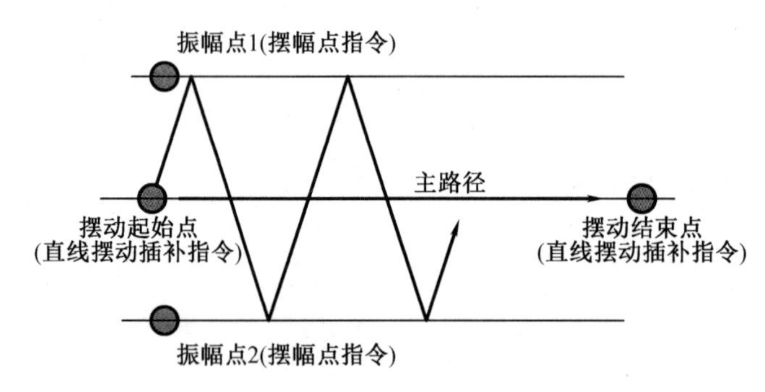

图 1-47　直线摆动示教方法

(2)直线摆动参数设置

①直线摆动应设定摆动的幅度和频率 f(单位为 Hz)。

②直线摆动应设定摆动的形式。系统默认形式 1:简单摆动。

③直线摆动应设定摆动主运行轨迹方向上的运动速度。

摆动方式设置如图 1-48 所示。

④直线摆动应设定摆动时间。

摆动时间是指焊枪的焊丝末端在摆幅点的停留时间。需要注意的是,即使设置停留时间,主轨迹(从开始点向结束点的方向)的移动并不停止,如图 1-49 所示。

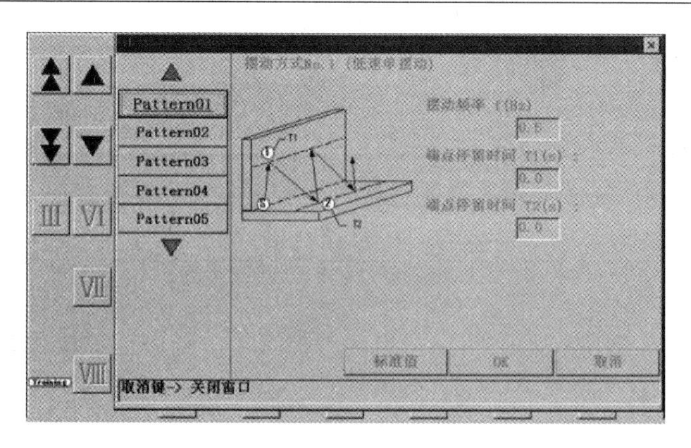

图 1-48　摆动方式设置

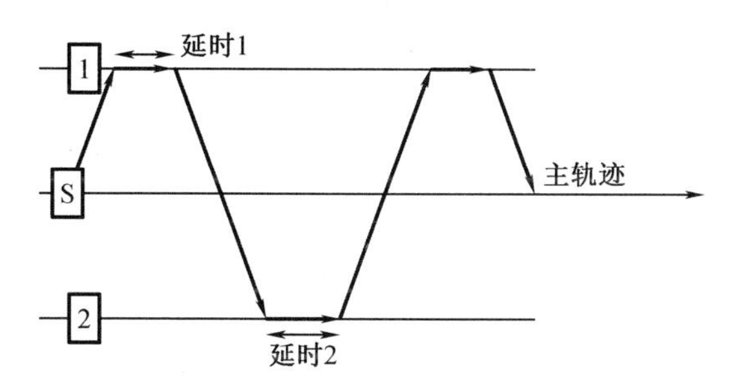

图 1-49　摆动时间示意图

5. 圆弧摆动编程

(1) 圆弧摆动示教点

圆弧摆动插补指令为 MOVECW。示教一段圆弧摆动需要 3 个圆弧摆动插补指令。首先在摆动起始点设置圆弧摆动插补指令(焊接点),然后在两个摆幅点设置摆幅点指令,它决定整条焊缝的宽度,然后在圆弧摆动的中线位置设置中间点圆弧摆动插补指令(焊接点),最后在圆弧摆动结束点设置圆弧摆动插补指令(空走点)。圆弧摆动示教方法如图 1-50 所示。

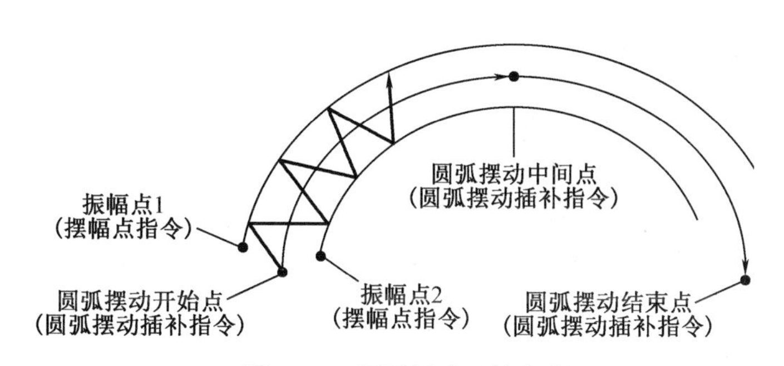

图 1-50　圆弧摆动示教方法

(2) 圆弧摆动参数设置

圆弧摆动参数设置与直线摆动参数设置方法一致,不再赘述。

1.4.3 程序跟踪与编辑

跟踪操作(有些机器人品牌称为再现或再生)能够检查示教点是否偏离焊缝轨迹,以及机器人姿态和焊枪角度是否合理。通过此操作,可以找到示教点对应的程序指令,从而方便核对、查找、编辑、修改程序中示教点的位置和数据。

1. 跟踪方法

打开跟踪图标灯(即点亮跟踪图标),启动跟踪操作。结束跟踪操作时关闭图标灯。跟踪操作方法见表 1-14。

表 1-14 跟踪操作方法

图标	跟踪操作方法
	当跟踪图标上的跟踪图标灯亮时(绿色),可进行跟踪操作。按下功能键,使跟踪图标灯点亮
	当绿色跟踪图标灯关闭时,不能进行跟踪操作。按下功能键即到下一个功能图标,也可结束跟踪操作
MOVE (+)	顺序执行程序。左手按下该键的同时,右手一直按住拨动按钮,向前跟踪到示教点,机器人停止。右手不断侧压拨动按钮,机器人便逐条执行指令,如图 1-51 所示,跟踪速度可通过右切换键选择
MOVE (-)	反向执行程序。左手按下该键的同时,右手一直按住拨动按钮,向后跟踪到示教点,机器人停止。右手不断侧压拨动按钮,机器人便逐条反向执行指令。跟踪操作界面如图 1-52 所示
	点击跟踪图标灯使其关闭,结束跟踪操作

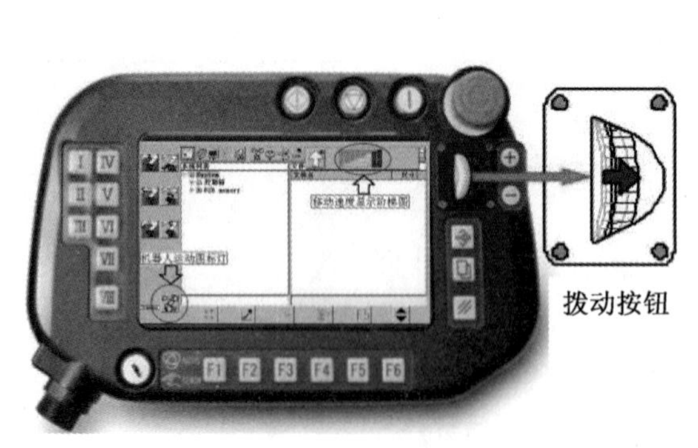

图 1-51 侧压拨动按钮示意图

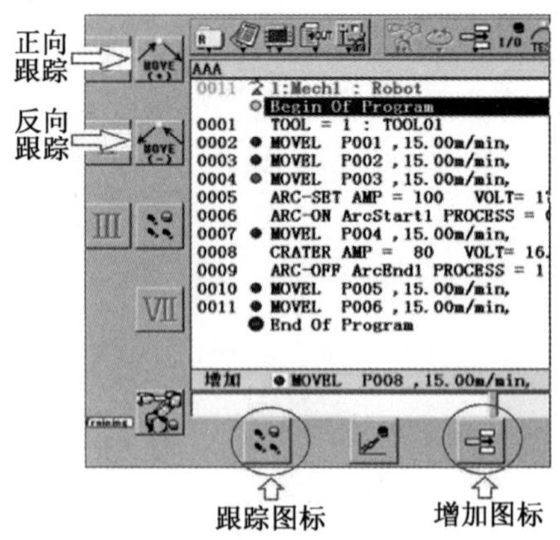

图 1-52 跟踪操作界面

2. 机器人位置和图标

在跟踪操作中,通过观察示教器屏幕上机器人位置的图标变化,能够判断出机器人 TCP 点(焊枪的焊丝端部)所在位置,图 1-53 所示(0002 所在行)的图标表示已跟踪到该示教点位置上,此时可以进行示教点增加、替换和删除的操作。机器人位置图标及说明见表1-15。

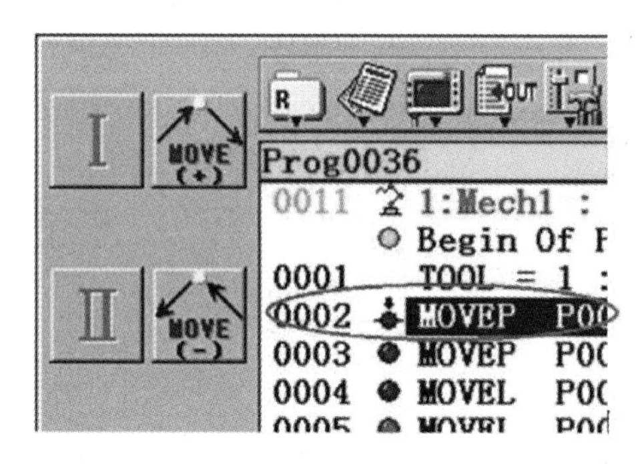

图1-53　示教点位置

表1-15　机器人位置图标及说明

图标	机器人位置	图标	机器人位置	图标	机器人位置
	在示教点上		在示教路径		以上都没有
	不在示教点上		不在示教路径	—	—

3. 增加、替换和删除示教点的操作

在对示教点跟踪和编辑过程中需要增加、替换、删除示教点时,用以下操作完成。

(1)增加(示教点)

①需要手动操作机器人,按亮机器人动作图标灯。

②按亮跟踪图标灯,按住跟踪操作功能键或,移动机器人到增加示教点位置。

③编辑类型切换为增加。

④按登录键显示增加示教点对话框,设置示教点属性,设置参数后单击“OK”按钮,作为新增示教点保存,如图1-54(a)所示。

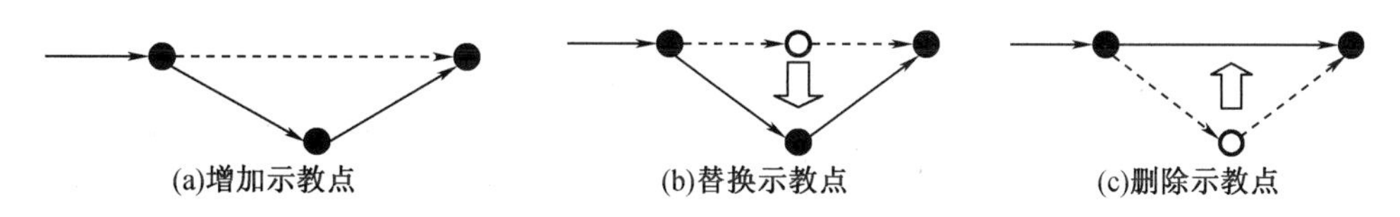

(a)增加示教点　(b)替换示教点　(c)删除示教点

图1-54　增加、替换和删除示教点的图示

(2)替换(示教点)

① 跟踪操作移动机器人到要更改的示教点的位置。

②转换编辑类型为替换。

③移动机器人到新的位置。

④按登录键显示设置示教点参数界面。

⑤设置参数后单击“OK”按钮,替换示教点如图 1-54(b)所示。

(3)删除(示教点)

①跟踪操作移动机器人到想要删除的示教点。

②编辑类型切换为删除。

③按登录键显示设定示教点对话框参数。

④按“OK”按钮,删除该点,如图 1-54(c)所示。

4. 程序的编辑

在进行程序编辑前,首先要将机器人动作图标灯熄灭(处于关闭状态),使光标可以上、下移动,对次序指令一行进行编辑。

(1)复制

复制编辑操作步骤如下。

①在文件中移动光标选择想要复制的数据行,选择的行将会加黑。

②在“编辑”菜单上,单击“复制”按钮。

③单击“拨动按钮”键,出现确认复制对话框,如图 1-55 所示。

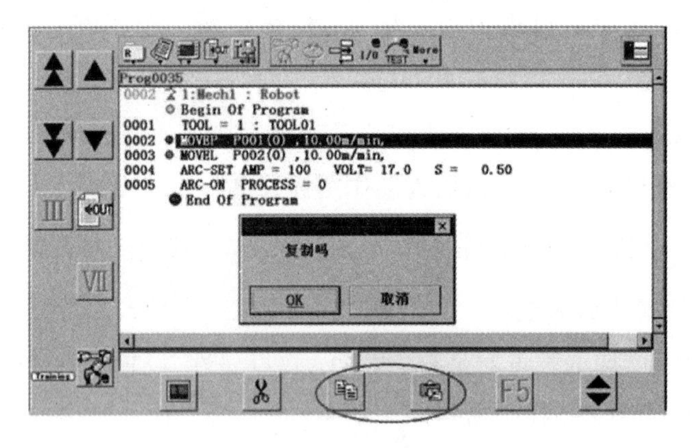

图 1-55 复制编辑操作示意图

(2)粘贴

把复制的内容,粘贴到想要插入的行。用同样的方法还可做剪切等操作。

1.4.4 运行程序

运行程序是指当示教器模式选择开关切换至自动模式(AUTO)位置时,机器人可以运行在手动模式下示教的任务程序。模式选择开关如图 1-56 所示。

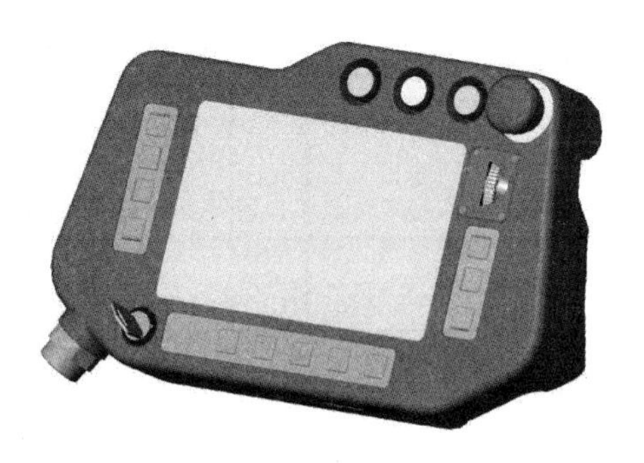

图 1-56　模式选择开关

1. 机器人运行程序启动方式

启动机器人运行程序有两种方法：一种方法是使用示教器上的启动按钮，被称为手动启动；另一种方法是自动启动，如使用外部操作盒按钮，也被称为外部启动。以上两种启动方法都是通过对机器人进行设定获得的。通常情况下，培训教学中使用手动启动方法，而工业生产中大多使用自动启动方法。

2. 手动启动操作步骤

(1) 打开要运行的文件，把光标移到程序首行。

(2) 将模式选择开关由“TEACH”切换到“AUTO”位置。准备运行的示教器界面如图 1-57 所示。图中，为焊接状态，为禁止焊接状态(只运行，不焊接)。

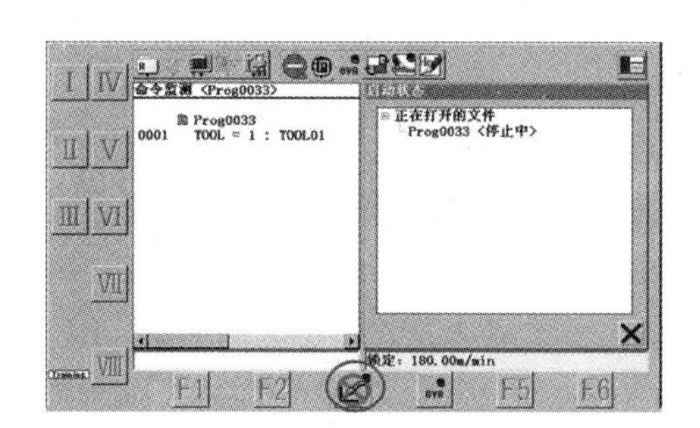

图 1-57　准备运行的示教器界面

(3) 按下伺服“ON”按钮。

(4) 再按下启动开关，程序从光标所在行开始运行。

1.5　厚板组合件机器人焊接

1.5.1　工艺分析

1. 工件尺寸

厚板组合件三视图及装配组对尺寸如图 1-58 所示。

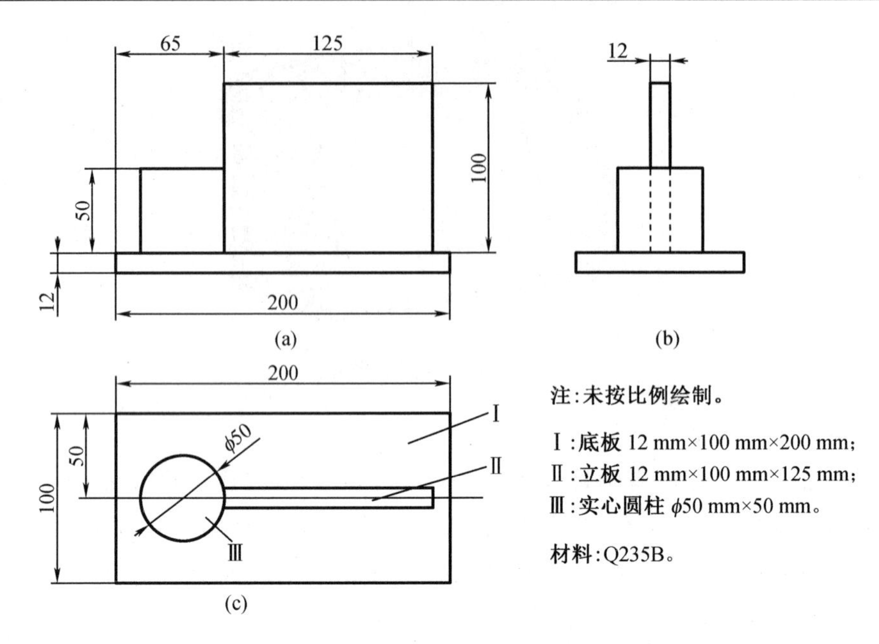

图 1-58　厚板组合件三视图及装配组对尺寸(单位:mm)

2. 工艺要求

(1)立焊位

厚板组合件实心圆柱(Ⅲ)侧面和立板(Ⅱ)相接形成的两条端接立焊位,要求两层焊接,第一层打底焊,第二层盖面摆焊。

(2)平角位

实心圆柱(Ⅲ)和立板(Ⅱ)与底板(Ⅰ)构成的平角焊缝,要求两层焊接,第一层打底焊,第二层盖面摆焊,每层焊接只能起、收弧一次。

(3)编程要求

要求整编、整焊,即两层焊道全部编程后一次焊接完成。

3. 焊接工艺分析

根据两层、两道焊接要求,确定焊接顺序为:先立焊,再平角焊;先打底,后盖面。

(1)立焊位焊接工艺分析

①立焊位打底层

如图 1-59 所示,两条立焊位打底焊采用立向下焊接,即 $x \to y$(正面)和 $x' \to y'$(背面)。立焊位打底焊在示教点 x 位置时,焊枪工作角(即实心圆柱Ⅲ和立板Ⅱ形成的夹角中心线)约 45°。由于金属液重力下淌容易在底部产生焊瘤,焊接电流不能过大,焊接速度不易过慢,同时还要保证焊缝尺寸。因此,在起弧点 x 的焊枪前进角(即焊枪移动方向与焊缝的夹角)应≥90°,以减缓铁水流动,如图 1-60 所示。为避免喷嘴与底板Ⅰ碰撞,在焊枪运行到底部 y 时将前进角设为 60°。

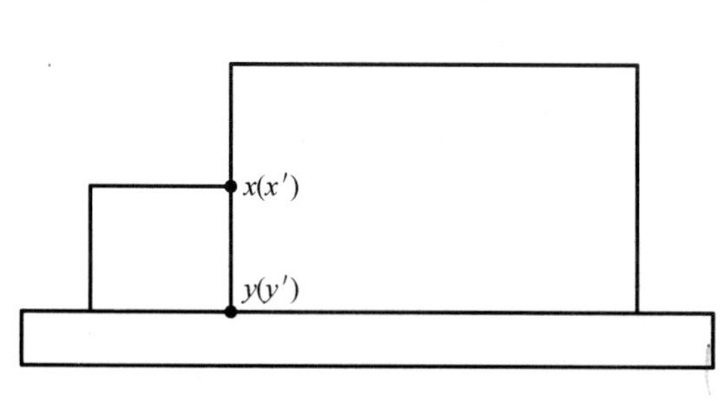

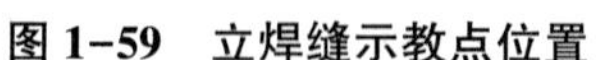
图 1-59 立焊缝示教点位置

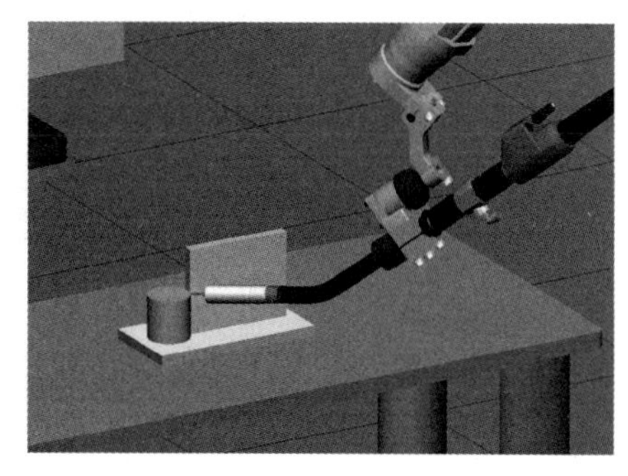
图 1-60 立焊缝焊枪角度

②立焊位盖面层

立焊位盖面层选择立向上摆焊，即 $y \rightarrow x$（正面）和 $y' \rightarrow x'$（背面）。焊枪角度与打底层基本一致。焊接工艺参数不宜过大，采用焊接电流为 120~150 A、电弧电压为 18~20 V 的短路过渡形式，这时形成的熔池较小。熔池始终跟随电弧移动，而前面的熔池金属也随之凝固，保证熔池不致流淌。

（2）平角位焊接工艺分析

①平角位打底焊

平角位打底焊（平角焊缝）示教点位置如图 1-61 所示，示教点由第 1~15 点组成。示教及焊接顺序从第 1 点开始至第 15 点结束，其中第 10 点和第 12 点为圆弧分离点（即在该点重复登录 3 次：圆弧插补指令、直线插补指令、圆弧插补指令），第 15 点应越过第 1 点 2~3 mm 搭接。

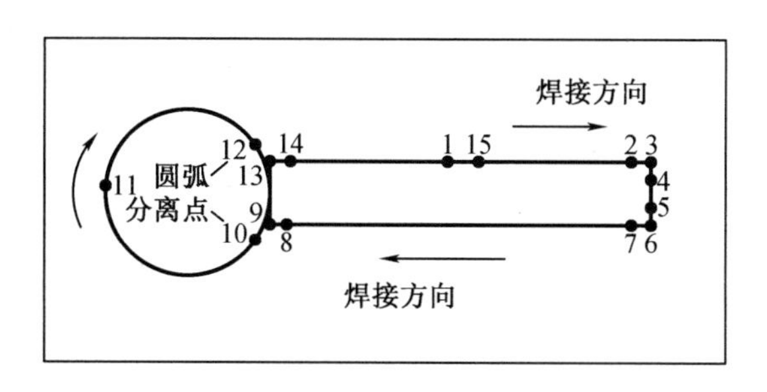

图 1-61 平角焊缝示教点位置

②平角位盖面层摆焊

平角位盖面层摆焊的焊接顺序与打底层一致，焊枪角度同样为 45°，前进角为 80°~90°，如图 1-62 所示。考虑斜向摆焊过程中铁水的重力下坠因素，可以在上、下两端的停留时间设置上予以补偿，即上端摆幅点的停留时间（T_1=0.2~0.3 s）长一些，下端的停留时间（T_2=0.1~0.2 s）短一些，从而保证平角焊缝剖面呈等腰三角形。

（3）厚板组合件焊接参数

厚板组合件焊接参数见表 1-16。

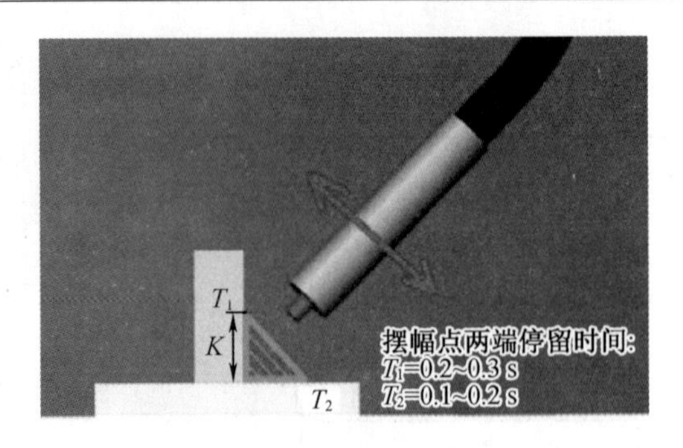

图 1-62　焊枪角度及摆动停留时间

表 1-16　厚板组合件焊接参数

焊接位置	焊接电流/A	电弧电压/V	焊接速度/(m·min^{-1})	摆幅/mm	频率/Hz	摆幅点停留时间/s	收弧电流/A	收弧电压/V	收弧时间/s
立焊位打底焊	130~140	19~20	0.50~0.60	—	—	—	80~90	16~17	0.1~0.2
平角位打底焊	160~180	22~23	0.30~0.40	—	—	—	110~120	18~19	0.1~0.2
立焊位盖面层摆焊	120~130	18~19	0.10~0.12	5.5~6.5	0.5~0.6	0.1~0.2	70~80	15~16	0.2~0.3
平角位盖面层摆焊	130~140	20~21	0.13~0.15	7.0~8.0	0.7~0.8	T_1=0.2~0.3 T_2=0.1~0.2	90~100	17~18	0.2~0.3

1.5.2　焊前准备

1. 设备和工具准备

设备和工具准备明细见表 1-17。

表 1-17　设备和工具准备明细

序号	名称	型号与规格	单位	数量	备注
1	弧焊机器人	臂伸长 1 400 mm	台	1	
2	TIG 或 CO_2 气体保护焊机	350 A	台	1	点装组对用

表 1-17(续)

序号	名称	型号与规格	单位	数量	备注
3	焊丝	ER50-6、ϕ1.0 mm	盒	1	
4	混合气	体积分数为 80%的 Ar+体积分数为 20%的 CO_2	瓶	1	
5	头戴式面罩	自定	个	1	
6	焊工手套	自定	副	1	
7	钢丝刷	自定	把	1	
8	尖嘴钳	自定	把	1	
9	扳手	自定	把	1	
10	钢板尺	自定	个	1	
11	十字螺丝刀	自定	个	1	
12	敲渣锤	自定	把	1	
13	定位块	自定	个	2	
14	焊缝测量尺	自定	把	1	
15	粉笔	自定	根	1	
16	角磨机	自定	台	1	
17	劳保用品	帆布工作服、工作鞋	套	1	

2. 工件准备

工件点装组对前需要对表面进行清理。表面清理及点装组对技术要求如下。

(1)使用角磨机去除工件焊缝 20 mm 范围内铁锈和氧化层,直至露出金属光泽。

(2)采用 TIG 或 CO_2 气体保护焊机进行工件点装组对,焊点应磨平。

(3)拐角处 10 mm 范围内不允许点焊,注意公差尺寸和变形量。

3. 设备调试及固定工件

先检查焊接机器人设备及附件是否齐全、完好,电力设施是否完备,以满足工件焊接要求。确认安全后送电,迅速做好以下各项任务的焊前准备。

任务 1:检查机器人本体、控制箱、焊接电源、示教盒通电后是否均处于正常状态。示教盒处于手动模式。

任务 2:检查焊枪、气筛、送丝轮和导电嘴规格是否正确并可正常使用。

任务 3:检查送丝路径是否通畅,送丝轮转动是否平稳,压臂轮压力是否适当。

任务 4:检查焊接保护气体气路是否通畅,以满足焊接所需气体流量。

任务 5:检查机器人本体各关节轴是否均处于零位。

任务 6:检查焊枪工具中心点在工具坐标系绕 TCP 点转动是否无超差。

任务 7:将工件放置到工作台的合适位置(通常放在焊枪的正下方),使机器人焊枪能达到工件所有焊缝位置及合适的焊接角度,用夹具固定好工件。

1.5.3 任务实施

1.示教编程及焊接

厚板组合件示教的方法和步骤见表 1-18。

表 1-18 厚板组合件示教的方法和步骤

操作方法	操作图示
检查焊枪的焊丝端部,如果有熔球,需用钳子剪掉,然后将焊丝伸出长度调整到 12~14 mm,保存机器人原点,设为点到点插补指令(空走点)	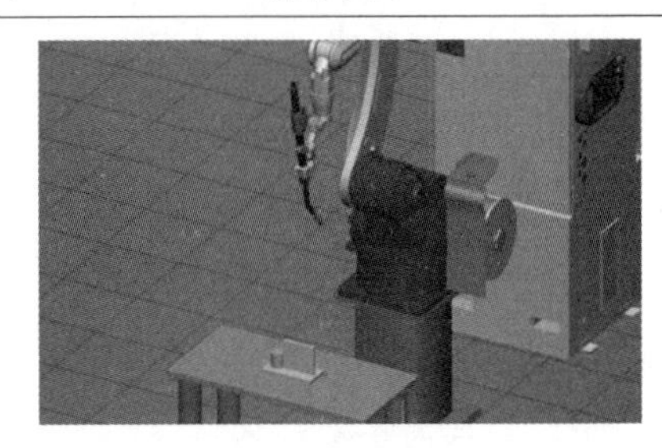 保存机器人原点
示教过渡点(进枪点),防止焊枪与工件发生碰撞,设为点到点插补指令(空走点)	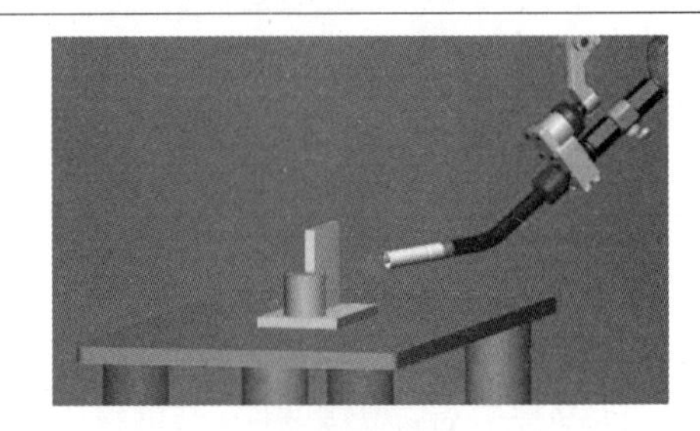 示教进枪点
示教立焊缝打底层起弧点 x,设为直线插补指令(焊接点),采用立向下焊接,焊枪工作角度为 45°。为抑制金属液下坠,避免在底部产生焊瘤,设定行走角度≥90°	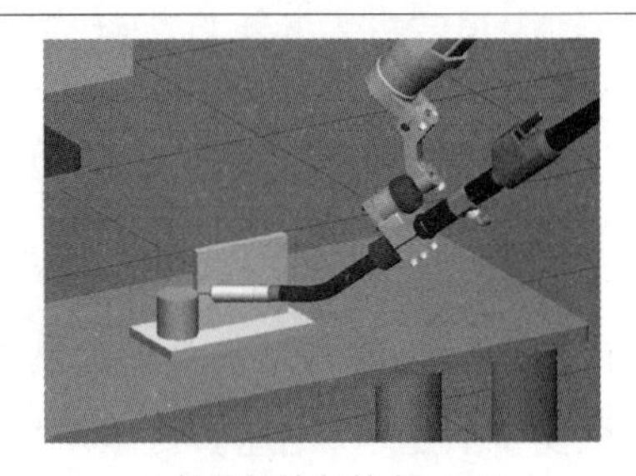 立焊缝焊接起始点 $x(x')$
示教立焊缝收弧点 y,设为直线插补指令(空走点),保证焊枪工作角度为 45°。为避免焊枪喷嘴与底板碰撞,行走角度设为 60°	 立焊缝焊接结束点 $y(y')$

表 1-18(续 1)

操作方法	操作图示
立焊缝示教结束后,仍需设置一个退避点点到点插补指令(空走点),退避点位置须高于工件,以防撞枪。然后,将焊枪转到另一侧立焊缝 $x'\to y'$ 斜上方 20 mm 位置,再设置一个过渡点,之后与 $x\to y$ 焊缝的示教方法相同	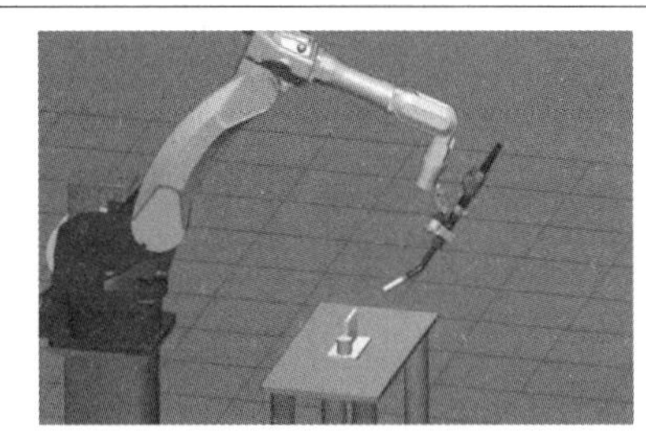 立焊缝过渡点示教
立焊缝打底层示教完成后,准备示教平角焊缝。先在直角坐标系,使焊枪绕 Z 轴旋转 180°,设置平角焊缝进枪点点到点插补指令(空走点)	 平角焊缝进枪点
在近机器人一侧的立板中部示教平角焊缝起弧点 1,设为直线插补指令(焊接点),然后按照平角焊缝位置轨迹规划 1~15 点的焊接顺序并逐点进行示教。焊枪工作角度为 45°,前进角为 80°~90°,焊丝伸出长度为 12~14 mm。最后,第 15 点为焊接结束点,设为直线插补指令(空走点),要求与第 1 点搭接 2~3 mm	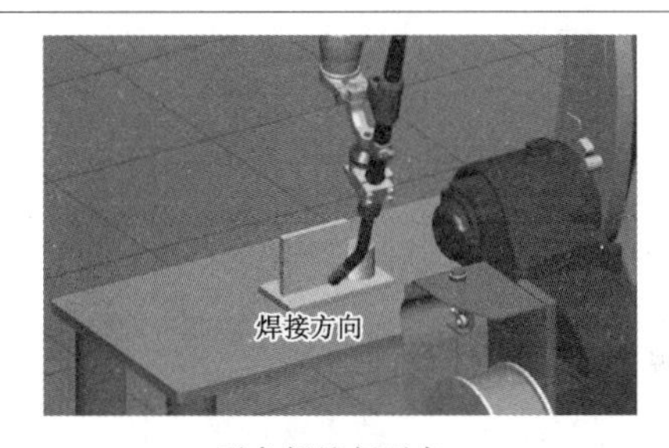 平角焊缝起弧点 1
平角焊缝示教结束后,焊枪沿斜上方后退至高于工件的位置,示教一个退避点,设为直线插补指令(空走点)	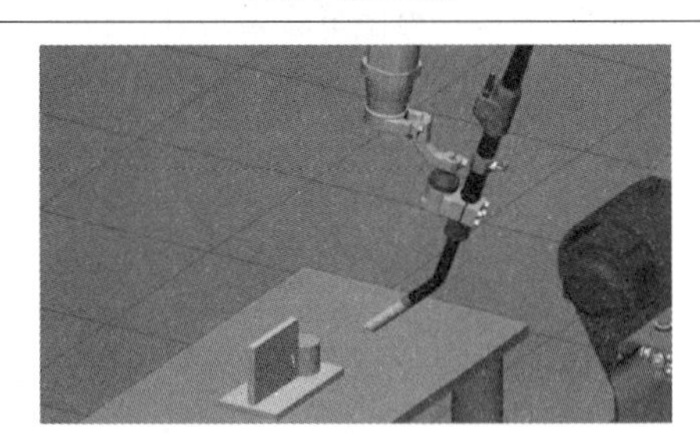 退避点示教
使机器人回到原点。采用复制首行原点程序,再粘贴到结尾的方式,设为点到点插补指令(空走点)	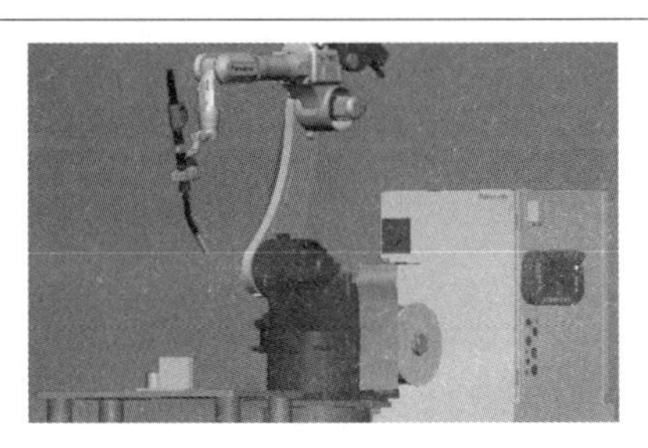 回到原点

表 1-18(续 2)

操作方法	操作图示
开始示教两条立焊缝盖面层,采用立向上摆动焊接,即从立焊缝 y 点开始摆动至 x 点结束,焊丝伸出长度保持在 12~14 mm。背面 y'→x' 立焊缝盖面层示教方法与正面 y→x 一致	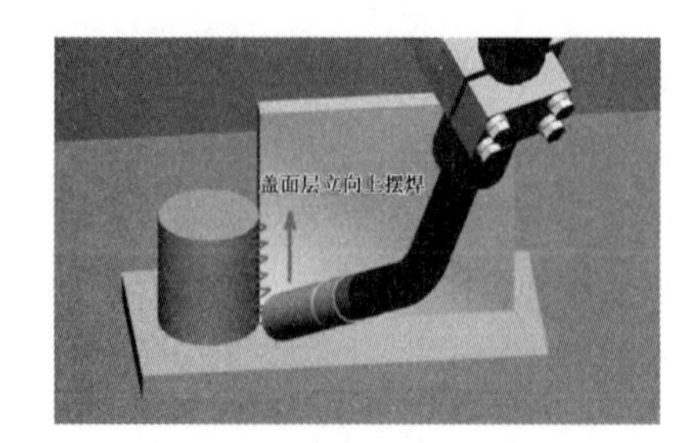立焊缝盖面层
底板平角位盖面层采用倾斜摆动焊接方法。从第 1 点开始摆动至第 15 点结束,整个焊接程序必须一次编完	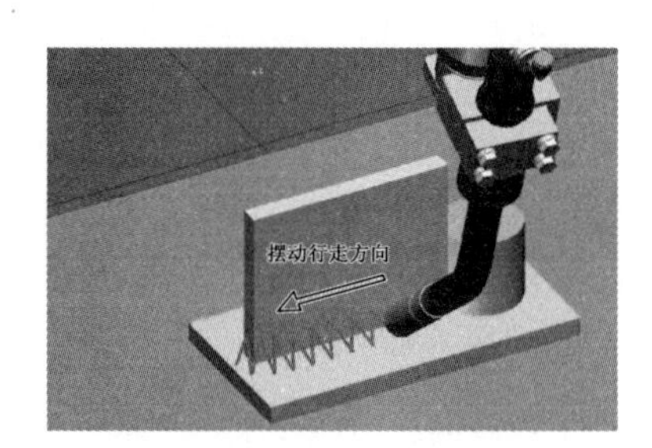平角位盖面层摆动焊
程序的跟踪检查,对一些不准确的示教点进行重新示教和编辑,经检查程序跟踪无误后,进入焊前准备阶段	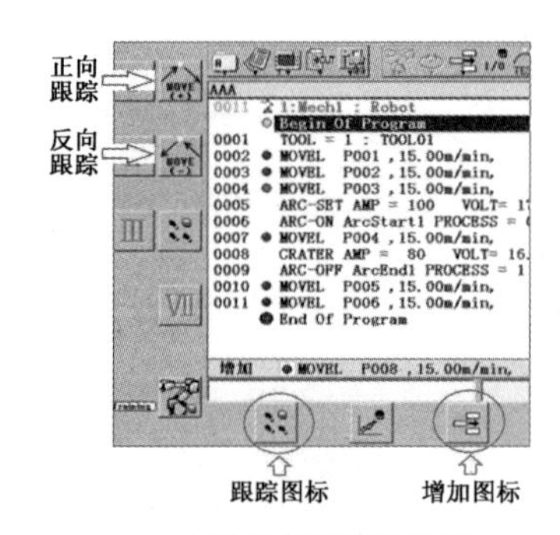对程序进行跟踪检查
点亮检气和出丝、退丝图标,然后按压出丝、退丝图标调整焊丝伸出长度为 12~14 mm	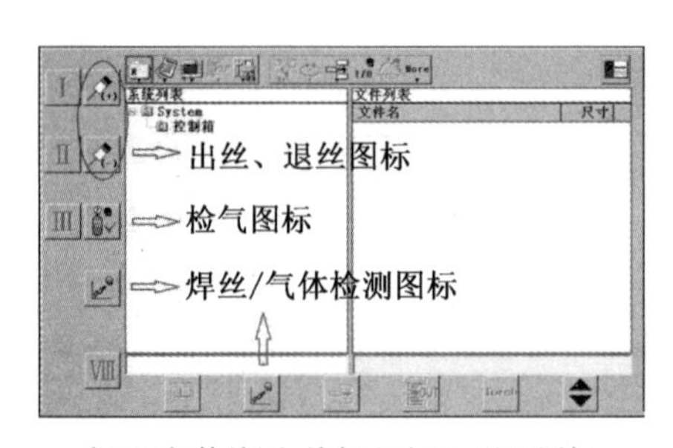焊丝/气体检测、检气和出丝、退丝图标

表 1-18(续 3)

操作方法	操作图示
旋开焊接保护气瓶开关,点亮检气图标,将气体流量计调至 15~20 L/min	 旋开焊接保护气瓶开关调整流量
完成上述操作,再次确认焊接区域安全后,将示教器光标移到程序开始行,然后将示教器模式开关由"TEACH"旋至"AUTO"	 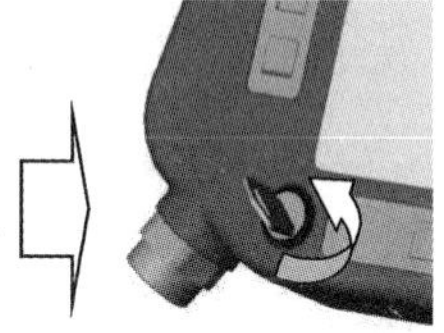 将示教器模式开关由"TEACH"旋至"AUTO"
焊接开始后,手持面罩和示教器,站在安全位置观察,如出现意外情况,但无须进入工作区域时,按下暂停按钮,处理后直接按下启动按钮即可继续焊接;如果发现危险趋势或异常停止,应及时按下紧急停止按钮,进入场地处理后,先解除紧急停止状态后再启动机器人	 在安全位置观察焊接情况
焊接完成,待机器人运行回到原点后,必须将示教器模式开关由"AUTO"旋至"TEACH",然后才能进入工作区域。待工件冷却后,用錾子清除焊渣颗粒,再用钢丝刷清理焊缝表面,但不要敲击焊道。最后,使用焊缝尺检测焊缝尺寸	 焊后处理完闭的工件照片

2. 厚板组合件程序

以厚板组合件两条立焊位($x \rightarrow y$、$x' \rightarrow y'$)打底焊程序,以及平角位(1~15)盖面层摆动焊程序为例。厚板组合件两条立焊位打底焊程序见表 1-19。厚板组合件平角位盖面层摆动焊程序见表 1-20。

表 1-19　厚板组合件两条立焊位打底焊程序

程序	说明
Begin of Program	程序开始
TOOL=1:TOOL01	工具编号(焊枪)
●MOVEP　P1　10 m/min	原点(空走点)
●MOVEL　P2　10 m/min	进枪点(空走点)
●MOVEL　P3　10 m/min ARC-SET　AMP=130　VOLT=19　S=0.5 ARC-ON　ArcStart1.prg　RETRY=0	打底层立焊位“x”起弧点(焊接点) 焊接参数(电流、电压、焊接速度) 起弧子程序、无起弧重试次数
●MOVEL　P4　10 m/min CRATER　AMP=90　VOLT=16　T=0.1 ARC-OFF　ArcEnd1.prg　RELEASE=0	打底层立焊位“y”收弧点(空走点) 收弧参数(电流、电压、时间) 收弧子程序、无黏丝解除
●MOVEP　P5　10 m/min	退避点(空走点)
●MOVEP　P6　10 m/min	进枪点(空走点)
●MOVEL　P7　10 m/min ARC-SET　AMP=130　VOLT=19　S=0.5 ARC-ON　ArcStart1.prg　RETRY=0	打底层立焊位“x'”起弧点(焊接点) 焊接参数(电流、电压、焊接速度) 起弧子程序、无起弧重试次数
●MOVEL　P8　10 m/min CRATER　AMP=90　VOLT=16　T=0.1 ARC-OFF　ArcEnd1.prg　RELEASE=0	打底层立焊位“y'”收弧点(空走点) 收弧参数(电流、电压、时间) 收弧子程序、无黏丝解除
●MOVEL　P9　10 m/min	退避点(空走点)
●MOVEP　P10　10 m/min	平角焊位置过渡点(空走点)
End Program	程序结束

注:x、y、x'、y'为厚板组合件立焊缝的示教点编号。

表 1-20　厚板组合件平角位盖面层摆动焊程序

程序	说明
Begin of Program	程序开始
TOOL=1:TOOL01	工具编号(焊枪)
●MOVEP　P1　10 m/min	原点
●MOVEL　P2　10 m/min	进枪点(过渡点)
●MOVELW　P3　5 m/min ARC-SET　AMP=130　VOLT=20　S=0.13　F=0.7 ARC-ON　ArcStart1.prg　RETRY=0	平角位盖面层焊接起始点“1” 盖面层摆动焊接参数 起弧子程序、无起弧重试次数
●WEAVEP P4　10 m/min　T1=0.3 s (上摆幅点) ●WEAVEP P5　10 m/min　T2=0.1 s (下摆幅点)	示教盖面层直线平角位上摆幅点及停留时间 示教盖面层直线平角位下摆幅点及停留时间

表 1-20(续)

程序	说明
●MOVECW　P6　10 m/min	圆弧点“2”
●MOVECW　P7　10 m/min	圆弧点“3”
●MOVECW　P8　10 m/min	圆弧点“4”,同一点登录圆弧摆动插补指令、直线摆动插补指令
●MOVELW　P9　10 m/min	
●MOVECW　P10　10 m/min	圆弧点“5”
●MOVECW　P11　10 m/min	圆弧点“6”
●MOVECW　P12　10 m/min	圆弧点“7”,同一点登录圆弧摆动插补指令、直线摆动插补指令
●MOVELW　P13　10 m/min	
●MOVECW　P14　10 m/min	圆弧点“8”
●MOVECW　P15　10 m/min	圆弧点“9”
●MOVECW　P16　10 m/min	圆弧点“10”为圆弧分离点,同一点登录三次:圆弧摆动插补指令、直线摆动插补指令、圆弧摆动插补指令
●MOVELW　P17　10 m/min	
●MOVECW　P18　10 m/min	
●WEAVEP　P19 10 m/min T1=0. 3 s(上摆幅点) ●WEAVEP　P20 10 m/min T2=0. 2 s(下摆幅点)	示教盖面层圆弧平角位上摆幅点及停留时间 示教盖面层圆弧平角位下摆幅点及停留时间
●MOVECW　P21　10 m/min	圆弧点“11”
●MOVECW　P22　10 m/min	圆弧点“12”为圆弧分离点,同一点登录三次:圆弧摆动插补指令、直线摆动插补指令、圆弧摆动插补指令
●MOVELW　P23　10 m/min	
●MOVECW　P24　10 m/min	
●MOVECW　P25　10m/min	圆弧点“13”
●MOVECW　P26　10 m/min	圆弧点“14”
●MOVELW　P27　10 m/min CRATER　AMP=90　VOLT=16　T=0. 3 s ARC-OFF　ArcEnd1. prg　RELEASE=0	平角位盖面层收弧点位置“15” 盖面层摆动收弧电流、收弧电压、收弧时间 收弧子程序、无黏丝解除
●MOVEL　P28　5 m/min	退枪点(过渡点)
●MOVEP　P29　10 m/min	回到原点(复制原点次序指令粘贴到此处)
End　Program	程序结束

注:“1”~“15”为厚板组合件平角焊缝的示教点编号,其中,“1”~“14”为焊接点,“15”和其他点为空走点。

3. 任务评价

厚板组合件外观检验项目及评分标准见表 1-21。

表 1-21　厚板组合件外观检验项目及评分标准

检查项目	标准、分数	焊缝等级				实际得分(100 分)
		Ⅰ	Ⅱ	Ⅲ	Ⅳ	
平角焊焊脚高 K	标准/mm	>7.6,≤8.3	>8.3,≤7.6	>8.7,≤7.1	>9.2,<6.6	
	分数	20	14	8	0	
平角焊焊脚高低差	标准/mm	≤1	>1,≤2	>2,≤3	>3	
	分数	10	7	4	0	
立焊缝宽度	标准/mm	>5.6,≤6.3	>6.3,≤5.6	>7.7,≤5.1	>8.2,<4.6	
	分数	20	14	8	0	
立焊缝宽窄差	标准/mm	≤1.5	>1.5,≤2	>2,≤3	>3	
	分数	10	7	4	0	
咬边	标准/mm	0	深度≤0.5 且长度≤15	深度≤0.5 长度>15,≤30	深度>0.5 或长度>30	
	分数	20	14	8	0	
焊缝正面外表成形	标准/mm	优	良	一般	差	
		成形美观,焊纹均匀细密,高低宽窄一致	成形较好,焊纹均匀,焊缝平整	成形尚可,焊缝平直	焊缝弯曲,高低宽窄明显,有表面焊接缺陷	
	分数	20	14	8	0	
总分						

注:1. 焊缝未盖面、焊缝表面及根部已修补或工件做舞弊标记,则该单项做 0 分处理。

2. 凡焊缝表面有裂纹、夹渣、未熔合、气孔、焊瘤等缺陷之一及以上的,该工件外观为 0 分。

第 2 章　焊接相关知识

2.1　职业道德与相关法律法规知识

2.1.1　职业道德与职业守则

1. 职业道德基本知识

(1)职业道德的概念

职业道德的概念有广义和狭义之分。广义的职业道德是指从业人员在职业活动中应该遵循的行为准则,涵盖了从业人员与服务对象、职业与职工、职业与职业之间的关系。狭义的职业道德是指在一定职业活动中应遵循的、体现一定职业特征的、调整一定职业关系的职业行为准则和规范。焊工职业道德就是从事焊工职业的人员在完成焊接及相关的各项劳动过程中,从思想到工作行为所必须遵守的焊接劳动的道德规范和行为准则。

(2)职业道德的特点

①适用范围的有限性

每种职业都担负着一种特定的职业责任和职业义务。由于各种职业的职业责任和义务不同,从而形成各自特定的职业道德的具体规范。

②发展的历史继承性

由于职业具有不断发展和世代延续的特征,不仅其技术世代延续,其管理员工的方法、与服务对象交流沟通的方法,也有一定历史继承性。如“有教无类”“学而不厌,诲人不倦”,始终是教师的职业道德。

③表达形式多种多样

由于各种职业道德的要求都较为具体、细致,因此其表达形式多种多样。如会计行业的职业道德要求是坚持原则、忠于职守、廉洁奉公、实事求是等,驾驶员的职业道德要求是遵守交通规则、文明行车等。

④纪律性的规范性

纪律也是一种行为规范,但它是介于法律和道德之间的一种特殊的规范。它既要求人们能自觉遵守,它又带有一定的强制性。就前者而言,它具有道德色彩;就后者而言,它又带有一定的法律色彩。就是说,一方面,遵守纪律是一种美德;另一方面,遵守纪律又带有强制性,具有法令的要求。例如,工人必须遵守操作规程和安全规定;军人要有严明的纪律等。因此,职业道德有时又以制度、章程、条例的形式表达,让从业人员认识到职业道德具有纪律的规范性。

(3)职业道德的作用

职业道德是社会道德体系的重要组成部分,它既具有社会道德的一般作用,又具有自身的特殊作用。具体表现如下。

①调节职业交往中从业人员内部以及从业人员与服务对象间的关系

职业道德的基本职能是调节职能。它一方面可以调节从业人员内部的关系,即运用职业道德规范约束职业内部人员的行为,促进职业内部人员的团结与合作。如职业道德规范要求各行各业的从业人员,都要团结互助、爱岗敬业、齐心协力地为发展本行业、本职业服务。另一方面,职业道德又可以调节从业人员和服务对象之间的关系。如职业道德规定了制造产品的工人要怎样对用户负责;营销人员怎样对顾客负责;医生怎样对病人负责;教师怎样对学生负责等。

②有助于维护和提高本行业的信誉

一个行业、一个企业的信誉,也就是它们的形象、信用和声誉,是指企业及其产品与服务在社会公众中的信任程度。提高企业产品质量和服务质量是提升企业信誉的主要手段,而从业人员职业道德水平也是产品质量和服务质量的有效保证。

③有助于促进本行业的健康发展

行业、企业的发展有赖于高的经济效益,而高的经济效益源于高的员工素质。员工素质主要包含知识、能力、责任心等方面,其中责任心是非常重要的。而职业道德水平的高低与从业人员的责任心密切相关。因此,职业道德有助于促进本行业的健康发展。

④有助于提高全社会的道德水平

职业道德是整个社会道德的主要内容之一。职业道德一方面涉及每个从业者如何对待职业、如何对待工作,同时也是一个从业人员的生活态度、价值观念的表现;是一个人的道德意识、道德行为发展的成熟阶段,具有较强的稳定性和连续性。另一方面,职业道德也是一个职业集体,甚至一个行业全体人员的行为表现。如果每个行业、每个职业集体都具备优良的道德,那么这将对整个社会道德水平的提高发挥重要作用。

2. 职业道德基本规范

(1)爱岗敬业

爱岗敬业就是热爱自己的工作岗位,尊重自己所从事职业的道德操守,在工作中弘扬工匠精神。一是热爱本职工作,做到乐业、勤业、精业、干一行爱一行;二是精益求精,即从业者对每件产品、每道工序都要有凝神聚力、追求极致的职业品质,“即使做一颗螺丝钉也要做到最好”;三是勇于创新,只有把工匠精神融入生产制造的每一个环节,追求完美,才有可能实现突破创新。

(2)诚实守信

诚实守信是为人处世的原则。诚实就是忠诚老实,不讲假话;守信就是信守诺言,说话算数,讲信誉,重信用,履行自己应承担的义务。简而言之就是“言必信,行必果”。诚实守信不仅是做人的准则,也是做事的原则,更是树立企业形象的根本。诚实守信要求从业人员做到诚信无欺、讲究质量、信守合同。诚信无欺即待人接物诚恳可信,不采用欺骗手段;讲究质量即要树立质量第一的观念,严把质量关;信守合同即要说到做到,言而有信,认真履行承诺或合同。

(3)办事公道

办事公道是指从业人员在办事情、处理问题时,要站在公正的立场上,按照同一标准和同一原则办事的职业道德规范。

办事公道要求从业人员做到客观公正,照章办事。客观公正即遇事从客观事实出发,并能做出客观、公正的判断和处理。照章办事就是按照规章制度来对待所有的当事人,不徇情枉法,不徇私舞弊。办事公道的核心就是要克服私心,正直公平。

(4)服务群众

服务群众就是为人民群众服务。服务群众要求做到热情周到,满足需要。热情周到即从业人员对服务对象报以主动、热情、耐心的态度,把群众当作亲人,服务细致周到,勤勤恳恳;满足需要即从业人员努力为群众提供方便,想群众之所想,急群众之所急,关心他人疾苦,主动为他人排忧解难。

(5)奉献社会

奉献社会就是全心全意为社会做贡献,是为人民服务精神的最高表现。奉献就是不期望等价的回报和酬劳,愿意为他人、为社会或为真理、为正义献出自己的力量,甚至宝贵的生命。奉献社会要求人们做到把公众利益、社会效益摆在第一位。奉献社会是职业道德的最高境界。

3. 焊工职业守则

(1)遵守法律、法规和相关规章制度。

(2)爱岗敬业,开拓创新。

(3)勤于学习专业业务,提高能力素质。

(4)重视安全环保,坚持文明生产。

(5)崇尚劳动光荣和精益求精的敬业风气,具有弘扬工匠精神和争做时代先锋的意识。

2.1.2　相关法律法规

1.《中华人民共和国特种设备安全法》

《中华人民共和国特种设备安全法》由中华人民共和国第十二届全国人民代表大会常务委员会第三次会议于2013年6月29日通过,自2014年1月1日起施行。

(1)本法的适用范围

①特种设备的生产(包括设计、制造、安装、改造、修理)、经营、使用、检验、检测和特种设备安全的监督管理,适用本法。

②特种设备是指对人身和财产安全有较大危险性的锅炉、压力容器(含气瓶)、压力管道、电梯、起重机械、客运索道、大型游乐设施、场(厂)内专用机动车辆,以及法律、行政法规规定适用本法的其他特种设备。

③国家对特种设备实行目录管理,特种设备目录由国务院负责特种设备安全监督管理的部门制定,报国务院批准后执行。

(2)特种设备生产、经营、使用、检验与检测的有关规定

①国家对特种设备的生产、经营、使用,实施分类的、全过程的安全监督管理。特种设备安全技术规范由国务院负责特种设备安全监督管理的部门制定。

②特种设备生产、经营、使用单位应当按照国家有关规定配备特种设备安全管理人员、检测人员和作业人员,并对其进行必要的安全教育和技能培训。

③特种设备安全管理人员、检测人员和作业人员应当按照国家有关规定取得相应资格,方可从事相关工作。特种设备安全管理人员、检测人员和作业人员应当严格执行安全技术规范与管理制度,保证特种设备安全。

④特种设备生产、经营、使用单位对其生产、经营、使用的特种设备应当进行自行检测和维护保养,对国家规定实行检验的特种设备应当及时申报并接受检验。

⑤特种设备采用新材料、新技术、新工艺,与安全技术规范的要求不一致,或者安全技术规范未作要求、可能对安全性能有重大影响的,应当向国务院负责特种设备安全监督管理的部门申报,由国务院负责特种设备安全监督管理的部门及时委托安全技术咨询机构或者相关专业机构进行技术评审,评审结果经国务院负责特种设备安全监督管理的部门批准,方可投入生产、使用。

(3)特种设备监督管理及事故处理的有关规定

①从事本法规定的监督检验、定期检验的特种设备检验机构,以及为特种设备生产、经营、使用提供检测服务的特种设备检测机构,应当具备相适应的检验、检测人员、仪器与设备、管理制度等条件,并经负责特种设备安全监督管理的部门核准,方可从事检验、检测工作。

②负责特种设备安全监督管理的部门依照本法规定,对特种设备生产、经营、使用单位和检验、检测机构实施监督检查,对学校、幼儿园以及医院、车站、客运码头、商场、体育场馆、展览馆、公园等公众聚集场所的特种设备,实施重点安全监督检查。

③负责特种设备安全监督管理的部门实施本法规定的许可工作,应当依照本法和其他有关法律、行政法规规定的条件和程序以及安全技术规范的要求进行审查;不符合规定的,不得许可。

④负责特种设备安全监督管理的部门在办理本法规定的许可时,其受理、审查、许可的程序必须公开,并应当自受理申请之日起三十日内,作出许可或者不予许可的决定;不予许可的,应当书面向申请人说明理由。

⑤负责特种设备安全监督管理的部门对依法办理使用登记的特种设备应当建立完整的监督管理档案和信息查询系统;对达到报废条件的特种设备,应当及时督促特种设备使用单位依法履行报废义务。

⑥县级以上地方各级人民政府及其负责特种设备安全监督管理的部门应当依法组织制定本行政区域内特种设备事故应急预案,建立或者纳入相应的应急处置与救援体系。

⑦特种设备使用单位应当制定特种设备事故应急专项预案,并定期进行应急演练。

⑧特种设备发生事故后,事故发生单位应当按照应急预案采取措施,组织抢救,防止事故扩大,减少人员伤亡和财产损失,保护事故现场和有关证据,并及时向事故发生地县级以上人民政府负责特种设备安全监督管理的部门和有关部门报告。

2.《中华人民共和国安全生产法》

为了加强安全生产工作,防止和减少生产安全事故,保障人民群众生命和财产安全,促进经济社会持续健康发展,制定本法。《中华人民共和国安全生产法》由中华人民共和国第九届全国人民代表大会常务委员会第二十八次会议于2002年6月29日通过，自2002年11月1日起施行。2014年8月31日第十二届全国人民代表大会常务委员会第十次会议通过了关于修改《中华人民共和国安全生产法》的决定，自2014年12月1日起施行。

(1)本法的适用范围

在中华人民共和国领域内从事生产经营活动的单位(以下统称生产经营单位)的安全生产，适用本法；有关法律、行政法规对消防安全和道路交通安全、铁路交通安全、水上交通安全、民用航空安全以及核与辐射安全、特种设备安全另有规定的，适用其规定。

(2)本法的一般规定

①安全生产工作应当以人为本，树牢安全发展理念，坚持安全第一、预防为主、综合治理的方针，强化和落实生产经营单位的主体责任，建立生产经营单位负责、职工参与、政府监管、行业自律和社会监督的机制。

②生产经营单位必须遵守本法和其他有关安全生产的法律、法规，加强安全生产管理，建立健全安全生产责任制和安全生产规章制度，改善安全生产条件，加强安全生产标准化建设，提高安全生产水平，确保安全生产。

③工会依法对安全生产工作进行监督。生产经营单位的工会依法组织职工参加本单位安全生产工作的民主管理和民主监督，维护职工在安全生产方面的合法权益。生产经营单位制定或者修改有关安全生产的规章制度，应当听取工会的意见。

④国务院和县级以上地方各级人民政府应当根据国民经济和社会发展规划制定安全生产规划，并组织实施。国务院和县级以上地方各级人民政府应当加强对安全生产工作的领导，支持、督促各有关部门依法履行安全生产监督管理职责，建立健全安全生产工作协调机制，及时协调、解决安全生产监督管理中存在的重大问题。

⑤乡镇人民政府和街道办事处以及开发区管理机构等地方人民政府的派出机关应当按照职责，加强对本行政区域内生产经营单位安全生产状况的监督检查，协助人民政府有关部门依法履行安全生产监督管理职责。

⑥国务院应急管理部门依照本法，对全国安全生产工作实施综合监督管理；县级以上地方各级人民政府应急管理部门依照本法，对本行政区域内安全生产工作实施综合监督管理。国务院有关部门依照本法和其他有关法律、行政法规的规定，在各自的职责范围内对有关行业、领域的安全生产工作实施监督管理；县级以上地方各级人民政府有关部门依照本法和其他有关法律、法规的规定，在各自的职责范围内对有关行业、领域的安全生产工作实施综合监督管理。

⑦生产经营单位应当具备本法和有关法律、行政法规和国家标准或者行业标准规定的安全生产条件；不具备安全生产条件的，不得从事生产经营活动。

⑧生产经营单位的全员安全生产责任制应当明确各岗位的责任人员、责任范围和考核标准等内容。生产经营单位应当建立相应的机制，加强对全员安全生产责任制落实情况的监督考核，保证全员安全生产责任制的落实。

(3)安全生产监督管理与事故处理的有关规定

①安全生产监督管理部门应当按照分类分级监督管理的要求，制定安全生产年度监督检查计划，并按照年度监督检查计划进行监督检查，发现事故隐患，应当及时处理。

②生产经营单位对负有安全生产监督管理职责的部门的监督检查人员(以下统称安全生产监督检查人员)依法履行监督检查职责,应当予以配合,不得拒绝、阻挠。

③安全生产监督检查人员应当忠于职守,坚持原则,秉公执法。安全生产监督检查人员执行监督检查任务时,必须出示有效的监督执法证件;对涉及被检查单位的技术秘密和业务秘密,应当为其保密。

④安全生产监督检查人员应当将检查的时间、地点、内容、发现的问题及其处理情况,作出书面记录,并由检查人员和被检查单位的负责人签字;被检查单位的负责人拒绝签字的,检查人员应当将情况记录在案,并向负有安全生产监督管理职责的部门报告。

⑤县级以上地方各级人民政府应当组织有关部门制定本行政区域内生产安全事故应急救援预案,建立应急救援体系。

⑥生产经营单位应当制定本单位生产安全事故应急救援预案,与所在地县级以上地方人民政府组织制定的生产安全事故应急救援预案相衔接,并定期组织演练。

⑦生产经营单位发生生产安全事故后,事故现场有关人员应当立即报告本单位负责人。单位负责人接到事故报告后,应当迅速采取有效措施,组织抢救,防止事故扩大,减少人员伤亡和财产损失,并按照国家有关规定立即如实报告当地负有安全生产监督管理职责的部门,不得隐瞒不报、谎报或者迟报,不得故意破坏事故现场、毁灭有关证据。

3.《中华人民共和国劳动法》

《中华人民共和国劳动法》是为了保护劳动者的合法权益,调整劳动关系,建立和维护适应社会主义市场经济的劳动制度,促进经济发展和社会进步,根据宪法,制定本法。

《中华人民共和国劳动法》于1994年7月5日由第八届全国人民代表大会常务委员会第八次会议通过。根据2009年8月27日第十一届全国人民代表大会常务委员会第十次会议通过的《全国人民代表大会常务委员会关于修改部分法律的决定》第一次修正。根据2018年12月29日第十三届全国人民代表大会常务委员会第七次会议通过的《全国人民代表大会常务委员会关于修改<中华人民共和国劳动法>等七部法律的决定》第二次修正。

(1)本法的适用范围

在中华人民共和国境内的企业、个体经济组织(以下统称用人单位)和与之形成劳动关系的劳动者,适用本法;国家机关、事业组织、社会团体和与之建立劳动合同关系的劳动者,依照本法执行。

(2)本法的一般规定

①劳动者享有平等就业和选择职业的权利、取得劳动报酬的权利、休息休假的权利、获得劳动安全卫生保护的权利、接受职业技能培训的权利、享受社会保险和福利的权利、提请劳动争议处理的权利以及法律规定的其他劳动权利。

②用人单位应当依法建立和完善规章制度,保障劳动者享有劳动权利和履行劳动义务。

③劳动者有权依法参加和组织工会。

④国务院劳动行政部门主管全国劳动工作。县级以上地方人民政府劳动行政部门主管本行政区域内的劳动工作。

(3)劳动合同

①劳动合同是劳动者与用人单位确立劳动关系、明确双方权利和义务的协议。建立劳动关系应当订立劳动合同。

②订立和变更劳动合同,应当遵循平等自愿、协商一致的原则,不得违反法律、行政法规的规定。劳动合同依法订立即具有法律约束力,当事人必须履行劳动合同规定的义务。

③劳动合同应当以书面形式订立,并具备以下条款:劳动合同期限;工作内容;劳动保护和劳动条件;劳动报酬;劳动纪律;劳动合同终止的条件;违反劳动合同的责任。劳动合同除规定的必备条款外,当事人可以协商约定其他内容。

④劳动合同的期限分为有固定期限、无固定期限和以完成一定的工作为期限。

⑤劳动合同可以约定试用期,但试用期最长不得超过六个月。

⑥劳动合同期满或者当事人约定的劳动合同终止条件出现,劳动合同即行终止。经劳动合同当事人协商一致,劳动合同可以解除。

⑦劳动者有下列情形之一的,用人单位不得依据本法规定解除劳动合同:患职业病或者因工负伤并被确认丧失或者部分丧失劳动能力的;患病或者负伤,在规定的医疗期内的;女职工在孕期、产期、哺乳期内的;法律、行政法规规定的其他情形。

(4)工作时间和休息休假

①国家实行劳动者每日工作时间不超过八小时、平均每周工作时间不超过四十四小时的工时制度。

②用人单位在元旦、春节、国际劳动节、国庆节,以及法律、法规规定的其他休假节日应当依法安排劳动者休假。

③用人单位应当保证劳动者每周至少休息一日。

④国家实行带薪年休假制度,劳动者连续工作一年以上的,享受带薪年休假。

⑤用人单位由于生产经营需要,经与工会和劳动者协商后可以延长工作时间,一般每日不得超过一小时;因特殊原因需要延长工作时间的,在保障劳动者身体健康的条件下延长工作时间每日不得超过三小时,但是每月不得超过三十六小时。

⑥延长工作时间的劳动者有权获得相应的报酬。

(5)工资

①工资分配应当遵循按劳分配原则,实行同工同酬。工资水平在经济发展的基础上逐步提高。国家对工资总量实行宏观调控。

②用人单位自主确定本单位的工资分配方式和工资水平。

③国家实行最低工资保障制度。用人单位支付劳动者的工资不得低于当地最低工资标准。

④劳动者在法定休假日和婚丧假期间以及依法参加社会活动期间,用人单位应当依法支付工资。

4.《中华人民共和国劳动合同法》

《中华人民共和国劳动合同法》是为了完善劳动合同制度,明确劳动合同双方当事人的权利和义务,保护劳动者的合法权益,构建和发展和谐稳定的劳动关系而制定的。《中华人民共和国劳动合同法》由第十届全国人民代表大会常务委员会第二十八次会议于 2007 年 6

月29日通过,自2008年1月1日起施行。2012年12月28日第十一届全国人民代表大会常务委员会第三十次会议通过《全国人民代表大会常务委员会关于修改<中华人民共和国劳动合同法>的决定》,自2013年7月1日起施行。

(1)本法的适用范围

①中华人民共和国境内的企业、个体经济组织、民办非企业单位等组织(以下称用人单位)与劳动者建立劳动关系,订立、履行、变更、解除或者终止劳动合同,适用本法。

②国家机关、事业单位、社会团体和与其建立劳动关系的劳动者,订立、履行、变更、解除或者终止劳动合同,依照本法执行。

(2)本法的一般规定

①订立劳动合同,应当遵循合法、公平、平等自愿、协商一致、诚实信用的原则。依法订立的劳动合同具有约束力,用人单位与劳动者应当履行劳动合同约定的义务。

②用人单位应当依法建立和完善劳动规章制度,保障劳动者享有劳动权利、履行劳动义务。用人单位应当将直接涉及劳动者切身利益的规章制度和重大事项决定公示,或者告知劳动者。

③县级以上人民政府劳动行政部门会同工会和企业方面代表,建立健全协调劳动关系三方机制,共同研究解决有关劳动关系的重大问题。

④工会应当帮助、指导劳动者与用人单位依法订立和履行劳动合同,并与用人单位建立集体协商机制,维护劳动者的合法权益。

(3)劳动合同的订立

①用人单位自用工之日起即与劳动者建立劳动关系。用人单位应当建立职工名册备查。

②建立劳动关系,应当订立书面劳动合同。已建立劳动关系,未同时订立书面劳动合同的,应当自用工之日起一个月内订立书面劳动合同。用人单位与劳动者在用工前订立劳动合同的,劳动关系自用工之日起建立。

③劳动合同由用人单位与劳动者协商一致,并经用人单位与劳动者在劳动合同文本上签字或者盖章生效。

④劳动合同应当具备以下条款。

a. 用人单位的名称、住所和法定代表人或者主要负责人。

b. 劳动者的姓名、住址和居民身份证或者其他有效身份证件号码。

c. 劳动合同期限。

d. 工作内容和工作地点。

e. 工作时间和休息休假。

f. 劳动报酬。

g. 社会保险。

h. 劳动保护、劳动条件和职业危害防护。

i. 法律、法规规定应当纳入劳动合同的其他事项。

(4)劳动合同的履行和变更

①用人单位与劳动者应当按照劳动合同的约定,全面履行各自的义务。

②用人单位应当按照劳动合同约定和国家规定,向劳动者及时足额支付劳动报酬。

③用人单位应当严格执行劳动定额标准,不得强迫或者变相强迫劳动者加班。用人单位安排加班的,应当按照国家有关规定向劳动者支付加班费。

④劳动者拒绝用人单位管理人员违章指挥、强令冒险作业的,不视为违反劳动合同。劳动者对危害生命安全和身体健康的劳动条件,有权对用人单位提出批评、检举和控告。

⑤用人单位变更名称、法定代表人、主要负责人或者投资人等事项,不影响劳动合同的履行。

⑥用人单位发生合并或者分立等情况,原劳动合同继续有效,劳动合同由承继其权利和义务的用人单位继续履行。

(5)劳动合同的解除和终止

①用人单位与劳动者协商一致,可以解除劳动合同。

②劳动者提前三十日以书面形式通知用人单位,可以解除劳动合同。劳动者在试用期内提前3日通知用人单位,可以解除劳动合同。

③劳动者有下列情形之一的,用人单位可以解除劳动合同。

a.在试用期间被证明不符合录用条件的。

b.严重违反用人单位的规章制度的。

c.严重失职,营私舞弊,给用人单位造成重大损害的。

d.劳动者同时与其他用人单位建立劳动关系,对完成本单位的工作任务造成严重影响,或者经用人单位提出,拒不改正的。

e.因本法规定的情形致使劳动合同无效的。

f.被依法追究刑事责任的。

④劳动者有下列情形之一的,用人单位不得依照规定解除劳动合同。

a.从事接触职业病危害作业的劳动者未进行离岗前职业健康检查,或者疑似职业病病人在诊断或者医学观察期间的。

b.在本单位患职业病或者因工负伤并被确认丧失或者部分丧失劳动能力的。

c.患病或者非因工负伤,在规定的医疗期内的。

d.女职工在孕期、产期、哺乳期的。

e.在本单位连续工作满十五年,且距法定退休年龄不足五年的。

f.法律、行政法规规定的其他情形。

5.《特种设备焊接操作人员考核细则》

(1)根据中华人民共和国质量监督检验检疫总局颁布的TSG Z6002—2010《特种设备焊接操作人员考核细则》规定,从事锅炉、压力容器(含气瓶)、压力管道(以下统称为承压类设备)和电梯、起重机械、客运索道、大型游乐设施、场(厂)内机动车辆(以下统称机电类设备)的焊接操作人员(以下简称焊工),若从事下列焊缝焊接工作,应按照本细则培训考核合格,持有《特种设备作业人员证》方可上岗作业。

①承压类设备的受压元件焊缝、与受压元件相焊的焊缝、受压元件母材表面堆焊。

②机电类设备的主要受力结构(部)件焊缝,与主要受力结构(部)件相焊的焊缝。

③熔入前两项焊缝内的定位焊缝。

(2)申请考试的焊工,应具有初中以上(含初中)文化程度或同等学力,身体健康,能严格按照焊接工艺规程进行操作,独立承担焊接工作。所取得的《特种设备作业人员证》在全国各地同等有效。《特种设备作业人员证》每四年复审一次。对于持证的年龄超过55岁的焊工,需要继续从事特种设备焊接作业,根据情况由发证机关决定是否需要进行考试。

(3)焊工考试包括基本知识考试和焊接操作技能考试两部分。

①焊工基本知识考试范围

a. 特种设备的分类、特点和焊接要求。

b. 金属材料的分类、牌号、化学成分、使用性能、焊接特点和焊后热处理。

c. 焊接材料(包括焊条、焊丝、焊剂和气体等)类型、型号、牌号、性能、使用和保管。

d. 焊接设备、工具和测量仪表的种类、名称、使用与维护。

e. 常用焊接方法的特点、焊接工艺参数、焊接顺序、操作方法与焊接质量的影响因素。

f. 焊缝形式、接头形式、坡口形式、焊缝符号与图样识别。

g. 焊接缺陷的产生原因、危害、预防方法和返修。

h. 焊缝外观检查方法和要求,无损检测方法的特点、适用范围。

i. 焊接应力和变形的产生原因与预防方法。

j. 焊接质量控制系统、规章制度、工艺纪律基本要求。

k. 焊接作业指导书、焊接工艺评定。

l. 焊接安全和规定。

m. 特种设备法律、法规和标准。

n. 法规、安全技术规范有关焊接作业人员考核和管理规定。

②焊接操作技能考试

按照标准要求,根据焊接方法、试件材料、填充金属、试件类别等不同因素来进行操作技能考试。

每种焊接方法又可分为手工焊、机动焊和自动焊等操作方式。焊接方法及代号见表2-1。

表2-1 焊接方法及代号

焊接方法	代号
焊条电弧焊	SMAW
气焊	OFW
非熔化极气体保护焊(钨极气体保护焊)	GTAW
熔化极气体保护焊	GMAW(含药芯焊丝电弧焊 FCAW)
埋弧焊	SAW
电渣焊	ESW
等离子弧焊	PAW
气电立焊	EGW
摩擦焊	FRW

表 2-1(续)

焊接方法	代号
螺柱电弧焊	SW

试件材料包括低碳钢、低合金钢、不锈钢,以及铜、镍、铝、钛及其合金等。填充金属有钢焊条、焊丝,铜、镍及其合金的焊条、焊丝,以及铝、钛及其合金的焊丝等。试件类别有板材焊缝试件、管材焊缝试件、管板角接头试件、螺柱焊试件等。焊接操作技能考试试件形式如图 2-1 所示。

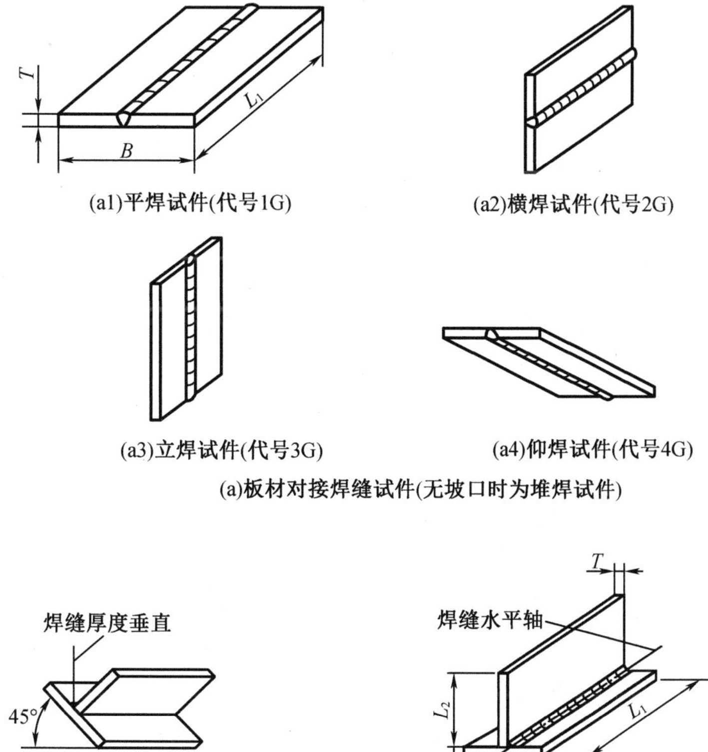

(a1)平焊试件(代号1G)　(a2)横焊试件(代号2G)

(a3)立焊试件(代号3G)　(a4)仰焊试件(代号4G)

(a)板材对接焊缝试件(无坡口时为堆焊试件)

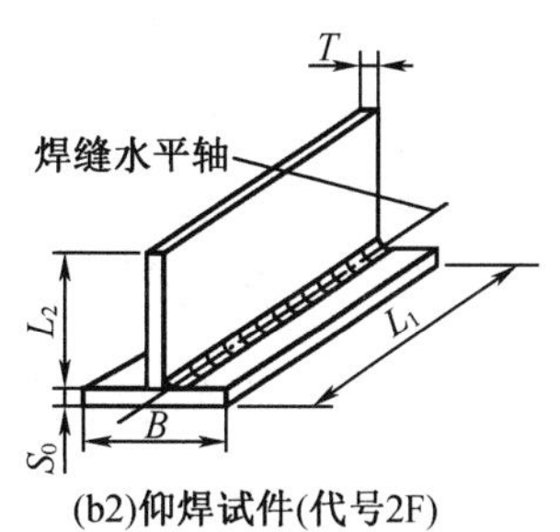

(b1)平焊试件(代号1F)　(b2)仰焊试件(代号2F)

焊缝垂直轴

(b3)立焊试件(代号3F)

(b4)仰焊试件(代号4F)

(b)板材角焊缝试件

图 2-1　焊接操作技能考试试件形式

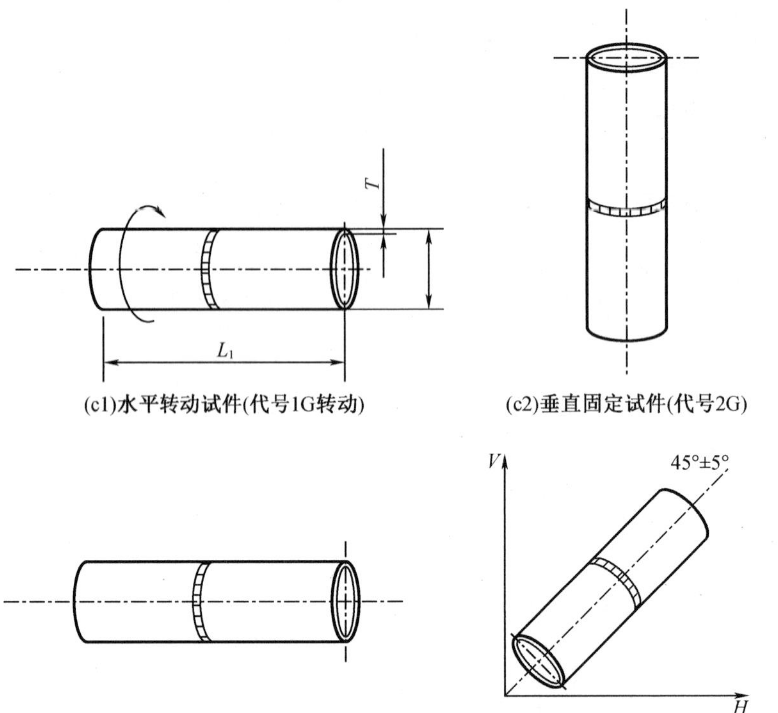

(c1)水平转动试件(代号1G转动)　(c2)垂直固定试件(代号2G)

(c3)水平固定试件(代号5G、5GX，向下焊)　(c4)45°固定试件(代号6G、6GX，向下焊)

(c)管材对接焊缝试件(无坡口时为堆焊试件)

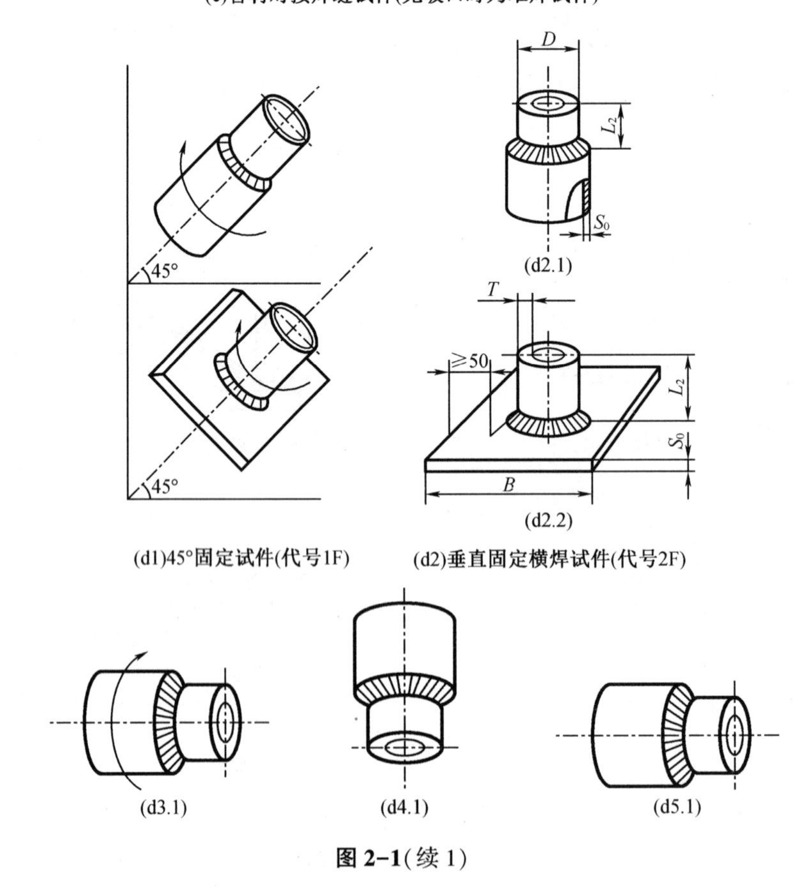

(d1)45°固定试件(代号1F)　(d2)垂直固定横焊试件(代号2F)

图 2-1(续 1)

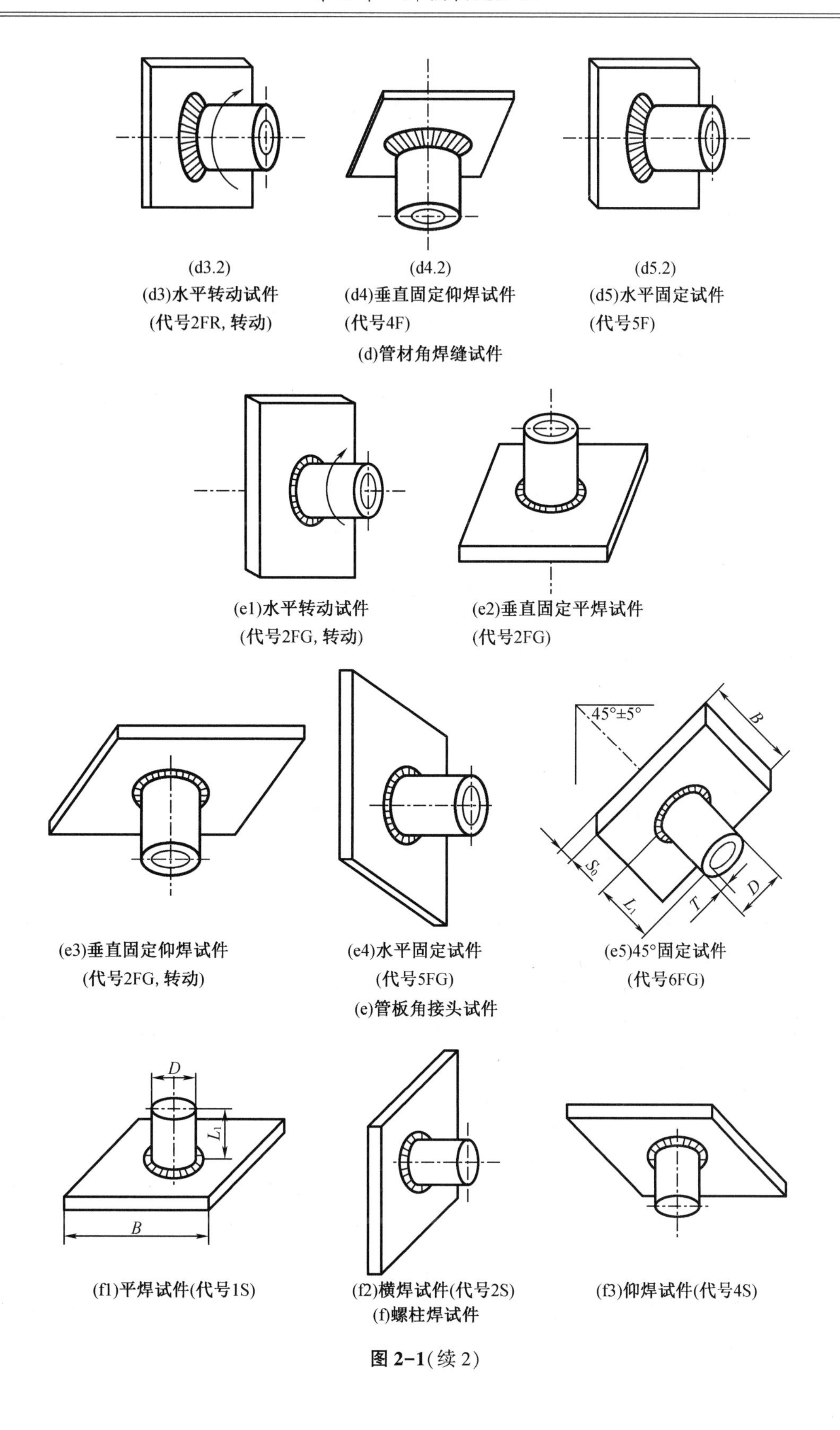

(d3.2)
(d3)水平转动试件
(代号2FR, 转动)

(d4.2)
(d4)垂直固定仰焊试件
(代号4F)

(d5.2)
(d5)水平固定试件
(代号5F)

(d)管材角焊缝试件

(e1)水平转动试件
(代号2FG, 转动)

(e2)垂直固定平焊试件
(代号2FG)

(e3)垂直固定仰焊试件
(代号2FG, 转动)

(e4)水平固定试件
(代号5FG)

(e5)45°固定试件
(代号6FG)

(e)管板角接头试件

(f1)平焊试件(代号1S)

(f2)横焊试件(代号2S)

(f3)仰焊试件(代号4S)

(f)螺柱焊试件

图 2-1(续 2)

2.2 识 图 知 识

2.2.1 机械制图基础知识

1. 制图常识

图样是工程技术界的共同语言，为了便于指导生产和对外交流，国家标准对图样上的有关内容做了统一规定，每个从事技术工作的人员都必须掌握并遵守。

(1)图纸的幅面和格式(参见标准 GB/T 14689—2008《技术制图 图纸幅面和格式》)

①图纸幅面

图纸幅面是指绘制图样所采用的图纸规格。绘制图样时，应优先采用表 2-2 中规定的图纸基本幅面。

表 2-2 图纸幅面及图框格式尺寸

<table>
<tr><th rowspan="2">幅面代号</th><th>幅面尺寸/mm</th><th colspan="3">周边尺寸/mm</th></tr>
<tr><th>B×L</th><th>a</th><th>c</th><th>e</th></tr>
<tr><td>A0</td><td>841×1 189</td><td rowspan="5">25</td><td rowspan="3">10</td><td rowspan="2">20</td></tr>
<tr><td>A1</td><td>594×841</td></tr>
<tr><td>A2</td><td>420×594</td><td rowspan="3">10</td></tr>
<tr><td>A3</td><td>297×420</td><td rowspan="2">5</td></tr>
<tr><td>A4</td><td>210×297</td></tr>
</table>

在基本幅面图纸中，A0 幅面为 1 m^2，A1 图纸的面积是 A0 的 1/2，A2 图纸的面积是 A1 的 1/2，其余以此类推。必要时，图纸幅面的尺寸允许加长，但须按基本幅面的短边整数倍加长，如图 2-2 所示。

②图框格式

在图纸上必须用粗实线绘制出图框。图框有两种格式：留装订边和不留装订边。同一产品的所有图样只能采用一种格式。留装订边的图纸，图框格式如图 2-3 所示，不留装订边的图纸，图框格式如图 2-4 所示，尺寸均按图 2-2 的规定画出。

(2)标题栏(参见 GB/T 10609.1—2008《技术制图 标题栏》)

为了便于图样的管理及查阅，每张图必须有标题栏。通常标题栏位于图框的右下角。国家标准规定的标题栏格式举例如图 2-5 所示。

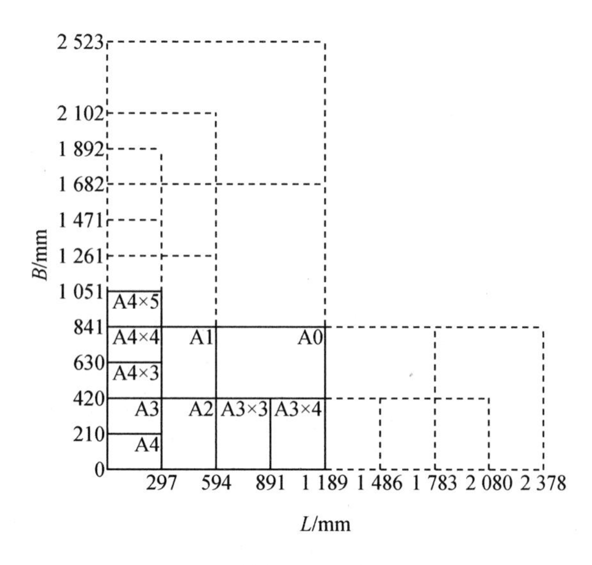

图 2-2　基本幅面与加强幅面

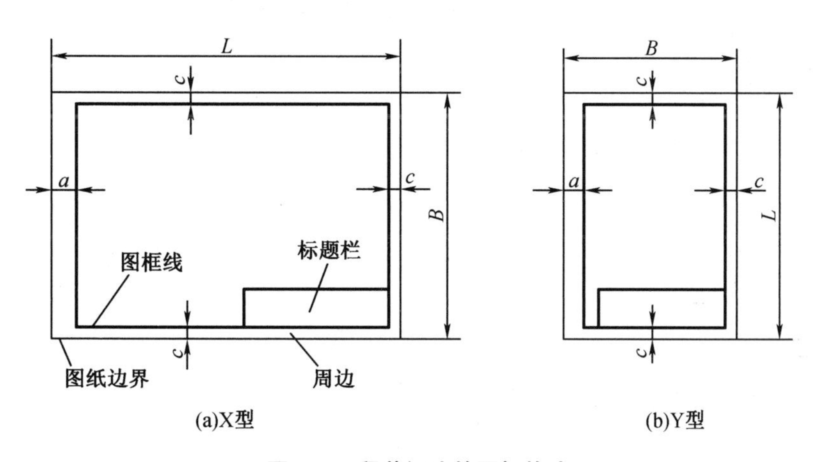

(a)X型　(b)Y型

图 2-3　留装订边的图框格式

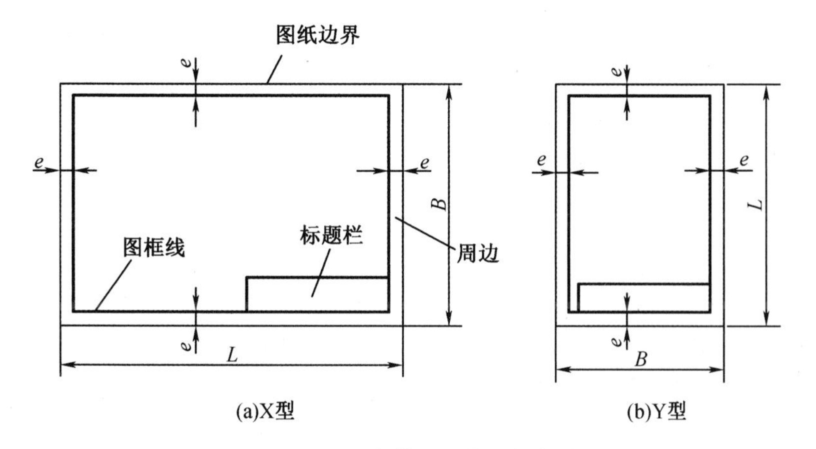

(a)X型　(b)Y型

图 2-4　不留装订边的图框格式

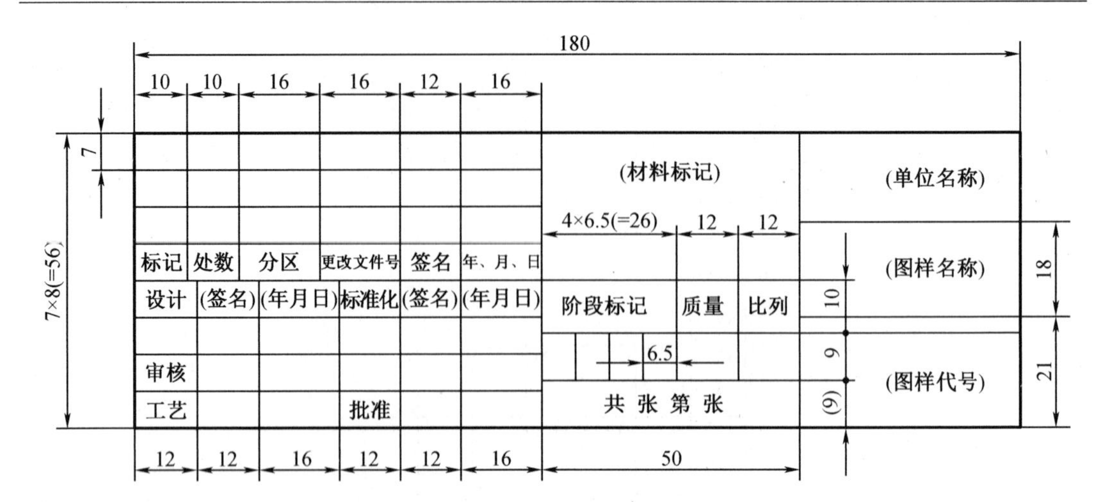

图 2-5 标题栏格式举例(单位:mm)

2. 比例(参见 GB/T 14690—1993《技术制图 比例》)

图样的比例是图中图形与其实物相应要素的线性尺寸之比。比例分为以下三种。

(1)原值比例。比值为1的比例,即 1∶1。

(2)放大比例。比值大于 1 的比例,如 2∶1等。

(3)缩小比例。比值小于 1 的比例,如 1∶2等。

不论放大或缩小,在图样上标注的尺寸均为工件的实际大小,而与图样比例无关。比例一般注写在标题栏的比例栏内。绘制图样时,应从表 2-3 的规定中选取适当的比例。

表 2-3 标准比例

种类	优先选用比例系列	允许选用比例系列
原值比例	1∶1	—
放大比例	2∶1,5∶1,1×10^n∶1,2×10^n∶1,5×10^n∶1	2.5∶1,4∶1,2.5×10^n∶1,4×10^n∶1
缩小比例	1∶2,1∶5,1∶1×10^n,1∶2×10^n,1∶5×10^n	1∶1.5,1∶2.5,1∶3,1∶4,1∶6,1∶1.5×10^n, 1∶2.5×10^n,1∶3×10^n,1∶4×10^n,1∶6×10^n

注:n 为正整数。

3. 图线

为了使图样清晰和便于看图,GB/T 4457.4—2002《机械制图 图样 画法 图线》、GB/T 17450—1998《技术制图 图线》规定了绘图时应用的 15 种基本线型。用于机械图样中的线型见表 2-4。各种图线的应用举例如图 2-6 所示。

表 2-4　用于机械图样中的线型

图线名称	图线型式	图线宽度	一般应用举例
粗实线	————	粗(d)	可见轮廓线
细实线	————	细($d/2$)	尺寸线及尺寸界线 剖面线 重合断面的轮廓线 过渡线
细虚线	----------	细($d/2$)	不可见轮廓线
细点画线	——·——·——	细($d/2$)	轴线 对称中心线
粗点画线	——·——·——	粗(d)	限定范围的表示线
细双点画线	——··——··——	细($d/2$)	相邻辅助零件的轮廓线 轨迹线 可动零件极限位置的轮廓线 中断线
波浪线	～～～	细($d/2$)	断裂处的边界线 视图与剖视图的分界线
双折线	—√—√—	细($d/2$)	断裂处的边界线 视图与剖视图的分界线
粗虚线	----------	粗(d)	允许表面处理的表示线

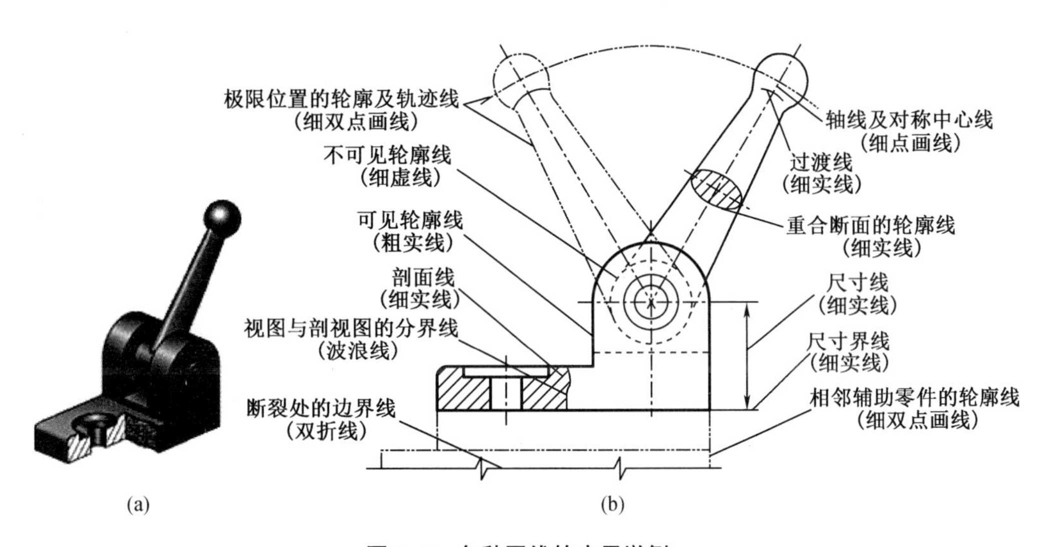

图 2-6　各种图线的应用举例

4. 投影的基本原理

(1)投影法及分类

①投影法

光线沿一定方向通过形体上各个顶点及各条棱线与画面相交,产生交点和交线,这些交点和交线即为形体上的顶点与棱线在画面上的投影。这些投影构成了一个能够反映该形体形状的“线框图”,这个线框图被称为该形体的“投影”。通过形体上某一点的投射线与投影面相交所得的交点就是该点的投影。这种把空间形体转化为平面图形的方法就叫投影法。

形体、投射线、投影面被称为投影三要素,这些要素的改变会引起投影的改变,而形成不同的投影。

②投影法的分类

投影法一般分为中心投影法和平行投影法两类。

a. 中心投影法

中心投影法的投射线汇交于一点(相当于点光源发出的光线),如图 2-7 所示。△*ABC* 在 *H* 面上的投影 *abc* 称为形体的中心投影,做出中心投影的方法称为中心投影法。

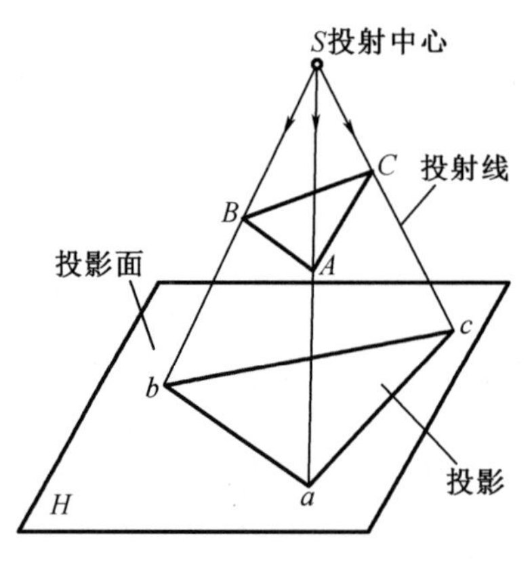

图 2-7 中心投影法

b. 平行投影法

当投影中心移至无限远处时,投射线按一定方向平行地投射下来,用平行投射线做出形体的投影方法称为平行投影法,如图 2-8 所示。

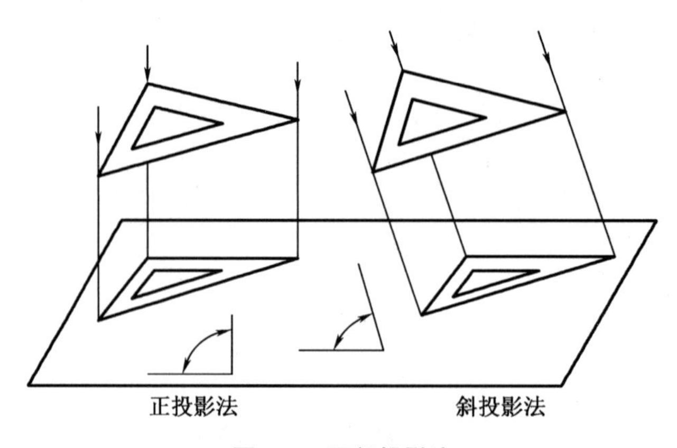

图 2-8 平行投影法

根据投射线与投影面的相对位置关系,平行投影法分为正投影法(又叫直角投影)和斜投影法(又叫斜角投影)两种。当投射线与投影面垂直时为正投影法,当投射线与投影面倾斜时为斜投影法。

(2)三视图

①三视图的形成

a. 三投影面体系的建立

如图 2-9 所示,3 个相互垂直相交的投影面组成三投影面体系,其中,正立投影面简称正面,用 V 表示;水平投影面简称水平面,用 H 表示;侧立投影面简称侧面,用 W 表示。3 个投影面两两相交,交线 OX、OY、OZ 称为投影轴,3 个投影轴相互垂直且交于点 O,点 O 称为原点。

b. 物体在三投影面体系中的投影

如图 2-9(a)所示,将物体置于三投影面体系中,按正投影法分别向 V、H、W 3 个投影面进行投影,即可得到物体的相应投影,该投影也称为视图。

将物体从前向后投射,在 V 面上所得的投影称为正面投影(也称主视图);将物体从上向下投射,在 H 面上所得的投影称为水平投影(也称俯视图);将物体从左向右投射,在 W 面上所得的投影称为侧面投影(也称左视图)。

为了便于画图,需将 3 个相互垂直的投影面展开,如图 2-9(b)所示,V 面保持不动,H 面绕 OX 轴向下旋转 90°,W 面绕 OZ 轴向右旋转 90°,使 H 面、W 面与 V 面处于同一个平面。展开后,主视图、俯视图和左视图的相对位置如图 2-9(c)所示。需要注意的是,当投影面展开时,OY 轴被分为两处,随 H 面旋转的用 OYH 表示,随 W 面旋转的用 OYW 表示。为简化作图,在画三视图时不必画出投影面的边框线和投影轴,如图 2-9(d)所示。

②三视图之间的关系

a. 三视图之间的位置关系

由投影面的展开过程可以看出,三视图之间的位置关系是以主视图为准,俯视图在主视图的正下方,左视图在主视图的正右方。按此规定配置时,不必标注视图名称。

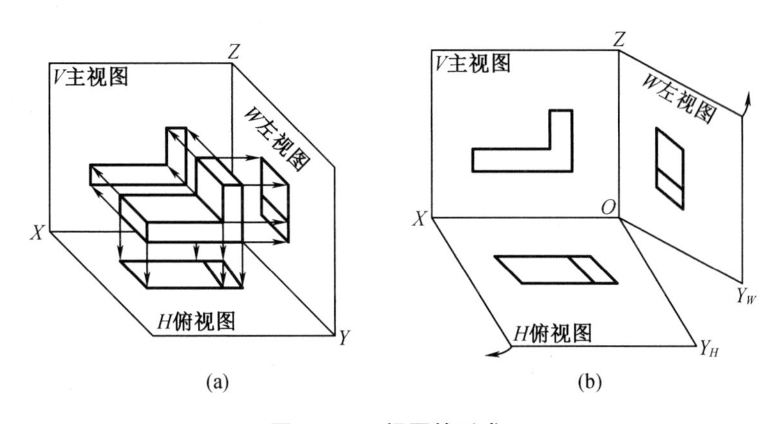

图 2-9　三视图的形成

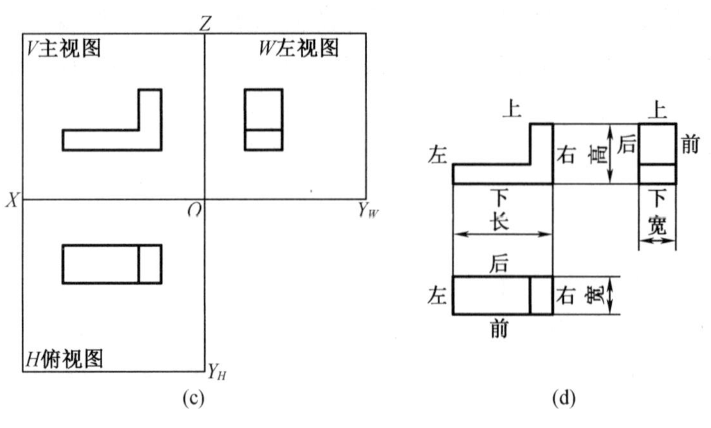

图 2-9(续)

b. 三视图之间的投影规律

从三视图的形成过程可以看出,主视图和俯视图反映了物体的长度,主视图和左视图反映了物体的高度,俯视图和左视图反映了物体的宽度。由此可以归纳出主、俯、左三个视图之间的投影关系为:主、俯视图长对正,主、左视图高平齐,俯、左视图宽相等,即长对正、高平齐、宽相等。三视图之间的这种投影规律也称为三视图之间的三等关系(三等规律)。应当注意,这种关系无论是对整个物体还是对物体的局部均成立,如图 2-9(d)所示。

c. 三视图反映物体方位的投影规律

物体有上、下、左、右、前、后 6 个方位,左、右为长,上、下为高,前、后为宽,或者说长分左、右,宽分前、后,高分上、下。每个视图只能反映物体空间内的 4 个方位:主视图反映物体的上、下和左、右方位;俯视图反映物体的前、后和左、右方位;左视图反映物体的上、下和前、后方位。在看图和画图时必须注意,以主视图为准,俯、左视图远离主视图的一侧表示物体的前面,靠近主视图的一侧表示物体的后面。

d. 三视图反映物体形状的投影规律

一般情况下,物体有 6 面(上、下、左、右、前、后)外形和 3 个方向(主视含长和高,俯视含宽和长,左视含高和宽)上的内形。每个视图只能反映物体的两面外形和一个方向上的内形:主视图反映物体的前、后外形和主视方向上的内形;俯视图反映物体的上、下外形和俯视方向上的内形;左视图反映物体的左、右外形和左视方向上的内形。由前述三视图的投影规律可知:物体 3 个方向的尺寸和 6 个方位由 2 个视图就能确定,而物体的形状一般需要 3 个视图才能确定。

(3)剖视图

①剖视图的形成

在视图中,对零件内部看不见的结构形状用虚线表示。当零件内部结构比较复杂时,在视图上就会有较多的虚线,有时甚至与外形轮廓线相互重叠,使图形很不清楚,增大看图困难。为避免上述情况,采用剖视的方法来表达零件的内部结构形状,即采用假想的剖切面将零件剖开,移去观察者和剖切面之间的部分,将余下部分向投影面投影,所得的视图称为剖视图。

如图 2-10(a)所示,假想用一个剖切面 A(正平面),对零件的前后对称平面进行剖切,这时零件被分为前后两部分，将观察者和剖切面之间的部分（前半部分）移去，而将其余部分向投影面投射，就得到如图 2-10(c)所示的剖视图。

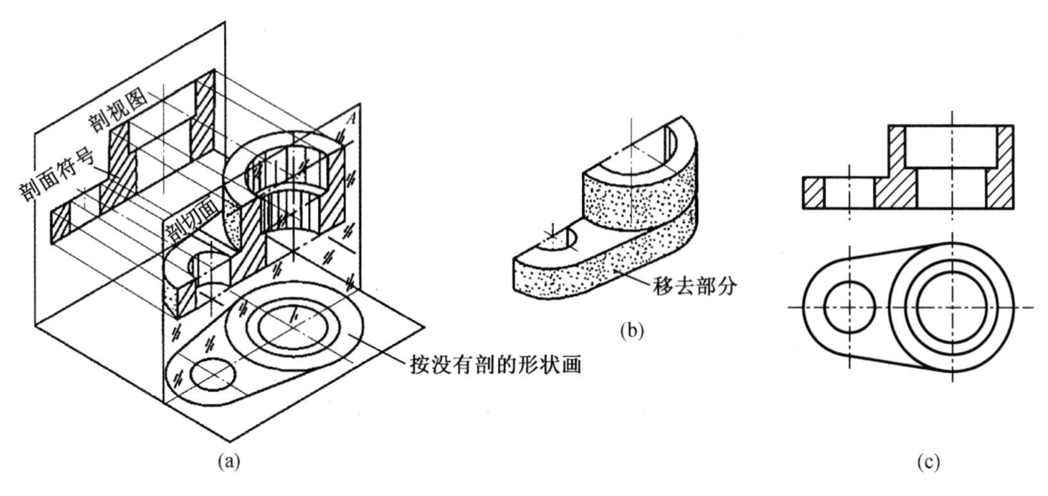

图 2-10　剖视图的形成

②剖视图的要点

a. 找剖切面位置。剖切面位置常常选择零件的对称平面或某一轴线。

b. 明确剖视图是零件剖切后的可见轮廓的投影。

c. 看剖面符号。当图中的剖面符号是与水平方向成 45°的细实线时，则知零件是金属材料。其他材料的剖面符号可查阅相关标准与资料。

d. 剖视图上通常没有虚线。

③剖视图标注

a. 剖切位置。通常以剖切面与投影面的交线表示剖切位置。在它的起讫处用加粗的短实线表示，但不与图形轮廓线相交。

b. 投影方向。在剖切位置线的两端，用箭头表示剖切后的投影方向。

c. 剖视图名称。在箭头的外侧用相同的大写字母标注，并在相应的剖视图上标出“*X*—*X*”字样，若在同一张图上有若干个剖视图，则其名称的字母不得重复。

④剖视图的种类

常见的剖视图有全剖视图、半剖视图和局部剖视图。

a. 全剖视图

用剖切平面把零件完全地剖开后所得的剖视图，称为全剖视图。不同的剖切平面位置可得到不同的全剖视图。

b. 半剖视图

在具有对称平面的零件上，用一个剖切平面将零件剖开，去掉零件前半部分的一半，一半表达外形，另一半表达内形，这种一半剖视另一半视图的组合图形，称为半剖视图。

c. 局部剖视图

在零件的某一局部，用一个剖切平面将零件的局部剖开，表达其内部结构，并以波浪线分界以示剖切范围，这种剖视图称为局部剖视图。

5. 常用零件在图样上的表示法

(1)螺纹的表示法

螺纹不按真实形状投射作图，而是采用规定画法绘制，以简化作图。

①外螺纹画法

a. 外螺纹的牙顶（大径 d）和螺纹终止线用粗实线表示；牙底（小径 d_1）用细实线表示（小径通常按大径的 0.85 倍绘画）。与轴线平行的投影面视图中表示牙底的细实线应画入倒角内，如图 2-11 所示。

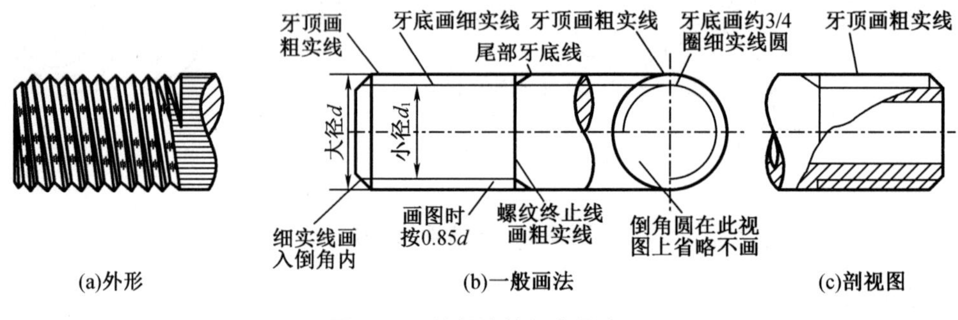

图 2-11　外螺纹的规定画法

b. 投影为圆的视图上，表示牙底（小径）的细实线圆只画约 3/4 圈，螺杆的倒角圆省略不画，如图 2-11 所示。

c. 螺纹收尾一般省略不画，当需要表示时，尾部的牙底线用与轴线成 30°角的细实线绘制。

d. 当螺纹被剖切时，其剖视图和断面图的画法如图 2-11(c)所示。其剖面线应画到大径的实线，螺纹终止线仍画粗实线。

②内螺纹画法

a. 内螺纹通常采用剖视画法，牙顶（小径 D_1）和螺纹终止线用粗实线表示，牙底（大径 D）用细实线表示，剖面线应画到小径的粗实线，如图 2-12(a)所示。

b. 在投影为圆的视图上，表示牙底（大径 D）的细实线圆只画约 3/4 圈，孔口倒角圆省略不画，如图 2-12(a)所示。

c. 绘画不通孔的内螺纹，一般把钻孔深度与螺纹部分深度分别画出，底部由钻头形成的锥顶角，按 120°画出，如图 2-12(b)所示。

d. 不可见螺纹的所有图线用虚线绘制，如图 2-12(c)所示。

③螺纹连接画法

画内、外螺纹连接时，一般采用剖视图。旋合部分按外螺纹绘制，未旋合部分按各自规定的画法绘制，同时应注意表示内、外螺纹牙顶和牙底的粗、细实线应对齐。螺纹连接画法如图 2-13 所示。

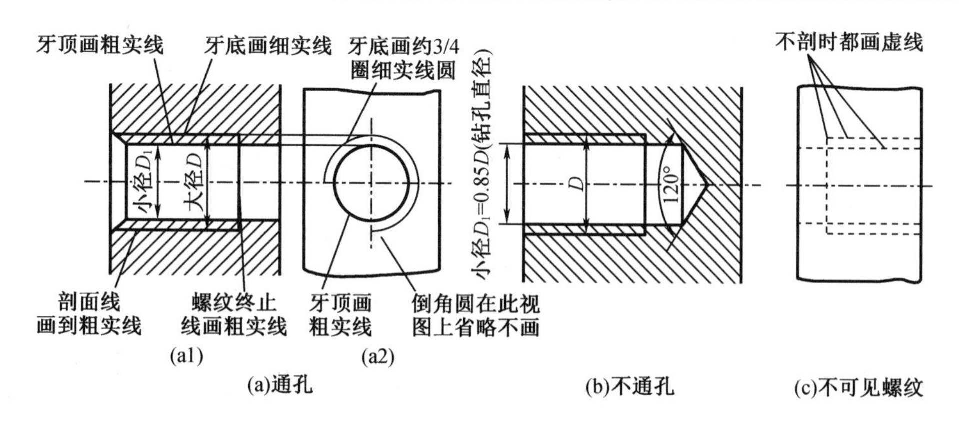

图 2–12　内螺纹的规定画法

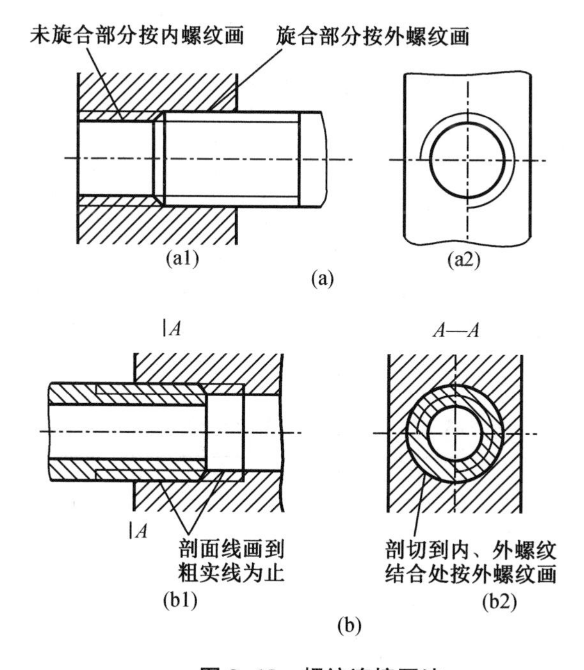

图 2–13　螺纹连接画法

④常用螺纹的标注

一般完整的螺纹标记,由螺纹代号、公差带代号、旋合长度代号和旋向代号组成,每部分用横线隔开。普通螺纹、梯形螺纹、锯齿形螺纹的螺纹标记的构成,如图 2–14 所示。

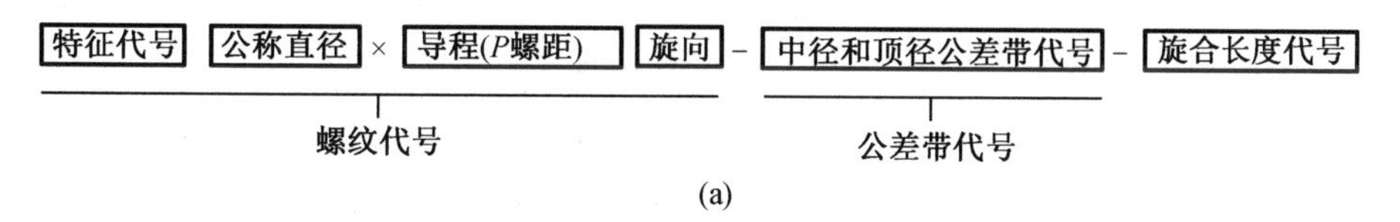

图 2–14　普通螺纹、梯形螺纹、锯齿形螺纹的螺纹标记的构成

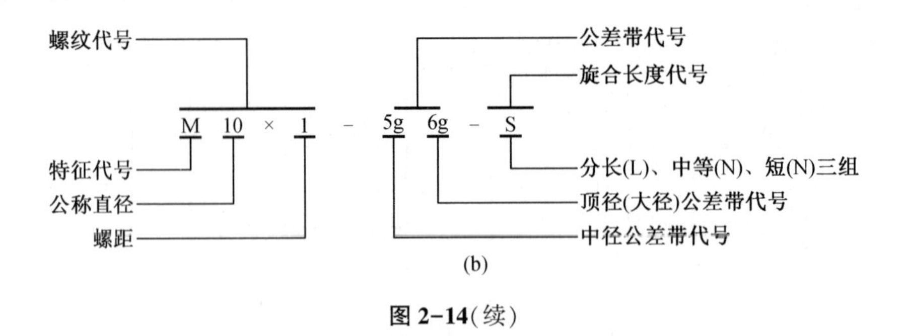

图 2-14(续)

a. 普通螺纹的特征代号为“M”，梯形螺纹的特征代号为“Tr”，锯齿形螺纹的特征代号为“B”。

b. 普通螺纹的螺距有粗牙和细牙两种，粗牙螺距不标注，细牙必须标注出螺距。单线螺纹只标注螺距，多线螺纹需标注导程和螺距。

c. 左旋螺纹要标注 LH，右旋螺纹不标注旋向代号。

d. 螺纹公差带代号包括中径和顶径公差带代号，如 5g6g。5g 表示中径公差带代号，6g 表示顶径公差带代号。如果中径与顶径公差带代号相同，则只标注一个代号。梯形螺纹、锯齿形螺纹只标注中径公差带代号。

e. 普通螺纹的旋合长度规定为短(S)、中等(N)、长(L)三组，中等旋合长度(N) 省略标注。梯形螺纹、锯齿形螺纹只分中等(N)和长(L)两组，中等旋合长度(N)省略标注。

常用螺纹的标注和识读示例见表 2-5。

表 2-5 常用螺纹的标注和识读示例

螺纹类别		特征代号	牙型	标注示例	说明
普通螺纹	粗牙	M	60°	M24-5g6g-S	表示公称直径为 24 mm 的右旋粗牙普通外螺纹，中径公差带代号为 5g，顶径公差带代号为 6g，短旋合长度
	细牙			M24×2-6H	表示公称直径为 24 mm，螺距为 2 mm 的细牙普通内螺纹，中径、顶径公差带代号为 6H，中等旋合长度

表 2-5(续)

螺纹类别	特征代号	牙型	标注示例	说明
梯形螺纹	Tr	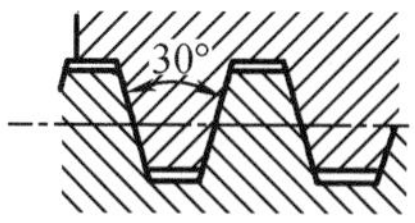 30°	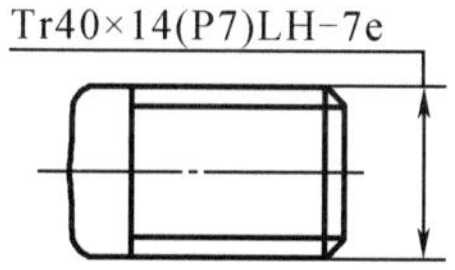 Tr40×14(P7)LH-7e	表示公称直径为 40 mm,导程为 14 mm,螺距为 7 mm 的双线左旋梯形外螺纹,中径公差带代号为 7e
锯齿形螺纹	B	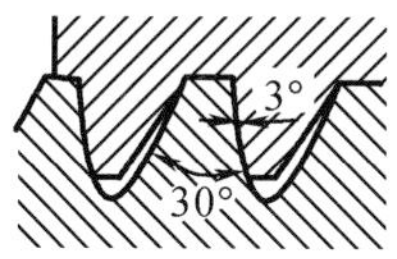 3° 30°	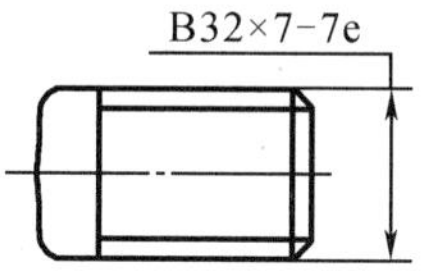 B32×7-7e	表示公称直径为 32 mm,螺距为 7 mm 的右旋锯齿形外螺纹,中径公差带代号为 7e,中等旋合长度

(2)键的表示法

键的种类很多,常用的是普通平键、半圆键、钩头型楔键三种,其中普通平键应用最广。它们都是标准件,可根据连接处的轴径 d 在有关标准中查得相应的结构、尺寸和标记。常用键的形式、画法和标记见表 2-6。键连接的规定画法见表 2-7。

表 2-6　常用键的形式、画法和标记

名称	标准号	图例	标记
普通平键	GB/T 1096—2003	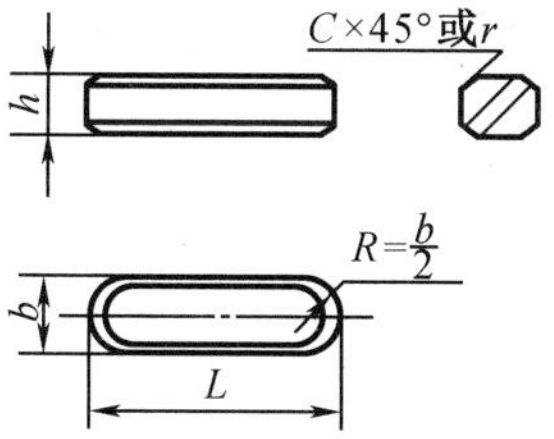 $C\times45°$或r; h; $R=\frac{b}{2}$; b; L 注:普通平键有 A、B、C 型之分,对 A 型省略标注型号“A”	GB/T 1096 键 16×10×100 表示: 普通 A 型平键,宽度 $b=16$ mm,高度 $h=10$ mm,长度 $L=100$ mm。 GB/T 1096 键 B18×11×100 表示: 普通 B 型平键,宽度 $b=18$ mm,高度 $h=11$ mm,长度 $L=100$ mm
半圆键	GB/T 1099.1—2003	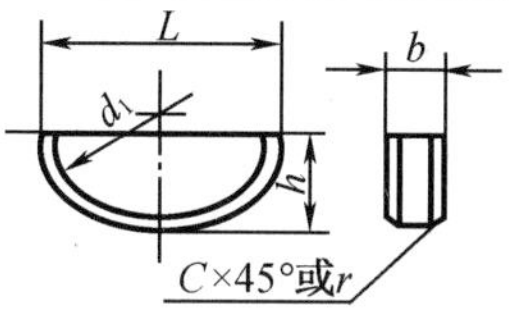 L; b; d_1; h; $C\times45°$或r	GB/T 1099.1 键 6×10×25 表示: 半圆键,宽度 $b=6$ mm,高度 $h=10$ mm,直径 $D=25$ mm
钩头型楔键	GB/T 1565—2003	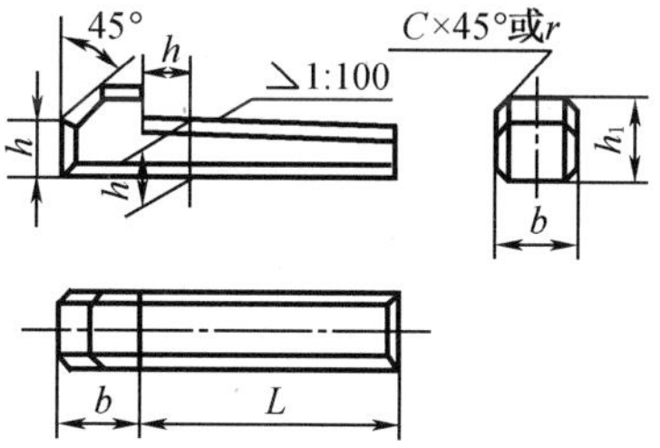 45°; h; ∠1:100; $C\times45°$或r; h_1; b; L	GB/T 1565 键 16×100 表示: 钩头型楔键,宽度 $b=16$ mm,高度 $h=10$ mm,长度 $L=100$ mm

表 2-7　键连接的规定画法

名称	键连接画法	说明
普通平键	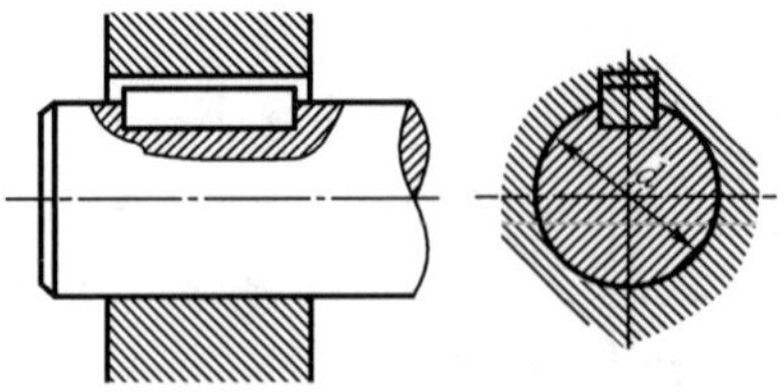	(1)平键两侧面与键槽两侧面紧密接触,传递转矩,只画一条线。 (2)键顶面和槽顶不接触,应画成间隙。 (3)若剖切平面通过键的纵向对称面,键按不剖绘制;若为横向剖切键的断面,应画剖面线
半圆键	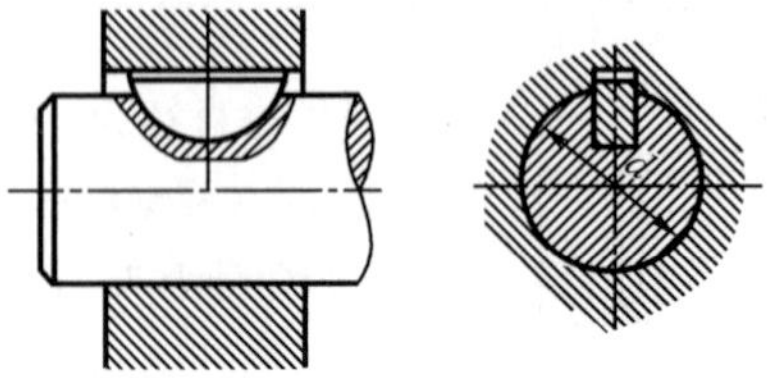	半圆键与平键连接画法类同。键和键槽侧面接触只画一条线,键顶面和槽顶应画间隙
钩头型楔键	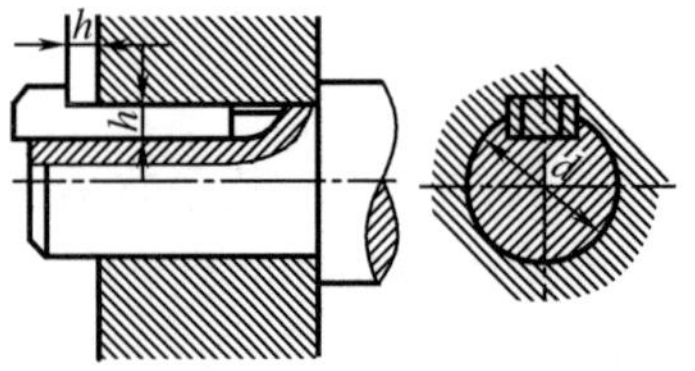	(1)钩头型楔键的顶面的斜度为 1∶100,其顶面和底面同键槽的顶面与底面接触,传递转矩,所以只画一条线。 (2)键与键槽的两侧不接触,画成间隙

(3)销的表示法

销常用于机器零件之间的定位,也可用于连接或锁紧。常用的销有圆柱销、圆锥销和开口销。销是标准件,其类型和尺寸可从标准中查得。表 2-8 中列举了三种销的形式、画法和标记。销连接的画法如图 2-15 所示。

表 2-8　三种销的形式、画法和标记

名称	标准号	图例	标记示例
圆柱销	GB/T 119.1—2000	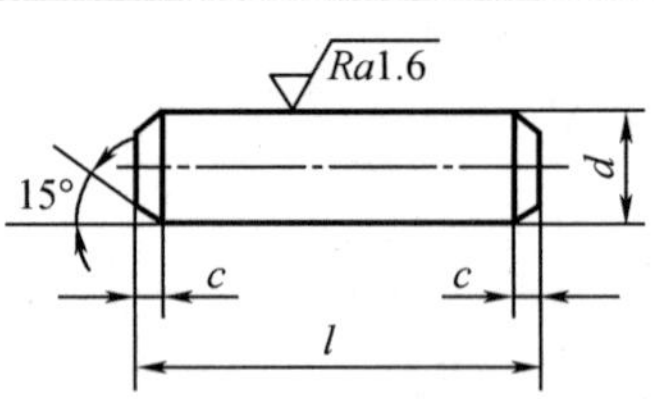 Ra1.6; 15°; d; c; c; l	公称直径 $d=8$ mm,公差为 m7,公称长度 $l=30$ mm,材料为钢,不经淬火,不经表面处理的圆柱销的标记: 销 GB/T 119.1 8m7×30
圆锥销	GB/T 117—2000	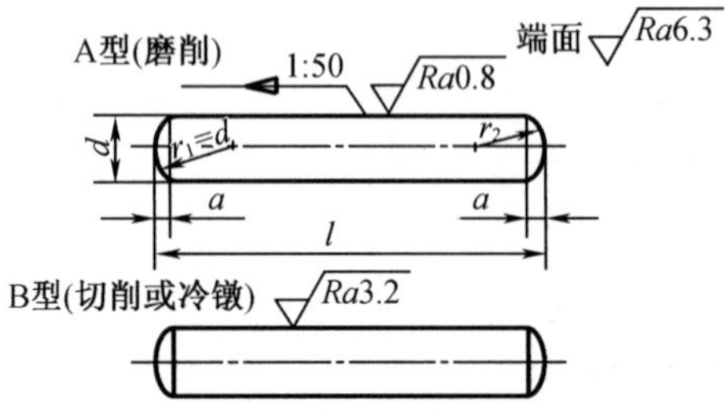 A型(磨削); 1:50; Ra0.8; 端面 Ra6.3; d; $r_1 \approx d$; r_2; a; a; l; B型(切削或冷镦) Ra3.2; $r_1=d,\ r_2=\frac{a}{2}+d+\frac{0.021^2}{8a}$	公称直径 $d=10$ mm,公称长度 $l=70$ mm,材料为 35 钢,热处理硬度为 28~38 HRC,表面氧化处理的 A 型圆锥销的标记: GB/T 117 10×70(圆锥销的公称直径是指小端直径)

表 2-8(续)

名称	标准号	图例	标记示例
开口销	GB/T 91—2000		公称直径 $d=5$ mm,公称长度 $l=50$ mm,材料为 Q215 或 Q235,不经表面处理的开口销的标记: 销 GB/T 91 5×50

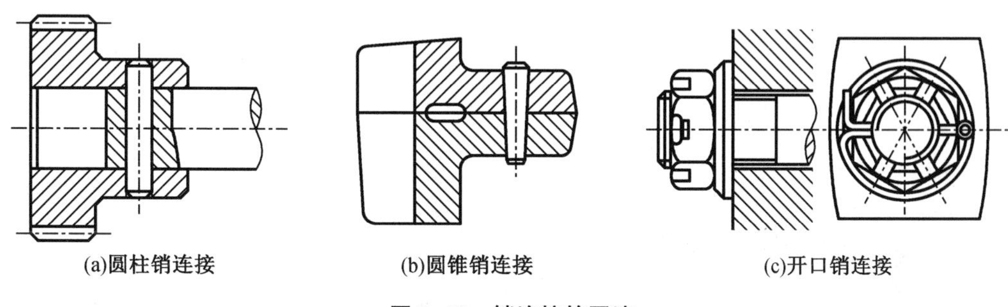

图 2-15　销连接的画法

(4)齿轮的表示法

齿轮的种类很多,圆柱齿轮常用于传递平行轴间的传动,圆锥齿轮常用于传递相交两轴间的传动,蜗轮与蜗杆常用于传递交叉两轴间的传动。常用圆柱齿轮按轮齿的方向可分直齿、斜齿和人字齿等。直齿圆柱齿轮是齿轮中最常见的一种,也是有关齿轮的内容基础,下面只介绍直齿圆柱齿轮。

①单个齿轮的规定画法

单个齿轮一般用主、左两个视图,主视图中齿轮轴线水平放置,左视图也可采用局部视图。

GB/T 4459.2—2003《机械制图 齿轮表示法》规定齿顶圆和齿顶线画粗实线;分度圆和分度线画细点画线;齿根圆和齿根线画细实线,也可省略不画,如图 2-16(a)所示。当剖切面通过齿轮轴线时,剖视图上的轮齿部分一律按不剖处理,齿根线画粗实线,如图 2-16(b)所示。若是斜齿或人字齿轮,在非圆视图上用 3 根与齿线方向一致的细实线表示齿线形状,如图 2-16(c)和图 2-16(d)所示。

②两齿轮啮合的画法

一对齿轮要啮合,两者模数必须相等,齿形相同,若皆为标准齿轮,分度圆相切。反映在圆的视图上,啮合区内两齿轮顶圆均画粗实线,也可省略不画;两分度圆相切,用细点画线画出,两齿根圆省略不画,如图 2-17(a)和图 2-17(b)所示。

在平行于齿轮轴的投影面的视图内,其啮合区的齿顶线省略,两分度圆相切的节线用粗实线绘制,如图 2-17(c)所示。

当剖切平面通过齿轮轴线时,啮合区内一个齿轮的齿顶线画粗实线,另一个齿轮的齿顶线画虚线(表示该轮齿被遮挡),也可省略不画,如图 2-17(a)所示。

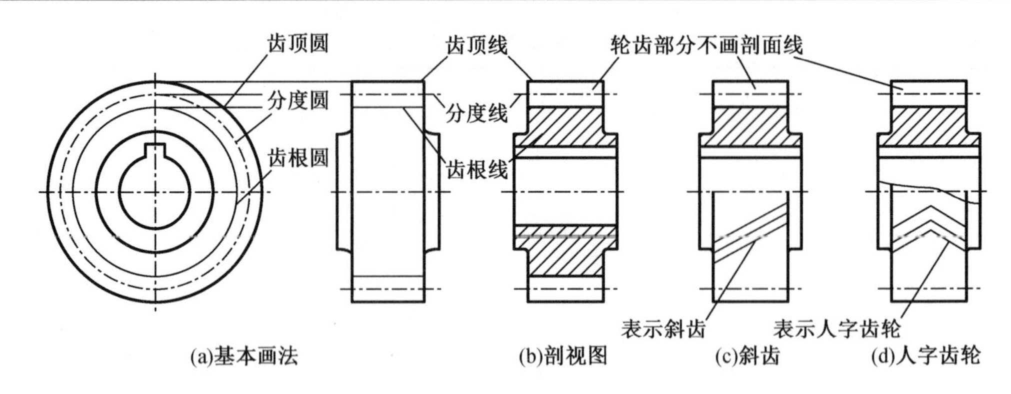

图 2-16　圆柱齿轮规定画法

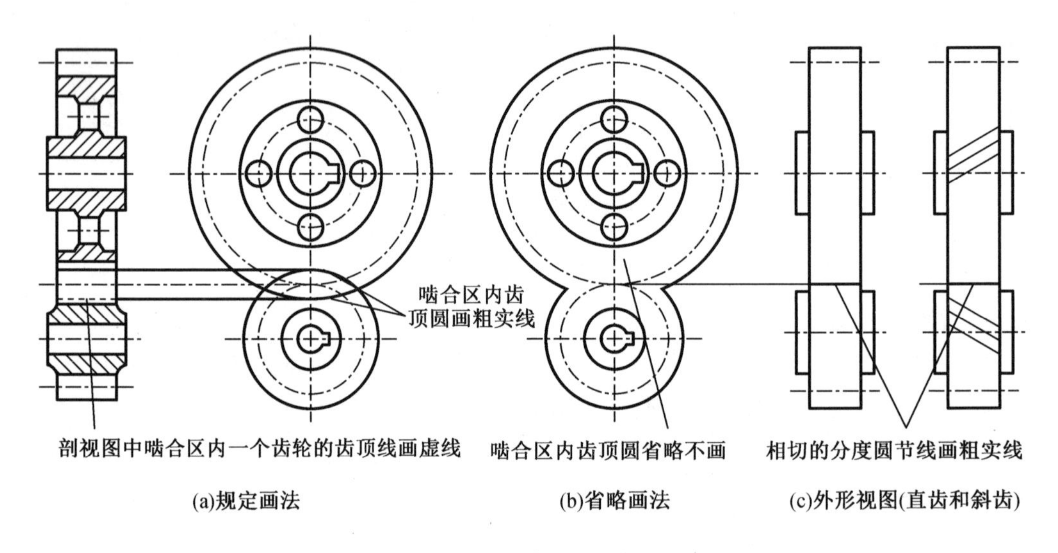

图 2-17　圆柱齿轮啮合的画法

(5)滚动轴承的表示法

滚动轴承是支撑传动轴旋转的组合件,按承受载荷情况,一般分为向心轴承、推力轴承和向心推力轴承三种。虽然种类不同,但它们的结构大体相似,一般都是由外圈、内圈、滚动体及保持架四部分组成的。

①滚动轴承画法

滚动轴承是标准件,一般不需要画出零件图,而是在装配图上根据代号在标准中查到主要数据绘图。GB/T 4459. 7—2017《机械制图 滚动轴承表示法》规定了滚动轴承的简化画法(通用画法和特征画法)和规定画法:在剖视图中,当不需要确切地表示滚动轴承的外形轮廓、载荷特征和结构特征时,采用通用画法;当需要较形象地表示滚动轴承的特征时,可采用特征画法。必要时,用规定画法绘制。表 2-9 为常用三种滚动轴承的简化画法和规定画法。

表 2-9　常用三种滚动轴承的简化画法和规定画法

类型名称和标准号	查表主要数据	简化画法		规定画法
		通用画法	特征画法	
深沟球轴承 GB/T 276—2013	*D* *d* *B*	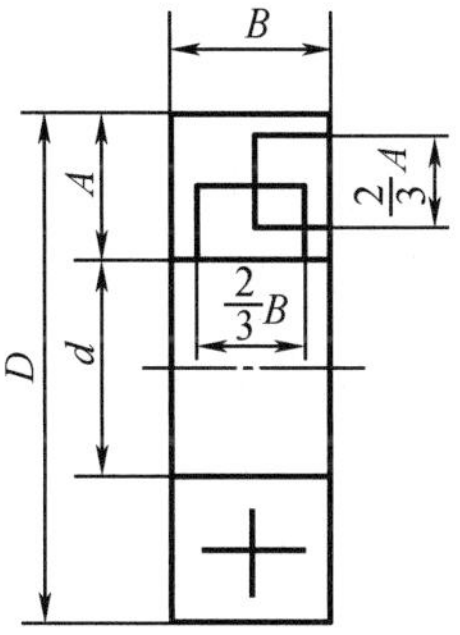	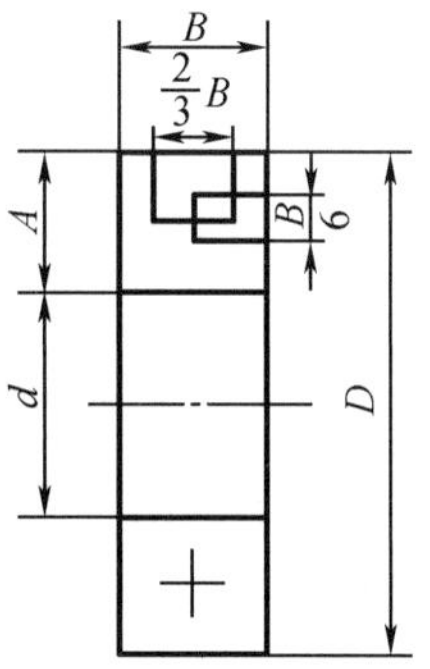	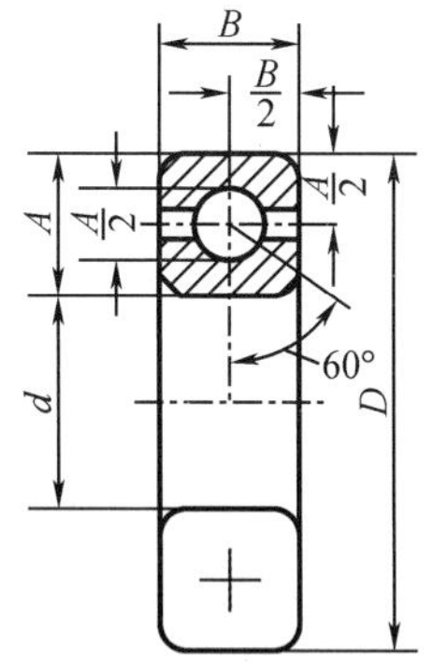
圆锥滚子轴承 GB/T 297—2015	*D* *d* *B* *T* *C*		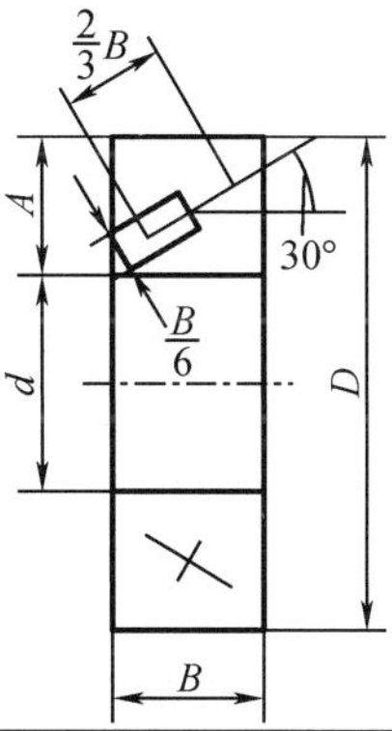	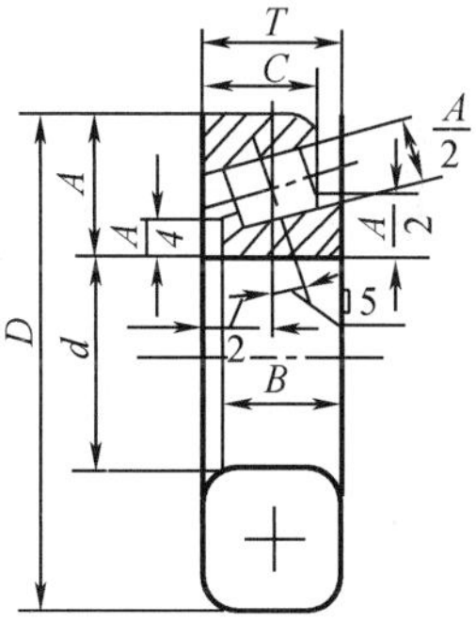
推力球轴承 GB/T 301—2015	*D* *d* *T*		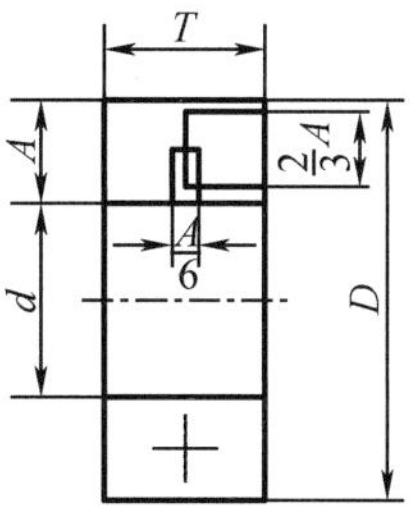	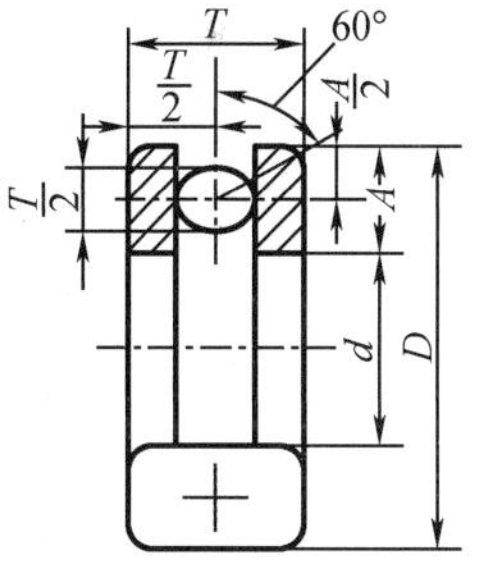

②滚动轴承代号

GB/T 272—2017《滚动轴承代号方法》规定轴承代号由基本代号、前置代号和后置代号三部分组成，其排列顺序如图 2-18 所示。

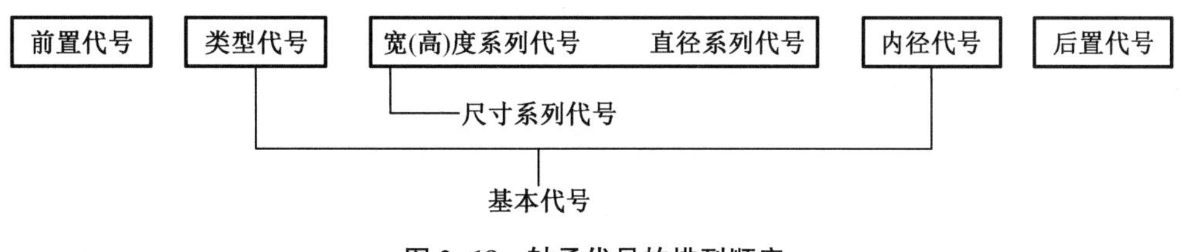

图 2-18　轴承代号的排列顺序

基本代号表示滚动轴承的基本类型、结构和尺寸，是轴承代号的基础。基本代号由轴承类型代号、尺寸系列代号和内径代号构成。

a. 类型代号，用阿拉伯数字或大写拉丁字母表示，见表 2-10。

表 2-10　滚动轴承的类型代号

代号	0	1	2	3	4	5	6	7	8	N	U	QJ	C
轴承类型	双列角接触球轴承	调心球轴承	调心滚子轴承和推力调心滚子轴承	圆锥滚子轴承	双列深沟球轴承	推力球轴承	深沟球轴承	角接触球轴承	推力圆柱滚子轴承	圆柱滚子轴承	外球面球轴承	四点接触球轴承	长弧面滚子轴承(圆环轴承)

b. 尺寸系列代号，由轴承宽(高)度系列代号和直径系列代号组合而成，均用两个数字表示。它用于区分内径相同，而宽(高)和外径不同的轴承。具体可查阅相关标准。

c. 内径代号，表示滚动轴承的公称内径，用两位数字表示。在通常情况下，代号数字小于 04 时，即 00、01、02、03，分别表示轴承公称内径为 10 mm、12 mm、15 mm、17 mm；当代号数字不小于 04，代号数字乘以 5，即得轴承内径，如 08，即 8×5＝40 mm。详细规定见相关标准。

前置、后置代号是在轴承的结构形式、尺寸、公差、技术要求等有改变时，在其基本代号前、后添加的一种补充代号。其中前置代号用字母表示，后置代号用字母或数字表示。前置、后置代号有许多种，其含义可查阅相关国家标准。滚动轴承代号标注示例如图 2-19 所示。

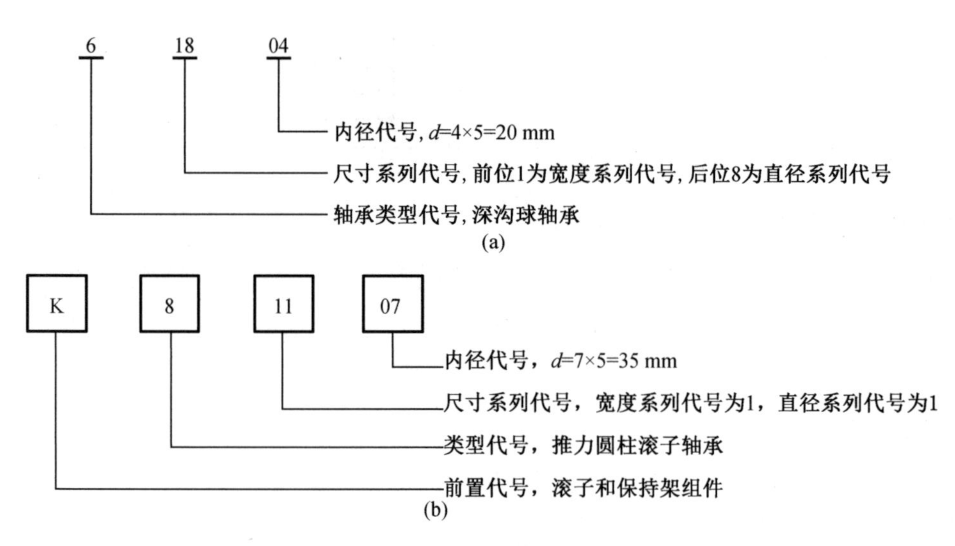

图 2-19　滚动轴承代号标注示例

2.2.2　焊缝符号与焊接方法代号

1. 焊缝符号

焊缝符号一般由基本符号、指引线、补充符号、尺寸符号及数据组成。为了简化，在图样上标注焊缝时通常只采用基本符号和指引线，其他内容在焊接工艺规程等有关文件中明确。

(1)基本符号

基本符号是表示焊缝横截面的基本形式或特征的符号，焊缝基本符号见表 2-11。标注双面焊焊缝或接头时，焊缝基本符号可以组合使用，见表 2-12。

表 2-11　焊缝基本符号

序号	名称	示意图	符号
1	卷边焊缝(卷边完全熔化)		
2	I 形焊缝		
3	V 形焊缝		
4	单边 V 形焊缝		
5	带钝边 V 形焊缝		
6	带钝边单边 V 形焊缝		
7	带钝边 U 形焊缝		
8	带钝边 J 形焊缝		
9	封底焊缝		

表 2-11(续)

序号	名称	示意图	符号
10	角焊缝		
11	塞焊缝或槽焊缝	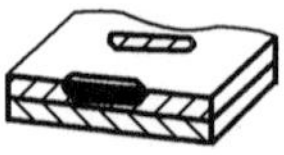	
12	点焊缝	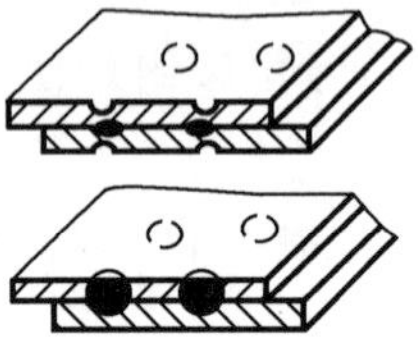	
13	缝焊缝		
14	陡边 V 形焊缝		
15	陡边单 V 形焊缝		
16	端焊缝	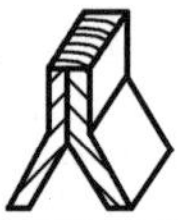	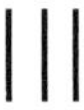
17	堆焊缝		
18	平面连接(钎焊)	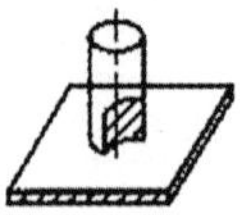 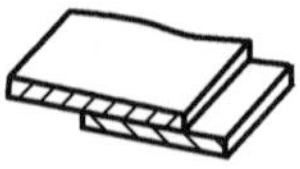	
19	斜面连接(钎焊)	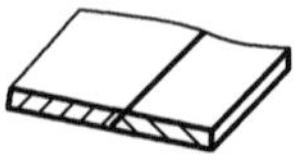	
20	折叠连接(钎焊)		

表 2-12　焊缝基本符号的组合

序号	名称	示意图	符号
1	双面 V 形焊缝 （X 焊缝）		
2	双面单 V 形焊缝 （K 焊缝）	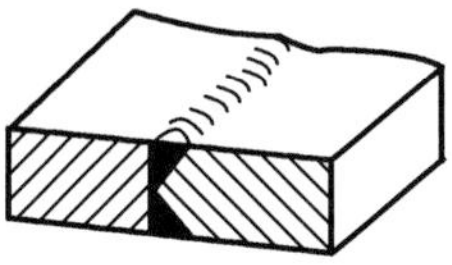	
3	带钝边的双面 V 形焊缝		
4	带钝边的双面单 V 形焊缝	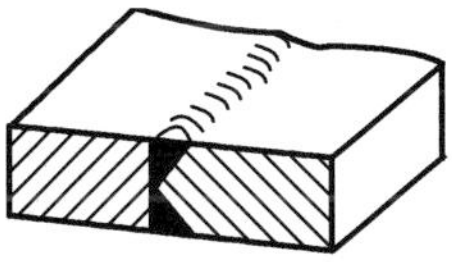	
5	双面 U 形焊缝	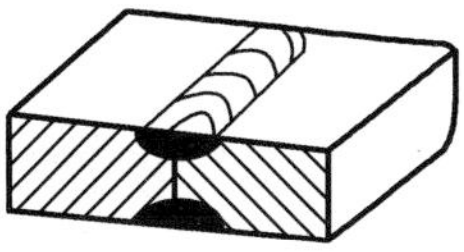	

（2）补充符号

补充符号是用来补充说明焊缝或接头的某些特征，如表面形状、衬垫、焊缝分布、施焊地点等的符号，见表 2-13。补充符号的应用示例见表 2-14。

表 2-13　焊缝补充符号

序号	名称	符号	说明
1	平面		焊缝表面通常经过加工后平整
2	凹面		焊缝表面凹陷
3	凸面		焊缝表面凸起
4	圆滑过渡		焊趾处过渡圆滑
5	永久衬垫	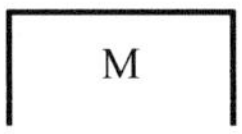 M	衬垫永久保留
6	临时衬垫	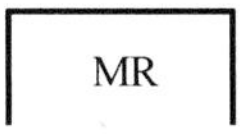 MR	衬垫在焊接完成后拆除

表 2-13(续)

序号	名称	符号	说明
7	三面焊缝		三面带有焊缝
8	周围焊缝		沿着工件周边施焊的焊缝,标注位置为基准线与箭头线的交点处
9	现场焊缝		在现场焊接的焊缝
10	尾部		可以表示所需的信息

表 2-14　补充符号的应用示例

序号	名称	示意图	符号
1	平齐的 V 形焊缝		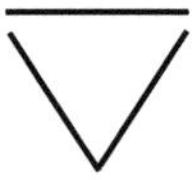
2	凸起的双面 V 形焊缝		
3	凹陷的角焊缝	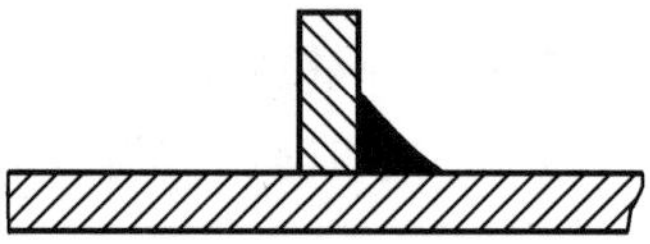	
4	平齐的 V 形焊缝和封底焊缝		
5	表面过渡平滑的角焊缝	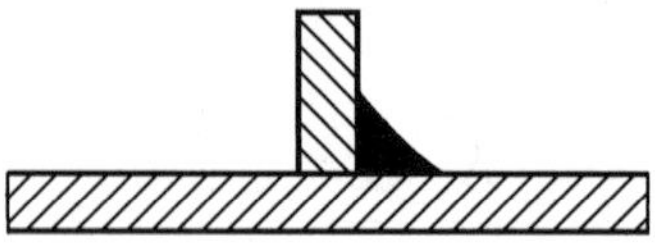	

(3)焊缝尺寸符号

焊缝尺寸符号是表示焊接坡口和焊缝尺寸的符号,见表 2-15。

表 2-15　焊缝尺寸符号

符号	名称	示意图	符号	名称	示意图
δ	工件厚度		c	焊缝宽度	
a	坡口角度		K	焊脚尺寸	
β	坡口面角度		d	点焊:熔核直径 塞焊:孔径	
b	根部间隙		n	焊缝段数	n=2
p	钝边		l	焊缝长度	
R	根部半径		e	焊缝间距	
H	坡口深度		N	相同焊缝数量	N=3
S	焊缝有效厚度		h	余高	

(4)指引线

指引线一般由箭头线和基准线(实线和虚线)组成,如图 2-20 所示。有时在基准线实线末端加一尾部符号,做其他说明(如焊接方法等)。基准线的虚线和实线位置(下侧或上侧)可根据需要互换。基准线一般应与图样的底边平行,必要时也可与底边垂直。

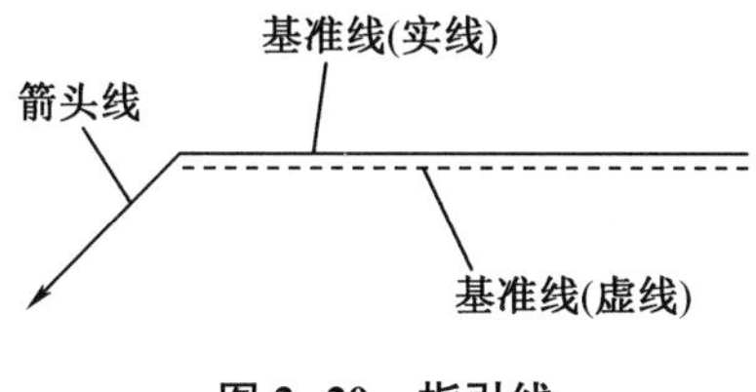

图 2-20　指引线

2. 焊接及相关工艺方法代号

在焊接结构图样上,为简化焊接方法的标注和说明,GB/T 5185—2005《焊接及相关工艺方法代号》规定了用阿拉伯数字表示金属焊接及相关工艺方法的代号。常用的焊接及相关工艺方法代号,见表 2-16。

表 2-16　常用的焊接及相关工艺方法代号

大类代号	焊接大类方法	代号	焊接方法
1	电弧焊	111	焊条电弧焊
		12	埋弧焊
		121	单丝埋弧焊
		123	多丝埋弧焊
		13	熔化极气体保护电弧焊
		131	MIG 焊
		135	MAG 焊
		136	非惰性气体保护的药芯焊丝电弧焊
		14	非熔化极气体保护电弧焊
		141	TIG 焊
		15	等离子弧焊
2	电阻焊	21	点焊
		22	缝焊
		23	凸焊
		24	闪光焊
		25	电阻对焊
3	气焊	31	氧燃气焊
		311	氧乙炔焊
		312	氧丙烷焊
4	压力焊	42	摩擦焊
		45	扩散焊
5	高能束焊	51	电子束焊
		52	激光焊
7	其他焊接方法	72	电渣焊
		73	气电立焊
		78	螺柱焊
8	切割与气刨	81	火焰切割
		83	空气电弧切割
		84	等离子弧切割
		87	电弧气刨

表 2-16(续)

大类代号	焊接大类方法	代号	焊接方法
9	硬钎焊、软钎焊及钎接焊	912	火焰硬钎焊
		94	软钎焊

3. 焊缝符号和焊接方法代号在图样上的标注位置

(1)指引线的标注位置

指引线相对焊缝的位置一般没有特殊要求,如图 2-21(a)和图 2-21(b)所示,但是在标注单边 V 形、单边 Y 形、J 形焊缝时,指引线应指向带有坡口一侧的工件,如图 2-21(c)所示。必要时,允许指引线弯折一次,如图 2-22 所示。

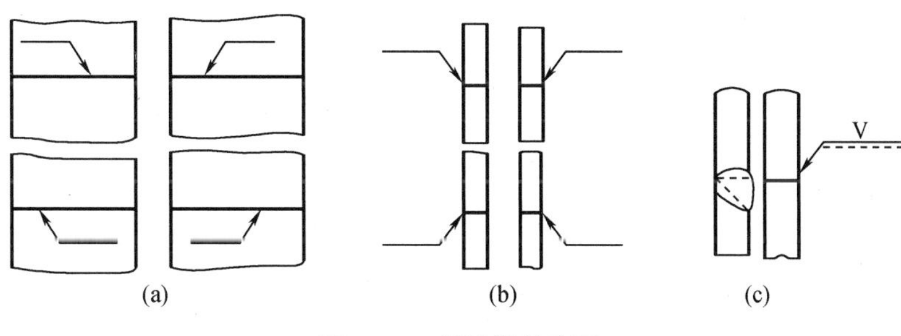

图 2-21　指引线的位置

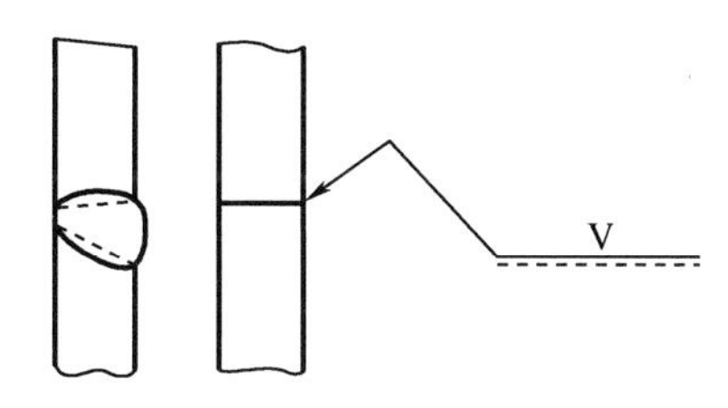

图 2-22　弯折的指引线

(2)基本符号的标注位置

①如果焊缝在指引线所指的一侧(接头的箭头侧),则将基本符号标在基准线的实线侧,如图 2-23(b)所示。

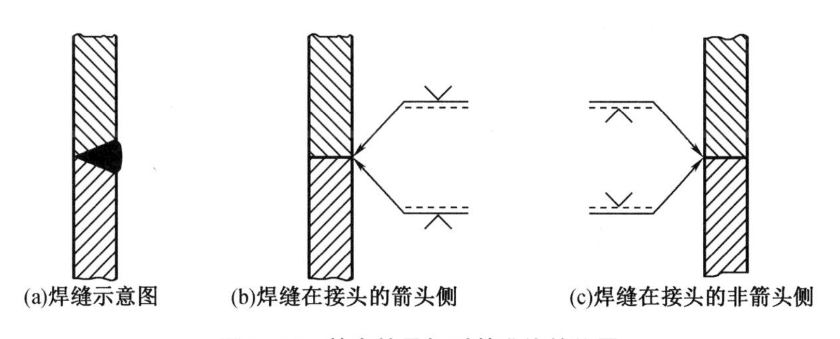

图 2-23　基本符号相对基准线的位置

②如果焊缝在指引线所指的一侧的背面(接头的非箭头侧),则将基本符号标在基准线的虚线侧,如图 2-23(c)所示。

③标对称焊缝及能明确焊缝分布位置的双面焊缝时,可省略虚线,如图 2-24 所示。

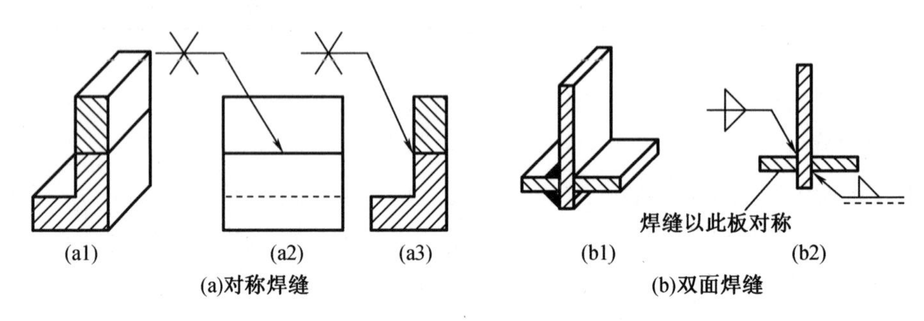

图 2-24 双面焊缝和对称焊缝的标注方法

(3)补充符号的标注位置

补充符号标注位置的方法与基本符号标注位置的方法相类似。补充符号的标注位置示例如图 2-25 所示。

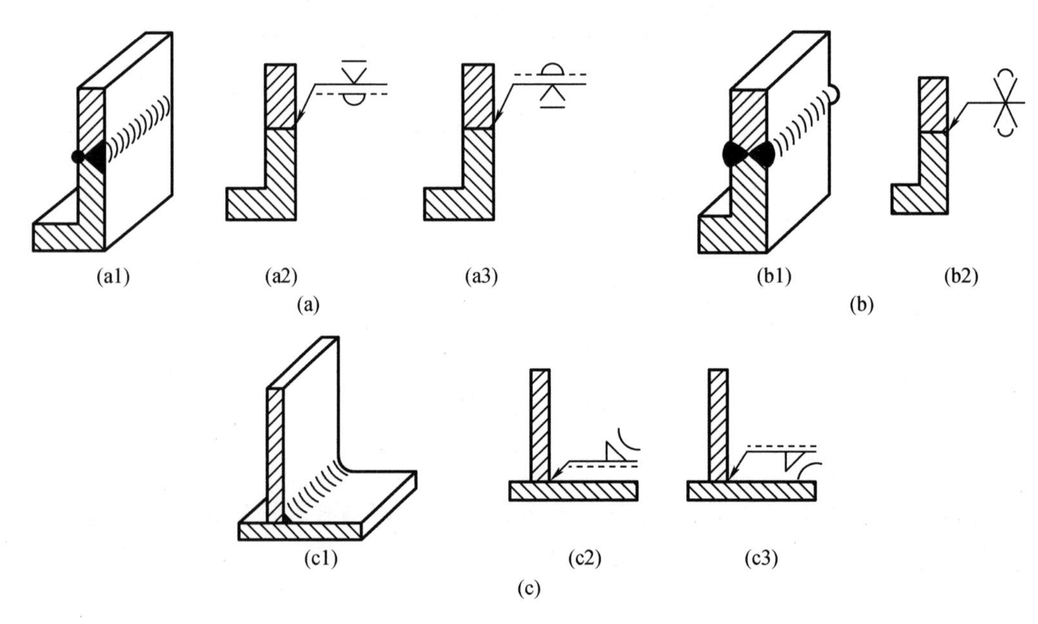

图 2-25 补充符号的标注位置示例

(4)尺寸符号的标注位置

焊缝尺寸符号的标注位置如图 2-26 所示。

①焊缝横截面上的尺寸标注在基本符号的左侧。

②焊缝长度方向的尺寸标注在基本符号的右侧。

③坡口角度、坡口面角度、根部间隙等尺寸标注在基本符号的上侧或下侧。

④相同焊缝数量标注在尾部。

⑤当尺寸较多不易分辨时,可在尺寸数据前标注相应尺寸符号。

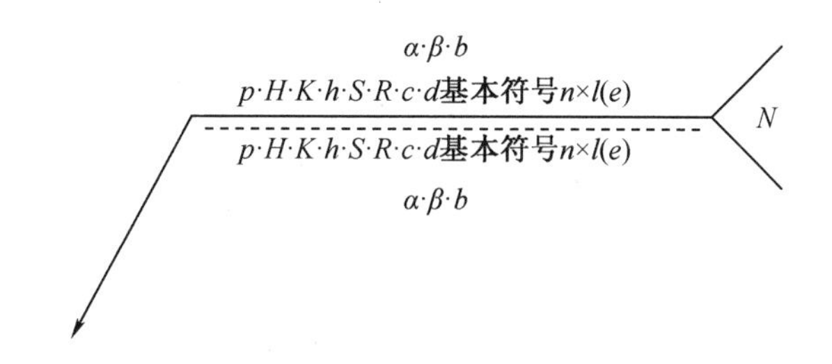

图 2-26　焊缝尺寸符号的标注位置

(5)焊接及相关工艺方法代号的标注位置

焊接及相关工艺方法代号标注在基准线实线末端的尾部符号中。

2.2.3　识读焊接装配图

1.装配图

装配图是表达机器、部件或组件的图样。表达一台完整机器的装配图称为总装配图(总图),表达机器中某个部件或组件的装配图称为部件装配图或组件装配图。

(1)装配图的作用

装配图主要表达机器或部件的结构形状、装配关系、工作原理和技术要求等内容。同时,装配图又是安装、调试、操作和检验机器或部件的重要参考资料。设计时,一般先画出装配图,再根据装配图绘制零件图。装配时,则根据装配图把各零件装配成部件或机器。在进行技术交流、引进先进技术或更新改造原有设备时,装配图也是不可缺少的资料。由此可见,装配图是生产中主要的技术文件之一。

(2)装配图的内容

①一组视图

用一组视图(包括各种表达方法)正确、完整、清晰和简便地表达机器或部件的工作原理、零件间的装配关系和连接方式,以及主要零件的结构形状。

②必要的尺寸

用来标注机器或部件的规格尺寸、零件之间的配合或相对位置尺寸、机器或部件的外形尺寸、安装尺寸以及设计时确定的其他重要尺寸等。

③技术要求

说明机器或部件的装配、安装、调试、检验、使用与维护等方面的技术要求,一般用文字或符号表示。

④标题栏、序号和明细栏

在标题栏中写明装配体的名称、图号、比例,以及设计、制图、审核人员的签名和日期等。在装配图中,为了便于迅速、准确地查找每一零件,需对每一零件编写序号并在明细栏中依次列出零件序号、名称、数量、材料等。

(3)装配图的表达方法

装配图重点表达零件之间的装配关系、主要零件的形状结构、装配体的内外结构形状和工作原理等。

①装配图的规定画法

a. 相邻两零件的接触面或基本尺寸相同的轴孔配合面,只画出一条线表示公共轮廓。即使配合面为间隙配合,也必须只画出一条线。

b. 相邻两零件的非接触面或非配合面,应画出两条线表示各自的轮廓。相邻两零件的基本尺寸不相同时,即使间隙很小也必须画出两条线。

c. 在剖视图或断面图中,相邻两零件的剖面线的倾斜方向应相反或方向相同而间隔不同。如两个以上零件相邻时,可改变第三个零件剖面线的间隔,使剖面线有所区分。

d. 在剖视图中,对于标准件（如螺栓、螺母、键、销等）和实心的轴、手柄、连杆等零件,若按纵向剖切,且剖切平面通过其轴线或对称平面,则这些零件均按不剖绘制。

②装配图的特殊画法

a. 拆卸画法

在装配图中,当某些零件遮挡住被表达的零件的装配关系或其他零件时,可假想将一个或几个遮挡的零件拆卸掉,只画出所表达部分的视图,这种画法称为拆卸画法。

b. 沿接合面剖切画法

在装配图中,为表达某些结构,可假想沿两零件的接合面剖切后进行投影,称为沿接合面剖切画法。

c. 假想画法

在装配图中,为了表示运动零件的运动范围或极限位置,可采用细双点画线画出其轮廓和运动轨迹。

d. 夸大画法

在装配图中,对于薄片零件、细丝弹簧、微小的间隙等,当无法按实际尺寸画出或虽能画出但不明显时,可不按比例而采用夸大画法画出。

③装配图的简化画法

a. 在装配图中,零件的工艺结构,如小圆角、倒角、退刀槽等允许省略不画出,螺栓、螺母的倒角允许省略。

b. 在装配图中,若干相同的零件组（如螺纹紧固件组等）,允许仅详细地画出一处,其余各处以细点画线表示其位置。

c. 在装配图中,滚动轴承可采用特征画法或规定画法。

d. 在剖视图或断面图中,如果零件的厚度在 2 mm 以下,允许用涂黑代替剖面符号。

(4)装配图的尺寸标注和技术要求

①装配图的尺寸标注

在装配图中,只需标注出说明机器或部件的性能、工作原理、装配关系和安装要求等方面的尺寸。这些尺寸按其作用分为以下几类。

a. 性能（规格)尺寸

性能(规格)尺寸是表示机器或部件性能(规格)的尺寸,这类尺寸在设计时就已确定,是设计、了解和选用机器或部件的依据。

b. 装配尺寸

装配尺寸由两部分组成,一部分是各零件间的配合尺寸,另一部分是装配有关零件时的相对位置尺寸。

c. 外形尺寸

外形尺寸是表示装配体外形轮廓大小的尺寸，即总长、总宽和总高，它为计算包装、运输和安装所需空间提供了依据。

d. 安装尺寸

安装尺寸是表示机器或部件安装时所需的尺寸。

e. 其他重要尺寸

其他重要尺寸是在设计中确定又不属于上述几类尺寸的一些重要尺寸，如运动零件的极限位置尺寸、主体零件的重要尺寸等。

上述五类尺寸，并非在每一张装配图上都必须标注全，有时同一尺寸可能有几种含义。在装配图上标注哪些尺寸应对装配体做具体分析后进行标注。

②装配图的技术要求

装配图上一般注写以下几方面的技术要求。装配图的技术要求一般注写在明细栏上方或图样右下方的空白处。

a. 装配要求。在装配过程中的注意事项和装配后应满足的要求，如保证间隙、精度要求、润滑和密封要求等。

b. 检验要求。装配体基本性能的检验、试验规范和操作要求等。

c. 使用要求。装配体的规格、参数及维护、保养、使用时的注意事项及要求。

(5)识读装配图

识读装配图的主要目的是了解机器或部件的作用和工作原理，了解各零件间的装配关系、拆装顺序，以及各零件的主要结构形状和作用，了解主要尺寸、技术要求和操作方法。在设计时，还要根据装配图画出该装配体的零件图。识读装配图通常按下面几个步骤进行。

①概括了解

识读装配图时，通过标题栏了解装配体的名称；通过明细栏了解组成机器或部件的各零件的名称、数量、材料及标准件的规格，估计装配体的复杂程度；通过画图的比例、视图大小和外形尺寸，了解装配体的大小；通过产品说明书和有关资料，并联系生产实践知识了解装配体的性能、功用等，从而对装配图的内容有一个大概的了解。

②分析视图

根据装配图中的视图，了解图中采用的表达方法、投影关系和剖切位置，了解每个视图的表达重点，为下一步深入读图做准备。

③分析零件的结构形状

分析零件就是弄清每个零件的结构形状及其作用，一般应先从主要零件入手，然后是其他零件。当零件在装配图中表达不完整时，可对有关的其他零件仔细观察和分析，然后再做结构分析，从而确定该零件的内外结构形状。

④分析装配关系和工作原理

对照视图仔细研究部件的装配关系和工作原理，是深入看图的重要环节。在大概了解装配图的基础上，从反映装配关系、工作原理明显的视图入手，找到主要装配干线，分析各零件的运动情况和装配关系，再找到其他装配干线，继续分析工作原理、装配关系、零件的连接等。

⑤归纳总结

在以上细节分析的基础上,获得装配体总体功能和各主要零件的形状及结构等印象,结合尺寸的标注、技术要求,对装配体的工作原理、装配关系及拆装顺序等做进一步的理解,获得装配体的总体认识。

2. 焊接装配图的识读

焊接装配图是供焊接施工使用,用来表达需要焊接的产品及相关焊接技术要求的图样。焊接装配图必须清楚地表达与焊接有关的技术要求,如接头形式、坡口形式、焊接方法、焊接材料型号及焊缝验收技术要求等。

(1)焊接装配图的特点

焊接装配图与一般机械装配图相比具有以下一些特点。

①结构复杂

由于焊接结构的组成构件较多,当焊接成一个整体后,会在视图上形成比较复杂的图线。

②焊接结构图中的剖面图、局部放大图较多

由于焊接结构的构件间连接处较多,在基本视图上往往很难反映出细小结构,因此常采用一些剖面图或局部放大图等来表达焊缝的结构尺寸和焊缝形式。

③焊接结构装配图中的焊缝符号多

为了在焊接结构装配图上正确地表示焊接接头、焊缝形状特征以及焊接方法等技术要求,常采用焊缝符号和焊接方法代号在图样上进行表述。所以在读图时,就必须弄清楚图中的各种符号所代表的焊接接头形式、焊缝形式和尺寸,以及焊接方法等。

④焊接结构图有时需作放样图

不管焊接结构图多么复杂,在制造时,对某些组成的构件必须放出实样,而且在放样时也应该准确绘出构件间的一些交线。

(2)焊接装配图的识读方法与步骤

识读焊接装配图的目的是通过焊缝符号标注来了解构件间焊缝的要求,包括接头形式、坡口形式、焊脚大小、焊接方法、使用的焊接材料及焊缝检查验收技术要求等。正确地识读焊接装配图,除了需要掌握有关机械制图的识图知识外,还需要熟悉焊缝符号表示方法的有关国家标准规定。识读焊接装配图的方法与步骤如下。

①看标题栏和明细表,了解焊接结构件的名称、材质、焊接件的板厚、结构件的数量等。

②通过焊接结构视图,了解焊缝符号标注内容,包括坡口形式、坡口深度、焊缝有效厚度、焊脚尺寸、焊缝长度、焊接方法和焊缝数量等。

③分析各部件间的关系以及焊接变形趋势,确定合理的组装和焊接顺序。

④分析焊缝空间位置,判断焊缝能否施焊,确定较为合适的焊接位置。

⑤分析焊缝的受力状况,明确焊缝质量要求,包括焊缝外观质量、内部无损检测质量等级和对焊缝力学性能的要求。

⑥选择合适的焊接方法和焊接材料,确定合理的焊接工艺。

⑦了解对焊缝的其他技术要求,如焊后打磨、焊后热处理和锤击要求等。

(3)典型焊接结构装配图的识读

焊接结构装配图的识读,主要在于识图焊缝部分。

①轴承挂架装配图识读

轴承挂架装配图如图 2-27 所示。

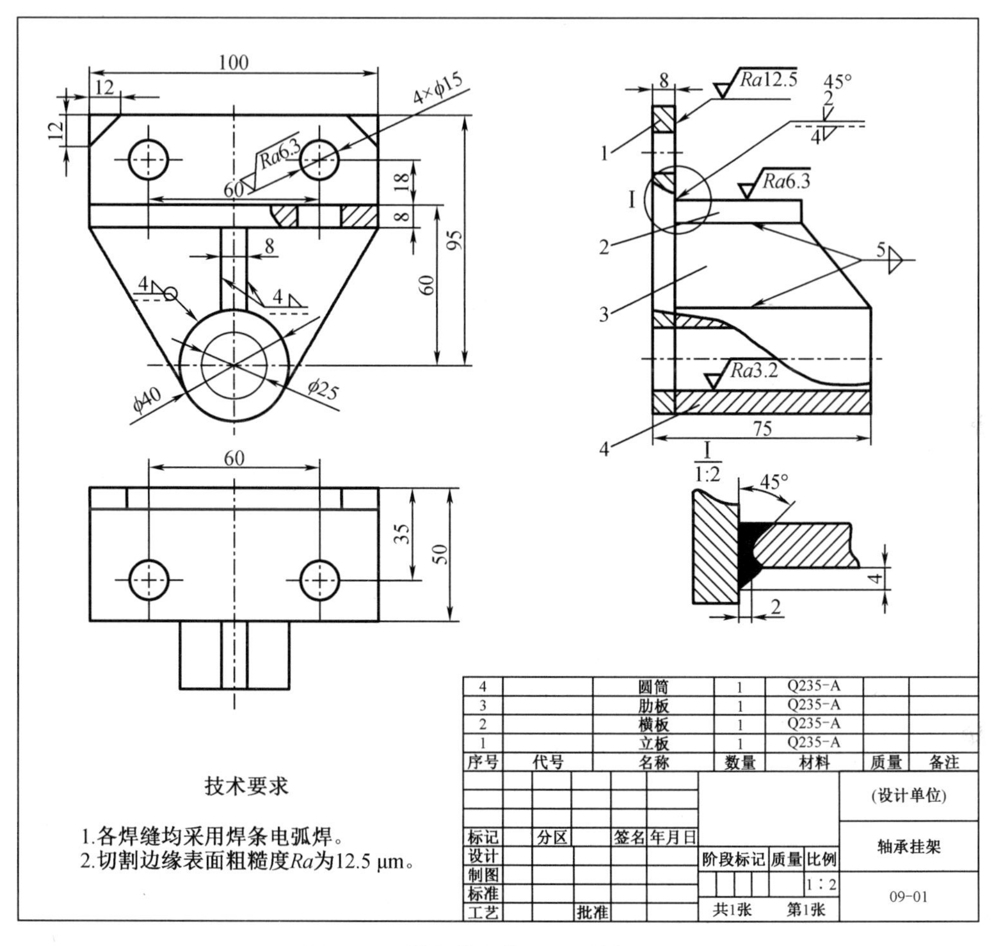

图 2-27　轴承挂架装配图(单位:mm)

由图 2-27 可知,轴承挂架由 4 个零件,即立板、横板、肋板和圆筒组成。主视图中的焊缝符号“4⊿○”中,“○”表示环绕 ϕ40 mm 圆筒周围焊接,“⊿”表示角焊缝焊脚为 4 mm。肋板的边焊缝是双边角焊缝,上、下焊脚为 5 mm,与立板间的焊脚为 4 mm;局部放大图表达的是 45°单边 V 形坡口对接焊缝加角焊缝的组合焊缝,角焊缝焊脚为 4 mm。

②液化气钢瓶装配图识读

液化气钢瓶装配图如图 2-28 所示。由图 2-28 可知,液化气钢瓶的内径为 ϕ314 mm,高度约为 580 mm,由 4 个零件组成。“50° 3 V MR 121”表示焊缝为整圈 V 形对接焊缝,坡口角度为 50°,间隙为 3 mm,带垫板,焊接方法为单丝埋弧焊;“4⊿ 111”表示整圈焊缝为角焊缝,焊脚为 4 mm,焊接方法为焊条电弧焊。整个钢瓶焊完后要进行无损检测,焊后要去除应力退火。焊缝与母材过渡要光滑,避免产生应力集中。

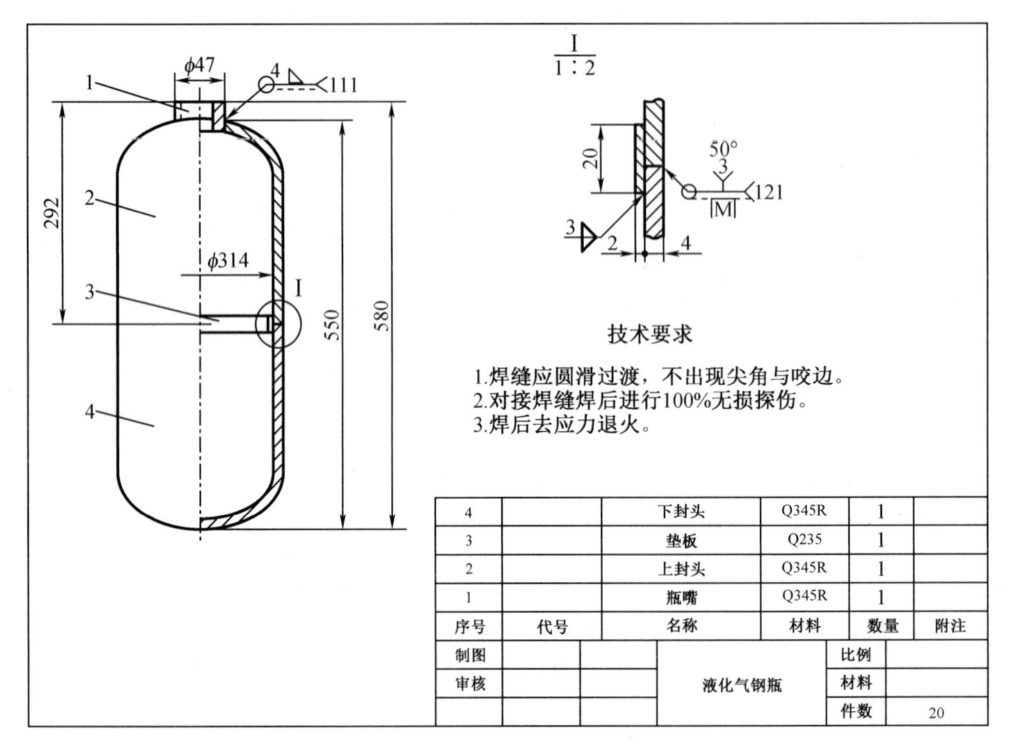

图 2-28　液化气钢瓶装配图(单位:mm)

2.3　金属材料与金属热处理知识

2.3.1　金属材料的性能

1. 金属材料的物理性能

金属材料的物理性能是指金属固有的属性,它包括密度、熔点、导热性、导电性、热膨胀性和磁性等。常用金属材料的物理性能见表 2-17。

表 2-17　常用金属材料的物理性能

金属名称	符号	密度 ρ (20 ℃) /(kg · m^{-3})	熔点 T /℃	热导率 λ /[W/(m · K)]	线膨胀系数 α_l(0~100 ℃) (×10^{-6}/℃)	电阻率 ρ'(0 ℃) [×10^{-6}/(Ω · cm)]
银	Ag	10.490×10^{3}	960.8	418.60	19.70	1.500
铜	Cu	8.960×10^{3}	1 083.0	393.50	17.00	1.670~1.680(20 ℃)

表 2-17(续)

金属名称	符号	密度 ρ (20 ℃) /(kg·m^{-3})	熔点 T /℃	热导率 λ /[W/(m·K)]	线膨胀系数 α_l(0~100 ℃) (×10^{-6}/℃)	电阻率 ρ'(0 ℃) [×10^{-6}/(Ω·cm)]
铝	Al	2.700×10^3	660.0	221.90	23.60	2.655
镁	Mg	1.740×10^3	650.0	153.70	24.30	4.470
钨	W	19.300×10^3	3 380.0	166.20	4.60(20 ℃)	5.100
镍	Ni	4.500×10^3	1 453.0	92.10	13.40	6.840
铁	Fe	7.870×10^3	1 583.0	75.40	11.76	9.700
锡	Sn	7.300×10^3	231.9	62.80	2.30	11.500
铬	Cr	7.190×10^3	1 903.0	67.00	6.20	12.900
钛	Ti	4.508×10^3	1 677.0	15.10	8.20	42.100~47.800
锰	Mn	7.430×10^3	1 244.0	4.98(-192 ℃)	37.00	185.000(20 ℃)

(1)密度

物质单位体积所具有的质量称为密度,用符号 ρ 表示。一般密度小于 5×10^3 kg/m^3 的金属称为轻金属,反之称为重金属。利用密度的概念可以解决一系列实际问题,如计算毛坯的质量、鉴别金属材料等。

(2)熔点

纯金属和合金由固态转变为液态时的熔化温度称为熔点。纯金属有固定的熔点,合金的熔点取决于它的成分,如钢是铁碳合金,含碳量不同熔点也不同。熔点对金属和合金的冶炼、铸造与焊接等都是很重要的参数。

(3)导电性

金属材料传导电流的能力称为导电性。衡量金属材料导电性的指标是电阻率 ρ',电阻率越小,金属的电阻越小,导电性越好。金属中银的导电性最好,其次是铜和铝。

(4)导热性

金属材料传导热量的能力称为导热性。导热性的大小通常用热导率来衡量。热导率用符号 λ 表示。热导率越大,金属的导热性越好。金属中银的导热性最好,其次是铜和铝。

(5)热膨胀性

金属材料随着温度的变化而膨胀、收缩的特性称为热膨胀性。一般来说,金属受热时膨胀而体积增大,冷却时收缩而体积缩小。衡量热膨胀性的指标一般是线膨胀系数,线膨胀系数是指金属温度每升高 1 ℃所增加的长度与原来长度的比值,金属的线膨胀系数不是一个固定的数值,随着温度的增高,其数值也相应增大。在焊接过程中,被焊工件由于受热不均匀而产生不均匀的热膨胀,就会导致焊件变形和焊接应力的产生。

(6)磁性

金属材料在磁场中受到磁化的性能称为磁性。金属材料根据其在磁场中受到磁化程度的不同,可分为铁磁材料（如铁、钴等)、顺磁材料（如锰、铬等）和抗磁材料（如铜、锌等）三类。工程上应用较多的是铁磁材料。

2. 金属材料的化学性能

金属材料的化学性能是指金属在室温或高温时抵抗各种化学介质作用所表现出来的性能，包括耐腐蚀性、抗氧化性和化学稳定性等。

(1)耐腐蚀性

金属材料在常温下抵抗氧、水及其他化学介质腐蚀破坏作用的能力，称为耐腐蚀性。耐腐蚀性是金属材料的重要指标，尤其对在腐蚀介质(如酸、碱、盐、有毒气体等)中工作的零件，其腐蚀现象比在空气中更为严重。因此，在选择材料制造这些零件时，应特别注意金属材料的耐腐蚀性，并使用耐腐蚀性良好的金属材料进行制造。

(2)抗氧化性

金属材料在加热时抵抗氧化作用的能力，称为抗氧化性。金属材料的氧化程度随温度升高而加速。例如，钢材在铸造、锻造、热处理、焊接等热加工作业时，氧化程度比较严重。氧化不仅造成材料过量的损耗，也会形成各种缺陷，为此常采取措施，避免金属材料发生氧化。

(3)化学稳定性

化学稳定性是金属材料的耐腐蚀性与抗氧化性的总称。金属材料在高温下的化学稳定性称为热稳定性。在高温条件下工作的设备(如锅炉、加热设备、汽轮机、喷气发动机等)的部件需要选择热稳定性好的材料来制造。

3. 金属材料的工艺性能

金属材料的工艺性能是指金属材料在制造机械零件和工具的过程中，适应各种冷、热加工的性能，也就是金属材料采用某种加工方法制成成品的难易程度。它包括铸造性能、锻造性能、焊接性能、切削加工性能等。例如，某种金属材料采用焊接方法容易得到合格的焊件，就说明该金属材料的焊接工艺性能好。工艺性能直接影响零件制造的质量和成本，因此是选择制造材料时必须考虑的因素之一。

(1)铸造性能

金属在铸造成形过程中获得外形准确、内部结构健全铸件的能力称为铸造性能。铸造性能包括流动性、吸气性、收缩性和偏析倾向等。在金属材料中灰铸铁和青铜的铸造性能较好。

(2)锻造性能

金属材料利用锻压加工方法成形的难易程度称为锻造性能。锻造性能的好坏主要与金属材料的塑性和变形抗力有关。塑性越好，变形抗力越小，金属材料的锻造性能越好。例如，黄铜和铝合金在室温状态下就有良好的锻造性能；非合金钢在加热状态下锻造性能较好；而铸铜、铸铝、铸铁等几乎不能锻造。

(3)焊接性能

焊接性能是指金属材料在限定的施工条件下焊接成按规定设计要求的构件的能力。焊接性能好的金属材料能获得没有裂纹、气孔等缺陷的焊缝，并且焊接接头具有一定的力学性能。低碳钢具有良好的焊接性能，而高碳钢、不锈钢、铸铁的焊接性能则较差。

(4)切削加工性能

切削加工性能是指金属材料在切削加工时的难易程度。切削加工性能好的金属材料对使用的刀具磨损量小，可以选用较大的切削用量，加工表面也比较光洁。切削加工性能与金属材料的硬度、热导性、冷变形强化等因素有关。若金属材料的硬度在 170～260 HBW 时，最容易进行切削加工。铸铁、铜合金、铝合金及非合金钢都具有较好的切削加工性能，而高合金钢的切削加工性能则较差。

4. 金属材料的力学性能

力学性能是指金属在外力作用时表现出来的性能，包括强度、塑性、硬度、韧性及疲劳强度等。表示金属材料各项力学性能的具体数据是通过在专门试验机上试验和测定而获得的。

(1)强度

①屈服强度

屈服强度是指试样在拉伸试验过程中力不增加(保持恒定)仍然能继续伸长(变形)时的应力。屈服强度包括上屈服强度和下屈服强度。上屈服强度是试样发生屈服而力首次下降前的最高应力，用 R_{eH} 表示；下屈服强度是在屈服期间不计初始瞬时效应时的最小应力，用 R_{eL} 表示。

工业上使用的部分金属材料，如高碳钢、铸铁等，在进行拉伸试验时，没有明显的屈服现象，这就需要规定一个相当于屈服强度的强度指标，即规定残余延伸强度 R_p。

规定残余延伸强度是指试样卸除拉伸力后，其标距部分的残余伸长与原始标距的百分比达到规定值时的应力，用符号 R 并加角标“p 和规定残余延伸率”表示。例如，在国家标准中规定 $R_{p0.2}$ 表示规定残余延伸率为 0.2%时的应力。

屈服强度标志着金属材料抵抗微量塑性变形的能力。材料的屈服强度越高，表示材料抵抗微量塑性变形的能力越大，允许的工作应力也越高。因此，材料的屈服强度是机械设计计算时的主要依据之一，是评定金属材料质量的重要指标。

②抗拉强度

试样在拉伸时，材料在拉断前所承受的最大应力，称为抗拉强度，用符号 R_m 表示。其计算方法如下：

$$R_m = \frac{F_m}{S_0}$$

式中　R_m——抗拉强度，MPa；

F_m——试样破坏前所承受的最大拉力，N；

S_0——试样原始横截面积，mm^2。

R_m 的值越大，表示材料抵抗拉断的能力越大。它也是衡量金属材料强度的重要指标之一。其实用意义是金属结构件所承受的工作应力不能超过材料的抗拉强度，否则会产生断裂，甚至造成严重事故。

(2)塑性

断裂前金属材料产生永久变形的能力称为塑性。塑性一般用拉伸试样的断后伸长率和断面收缩率来衡量。

①断后伸长率

试样拉断后，标距的伸长量与试样原始标距长度的比值的百分率，称为断后伸长率，用

符号 A 来表示。其计算方法如下：

$$A=\frac{L_u-L_0}{L_0}\times 100\%$$

式中　L_u——试样拉断后的标距长度，mm；

L_0——试样原始标距长度，mm。

②断面收缩率

试样拉断后断口处横截面积的减小量与原始横截面积比值的百分率，称为断面收缩率，用符号 Z 表示。其计算方法如下：

$$Z=\frac{S_0-S_u}{S_u}\times 100\%$$

式中　S_0——试样原始横截面积，mm^2；

S_u——试样拉断后断口处横截面积，mm^2。

A 和 Z 的值越大，表示金属材料的塑性越好。这类金属可以发生较大塑性变形而不被破坏。

在船舶、锅炉、压力容器等工业部门，有大量的弯曲和冲压等冷变形加工，因此常通过冷弯试验来衡量金属材料在室温时的塑性。将试样在室温下按规定的弯曲压头直径进行弯曲，在弯曲外表面无可见裂纹前的角度，叫作冷弯角度，用 a 表示，其单位为(°)。冷弯角度越大，则钢材的塑性越好。弯曲试验不仅能检验钢材和焊接接头的塑性，而且还可以发现受拉面材料中的缺陷，以及焊缝、热影响区和母材三者的变形是否均匀一致。根据受拉面所处位置不同，钢材和焊接接头的弯曲试验，可分为面弯试验、背弯试验和侧弯试验。

(3)硬度

硬度是衡量金属材料软硬程度的一种性能指标，是指金属材料抵抗局部变形，特别是塑性变形、压痕或划痕的能力。硬度是一项综合力学性能指标，从金属表面的局部压痕也可以反映出材料的强度和塑性。因此，在零件图上常常标注出各种硬度指标，作为技术要求。同时，硬度值的高低，对机械零件的耐磨性也有直接影响，钢的硬度值越高，其耐磨性亦越高。

硬度测定方法有压入法、划痕法、回弹高度法等，其中压入法的应用最为普遍。压入法是在规定的静态试验力作用下，将一定的压头压入金属材料表面层，然后根据压痕的面积大小或深度测定其硬度值。在压入法中根据载荷、压头和表示方法的不同，常用的硬度测试方法有布氏硬度(HBW)、洛氏硬度(HRA、HRB、HRC 等)和维氏硬度(HV)。

(4)韧性

金属材料抗冲击载荷不致被破坏的性能称为韧性。金属材料的韧性大小通常用冲击吸收能量(单位 J)来衡量，而测定金属材料的吸收能量，通常采用夏比摆锤冲击试验方法来测定。

夏比摆锤冲击试样有 V 形缺口试样和 U 形缺口试样两种。带 V 形缺口的试样，称为夏比 V 形缺口试样；带 U 形缺口的试样，称为夏比 U 形缺口试样。采用 V 形缺口试样的夏比摆锤冲击试验的冲击吸收能量用符号 KV_2 或 KV_8 表示；采用 U 形缺口试样的夏比摆锤冲击试验的冲击吸收能量用符号 KU_2 或 KU_8 表示(符号中 2 或 8 表示摆锤刀刃半径大小为 2 mm 或 8 mm)。

冲击吸收能量大小可以从试验机的刻度盘上直接读出。它是表征金属材料韧性的重要指标。显然,冲击吸收能量越大,表示金属材料抵抗冲击力而不被破坏的能力越强。

(5)疲劳强度

金属材料在无数次重复交变载荷作用下,而不致被破坏的最大应力,称为疲劳强度。实际上并不可能做无数次交变载荷试验,因此,一般试验时规定,钢在经受 10^7 次、有色金属在经受 10^8 次交变载荷作用时不产生破裂的最大应力, 称为疲劳强度,符号是 R_r。

2.3.2　钢的分类、牌号、性能及用途

根据 GB/T 13304.1—2008《钢分类 第 1 部分 按化学成分分类》的规定,钢按化学成分分为非合金钢、低合金钢和合金钢三大类。

非合金钢是指钢中各元素含量低于规定值的铁碳合金。低合金钢与合金钢是指在非合金钢基础上有目的地加入某些合金元素所形成的钢。非合金钢、低合金钢和合金钢合金元素规定含量界限值见表 2-18。

表 2-18　非合金钢、低合金钢和合金钢合金元素规定含量界限值

合金元素	合金元素规定含量界限值(质量分数)/%		
	非合金钢	低合金钢	合金钢
铝(Al)	<0.10	—	≥0.10
硼(B)	<0.000 5	—	≥0.000 5
铋(Bi)	<0.10	—	≥0.10
铬(Cr)	<0.30	0.30~<0.50	≥0.50
钴(Co)	<0.10	—	≥0.10
铜(Cu)	<0.10	0.10~<0.50	≥0.50
锰(Mn)	<1.00	1.00~<1.40	≥1.40
钼(Mo)	<0.05	0.05≈<0.10	≥0.10
镍(Ni)	<0.30	0.30~<0.50	≥0.50
铌(Nb)	<0.02	0.02~<0.06	≥0.06
铅(Pb)	<0.40	—	≥0.40
硒(Se)	<0.10	—	≥0.10
硅(Si)	<0.50	0.50~<0.90	≥0.90
碲(Te)	<0.10	—	≥0.10
钛(Ti)	<0.05	0.05<0.13	≥0.13

表 2-18(续)

合金元素	合金元素规定含量界限值(质量分数)/%		
	非合金钢	低合金钢	合金钢
钨(W)	<0.10	—	≥0.10
钒(V)	<0.04	0.04~<0.12	≥0.12
锆(Zr)	<0.05	0.05~<0.12	≥0.12
镧(La)系(每一种元素)	<0.02	0.02≈<0.05	≥0.05
其他规定元素[硫(S)、磷(P)、碳(C)、氮(N)除外]	<0.05	—	≥0.05

如钢中每种合金元素含量处于表 2-18 中所列非合金钢、低合金钢或合金钢相应元素的规定含量界限值范围内时,这些钢则分别为非合金钢、低合金钢或合金钢。

需要注意的是,如果钢中同时存在 Cr、Ni、Mo、Cu 四种元素中的两种或两种以上,应考虑这些元素规定总和。如果这些元素规定总和大于表 2-18 中规定的相应元素规定含量最高界限值总和的 70%,即使这些元素中的每种元素含量低于规定含量的最高界限值,也应划入合金钢。对于 Nb、Ti、V、Zr 四种元素也同样适用此原则。

1. 非合金钢的分类和牌号

非合金钢具有价格低、工艺性能好、力学性能可以满足一般使用要求的优点,是工业生产中用量较大的钢铁材料。需要注意的是,在实施新的钢分类标准之前非合金钢被称为碳素钢(简称"碳钢"),因此在部分现行技术标准和一些生产实际中仍有将其称为碳素钢的。

(1)非合金钢的分类

①按含碳量分类

非合金钢按含碳量可分为低碳钢、中碳钢和高碳钢三类。含碳量≤0.25%的为低碳钢,含碳量为 0.25%~0.60%的为中碳钢,含碳量≥0.60%的为高碳钢。

②按质量等级分类

非合金钢按质量等级可分为普通质量非合金钢、优质非合金钢和特殊质量非合金钢三类。

a. 普通质量非合金钢

普通质量非合金钢是指在生产过程中对控制质量无特殊规定的一般用途的非合金钢。普通质量非合金钢主要包括如下几项。

· 一般用途碳素结构钢,如 GB/T 700—2006《碳素结构钢》中的 A、B 级钢。

· 碳素钢筋钢。

· 铁道用一般碳素钢,如轻轨和垫板用碳素钢等。

b. 优质非合金钢

优质非合金钢是指除普通质量非合金钢和特殊质量非合金钢以外的非合金钢。此类钢在生产过程中需要特别控制质量,如控制晶粒度,降低硫、磷含量等,以达到比普通质量非合金钢更高的质量要求(如良好的抗脆断性能、良好的冷成形性能等)。但这种钢的生产控制不如特殊质量非合金钢严格。优质非合金钢主要包括如下几项。

· 机械结构用优质碳素钢,如 GB/T 699—2015《优质碳素结构钢》中的低碳钢和中碳钢。

· 工程结构用碳素钢,如 GB/T 700—2006《碳素结构钢》中的 C、D 级钢。

· 冲压薄板的低碳结构钢。

· 锅炉和压力容器用碳素钢。

· 造船用碳素钢。

· 铁道用优质碳素钢。

· 优质铸造碳素钢等。

c. 特殊质量非合金钢

特殊质量非合金钢是指在生产过程中需要特别严格控制质量和性能(如控制淬透性和纯洁度)的非合金钢。特殊质量非合金钢主要包括如下几项。

· 保证淬透性非合金钢。

· 保证厚度方向性能非合金钢。

· 铁道用特殊非合金钢,如制作车轴坯、车轮、轮箍的非合金钢。

· 航空、兵器等专业用非合金结构钢。

· 核能用的非合金钢。

· 特殊焊条用非合金钢。

· 碳素弹簧钢。

· 特殊盘条钢及钢丝。

· 特殊易切削钢。

· 碳素工具钢和中空钢等。

③按用途分类

非合金钢按用途可分为碳素结构钢和碳素工具钢。

a. 碳素结构钢

碳素结构钢主要用于制造各种机械零件和工程结构件,其含碳量一般都小于 0.70%。

b. 碳素工具钢

碳素工具钢主要用于制造各种刀具、模具、量具等,其含碳量一般都大于 0.70%。

(2)非合金钢的牌号

①普通质量非合金钢的牌号

普通质量非合金钢中应用最多的是碳素结构钢,其牌号由屈服强度中的“屈”的汉语拼音首字母“Q”、屈服强度数值(单位 MPa)、质量等级符号、脱氧方法符号四部分按顺序组成。质量等级分 A、B、C、D 四级,质量依次提高。脱氧方法用 F、Z、TZ 分别表示沸腾钢、镇静钢、特殊镇静钢。在牌号组成表示方法中,“Z”与“TZ”符号可以省略。例如,Q235 AF,表示屈服强度大于 235 MPa、质量等级为 A 级的沸腾碳素结构钢。碳素结构钢的牌号、化学成分和力学性能见表 2-19。

表 2-19　碳素结构钢的牌号、化学成分和力学性能(板厚小于 16 mm)

牌号	质量等级	w_C/%	R_{eL}/MPa	R_m/MPa	A/%	脱氧方法
Q195	—	≤0.12	195	315~430	33	F、Z
Q215	A	≤0.15	215	335~450	31	F、Z
	B					
Q235	A	≤0.22	235	370~500	26	F、Z
	B	≤0.20				
	C	≤0.17				Z
	D					TZ
Q275A	A	≤0.24	275	410~540	22	F、Z

注:表中所列力学性能指标为热轧状态试样测得。

②优质非合金钢的牌号

优质非合金钢中应用最多的是优质碳素结构钢,其牌号用两位数字表示。两位数字表示该钢的平均含碳量的万分数,如 45 表示平均含碳量为 0.45%的优质碳素结构钢;08 钢表示平均含碳量为 0.08%的优质碳素结构钢。如果加入 0.7%~1.2%的锰,则在数字后面加“Mn”,如 45 Mn 等。

优质碳素结构钢按冶金质量分为优质钢(w_S≤0.035%、w_P≤0.035%)、高级优质钢(在钢号后面加字母“A”,w_S≤0.030%、w_P≤0.030%)、特级优质钢(在钢号后面加字母“E”,w_S≤0.020%、w_P≤0.025%)。优质碳素结构钢的牌号、化学成分、力学性能和用途见表 2-20。

表 2-20　优质碳素结构钢的牌号、化学成分、力学性能和用途

序号	w_C/%	R_m/MPa	R_{eL}/MPa	A/%	Z/%	KU/J	用途
		≥					
08F	0.05~0.11	295	175	35	60	—	塑性好,适合制作高韧性的冲压件、焊接件、紧固件等。如容器、搪瓷制品、螺栓、螺母、垫圈、法兰盘、钢丝、轴套、拉杆等。部分钢经渗碳淬火后可制造强度不高的耐磨件,如凸轮、滑块、活塞销等
08	0.05~0.11	325	195	33	60	—	
10F	0.07~0.13	315	185	33	55	—	
10	0.07~0.13	335	205	31	55	—	
15F	0.12~0.18	355	205	29	55	—	
15	0.12~0.18	375	225	27	55	—	
20	0.17~0.23	410	245	25	55	—	
25	0.22~0.29	450	275	23	50	71	

表 2-20(续)

序号	w_C/%	R_m /MPa	R_{eL} /MPa	A /%	Z /%	KU /J	用途
		≥					
30	0.27~0.34	490	295	21	50	63	综合力学性能较好,适合制作负荷较大的零件,如连杆螺杆、螺母、轴销、曲轴、传动轴、活塞杆(销)、飞轮、表面淬火齿轮、凸轮、链轮等
35	0.32~0.39	530	315	20	45	55	
40	0.37~0.44	570	335	19	45	47	
45	0.42~0.50	600	355	16	40	39	
50	0.47~0.55	630	375	14	40	31	
55	0.52~0.60	645	380	13	35	—	
60	0.57~0.65	675	400	12	35	—	屈服强度高,硬度高,适合制作弹性零件(如各种螺旋弹簧、板簧等)及耐磨零件(如轧辊、钢丝绳、偏心轮、轴、凸轮、离合器等)
65	0.62~0.70	695	410	10	30	—	
70	0.67~0.75	715	420	9	30	—	
75	0.72~0.80	1 080	880	7	30	—	
80	0.77~0.85	1 080	930	6	30	—	
85	0.82~0.90	1 130	980	6	30	—	

③特殊质量非合金钢的牌号

特殊质量非合金钢中应用最多的是碳素工具钢。大多数工具都要求高硬度和耐磨性好,故碳素工具钢中的含碳量都在 0.7%以上,而且此类钢都是优质钢和高级优质钢,有害杂质元素碳、硫含量较少,质量较高。

碳素工具钢的牌号以“碳”的汉语拼音首字母“T”开头,其后的数字表示平均含碳量千分数。例如,T8 表示平均含碳量为 0.80%的碳素工具钢。如果是高级优质碳素工具钢,则在钢的牌号后面标以字母“A”,如 T12A 表示平均含碳量 1.20%的高级优质碳素工具钢。

2. 低合金钢和合金钢的分类

(1)低合金钢的分类

①按质量等级分类

低合金钢按质量等级可分为普通质量低合金钢、优质低合金钢和特殊质量低合金钢。

a. 普通质量低合金钢

普通质量低合金钢是指在生产过程中不需要特别控制质量要求的用作一般用途的低合金钢。普通质量低合金钢主要包括如下两项。

· 一般用途低合金结构钢,如 Q355 等。

· 低合金钢筋钢,如 20MnSi 等。

b. 优质低合金钢

优质低合金钢是指除普通质量低合金钢和特殊质量低合金钢外的低合金钢。优质低合金钢需要在生产过程中特别控制质量(如降低硫、磷含量,控制晶粒度等),以达到比普通质量低合金钢特殊的质量要求(例如,良好的抗脆断性能和良好的冷成形性能等)。但这种钢的生产控制和质量要求不如特殊质量低合金钢严格。优质低合金钢主要包括如下几项。

· 可焊接的低合金高强度钢，如 Q390（16MnNb）等。

· 锅炉和压力容器用低合金钢，如 15CrMog、15MnVR 等。

· 造船用低合金钢。

· 汽车用低合金钢

· 桥梁用低合金钢。

· 低合金耐候钢，如 Q390NH、Q460NH 等。

c. 特殊质量低合金钢

特殊质量低合金钢是指在生产过程中需要特别严格控制质量和性能（特别是严格控制硫、磷等杂质含量和纯洁度）的低合金钢。特殊质量低合金钢主要包括如下几项。

· 核能用低合金钢。

· 保证厚度方向性能低合金钢。

· 铁道用低合金车轮钢。

· 低温用低合金钢。

②按主要性能及使用特性分类

低合金钢按主要性能及使用特性可分为可焊接的低合金高强度结构钢、低合金耐候钢、低合金钢筋钢、铁道用低合金钢、矿用低合金钢和其他低合金钢。

（2）合金钢的分类

合金钢通常是按其质量等级和主要性能或使用特性分类的。

①按质量等级分类

合金钢按质量等级可分为优质合金钢和特殊质量合金钢。

a. 优质合金钢

优质合金钢是指在生产过程中需要特别控制质量和性能，但其生产控制和质量要求不如特殊质量合金钢严格的合金钢。优质合金钢主要包括如下几项。

· 一般工程结构用合金钢。

· 合金钢筋钢。

· 铁道用合金钢。

· 地质、石油钻探用合金钢。

· 耐磨钢。

· 硅锰弹簧钢。

b. 特殊质量合金钢

特殊质量合金钢是指在生产过程中需要特别严格控制质量和性能的合金钢。除优质合金钢外的所有其他合金钢都是特殊质量合金钢。特殊质量合金钢主要包括如下几项。

· 压力容器用合金钢，如 18MnMoNbR、14MnMoVg 等。

· 合金结构钢。

· 合金弹簧钢。

· 不锈钢。

· 耐热钢。

· 合金工具钢。

· 高速工具钢。

· 轴承钢。

②按主要性能及使用特性分类

合金钢按主要性能及使用特性可分为工程结构用合金钢,如一般工程结构用合金钢、合金钢筋钢、高锰耐磨钢等;机械结构用合金钢,如调质处理合金结构钢、合金弹簧钢等;不锈、耐蚀和耐热钢;工具钢;轴承钢;特殊物理性能钢,如无磁钢等。

(3)低合金钢的牌号

根据GB/T 1591—2018《低合金高强度结构钢》,低合金高强度结构钢分为Q355、Q390、Q420、Q460、Q500、Q550、Q620和Q690八级,按质量等级分为B、C、D、E、F五级。低合金高强度结构钢的牌号由“屈”字的汉语拼音首字母Q、规定的最小上屈服强度数值、交货状态代号、质量等级符号四个部分组成。交货状态为热轧时,交货状态代号AR或WAR可省略;交货状态为正火或正火轧制状态时,交货状态代号均用N表示。交货状态为热机械轧制时用M表示。

例如,Q355ND,表示最小上屈服强度为355 MPa、交货状态为正火或正火轧制、质量等级为D级的低合金高强度结构钢。其中质量等级较低的主要用于一般用途结构钢;质量等级较高的主要用于锅炉、压力容器、造船、汽车、桥梁、工程机械及矿山机械等;质量等级高的主要用于核电、石油天然气管线、海洋工程、军用舰船等。

3. 合金结构钢、合金工具钢、铬轴承钢的牌号

(1)合金结构钢的牌号

合金结构钢的牌号编写方法是采用“两位数字+合金元素符号+数字”的方式。

前面的“两位数字”表示合金结构钢的平均含碳量的万分数;合金元素符号后面的“数字”表示所含合金元素的平均质量分数的百分数。当含量小于1.5%时,牌号中仅标出合金元素符号,不标明其含量;当含量小于1.5%~2.5%时,在该元素后面相应地用整数“2”表示其平均质量分数;当含量为2.5%~3.5%时,在该元素后面相应地用整数“3”表示其平均质量分数,以此类推。例如,60Si2Mn表示w_C=0.60%、w_{Si}=2.0%、w_{Mn}<1.5%的合金结构钢。如果合金结构钢为高级优质钢,则在钢的牌号后面加“A”,如60Si2MnA;如果为特级优质钢,则在钢的牌号后面加“E”。

(2)合金工具钢的牌号

合金工具钢的牌号编写方法大致与合金结构钢相同,但碳的质量分数的表示方法有所不同。当合金工具钢中含碳量小于1.0%时,用一位数字表示钢的含碳量的千分数;当合金工具钢中含碳量不小于1.0%时,为了避免与合金结构钢相混淆,牌号前不标出含碳量的数字。例如,9Mn2V表示w_C=0.9%、w_{Mn}=2.0%、w_V<1.5%的合金工具钢;CrWMn表示$w_C \geq$1.0%、w_{Cr}<1.5%、w_W<1.5%、w_{Mn}<1.5%的合金工具钢;高速工具钢的w_C=0.7%~1.5%,但在高速工具钢的牌号中不标出碳的质量分数值,如W18Cr4V钢等。

(3)铬轴承钢的牌号

高碳铬轴承钢的牌号前面冠以“滚动轴承钢”的“滚”字的汉语拼音首字母“G”,其后为

铬元素符号 Cr,含铬量以千分数表示,其余合金元素及含量的表示方法与合金结构钢牌号规定相同,如 GCrl5、GCrl5SiMn 等。

4. 不锈钢和耐热钢的分类和牌号

不锈钢和耐热钢都属于特殊质量合金钢。不锈钢是指以不锈、耐腐蚀性为主要特性,且含铬量至少为 10.5%,含碳量不超过 1.2%的钢。耐热钢是指在高温下具有良好的化学稳定性和较高强度的钢。

(1)不锈钢的分类

不锈钢按金相组织特征可分为奥氏体不锈钢、铁素体不锈钢、马氏体不锈钢、奥氏体-铁素体不锈钢和沉淀硬化不锈钢五类。

奥氏体不锈钢由于具有很好的耐腐蚀性、优良的塑性、良好的焊接性及低温韧性且不具磁性,所以应用最广,但其对加工硬化很敏感,切削加工性较差。18-8 型铬镍钢是典型的奥氏体型不锈钢,如 06Cr19Ni10、12Cr18Ni9 等。常用不锈钢新旧牌号对比见表 2-21。

表 2-21　常用不锈钢新旧牌号对比

钢类型	新牌号(GB/T 20878—2007)	旧牌号(GB 4237—92)
奥氏体不锈钢	022Cr19Ni10	00Cr19Ni10
	06Cr19Ni10	0Cr18Ni9
	12Cr18Ni9	1Cr18Ni9
	10Cr18Ni12	1Cr18Ni12
	06Cr25Ni20	0Cr25Ni20
	06Cr23Ni13	0Cr23Ni13
	06Cr18Ni11Ti	0Cr18Ni10Ti
	07Cr19Ni11Ti	1Cr18Ni11Ti
	06Cr18Ni11Nb	0Cr18Ni11Nb
奥氏体-铁素体不锈钢	022Cr19Ni5Mo3Si2N	00Cr18Ni5Mo3Si2
	14Cr18Ni11Si4AlTi	1Cr18Ni11Si4AlTi
	12Cr21Ni5Ti	1Cr21Ni5Ti
	022Cr25Ni6Mo2N	—
铁素体不锈钢	10Cr17	1Cr17
	10Cr17Mo	1Cr17Mo
	008Cr27Mo	00Cr27Mo
马氏体不锈钢	12Cr13	1Cr13
	20Cr13	2Cr13
	30Cr13	3Cr13

部分常用不锈钢的牌号、化学成分及用途见表 2-22。

表 2-22　部分常用不锈钢的牌号、化学成分及用途

组织类型	牌号	化学成分(质量分数)/%				用途
		w_C	w_{Ni}	w_{Cr}	w_{Mo}	
奥氏体型	12Cr18Ni9	0.15	8.00~10.00	17.00~19.00	—	制作建筑装饰品,制作耐硝酸、冷磷酸、有机酸及盐碱溶液腐蚀部件
	06Cr19Ni10	0.08	8.00~11.00	18.00~20.00	—	制作食品用设备、抗磁仪表、医疗器械、核工业设备及部件、化工部件等
铁素体型	10Cr17	0.12	0.60	16.00~18.00	—	制作重油燃烧部件、建筑装饰品、家用电器部件、食品用设备
	008Cr30Mo2	0.01	—	28.50~32.00	1.50~2.50	制作耐乙酸、乳酸等有机酸腐蚀的设备,耐苛性碱腐蚀设备
马氏体型	12Cr13	0.15	0.60	11.50~13.50	—	制作汽轮机叶片、内燃机车水泵轴、阀门、阀杆、螺栓,用于建筑装潢、家用电器等
	32Cr13Mo	0.28~0.35	0.60	12.00~14.00	0.50~1.00	制作热油泵轴、阀门轴承、医疗器械弹簧
	68Cr17	0.60~0.75	0.60	16.00~18.00	0.75	制作刀具、量具、滚珠轴承、手术刀片等
奥氏体-铁素体型	022Cr19Ni5Mo3Si2N	0.03	4.50~5.50	18.00~19.50	2.50~3.00	用于炼油、化肥、造纸、化工等工业中的热交换器和冷凝器等
	14Cr18Ni11Si4AlTi	0.10~0.18	10.00~12.00	17.50~19.50	—	用于抗高温浓硝酸腐蚀的设备及零件等
沉淀硬化型	05Cr17Ni4Cu4Nb	0.07	3.00~5.00	15.00~17.50	—	用于制作高硬度、高强度及耐腐蚀的化工机械设备及零件,如轴、弹簧、容器、汽轮机部件、离心机转鼓、结构件等
	07Cr15Ni7Mo2Al	0.09	6.50~7.75	14.00~16.00	2.00~3.00	

(2)耐热钢的分类

钢的耐热性包括钢在高温下具有抗氧化性(热稳定性)和高温热强性(蠕变强度)两个方面。高温抗氧化性是指钢在高温下对氧化作用的抗力;热强性是指钢在高温下对机械载荷作用的抗力。

在耐热钢中加入铬、硅、铝等合金元素,这些元素在高温下与氧作用,从而在钢材表面形成一层致密的高熔点氧化膜,可有效地保护钢材在高温下不被氧化。另外,加入钼、钨、钛等元素可以阻碍晶粒长大,可提高耐热钢的高温热强性。

耐热钢按用途可分为抗氧化钢、热强钢和汽阀钢;按金相组织可分为奥氏体耐热钢、铁素体耐热钢、马氏体耐热钢和珠光体耐热钢等。珠光体耐热钢一般在 600 ℃以下使用。常用的珠光体耐热钢有 15CrMo、12CrMoV 等。

(3)不锈钢和耐热钢的牌号

不锈钢和耐热钢的牌号表示方法与合金结构钢的基本相同,只是当含碳量为 0.04%时,推荐取 2 位小数表示含碳量的万分数,如 06Crl9Ni10、10Crl7Mn9Ni4N;当含碳量不大于 0.03%时,推荐取 3 位小数表示含碳量的十万分数,如 022Crl7Ni7N 等。

2.3.3 金属材料热处理知识

金属材料的性能与其化学成分和内部组织结构有着密切的联系。即使是同一种金属材料,加工工艺不同也将使金属材料具有不同的内部结构,从而具有不同的性能。

1. 金属晶体结构的一般知识

(1)晶体结构

①晶体与非晶体

在物质内部,凡是原子呈无序堆积状态的,称为非晶体,如普通玻璃、松香、树脂等;相反,凡是原子呈有序、有规则排列的称为晶体。大多数金属和合金都属于晶体。凡晶体都具有固定的熔点,性能呈各向异性;而非晶体则没有固定熔点,而且表现为各向同性。

②晶格与晶胞

晶体内部原子是按一定的几何规律排列的,如图 2-29 所示。为了形象地表示晶体中原子排列的规律,可以将原子简化成一个点,用假想的线将这些点连接起来,就构成了有明显规律性的空间格架。这种表示原子在晶体中排列规律的空间格架叫晶格,如图 2-30(a)所示。组成晶格的最小几何单元称为晶胞,如图 2-30(b)所示。

图 2-29 晶体内部原子排列示意图(一)

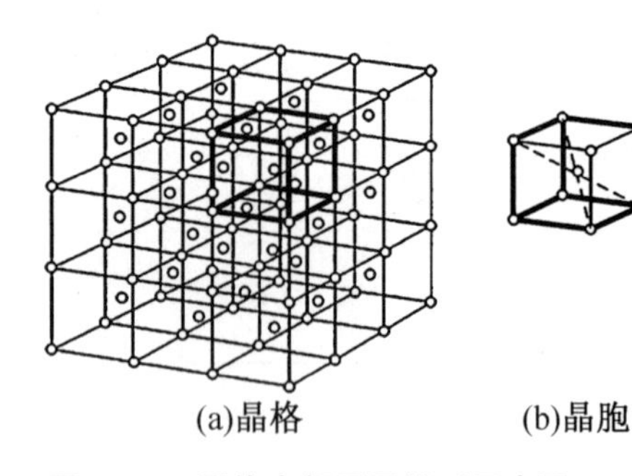

图 2-30 晶体内部原子排列示意图(二)

③常见的金属晶格类型

金属的晶格类型很多,但绝大多数(占 85%)金属属于下面三种晶格类型。

a. 体心立方晶格

体心立方晶格的晶胞是一个立方体,原子位于立方体的 8 个顶角上和立方体的中心,如图 2-31 所示。属于这种晶格类型的金属有铬、钒、钨、钼及 α-Fe 等金属。

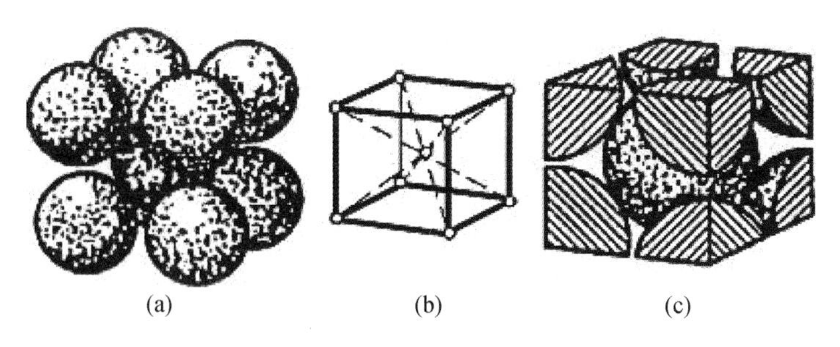
(a)　(b)　(c)

图 2-31　体心立方晶格

b. 面心立方晶格

面心立方晶格的晶胞也是一个立方体，原子位于立方体的 8 个顶角上和立方体的 6 个面的中心，如图 2-32 所示。属于这种晶格类型的金属有铝、铜、铅、镍及 γ-Fe 等金属。

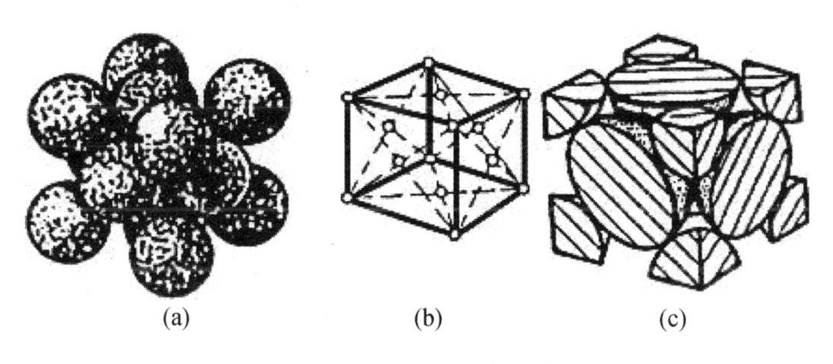
(a)　(b)　(c)

图 2-32　面心立方晶格

c. 密排六方晶格

密排六方晶格的晶胞是个正六方柱体，原子排列在柱体的每个角顶上和上、下底面的中心，另有 3 个原子排列在柱体内，如图 2-33 所示。属于这种晶格类型的金属有镁、铍、镉及锌等金属。

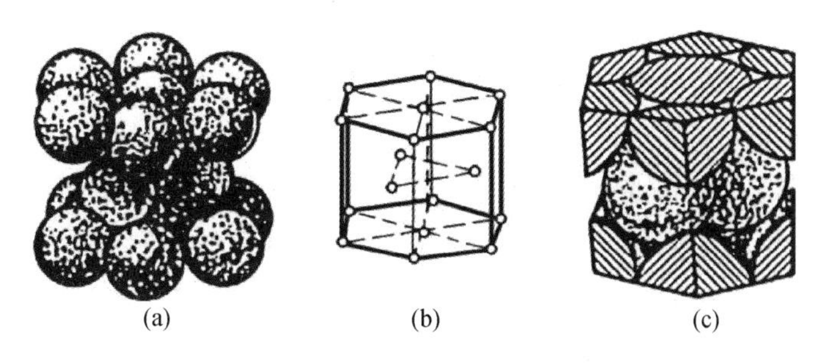
(a)　(b)　(c)

图 2-33　密排六方晶格

(2) 金属的同素异构转变

金属在固态下随温度的变化，由一种晶格转变为另一种晶格的现象，称为同素异构转变。

图 2-34 为纯铁的同素异构转变冷却曲线。由图 2-34 可知，随着温度的变化，液态纯铁在 1 538 ℃时进行结晶，得到具有体心立方晶格的 δ-Fe，继续冷却到 1 394 ℃时发生同素异构转变，δ-Fe 转变为面心立方晶格的 γ-Fe，再冷却到 912 ℃时又发生同素异构转变，

γ-Fe 转变为体心立方晶格的 α-Fe。直到室温,晶格的类型不再发生变化。纯铁的这种特性非常重要,是钢材通过各种热处理方法改变其内部组织,从而改善性能的内在因素之一,也是焊接热影响区中具有不同组织和性能的原因之一。

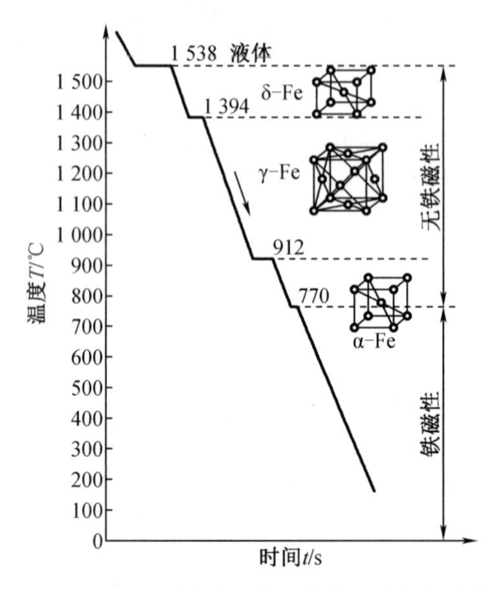

图 2-34　纯铁的同素异构转变冷却曲线

(3)合金的晶体结构

合金是一种金属元素与其他金属元素或非金属,通过熔炼或其他方法结合成的具有金属特性的物质。与组成合金的纯金属相比,合金除具有更好的力学性能外,还可以调整组成元素之间的比例,以获得一系列性能各异的合金,从而满足生产的要求。

组成合金最基本的、独立存在的物质称为组元,简称元。组元可以是金属元素、非金属元素或稳定的化合物。根据合金中组元数目的多少,合金可分为二元合金、三元合金和多元合金。

在合金中具有相同的成分、结构与性能并与其他部分以界面分开的组成部分称为相。在一定条件下,金属可存在气相、液相、固相。在固态下,物质可以是单相的,也可以是多相组成的。由数量、形态、大小和分布方式不同的各种相组成了合金的组织。

根据合金中各组元之间结合方式的不同,合金的组织可分为固溶体、金属化合物及混合物三种类型。

①固溶体

固溶体是合金中一种组元溶入其他组元,或组元之间相互溶解而形成的一种均匀固相。在固溶体中保持原子晶格不变的组元叫溶剂,而分布在溶剂中的另一组元叫溶质。根据溶质原子在溶剂晶格中所处位置的不同,可分为间隙固溶体和置换固溶体。溶质原子分布于溶剂晶格间隙之中而形成的固溶体称为间隙固溶体,溶质原子置换了溶剂晶格中某些节点位置上的溶剂原子而形成的固溶体称为置换固溶体。

无论是置换固溶体,还是间隙固溶体,异类原子的溶入都将使固溶体晶格发生畸变,增加位错运动的阻力,使固溶体的强度、硬度提高。这种通过溶入溶质原子形成的固溶体,使合金强度、硬度升高的现象称为固溶强化。固溶强化是金属材料强化的途径之一。

②金属化合物

合金组元间发生相互作用而形成一种具有金属特性的物质,称为金属化合物。金属化合物的晶格类型和性能完全不同于任一组元。金属化合物一般具有熔点高、硬度高、脆性大的特点,因此不宜直接使用。金属化合物存在于合金中一般起强化相作用。

③混合物

两种或两种以上的相按一定质量百分数组成的物质称为混合物。混合物中各组成相仍保持自己原来的晶格类型。混合物的性能取决于各组成相的性能,以及它们分布的形态、数量和大小。它往往比单一的固溶体合金有更高的强度、硬度和耐磨性,塑性和压力加工性能则较差。

2. 铁碳合金的基本组织

铁碳合金是由铁和碳两种元素为基本组元的合金,如钢和铸铁都是铁碳合金。铁碳合金在固态下的基本组织有铁素体、奥氏体、渗碳体、珠光体和莱氏体。

(1)铁素体

碳溶解在 α-Fe 中形成的间隙固溶体为铁素体,用符号 F 来表示。由于 α-Fe 是体心立方晶格,晶格间隙较小,所以碳在 α-Fe 中溶解度较低。在 727 ℃时, α-Fe 中最大溶碳量仅为 0.021 8%,并随温度降低而减少。由于铁素体的含碳量低,其强度和硬度较低,但塑性和韧性良好。

(2)奥氏体

碳溶解在 γ-Fe 中所形成的间隙固溶体称为奥氏体, 用符号 A 来表示。由于 γ-Fe 是面心立方晶格,晶格的间隙较大,故奥氏体的溶碳能力较强。在 1 148 ℃时溶碳量可达 2.11%,随着温度下降,溶解度逐渐减少。在 727 ℃时,溶碳量为 0.77%。奥氏体的强度和硬度不高,但具有良好的塑性,是绝大多数钢在高温进行锻造和轧制时所要求的组织。

(3)渗碳体

渗碳体是含碳量为 6.69%的铁与碳的金属化合物,分子式为 Fe_3C,熔点为 1 227 ℃,常用符号 C_m 表示。渗碳体具有复杂的斜方晶体结构,它与铁和碳的晶体结构完全不同。渗碳体的硬度很高,塑性很差,是一个硬而脆的组织。

(4)珠光体

珠光体是铁素体和渗碳体的机械混合物,用符号 P 表示。它是渗碳体和铁素体片层相同、交替排列而成的混合物。珠光体的含碳量为 0.77%。珠光体的力学性能介于铁素体和渗碳体之间,有一定的强度和塑性,硬度适中,是一种综合力学性能较好的组织。

(5)莱氏体

莱氏体是指高碳的铁基合金在凝固过程中发生共晶转变而形成的奥氏体和渗碳体所组成的共晶体,莱氏体的含碳量为 4.3%,用符号 L_d 表示。

含碳量大于 2.11%的铁碳合金从液态缓冷至 1 148 ℃ 时,将同时从液体中结晶出奥氏体和渗碳体的混合物(莱氏体),由于奥氏体在 727 ℃时转变为珠光体,所以,在室温下的莱氏体由珠光体和渗碳体所组成。为区别起见,将 727 ℃以上的莱氏体称为高温莱氏体(L_d),在

727 ℃以下的莱氏体称为低温莱氏体(L_d'),或称变态莱氏体。莱氏体的性能和渗碳体相似,硬度很高,塑性很差。

3. 铁碳合金相图

铁碳合金相图是表示在极缓慢冷却(或加热)条件下不同化学成分的铁碳合金,在不同温度下所具有的组织状态的一种图形。生产实践表明,碳的质量分数 ω_c> 大于 6. 69%时,在机械工程上很少应用,所以实际上研究铁碳合金相图,主要就是研究 $Fe-Fe_3C$ 相图部分。图 2-35 为简化的 $Fe-Fe_3C$ 部分相图。

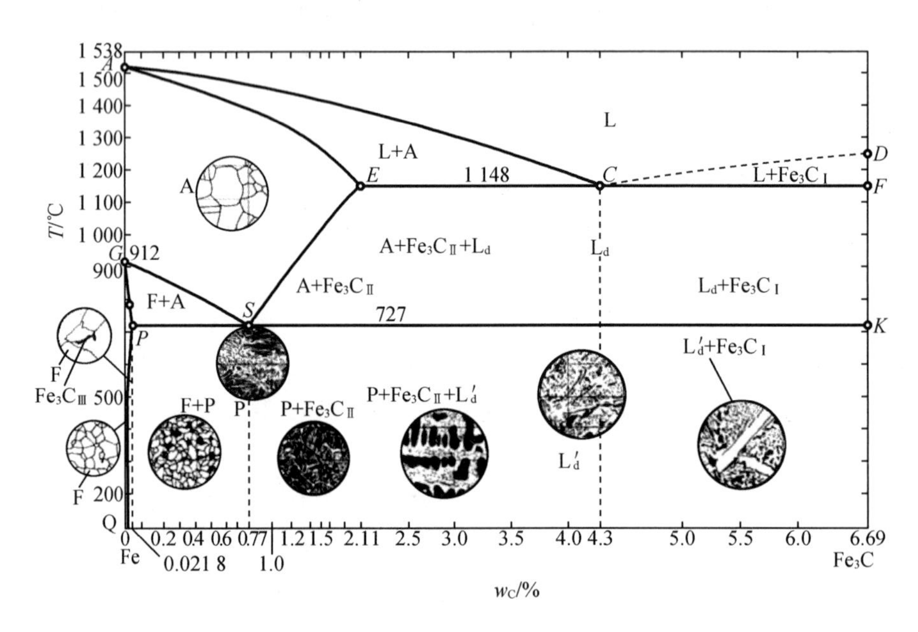

图 2-35　简化的 $Fe-Fe_3C$ 部分相图

(1)铁碳合金相图中的特性点

铁碳合金相图中的主要特性点的温度、碳的质量分数及含义见表 2-23。

表 2-23　铁碳合金相图中的主要特性点的温度、碳的质量分数及含义

特性点	温度/℃	w_C/%	含义
A	1 538	0	纯铁的熔点或结晶温度
C	1 148	4. 30	共晶点,发生共晶转变 $L_{43} \rightleftharpoons A_{2.11}+Fe_3C$
D	1 227	6. 69	渗碳体的熔点
E	1 148	2. 11	碳在 γ-Fe 中的最大溶解度,也是钢与生铁的成分分界点
F	1 148	6. 69	共晶渗碳体的成分点
G	912	0	α-Fe⇌γ-Fe 同素异构转变点
S	727	0. 77	共析点,发生共析转变 $A_{0.77} \rightleftharpoons F_{0.0218}+Fe_3C$
P	727	0. 021 8	碳在 α-Fe 中的最大溶解度

(2)铁碳合金相图中的主要特性线

①液相线 *ACD*

在液相线 *ACD* 以上铁碳合金处于液体状态(L),冷却下来时,含碳量小于4.3%的铁碳合金在 *AC* 线时开始结晶出奥氏体;含碳量大于4.3%的铁碳合金在 *CD* 线时开始结晶出渗碳体,被称为一次渗碳体,用 Fe_3C_I 表示。

②固相线 *AECF*

在固相线 *AECF* 以下铁碳合金均呈固体状态。

③共晶线 *ECF*

ECF 是一条水平(恒温)线,称为共晶线。在此线上液态铁碳合金将发生共晶转变,共晶转变形成了奥氏体与渗碳体的混合物,称为莱氏体。

④共析线 *PSK*

PSK 是一条水平(恒温)线,称为共析线,通称 A_1 线。在此线上固态奥氏体将发生共析转变,共析转变形成了铁素体与渗碳体的混合物,称为珠光体。

⑤*GS* 线

GS 线表示由奥氏体冷却时析出铁素体的开始线,通称 A_3 线。

⑥*ES* 线

ES 线是碳在奥氏体中的溶解度变化曲线,通称 A_{cm} 线。它表示随着温度的降低,奥氏体中含碳量沿着此线逐渐减少,而多余的碳以渗碳体形式析出,被称为二次渗碳体,用 Fe_3C_{II} 表示。

⑦*GP* 线

GP 线为铁碳合金冷却时奥氏体组织转变为铁素体的终了线,或者加热时铁素体转变为奥氏体的开始线。

⑧*PQ* 线

PQ 线是碳在铁素体中的溶解度变化曲线。它表示随着温度的降低,铁素体中的含碳量沿着此线逐渐减少,多余的碳以渗碳体形式析出,被称为三次渗碳体,用 Fe_3C_{III} 表示。由于 Fe_3C_{III} 数量极少,一般在钢中影响不大,故可忽略。

(3)铁碳合金的分类

通过分析铁碳合金相图上的各种合金,按含碳量和室温平衡组织的不同,一般分为工业纯铁、钢和白口铸铁(生铁),见表2-24。

表2-24　铁碳合金分类

合金类别	工业纯铁	钢			白口铸铁		
		亚共析钢	共析钢	过共析钢	亚共晶白口铸铁	共晶白口铸铁	过共晶白口铸铁
w_C/%	≤0.021 8	$0.0218<w_C\leq 2.11$			$2.11<w_C<6.69$		
		<0.77	0.77	>0.77	<4.3	4.3	>4.3
室温组织	Fe	F+P	P	$P+Fe_3C_{II}$	$L'_d+P+Fe_3C_{II}$	L'_d	$L'_d+Fe_3C_I$

4. 钢的热处理

钢在固态下加热到一定温度，在这个温度下保持一定时间，然后以一定冷却速度冷却到室温，以获得预期的组织结构和性能，这种加工方法称为热处理。

根据加热、冷却方法的不同,常用的热处理工艺可分为退火、正火、淬火和回火等。

(1)退火

将钢加热到适当温度并保持一定时间,然后缓慢冷却（一般随炉冷却）的热处理工艺称为退火。

①退火的目的

退火的目的如下。

a. 降低钢的硬度,提高塑性,以利于切削加工及冷变形加工。

b. 细化晶粒,均匀钢的组织及成分,改善钢的性能或为以后的热处理做准备。

c. 消除钢中的残余内应力,以防止变形和开裂。

②退火的分类

常用的退火方法有完全退火、球化退火、去应力退火等几种。

a. 完全退火

将钢加热到完全奥氏体化(即 A_{c3} 以上 30~50 ℃),随之缓慢冷却,获得接近平衡状态组织的工艺称为完全退火。它可降低钢的强度,细化晶粒,充分消除内应力。完全退火主要用于中碳钢及低、中碳合金结构钢的锻件、铸件等。

b. 球化退火

使钢中碳化物呈球状化而进行的退火称为球化退火。它不但可使材料硬度降低,便于切削加工,而且防止淬火加热时奥氏体晶粒粗大,减小工件的变形和开裂倾向。球化退火适用于共析钢及过共析钢,如碳素工具钢、合金工具钢、轴承钢等。

c. 去应力退火

为了去除由于塑性变形、焊接等原因造成的及铸件内存在的残余应力而进行的退火称为去应力退火。其工艺是将钢加热到略低于 A_1 的温度（一般取 500~650 ℃),经保温一定时间后缓慢冷却即可。在去应力退火中,钢的组织不发生变化,只是消除内应力。

(2)正火

将钢材加热到 A_{c3} 或 A_{ccm} 以上 30~50 ℃,保温适当的时间后,在空气中冷却的热处理工艺称为正火。

正火与退火的目的基本相同,但正火的冷却速度比退火稍快,故正火后钢的组织较细,它的强度、硬度比退火钢高。正火可以细化晶粒,提高钢的综合力学性能,当力学性能要求不太高时可做最终热处理。

(3)淬火

将钢件加热到 A_{c3} 或 A_{c1} 以上某一温度，保持一定时间,然后以适当速度冷却（达到或大于临界冷却速度),以获得马氏体或贝氏体组织的热处理工艺称为淬火。

淬火的目的是把奥氏体化的钢件淬火成马氏体,从而提高钢的硬度、强度和耐磨性,更好地发挥钢材的性能潜力。但淬火马氏体不是热处理所需要的最终组织，因此在淬火后，必须配以适当的回火。

(4)回火

钢件淬火后,再加热到 A_{c1} 点以下的某一温度,保温一定时间,然后冷却至室温的热处理工艺称为回火。由于淬火处理所获得的淬火马氏体组织很硬、很脆,并存在大量的内应力,使工件易于突然变形和开裂。因此,淬火后必须经回火热处理才能使用。

①回火目的

回火目的如下。

a. 减少或消除工件淬火时产生的内应力,防止工件在使用过程中的变形和开裂。

b. 通过回火提高钢的韧性,适当调整钢的强度和硬度,使工件达到所要求的力学性能,以满足各种工件的需要。

c. 稳定组织,使工件在使用过程中不发生组织转变,从而保证工件的形状和尺寸不变,保证工件的精度。

②回火分类

按回火温度不同可分为低温回火、中温回火和高温回火。

a. 低温回火(150~250 ℃)

低温回火后得到的组织是回火马氏体。其具有高的硬度和耐磨性,以及一定的韧性,主要用于刀具、量具、冷冲模、拉丝模,以及其他要求高硬度、高耐磨性的零件。

b. 中温回火(250~500 ℃)

中温回火得到的组织是回火托氏体。其具有高弹性极限和屈服强度,同时也有适当的韧性和硬度,主要用于热锻模模具和弹性零件等。

c. 高温回火(500~650 ℃)

高温回火得到的组织是回火索氏体。其具有良好的综合力学性能(足够的强度与高韧性相结合),并可消除内应力。生产中把钢在淬火后再进行高温回火的连续热处理工艺称为调质处理。调质处理广泛应用在重要零件和受力构件上,如螺栓、连杆、齿轮、曲轴等零件。焊接结构在焊后热影响区会产生淬火组织,所以常采用焊后高温回火处理,以改善组织和提高综合性能。

2.4　焊接基础知识

2.4.1　焊接技术及其发展

1. 焊接连接

在工业生产中,经常需要将两个或两个以上的零件按一定形式和位置连接起来。根据这些连接的特点,可将其分为两大类:一类是可拆卸的连接,即不必毁坏零件就可以拆卸,如螺栓连接、键连接等;另一类是永久性连接,其拆卸只有在毁坏零件后才能实现,如铆接、焊接等。其中应用最广的是焊接,据统计,全世界钢年产量的 50%要经过焊接连接成为产品。焊接与其他常见的连接方法如图 2-36 所示。

焊接就是通过加热或加压,或两者并用,用或不用填充材料,使焊件达到结合的一种加工工艺方法。由此可见,焊接最本质的特点就是通过焊接使焊件达到结合,从而将原来分开的物体形成永久性连接的整体。要使两部分金属材料达到永久连接的目的,就必须使分离的金属相互非常接近,使之产生足够大的结合力,才能形成牢固的接头。这对液体来说是很容易的,而对固体来说则比较困难,需要外部给予很大的能量,如电能、化学能、机械能、光能等。这就是金属焊接时必须采用加热、加压或两者并用的原因。

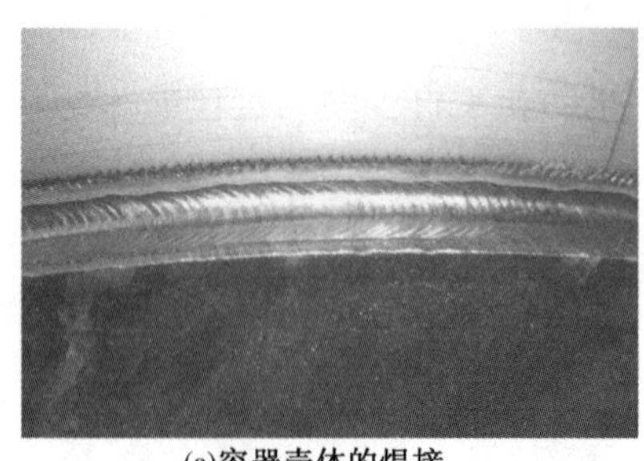

(a)容器壳体的焊接

(b)脚手架扣件的螺栓连接

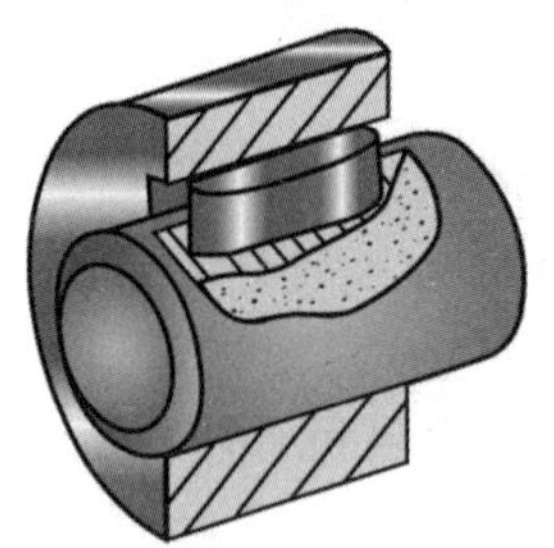

(c)轮毂与轴的键连接

(d)钢桥上钢板的铆接连接

图 2-36　焊接与其他常见的连接方法

到目前为止,实现金属焊接的能量主要是热能,常用的热源有电弧热、电阻热、化学热、摩擦热、激光束、电子束等。目前应用最广的是电弧热。常用焊接热源的特点及对应的焊接方法见表 2-25。

表 2-25　常用焊接热源的特点及对应的焊接方法

热源	特点	对应的焊接方法
电弧热	气体介质在两电极间或电极与母材间强烈而持久的放电过程所产生的电弧热为焊接热源。电弧热是目前焊接中应用最广的热源	电弧焊,如焊条电弧焊、埋弧焊、气体保护电弧焊、等离子弧焊等
化学热	利用可燃气体的火焰放出的热量,或铝、镁热剂与氧或氧化物发生强烈反应所产生的热量为焊接、切割热源	气焊、钎焊、热剂焊(铝热剂)
电阻热	利用电流通过导体及其界面时所产生的电阻热为焊接热源	电阻焊、高频焊(固体电阻热)、电渣焊(熔渣电阻热)
摩擦热	利用机械高速摩擦所产生的热量为焊接热源	摩擦焊
电子束	利用高速电子束轰击工件表面所产生的热量为焊接热源	电子束焊
激光束	利用聚焦的高能量的激光束为焊接、切割热源	激光焊、激光切割

焊接不仅可以连接金属材料，还可以实现某些非金属材料的永久性连接，如玻璃焊接、陶瓷焊接、塑料焊接等。在工业生产中焊接方法主要用于金属材料的连接。

2. 焊接分类

按照焊接过程中金属所处的状态不同，可以把焊接分为熔化焊、钎焊和压力焊三类。焊接的分类如图 2-37 所示。

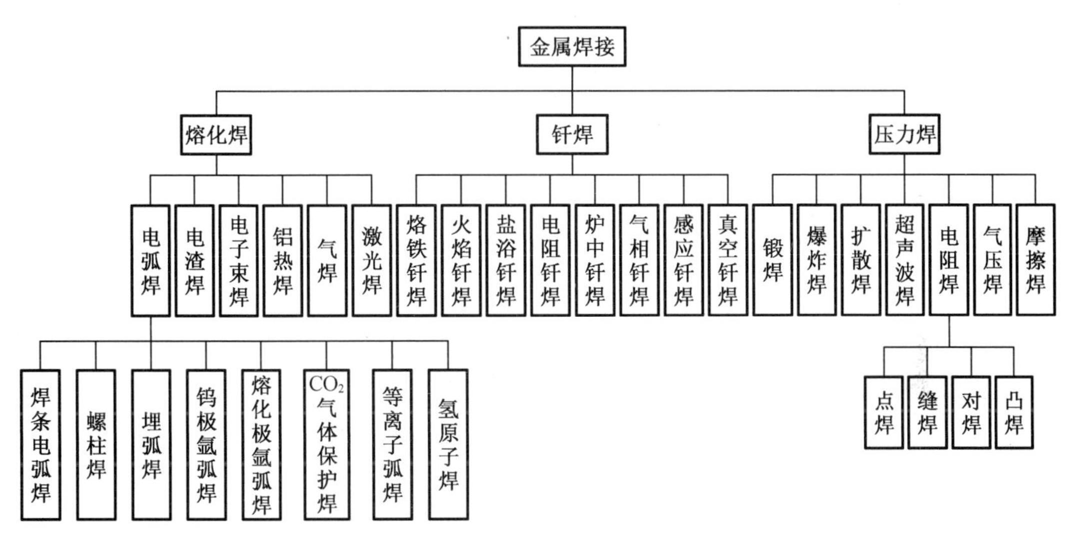

图 2-37　焊接的分类

(1) 熔化焊

熔化焊是在焊接过程中，将焊接接头加热至熔化状态，在不外加压力的情况下完成焊接的方法。在加热的条件下，当被焊金属加热至熔化状态形成液态熔池时，原子之间可以充分扩散和紧密接触，因此冷却凝固后可形成牢固的焊接接头。常见的气焊、焊条电弧焊、电渣焊、CO_2 气体保护焊等都属于熔化焊。

(2) 钎焊

钎焊是采用比母材熔点低的金属材料作为钎料，将焊件和钎料加热到高于钎料熔点、低于母材熔点的温度，利用液态钎料润湿母材，填充接头间隙，并与母材相互扩散实现连接焊件的方法。常见的钎焊方法有烙铁钎焊、火焰钎焊等。

(3) 压力焊

压力焊是在焊接过程中，必须对焊件施加压力（加热或不加热），以完成焊接的方法。锻焊、电阻焊、摩擦焊、气压焊和爆炸焊等均属于压力焊。

3. 焊接特点

焊接在金属结构制造中，几乎全部取代了铆接；在机器制造中，很多一直用整铸、整锻方法生产的大型毛坯也改成了焊接结构。焊接之所以应用广泛，是由其自身特点决定的。

焊接与铆接相比，一是可以节省大量金属材料，减轻结构质量；二是简化了加工与装配工序，焊接结构生产时不需钻孔，划线的工作量较少，因此生产效率高；三是焊接设备一般比铆接生产所需的大型设备的投资低；四是焊接结构具有比铆接结构更好的密封性；五是焊接生产与铆接生产相比,具有劳动强度低、劳动条件好等优点。

焊接与铸造相比,一是不需要制作木模和砂型,也不需要专门熔炼、浇铸,工序简单,生产周期短;二是焊接结构比铸件节省材料,通常其质量比铸铁件轻50%~60%;三是采用轧制材料的焊接结构质量一般比铸件好,即使不用轧制材料,用小铸件拼焊成大件,小铸件的质量也比大铸件质量容易保证。

焊接还具有一些用别的工艺方法难以达到的优点,如可根据受力情况和工作环境在不同的部位选用不同强度和不同耐磨、耐腐蚀、耐高温等性能的材料,以满足产品使用性能要求。

焊接也有一些缺点,会产生焊接应力与变形,而焊接应力会削弱结构的承载能力,焊接变形会影响结构形状和尺寸精度;焊缝中还会存在一定数量的缺陷;焊接中还会产生有毒、有害的物质等。这些都是焊接过程中需要注意的问题。

4. 焊接技术发展及应用

我国是世界上较早应用焊接技术的国家之一。近代焊接技术是从1885年出现碳弧焊开始,直到20世纪40年代才形成较完整的焊接工艺方法体系。特别是20世纪40年代初期出现了优质电焊条后,焊接技术得到了一次飞跃。

现在世界上已有50余种焊接工艺方法应用于生产中。随着科学技术的不断发展,特别是计算机技术的应用与推广,焊接技术特别是焊接自动化技术达到了一个崭新的阶段。如汽车生产线中采用了CO_2气体保护焊、TIG焊、MIG焊等弧焊机器人,电阻焊机器人和自动生产线,大大提高了焊接质量和生产率;电子束、激光、等离子等高能束流用于焊接,可以完成难熔合金和难焊材料的焊接,焊接熔深大、热影响区小、焊接接头性能好、焊接变形小、精度高,具有较高的生产效率;采用复合热源焊接不仅可以降低焊接成本,还可以扩大焊接材料的范围等。

现在,焊接已经从一种传统的热加工技艺发展到了集材料、冶金、结构、力学、电子等多门类学科为一体的工程工艺学科,从单一的加工工艺发展成为综合性的先进工艺技术。

2.4.2 焊接接头的种类及坡口制备

1. 焊接接头

(1)焊接接头的组成

用焊接方法连接的接头称为焊接接头,它主要起连接和传递力作用。焊接接头由焊缝、熔合区和热影响区三部分组成,如图2-38所示。

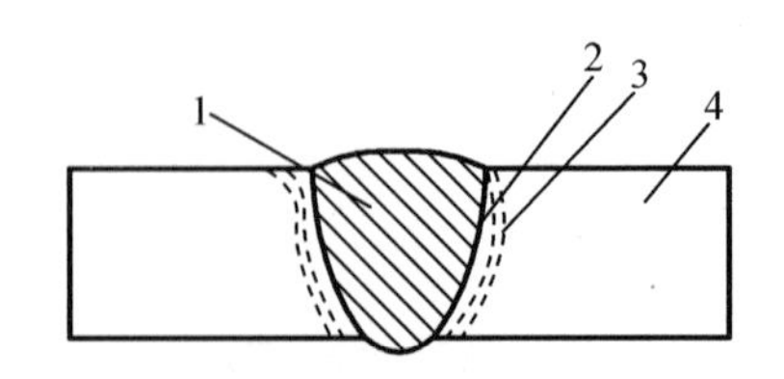

1—焊缝;2—熔合区;3—热影响区;4—母材。

图2-38 焊接接头的组成示意图

(2)焊接接头的类型

根据接头结构形式不同,焊接接头可归纳为对接接头、T 形接头、角接接头、搭接接头和端接接头五种基本类型。五种基本类型的焊接接头的特点及应用见表 2-26。

表 2-26　五种基本类型的焊接接头的特点及应用　　单位:mm

接头类型	特点	应用	图示
对接接头	对接接头是两焊件表面构成大于或等于 135°、小于或等于 180°夹角的接头。对接接头从受力的角度看是比较理想的接头形式,受力状况好、应力集中程度较小、材料消耗较少。但对焊件边缘加工及装配要求较高	对接接头是各种焊接结构中采用最多的一类接头形式。一般钢板厚度在 6 mm 以下,不开坡口(I 形坡口);钢板厚度若大于 6 mm,则必须开坡口。对接接头常用的坡口形式有 V 形、Y 形、双 Y 形、U 形等	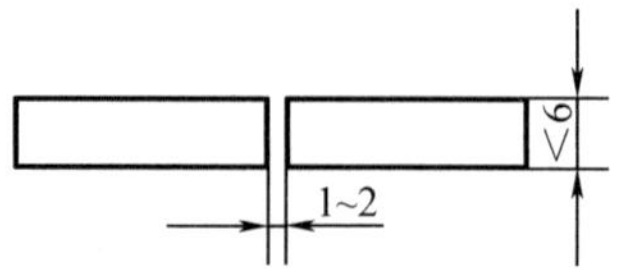 (a)I形坡口 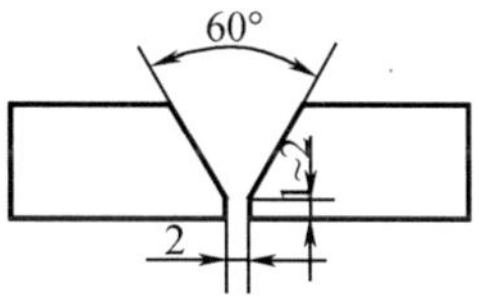 (b)Y形坡口 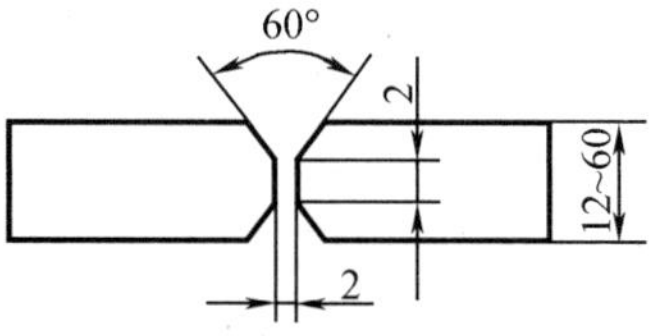 (c)双Y形坡口 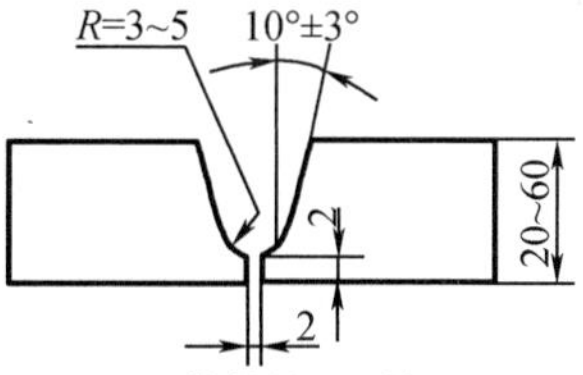 (d)带钝边U形坡口
T 形接头	T 形接头是一个焊件的端面与另一个焊件表面构成直角或近似直角的接头。T 形接头是一种典型的电弧焊接头,能承受各个方向的力和力矩	T 形接头是各类箱形结构中最常见的结构形式。在一般情况下,T 形接头可不开坡口,若焊缝要求承受载荷时,应选用带钝边单边 V 形、带钝边双单边 V 形或带钝边双 J 形等坡口形式,使接头焊透,以保证接头强度	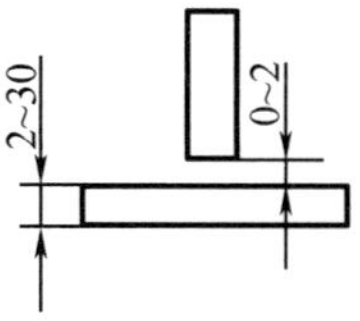 (a)I形坡口 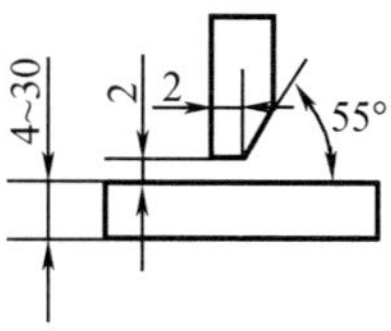 (b)带钝边单边V形坡口 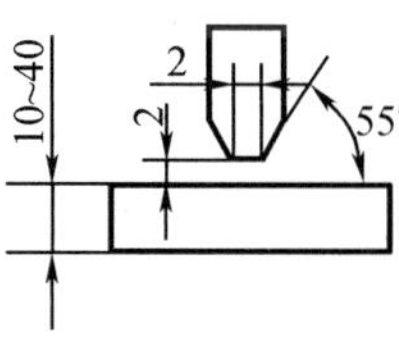 (c)带钝边双单边V形坡口 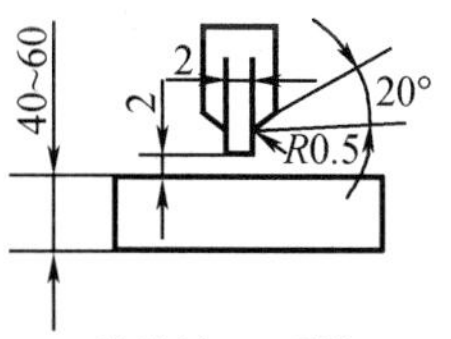 (d)带钝边双J形坡口

表 2-26(续)

接头类型	特点	应用	图示
角接接头	角接接头是两焊件端部构成大于30°、小于135°夹角的接头。角接接头承载能力差,特别是当接头承受弯曲力时,焊根易出现应力集中而造成根部开裂	角接接头一般用于不重要的焊接结构中。角接接头一般不开坡口,如需要也可根据焊件厚度开带钝边单边V形、Y形及带钝边双单边V形等坡口形式	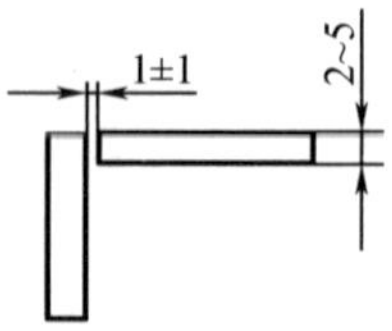 (a)I形坡口 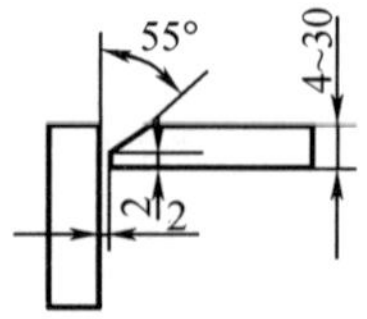 (b)带钝边单边V形坡口 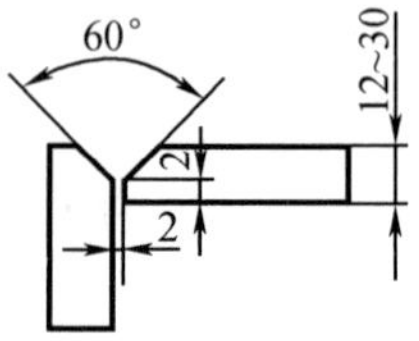 (c)Y形坡口 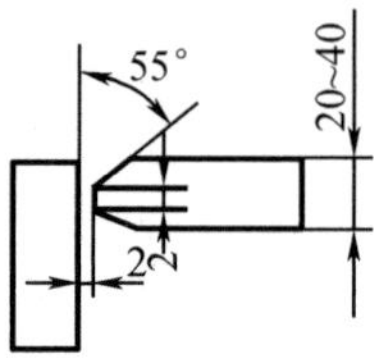 (d)带钝边双单边V形坡口
搭接接头	搭接接头是两焊件部分重叠构成的接头。搭接接头应力分布不均匀,疲劳强度较低,不是理想的接头形式,但其焊前准备和装配较简单	搭接接头有不开坡口、塞焊缝和槽焊缝等形式。不开坡口的搭接接头,一般用于12 mm以下钢板,其重叠部分为3~5倍板厚,常用在不重要的结构中。当结构重叠部分的面积较大时,常选用圆孔塞焊缝和长孔槽焊缝的接头形式	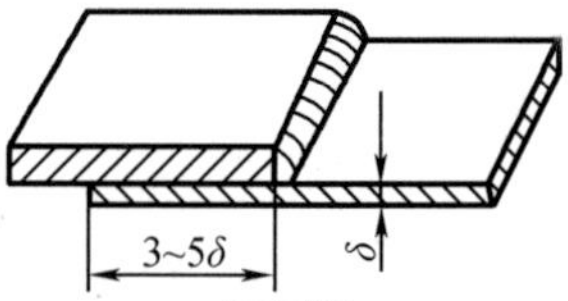 (a)不开坡口 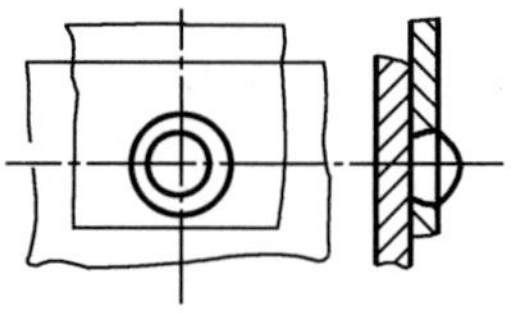 (b)塞焊缝 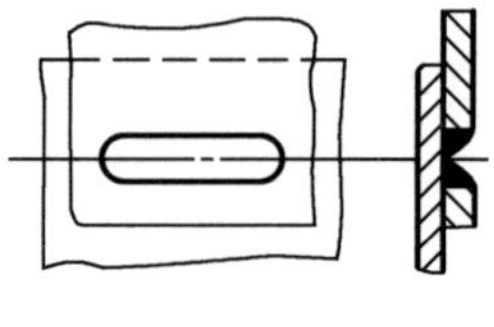 (c)槽焊缝
端接接头	端接接头是两焊件重叠放置或两焊件之间的夹角不大于30°在端部进行连接的接头	端接接头通常只用于密封	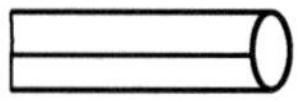 (a)两焊件重叠放置的端接 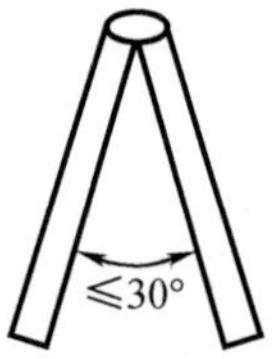 (b)两焊件夹角≤30°的端接

2. 焊接坡口

根据设计或工艺需要,在焊件的待焊部位加工并装配成一定几何形状的沟槽叫坡口。加工坡口的目的是为了保证电弧能深入接头根部,使接头根部焊透并便于清渣,进而获得较好的焊缝成形,同时还可以通过改变坡口尺寸调节焊缝金属中母材金属与填充金属的比例的作用。

（1）坡口的类型

焊接接头的坡口根据形状不同可分为基本型、组合型和特殊型三类，三类坡口的特点见表 2-27。

表 2-27　焊接坡口的类型及特点

坡口类型	坡口特点	图示
基本型	形状简单，加工容易，应用普遍。主要有 I 形坡口、V 形坡口、单边 V 形坡口、U 形坡口、J 形坡口五种	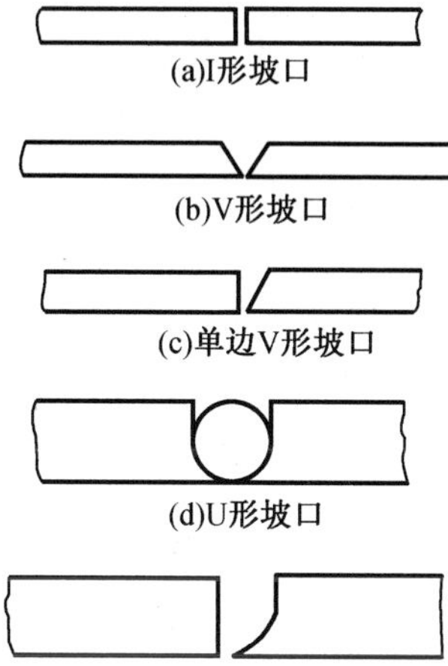 (a)I形坡口 (b)V形坡口 (c)单边V形坡口 (d)U形坡口 (e)J形坡口
组合型	由两种或两种以上的基本型坡口组合而成，如 Y 形坡口、双 Y 形坡口、带钝边 U 形坡口、双单边 V 形坡口、带钝边单边 V 形坡口等	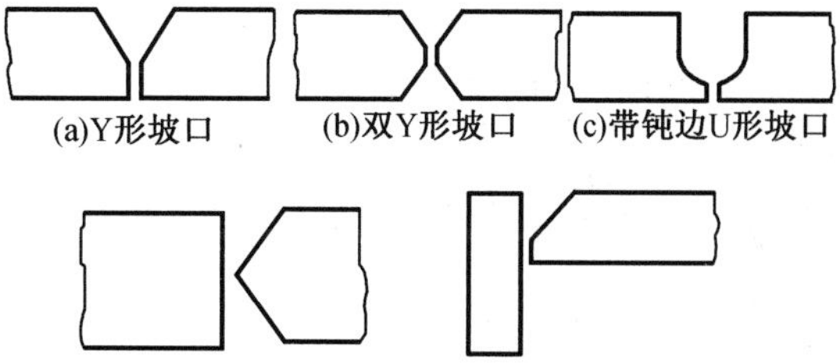 (a)Y形坡口 (b)双Y形坡口 (c)带钝边U形坡口 (d)双单边V形坡口 (e)带钝边单边V形坡口
特殊型	既不属于基本型又不同于组合型的特殊坡口，如卷边坡口、带垫板坡口、锁边坡口、塞焊坡口、槽焊坡口等	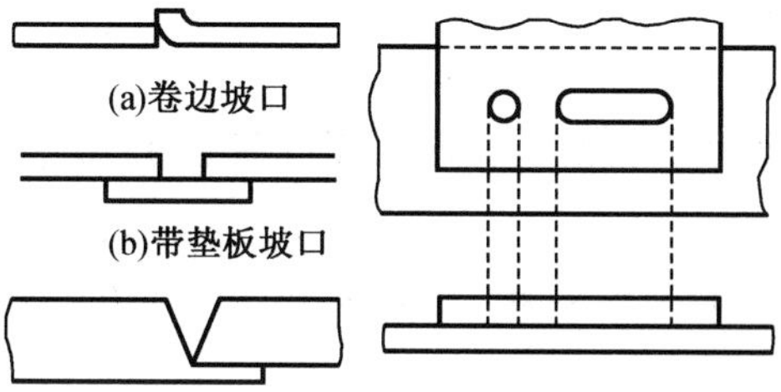 (a)卷边坡口 (b)带垫板坡口 (c)锁边坡口 (d)塞焊、槽焊坡口

（2）坡口尺寸及符号

坡口尺寸及符号如图 2-39 所示。

①坡口角度和坡口面角度

坡口面为待焊件上的坡口表面。两坡口面之间的夹角叫坡口角度，用 α 表示。待加工坡口的端面与坡口面之间的夹角叫坡口面角度，用 β 表示。

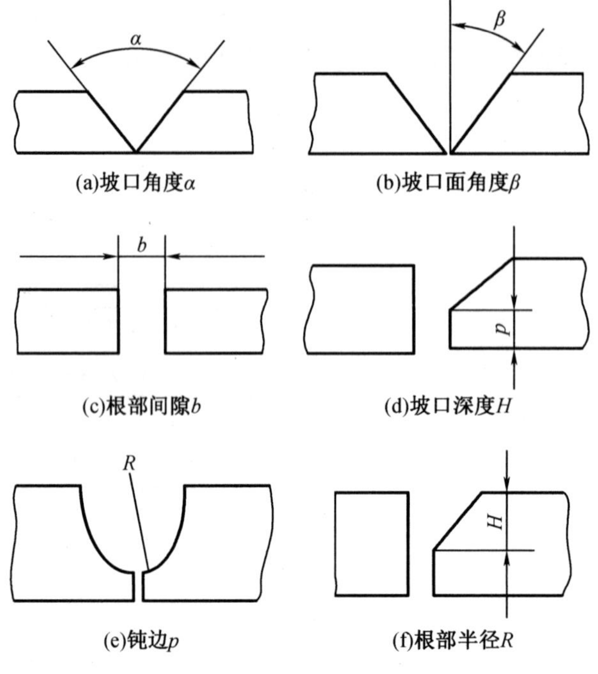

(a)坡口角度α (b)坡口面角度β

(c)根部间隙b (d)坡口深度H

(e)钝边p (f)根部半径R

图 2-39 坡口尺寸与符号

②根部间隙

焊前在接头根部之间预留的空隙叫根部间隙,用 b 表示。它的作用是在打底焊时保证根部焊透。根部间隙又叫装配间隙。

③钝边

焊件开坡口时,沿焊件接头坡口根部端面的直边部分叫钝边,用 p 表示。钝边的作用是防止根部烧穿。

④根部半径

在 J 形、U 形坡口底部的圆角半径叫根部半径,用 R 表示。它的作用是增大坡口根部的空间,以便焊透根部。

⑤坡口深度

焊件上开坡口部分的高度叫坡口深度,用 H 表示。

(3)坡口加工方法

加工坡口的过程称为开坡口。开坡口的方法可根据工件尺寸、形状及要求来选择。

①剪切

剪切是指 I 形坡口可在剪板机上剪切加工。

②刨削

刨削是用刨床或刨边机加工坡口。

③铣削

铣削是指 V 形坡口、带钝边的 V 形坡口、双 V 形坡口(带钝边)、I 形坡口的长度不大时,在高速铣床上加工坡口是比较好的。

④车削

车削是用车床或车管机加工坡口,适用于加工管的坡口。

⑤热切割

热切割是用气体火焰或等离子弧加工坡口,可加工V形、Y形、双Y形坡口。

⑥碳弧气刨

碳弧气刨主要用于清焊根时的开坡口及U形坡口加工。

⑦铲削或磨削

用手工或风动、电动工具铲削或使用砂轮机磨削加工坡口,此法效率较低,多用于缺陷返修时的开坡口。

⑧坡口加工机

坡口加工机是坡口加工专用设备,结构简单,操作方便,工效是铣床或刨床的20倍以上。

(4)坡口的选择

①坡口的选择原则

焊接坡口选用的基本原则是,在保证焊接质量的前提下,能不开坡口就不开坡口,能开小尺寸坡口绝不开大尺寸坡口,以减少加工量、焊接量,控制焊接变形。

a.保证焊接质量

满足焊接质量要求是选择坡口形式和尺寸首先需要考虑的原则,也是选择坡口的最基本要求。

b.便于焊接施工

对于不能翻转或内径较小的容器,为避免大量的仰焊工作和便于采用单面焊双面成形的工艺方法,宜采用V形或U形坡口。

c.坡口加工简单

由于V形坡口是加工最简单的一种,因此,能采用V形坡口或双V形坡口就不宜采用U形或双U形坡口等加工工艺较复杂的坡口类型。

d.坡口的断面积尽可能小

坡口的断面积尽可能小,这样可以降低焊接材料的消耗,减少焊接工作量并节省电能。

e.便于控制焊接变形

不适当的坡口形式容易产生较大的焊接变形。采用双V形坡口比V形坡口可减少焊缝金属量约一半,焊接接头变形较少。

②坡口的选择方法

a.I形坡口

I形坡口就是不开坡口,是一种最经济的坡口形式。常用焊接方法不开坡口焊透的最大厚度见表2-28。在焊透的最大厚度内,应尽量采用I形坡口。例如,碳钢对接接头焊接时,钢板厚度在6 mm以下,一般为I形坡口。

表 2-28 常用焊接方法不开坡口焊透的最大厚度

焊接方法	不开坡口焊透的最大厚度/mm	
	单面焊	双面焊
焊条电弧焊	4	6
CO_2 气体保护焊/MAG 焊/MIG 焊	6	12
埋弧焊	10	16
TIG 焊	3	5
脉冲 TIG 焊	5	8
等离子弧焊	8(低碳钢、不锈钢)、12(钛)	—
气电立焊	50	70

b. V 形、U 形和双 V 形(X 形)坡口

V 形和双 V 形(X 形)坡口加工较 U 形或双 U 形坡口简单,加工性好;双 V 形(X 形)和 U 形坡口断面面积较 V 形少,双 V 形坡口断面积仅为 V 形坡口的一半,所以焊接变形小。

在相同焊件厚度的条件下,U 形坡口的填充金属量比 V 形、Y 形坡口小得多,所以焊接变形也少。由于 U 形坡口根部加工困难,限制了其应用。在生产中一般 V 形坡口用得较多,厚板可用双 V 形(X 形)坡口。有时为了减少变形,常设计成非对称的双 V 形(X 形)坡口,这时应注意焊接顺序,先焊小尺寸坡口面,后焊大尺寸坡口面。

对于不能翻转或内径较小的容器,为避免大量的仰焊工作和便于采用单面焊双面成形的工艺方法,宜采用 V 形或 U 形坡口。

c. 坡口尺寸

坡口尺寸主要是坡口角度(坡口面角度)、根部间隙和钝边,坡口尺寸与焊接方法有关。

· 对于焊条电弧焊和埋弧焊,由于焊接时会产生熔渣,则坡口角度和根部间隙要大些。通常焊条电弧焊、埋弧焊的坡口角度为 60°~70°,根部间隙为 0~3 mm,钝边为 0~3 mm。

· 对于 CO_2 气体保护焊和 MAG 焊,由于不必考虑脱渣,并且焊丝直径较细、电流密度大、电弧穿透力强、电弧热量集中,对于同等厚度焊件,坡口角度可由焊条电弧焊的 60°~70° 减为 30°~45°,钝边可相应增大 2~3 mm,根部间隙可相应减少 1~2 mm。

· 等离子弧焊的熔透能力大,则可采用钝边较大的焊接坡口,如采用穿透型法焊接 10 mm 不锈钢时,钝边厚度可由 TIG 焊的 1.5 mm 增至 5 mm,坡口角度也可由 75°减少至 60°,均能获得满意的焊接质量。此外,采用窄坡口或窄间隙焊,不仅能节省焊接材料,而且显著提高了焊接效率。

3. 焊缝

焊件经焊接后所形成的结合部分叫焊缝,焊缝是焊接接头的主要组成部分。

(1)焊缝形式

①焊缝按结合形式可分为对接焊缝、角焊缝、塞焊缝、槽焊缝和端接焊缝五种。

a. 对接焊缝:在焊件的坡口面间或一零件的坡口面与另一零件表面间焊接的焊缝。

b. 角焊缝:沿两直交或近直交零件的交线所焊接的焊缝。

c. 端接焊缝:构成端接接头所形成的焊缝。

d. 塞焊缝:两零件相叠,其中一块开圆孔,在圆孔中焊接两板所形成的焊缝,但只在孔内焊角焊缝者不称塞焊。

e. 槽焊缝:两板相叠,其中一块开长孔,在长孔中焊接两板的焊缝,但只焊角焊缝者不称槽焊。

②焊缝按施焊时在空间所处的位置分为平焊缝、立焊缝、横焊缝及仰焊缝四种形式。

③焊缝按断续情况分为定位焊缝、连续焊缝和断续焊缝三种形式。

a. 定位焊缝:焊前为装配和固定构件接缝的位置而焊接的短焊缝。

b. 连续焊缝:连续焊接的焊缝。

c. 断续焊缝:焊接成具有一定间隔的焊缝。断续角焊缝又分为交错断续角焊缝和并列断续角焊缝两种,如图 2-40 所示。

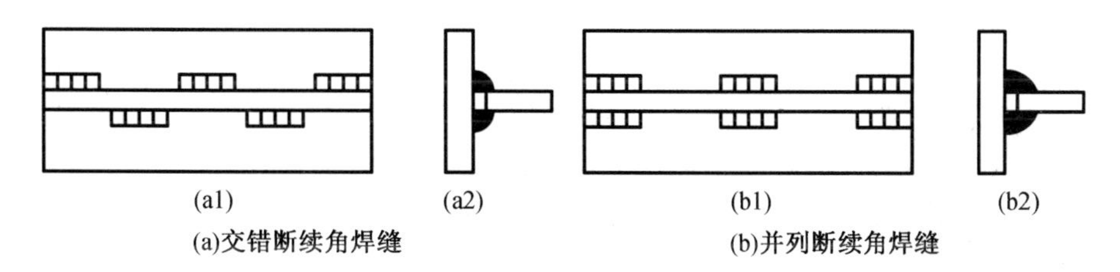

图 2-40　断续角焊缝

(2)焊缝的形状尺寸

焊缝的形状可用一系列几何尺寸来表示,不同形式的焊缝,其形状尺寸也不同。

①焊缝宽度

焊缝表面与母材的交界处叫作焊趾。焊缝表面两焊趾之间的距离叫作焊缝宽度,如图 2-41 所示。

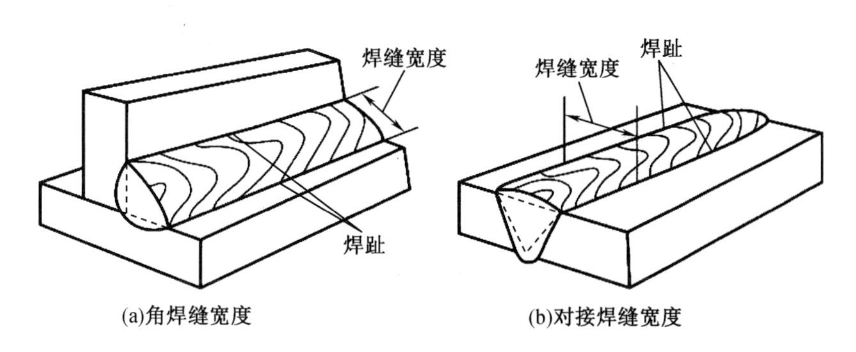

图 2-41　焊缝宽度

②余高

超出母材表面连线上面的那部分焊缝金属的最大高度叫作余高,如图 2-42 所示。在动载或交变载荷下,它不但不起加强作用,反而因焊趾处应力集中易于发生脆断,所以余高不能过高。焊条电弧焊时的余高值一般为 0~3 mm。

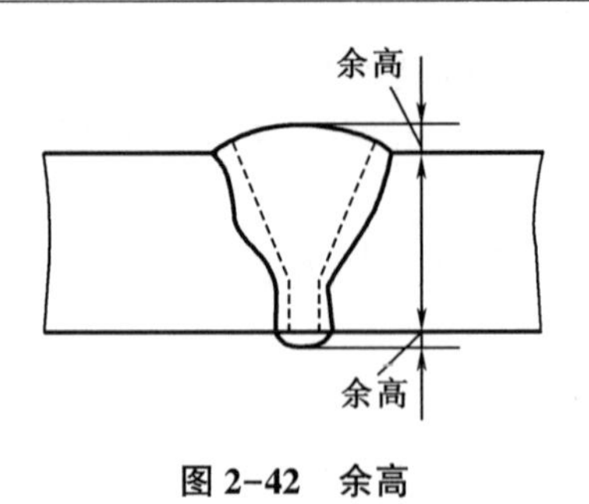

图 2-42　余高

③熔深

在焊接接头横截面上，母材或前道焊缝熔化的深度叫作熔深，如图 2-43 所示。

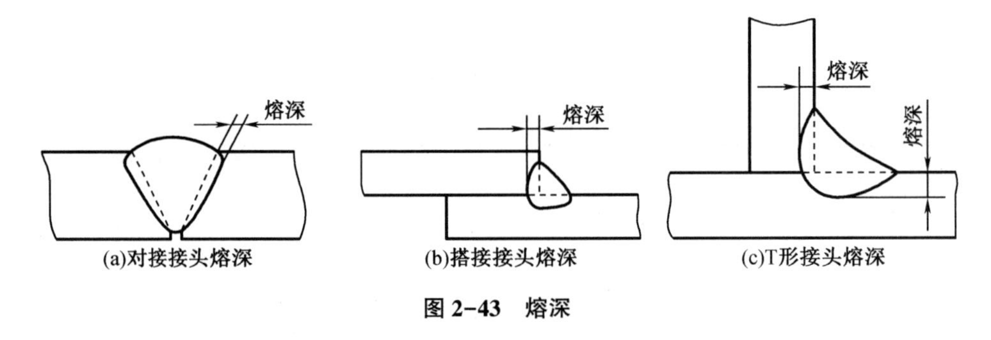

图 2-43　熔深

④焊缝厚度

在焊缝横截面中，从焊缝正面到焊缝背面的距离，叫作焊缝厚度，如图 2-44 所示。

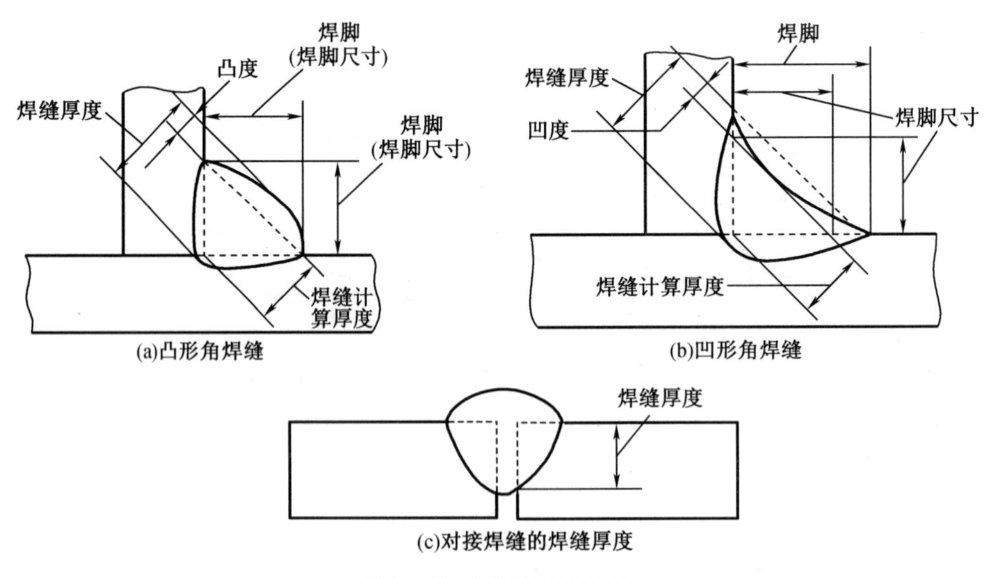

图 2-44　焊缝厚度及焊脚

焊缝计算厚度是设计焊缝时使用的焊缝厚度。对接焊缝焊透时它等于焊件的厚度；角焊缝时它等于在角焊缝横截内画出的最大直角等腰三角形中从直角的顶到斜边的垂线长度，习惯上也称喉厚。

⑤焊脚

在角焊缝的横截面中，从一个直角面上的焊趾到另一个直角面表面的最小距离，叫作焊脚。在角焊缝的横截面中画出的最大等腰直角三角形中直角边的长度叫作焊脚尺寸，如图 2-44 所示。

⑥焊缝成形系数

在熔化焊时，在单道焊缝横截面上焊缝宽度（c）与焊缝计算厚度（H）的比值，叫作焊缝成形系数，如图 2-45 所示。焊缝成形系数的大小对焊缝质量有较大影响，焊缝成形系数过小，焊缝窄而深，易产生气孔和裂纹；焊缝成形系数过大，焊缝宽而浅，易产生焊不透等现象，所以焊缝成形系数应控制在合理数值内。

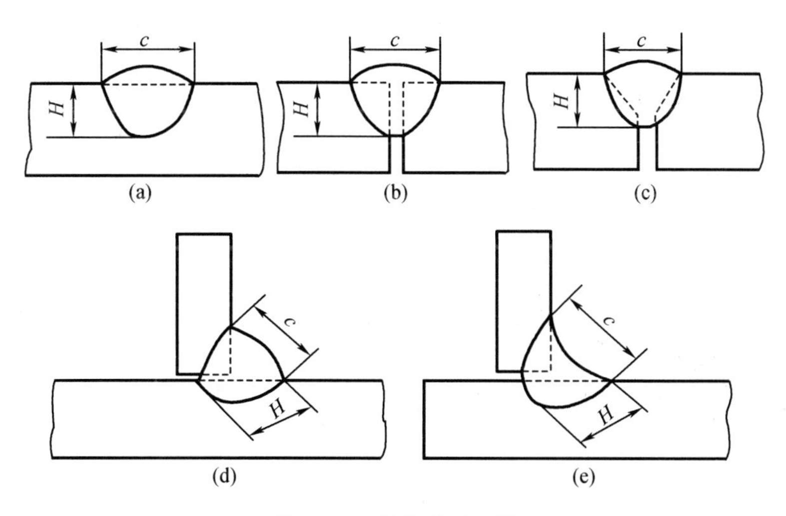

图 2-45　焊缝成形系数

2.4.3　焊接变形的预防及控制方法

焊件由焊接产生的变形叫作焊接变形，焊后焊件残留的变形叫作焊接残余变形。在焊接时，局部的不均匀加热和冷却是产生焊接应力与变形的根本原因，所以焊件焊接后不可避免地要产生焊接应力和变形，因此必须采取措施加以预防及控制。

1. 焊接残余变形的分类

按焊接残余变形的特征，焊接残余变形可分为收缩变形、弯曲变形、角变形、波浪变形、扭曲变形和错边变形六种基本变形形式，如图 2-46 所示。在这六种基本变形中，最基本的是收缩变形，收缩变形加上不同的影响因素，就构成了其他四种基本变形。而这些基本变形形式的不同组合，又形成了实际生产中的焊接变形。

（1）收缩变形

焊件尺寸比焊前缩短的现象称为收缩变形。收缩变形分为纵向收缩变形和横向收缩变形。沿焊缝长度方向的缩短为纵向收缩变形，垂直焊缝长度方向上的缩短为横向收缩变形，如图 2-46（a）所示。

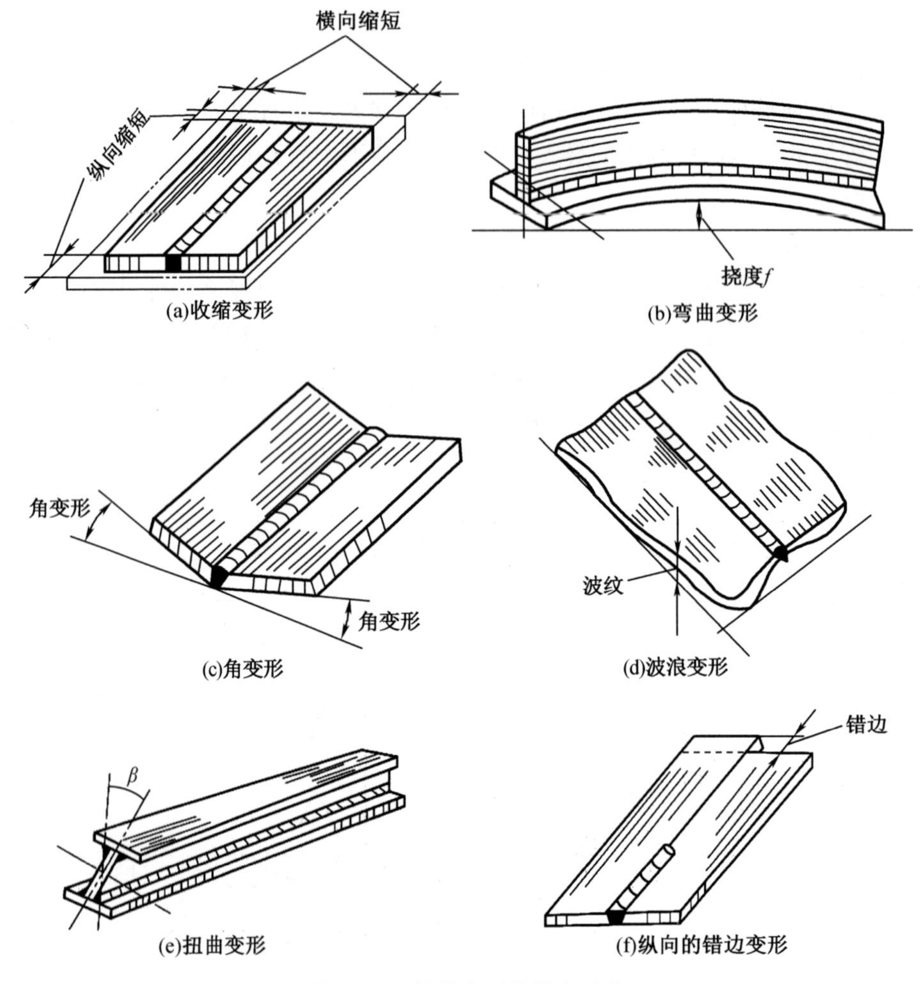

(a)收缩变形 (b)弯曲变形
(c)角变形 (d)波浪变形
(e)扭曲变形 (f)纵向的错边变形

图 2-46　焊接变形的基本形式

(2)弯曲变形

弯曲变形常见于焊接梁、柱、管道等焊件,对这类焊接结构的生产造成较大的危害。弯曲变形的大小以挠度 f 的数值来度量,f 是焊后焊件的中心偏离原焊件中心轴的最大距离,如图 2-46(b)所示。挠度越大,弯曲变形越大。

(3)角变形

焊后,由于焊缝的横向收缩使得两连接件间相对角度发生变化的变形叫作角变形,如图 2-46(c)所示。

(4)波浪变形

波浪变形又称失稳变形,常在板厚小于 6 mm 的薄板焊接结构中产生,如图 2-46(d)所示。

(5)扭曲变形

扭曲变形是构件焊后两端绕中性轴以相反方向扭转一定角度的变形,如图 2-46(e)所示。

(6)错边变形

错边变形是指两块板材在焊接过程中因刚度或散热程度不等所引起的纵向或厚度方向上位移不一致而造成的变形,如图2-46(f)所示。

2.影响焊接残余变形的因素

(1)焊缝在结构中的位置

在焊接结构刚性不高,施焊顺序合理时,会使焊接结构产生横向或纵向的收缩变形。焊缝在结构中布置不合理时,会产生弯曲变形,焊缝偏离结构中性轴越远,产生的弯曲变形越大。

(2)焊接结构的刚度

焊接结构的刚度是指焊接结构抵抗变形(拉伸、弯曲、扭曲)的能力。焊接结构的刚度高,变形就小;反之,焊接结构的刚度低,变形就大。金属结构的刚度主要取决于结构的截面形状及其尺寸的大小。

一般来说,短而粗的焊接结构,刚度较高;细而长的构件,抗弯刚度低。结构整体刚度总是比部件刚度高。因此,生产中常采用整体装配后再进行焊接的方法来减少焊接变形。

(3)焊接结构的装配及焊接顺序

焊接结构的刚性是在装配和焊接过程中逐渐增大的。结构整体的刚度比它的零部件刚度高。所以生产中尽可能先装配成整体,然后再焊接,可减少焊接结构的变形。

有了合理的装配方法,若没有合理的焊接顺序,结构还是达不到变形最小。即使焊缝布置对称的焊接结构,如焊接顺序不合理,结果还是会引起变形。图2-47为对称的双Y形坡口对接接头不同焊接顺序产生变形的比较。

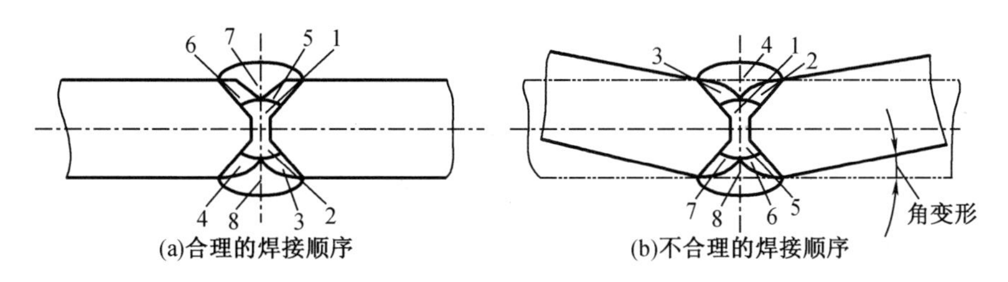

图2-47 对称的双Y形坡口对接接头不同焊接顺序产生变形的比较

(4)其他因素

①结构材料的线膨胀系数

线膨胀系数大的金属,焊后变形也大。常用材料中铝、不锈钢、低合金钢、碳钢的线膨胀系数依次减小,可见焊后铝的变形最大。

②焊接方法

采用热量集中、热影响区较窄的CO_2气体保护焊、MAG焊、等离子弧焊代替气焊和焊条电弧焊就能减少焊接变形。

③焊接工艺参数

采用恰当的焊接工艺参数,以减少热输入,可以减少焊接变形。

④焊接方向

对一条直焊缝来说,如果采用按同一方向从头至尾的焊接方法,即直通焊,焊接变形较大。其焊缝越长,焊后变形也越大。

⑤坡口形式

双 V 形或双 Y 形坡口焊缝比 V 形或 Y 形坡口焊缝的角变形小;U 形坡口焊缝较 V 形坡口焊缝的角变形小,但一般比双 V 形坡口焊缝的角变形大。

3. 控制焊接残余变形的工艺措施

(1)采用合理的装配焊接顺序

①对称焊缝采用对称焊接法

焊接总有先后,而且随着焊接过程的进行,结构的刚度也不断提高,所以,一般先焊的焊缝容易使结构产生变形,即使焊缝对称的结构,焊后也会出现焊接变形。对称焊接的目的,是用来克服或减少由于先焊焊缝在焊件刚度较小时造成的变形。

对实际上无法完全做到对称地、同时地进行焊接的结构,可允许焊缝焊接有先后,但在顺序上应尽量做到对称,以便最大限度地减小结构变形。如图 2-47(a)所示,就是对称焊接的方法之一。图 2-48 为圆筒体环形焊缝,是由两名焊工对称地按图中顺序同时施焊的对称焊接。

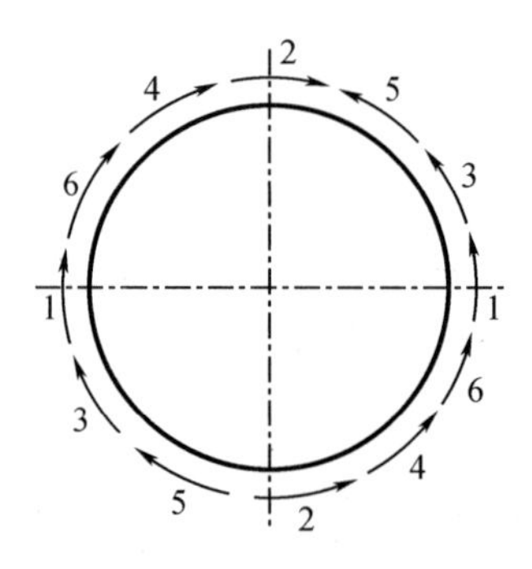

图 2-48 圆筒体环形焊缝对称焊接顺序

②不对称焊缝先焊焊缝少的一侧

对于不对称焊缝的结构,应先焊焊缝少的一侧,后焊焊缝多的一侧,这样可使后焊的变形足以抵消先焊一侧的变形,以减少总体变形。

图 2-49 为压力机的压型上模结构,由于其焊缝不对称,将出现总体下挠弯曲变形(即向焊缝多的一侧弯曲)。如按图 2-49(b)所示,先焊焊缝 1 和 1′,即先焊焊缝少的一侧,焊后会出现图 2-49(c)所示的上拱变形。接着按图 2-49(d)所示的焊接焊缝多的一侧 2、2′以及 3、3′,焊后它们的收缩足以抵消先前产生的上拱变形,同时由于结构的刚度已增大,也不致使整体结构产生下挠弯曲变形。

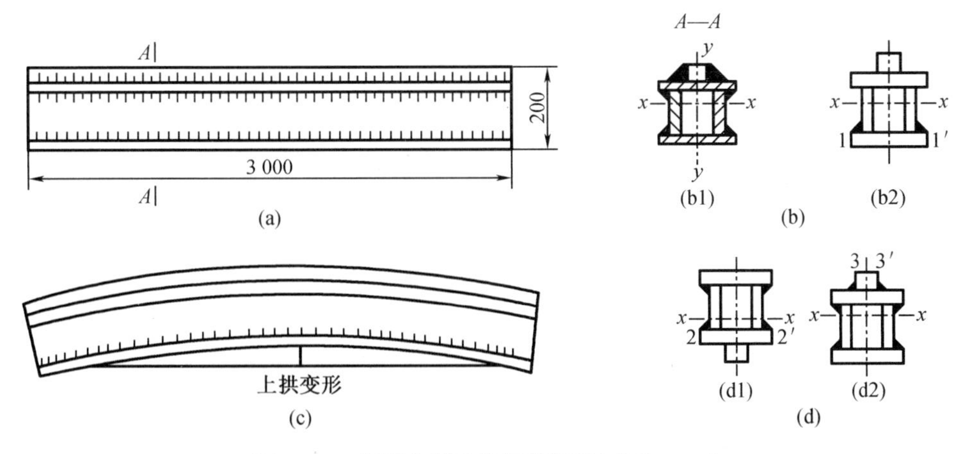

图 2-49　压型上模及其焊接顺序(单位:mm)

③采用不同的焊接顺序控制焊接变形

对于结构中的长焊缝,如果采用连续的直通焊,将会造成较大的变形,这除了焊接方向因素外,焊缝受到长时间加热也是一个主要原因。如果在可能的情况下,将连续焊改成分段焊,并适当地改变焊接方向,可使局部焊缝造成的变形适当减小或相互抵消,以达到减少总体变形的目的。图 2-50 为长焊缝采用不同焊接顺序的示意图。长度 1 m 以上的焊缝,常采用分段退焊法、分中分段退焊法、跳焊法和交替焊法;长度为 0.5~1 m 的焊缝可用分中对称焊法。交替焊法在实际生产中较少使用。退焊法和跳焊法的每段焊缝长度一般为 100~350 mm 较为适宜。

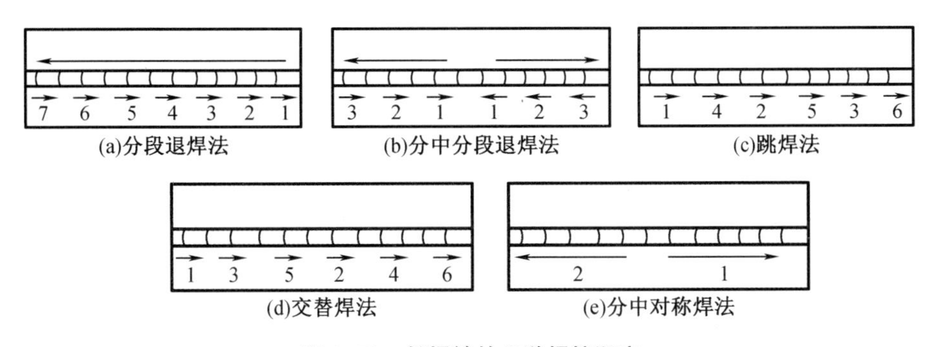

图 2-50　长焊缝的几种焊接顺序

(2)反变形法

根据焊件变形规律,预先把焊件人为地制成一个变形,使这个变形与焊接变形的方向相反而数值相等,从而防止产生残余变形的方法称为反变形法。

反变形法在实际生产中使用较广泛。图 2-51 为锅炉汽包的反变形焊接装置及其焊接顺序。由两名焊工在同一汽包上各焊一排管座,按图 2-51(c)的跳焊顺序焊接,当焊完一只汽包的两排管座后,再用同样方法焊接另一只汽包的管座,如此交替焊接直至焊完,焊后能明显地防止变形。图 2-52 为生产中采用反变形法控制焊接变形的实例。

反变形法主要用来控制角变形和弯曲变形。

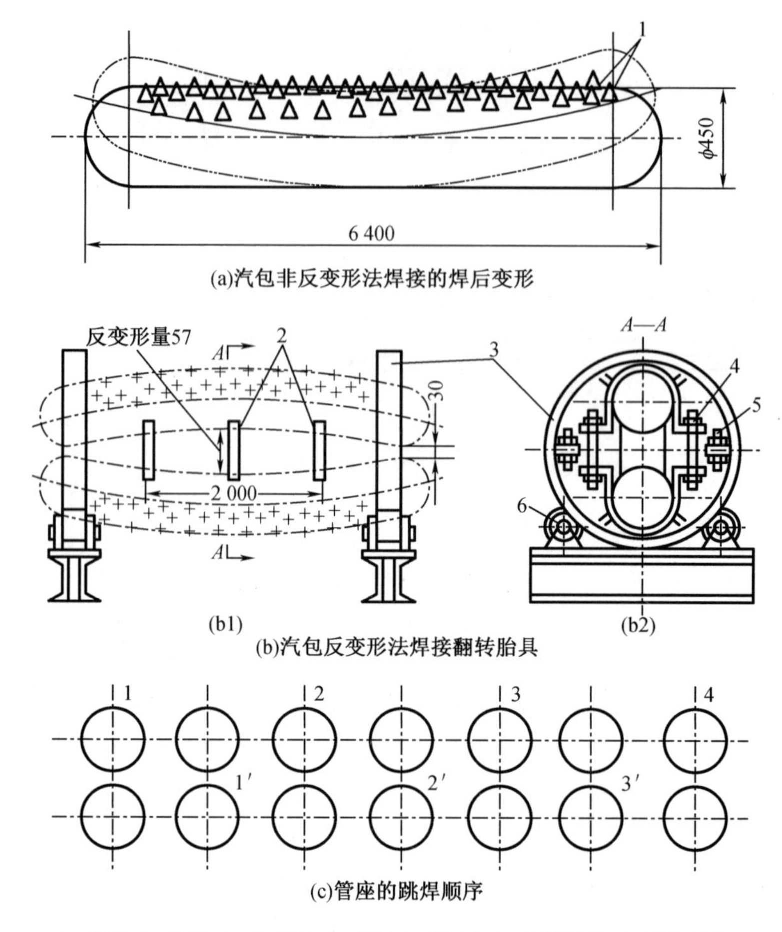

1—管座；2—垫铁；3—支承圈；4—螺栓夹紧装置；5—连接螺栓；6—滚轮转胎。

图 2-51　锅炉汽包的反变形焊接装置及其焊接顺序（单位：mm）

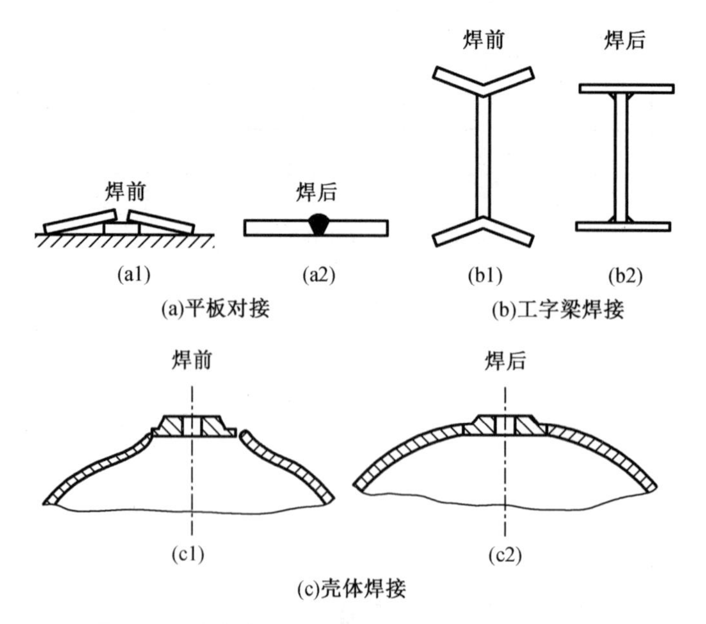

图 2-52　生产中采用反变形法控制焊接变形的实例

(3)刚性固定法

利用外加刚性约束来减少焊件焊后变形的方法称为刚性固定法。它实际上是通过刚性约束来增加结构的整体刚性这一原理来减少焊接变形的。因为刚性大的焊件焊后变形较小。图 2-53、图 2-54 和图 2-55 为几种不同焊接结构采用刚性固定法减少焊接变形的实例。

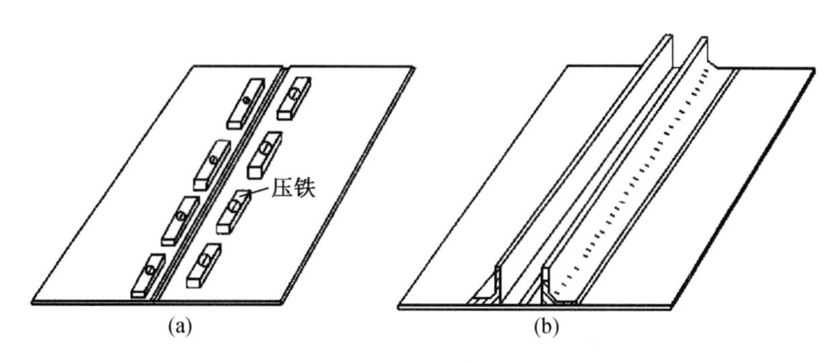

图 2-53　薄板焊接的刚性固定法

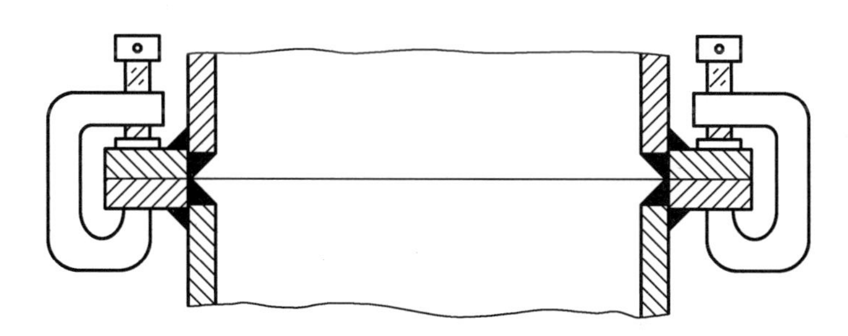

图 2-54　刚性固定防止法兰角变形

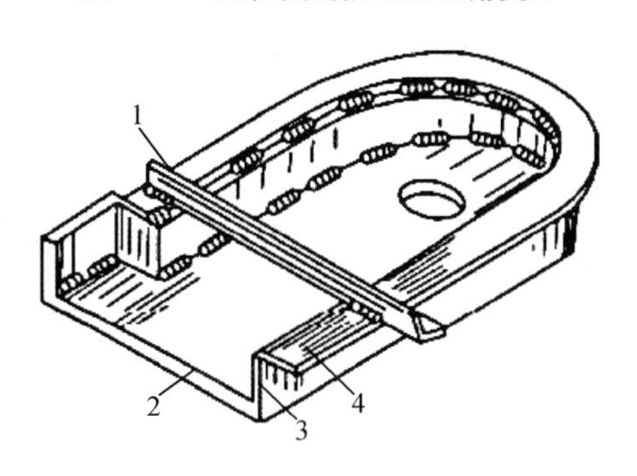

1—临时支撑;2—底平板;3—立板;4—圆周法兰盘。

图 2-55　防护罩用临时支撑的刚性固定

在生产实践中,常采用手动、气动、磁力等通用夹具及专用装焊夹具来控制焊后的焊接变形。

(4)散热法

散热法又称强迫冷却,是把焊接处的热量迅速散走,使焊缝附近的金属受热区域大大减小,以达到减小焊接变形的目的。图 2-56(a)为喷水散热焊接,图 2-56(b)为工件浸入水中散热焊接,图 2-56(c)为用水冷铜块散热焊接。散热法常用于不锈钢焊接时的变形,不适用于具有淬火倾向的钢材，否则在焊接时易产生裂纹。

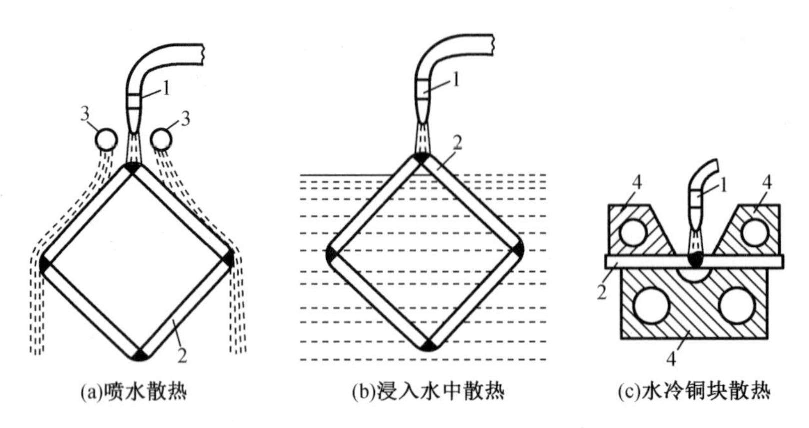

1—焊炬；2—焊件；3—喷水管；4—水冷铜块。

图 2-56　散热法示意图

(5)热平衡法

对于某些焊缝不对称布置的结构，焊后往往会产生弯曲变形。如果在与焊缝对称的位置上采用气体火焰与焊件同步加热，只要加热的焊接工艺参数选择适当，就可以减少或防止弯曲变形。图 2-57 为采用热平衡法对箱形梁结构的焊接变形进行控制。

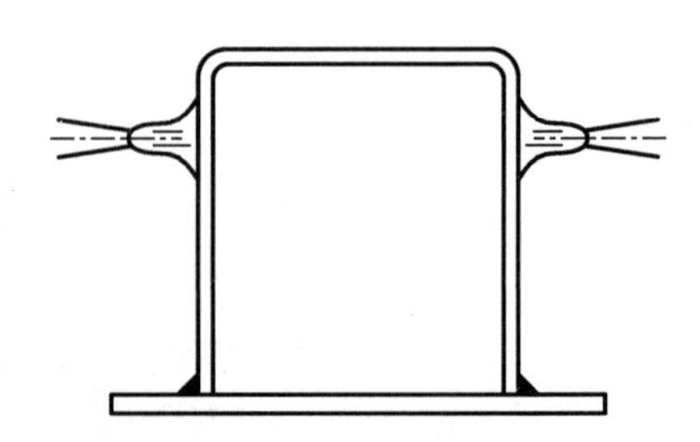

图 2-57　采用热平衡法对箱形梁结构的焊接变形进行控制

4. 残余变形的矫正

(1)机械矫正法

机械矫正法是利用机械力的作用使焊件产生与焊接变形相反的塑性变形，并使两者抵消，从而达到消除焊接变形的一种方法。机械矫正法适用于低碳钢等塑性较好的金属材料的焊接变形的矫正。图 2-58 为工字梁焊后变形的机械矫正实例。

(2)火焰矫正法

火焰矫正法是用氧-乙炔火焰或其他气体火焰(一般采用中性焰)，以不均匀加热的方式引起结构变形来矫正原有的焊接残余变形的一种方法。具体操作方法是，将变形构件的伸长部位，加热到 600～800 ℃，然后让其冷却，用加热部分冷却后产生的收缩变形来抵消原有的变形。

火焰矫正法的关键是正确确定加热位置和加热温度。火焰矫正法适用于低碳钢、Q355 等淬硬倾向不大的低合金结构钢构件，不适用于淬硬倾向较大的钢及奥氏体不锈钢构件。

火焰矫正法的加热方式有点状加热、线状加热和三角形加热三种，如图 2-59 所示。

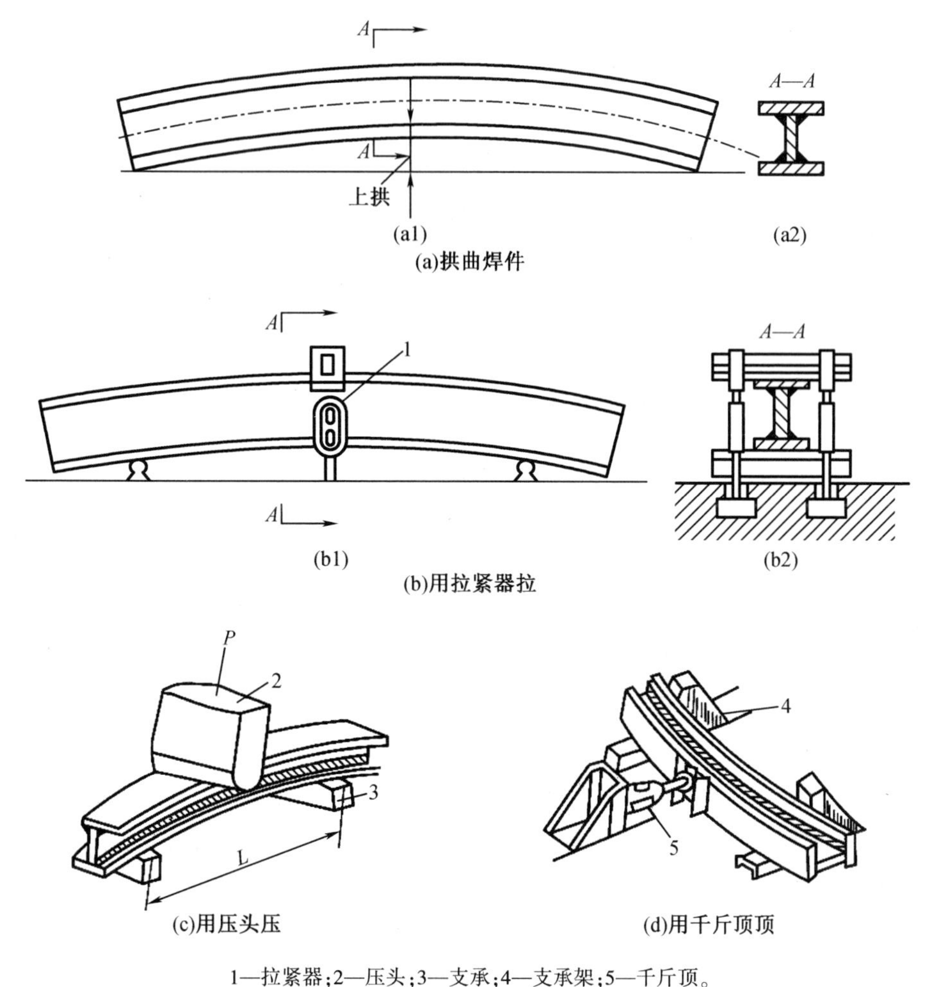

1—拉紧器；2—压头；3—支承；4—支承架；5—千斤顶。

图 2-58　工字梁焊后变形的机械矫正实例

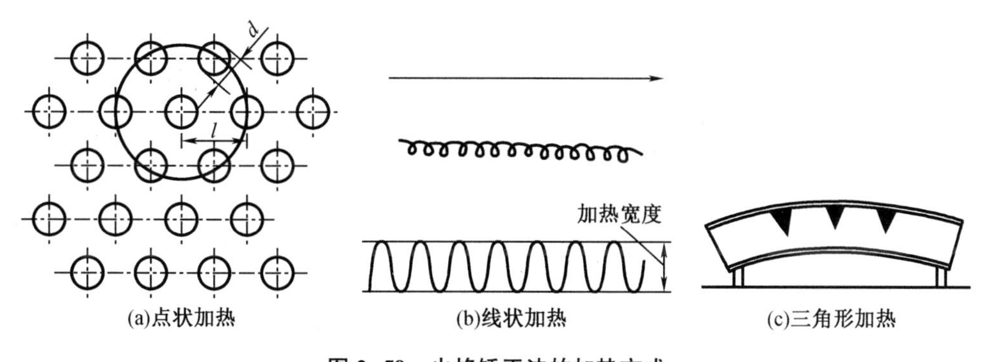

图 2-59　火焰矫正法的加热方式

①点状加热矫正

火焰加热的区域为一个点或多个点，加热点直径一般不小于 15 mm。点间距离应随变形量的大小而变,残余变形越大,点间距离越小,一般为50~100 mm。这种矫正方法一般用于矫正薄板的波浪变形。

②线状加热矫正

火焰沿着直线方向或者同时在宽度方向做横向摆动的移动,形成带状加热,称为线状加热。线状加热又分直线加热、链状加热和带状加热三种形式。在线状加热矫正时,加热线的横向收缩大于纵向收缩,加热线的宽度越大,横向收缩也越大。所以,在线状加热矫正时要尽可能发挥加热线横向收缩的作用。加热线宽度一般取钢板厚度的0.5~2倍。这种矫正方法多用于变形较大或刚性较大的结构,也可用于薄板矫正。

线状加热矫正时,还可同时用水冷却,即水火矫正。这种方法一般用于厚度小于8 mm以下的钢板,水火距离通常为25~30 mm。水火矫正如图2-60所示。

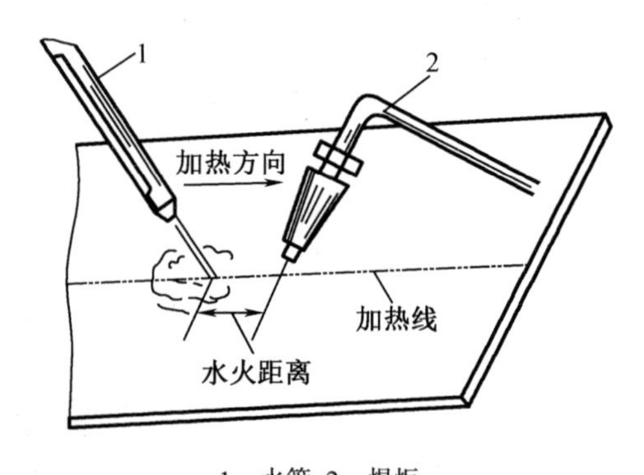

1—水管;2—焊炬。

图2-60 水火矫正

③三角形加热矫正

三角形加热即加热区呈三角形。加热的部位是在弯曲变形构件的凸缘,三角形的底边在被矫正构件的边缘,顶点朝内。由于加热面积较大,所以收缩量也较大。这种方法常用于矫正厚度较大、刚性较强的构件的弯曲变形。

火焰矫正法实例如图2-61所示。

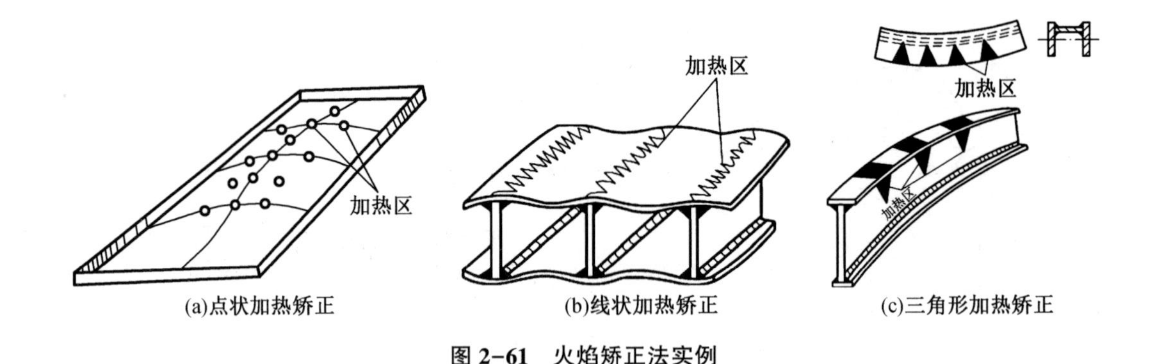

图2-61 火焰矫正法实例

2.4.4 焊接工艺文件

焊接工艺是将已装配好的结构,用规定的焊接方法、焊接工艺参数进行焊接加工,使各零部件连接成一个牢固整体的加工工艺过程。把已经设计或制定的焊接工艺内容或标准写成指导工人操作和用于生产、工艺管理等的各种技术文件,就是焊接工艺文件。

1. 焊接工艺文件制定的原则

焊接工艺过程需满足安全、质量、成本和生产效率四个方面的要求。先进的工艺技术是在保证安全生产的条件下,用最低的成本,高效率地生产出质量优良且具有竞争力的产品。

(1)技术上的先进性

在制定焊接工艺文件时,制定人员要了解国外焊接行业工艺技术的发展情况,及其与国内企业所存在的差距;要充分利用焊接结构生产工艺方面的最新科学技术成就,广泛地采用最新的发明创造、合理化建议和国内外先进经验,尽最大可能保持工艺技术上的先进性。

(2)经济上的合理性

在一定生产条件下,制定人员要对多种焊接工艺方法进行对比与计算,尤其要对产品的关键件、主要件、复杂零部件的工艺方法,采用价值工程理论,通过核算和方案评比,选择经济上最合理的方法,在保证质量的前提下以求成本最低。

(3)技术上的可行性

制定焊接工艺文件必须从企业的实际条件出发,充分利用现有设备,发掘工厂的潜力,结合具体生产条件消除生产中的薄弱环节。由于产品生产工艺的灵活性较大,制定人员在制定焊接工艺文件时一定要照顾到工序间生产能力的平衡,要尽量使产品的制造和检测都在企业内进行。

(4)良好的劳动条件

在制定焊接工艺文件时,制定人员必须保证工人具有良好的劳动条件,应尽量采用机械化、自动化和高生产率的先进焊接技术,在配备工装时应尽量采用电动和气动装置,以减轻工人的体力劳动,确保工人的身体健康。

2. 焊接工艺文件的内容

(1)合理地选择焊接方法及相应的焊接设备与焊接材料。

(2)合理地选择焊接工艺参数,如焊条(焊丝)直径、焊接电流、电弧电压、焊接速度、施焊顺序和方向、焊接层数、气体流量、焊丝伸出长度等。

(3)合理地选择焊接材料,如焊条、焊丝及焊剂牌号或型号、气体保护焊时的气体种类、钎料、钎剂等。

(4)合理地选择焊接工艺措施,如预热、后热、焊后热处理等的工艺措施(包括加热温度、加热部位和范围、保温时间及冷却速度的要求等)。

(5)选择或设计合理的焊接工艺装备。如焊接胎具、焊接变位机、自动焊机的引导移动装置等。

(6)合理地选择焊缝质量检验方法及焊接质量控制措施。

3. 焊接工艺文件的种类

焊接工艺文件的种类和形式多种多样,繁简程度也有较大差别,甚至名称也不完全相同。焊接生产常用的工艺文件主要有《焊接工艺卡》《工艺过程卡》和《焊接工艺守则》(或称《焊接工艺规程》《焊接工艺指导书》)等。

(1)《焊接工艺守则》

《焊接工艺守则》是在焊接结构生产过程中的各个焊接工艺环节应遵守和执行的制度。内容主要包括守则的适用范围、与加工工艺有关的焊接材料、加工所需设备及工艺装备、工艺操作前的准备,以及操作顺序、方法、工艺参数、质量检验和安全技术等。

编写《焊接工艺守则》时,语言要简明易懂,工程术语要统一 ,符号和计量单位应符合国家有关标准,对于一些难以用文字说明的内容应绘制必要的简图。

(2)《焊接工艺卡》

《焊接工艺卡》是以工序为单位来说明具体零部件焊接加工方法和加工过程的一种工艺文件。《焊接工艺卡》说明了每一种焊接工序的详细情况,包括操作顺序、方法、工艺参数、质量检验要求、所需的加工设备,以及工艺装备、编制和审批人员签字与日期等内容。对于重要产品的重要焊缝(如锅炉受压元件焊缝),应做到"一点一卡",即一个焊接点,也就是一个焊缝,一张《焊接工艺卡》。

(3)《工艺过程卡》

《工艺过程卡》是描述焊接结构整个加工工艺过程全貌的一种工艺文件。它是制定其他工艺文件的基础,也是进行技术准备、编制生产计划和组织生产的依据。通过《工艺过程卡》可了解零件所需的加工车间、加工设备、工艺流程及操作者和检验员等。

2.5 焊丝相关知识

2.5.1 焊丝

焊丝是焊接时既作为填充金属又作为导电体的金属丝,是埋弧焊、电渣焊、气体保护焊与气焊的主要焊接材料。

1. 焊丝的作用及分类

(1)作用

焊丝的作用主要是用作填充金属,同时用来传导焊接电流,此外,有时还可以通过焊丝向焊缝过渡合金元素。自保护药芯焊丝在焊接过程中还起到保护、脱氧及去氢作用。

(2)分类

①焊丝按用途不同可分为碳钢焊丝、低合金钢焊丝、不锈钢焊丝、硬质合金堆焊焊丝、铜及铜合金焊丝、铝及铝合金焊丝及铸铁气焊焊丝等。

②焊丝按焊接方法不同可分为埋弧焊用焊丝、气体保护焊用焊丝、气焊用焊丝及电渣焊用焊丝等。

③焊丝按其结构不同可分为实心焊丝和药芯焊丝。药芯焊丝还可进一步细分为很多小的类别。

2. 实心焊丝

大多数熔化焊方法,如埋弧焊、电渣焊、气体保护焊、气焊等普遍使用实心焊丝。为了防止生锈,碳钢焊丝、低合金钢焊丝表面都进行了镀铜处理。

（1）钢焊丝

钢焊丝适用于埋弧焊、电渣焊、氩弧焊、CO_2 气体保护焊及气焊等焊接方法，用于碳钢、合金钢、不锈钢等材料的焊接。对于低碳钢、低合金高强钢主要按等强原则选择满足力学性能的焊丝；对于不锈钢、耐热钢等主要按焊缝金属与母材化学成分相同或相近的原则选择焊丝。

①埋弧焊、电渣焊及气焊焊丝

埋弧焊、电渣焊及气焊焊丝的牌号应符合 GB/T 3429—2015《焊接用钢盘条》、YB/T 5092—2016《焊接用不锈钢丝》等规定。

焊丝的牌号编制方法：字母“H”表示焊丝；“H”后面的一位或两位数字表示含碳量；化学元素符号及其后面的数字表示该元素的近似含量，当某合金元素的含量低于 1%时，可省略数字，只记元素符号；尾部标有“A”或“E”时，分别表示为“优质品”或“高级优质品”，表明硫、磷等杂质含量更低。焊丝牌号示例如图 2-62 所示。

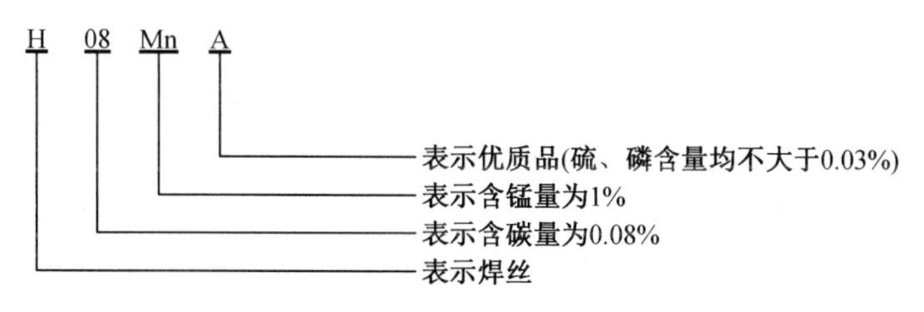

图 2-62　焊丝牌号示例

埋弧焊焊丝型号按 GB/T 5293—2018《埋弧焊用非合金钢及细晶粒钢实心焊丝、药芯焊丝和焊丝-焊剂组合分类要求》、GB/T 12470—2018《埋弧焊用热强钢实心焊丝、药芯焊丝和焊丝-焊剂组合分类要求》和 GB/T 36034—2018《埋弧焊用高强钢实心焊丝、药芯焊丝和焊丝-焊剂组合分类要求》选用。

埋弧焊实心焊丝型号根据化学成分进行划分，其中字母“SU”表示埋弧焊实心焊丝，“SU”后面的数字或数字与字母的组合表示其化学成分的分类。埋弧焊实心焊丝型号示例如图 2-63 所示。

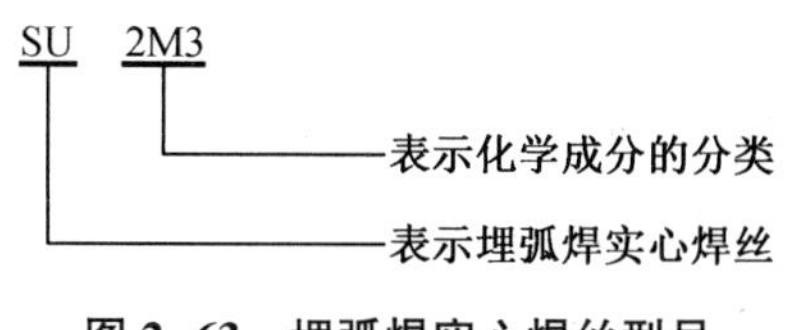

图 2-63　埋弧焊实心焊丝型号

埋弧焊、电渣焊及气焊的不锈钢焊丝型号，根据 GB/T 29713—2013《不锈钢焊丝和焊带》规定由两部分组成。第一部分的首位字母表示产品分类，其中“S”表示焊丝；第二部分为字母“S”后面的数字或数字与字母的组合，表示化学成分的分类，其中“L”表示碳含量较低，“H”表示碳含量较高。如有其他特殊要求的化学成分，该化学成分用元素符号表示放在后面。该标准也适用于熔化极气体保护焊、非熔化极气体保护焊、等离子弧焊及激光焊等。埋弧焊、电渣焊及气焊的不锈钢焊丝型号示例如图 2-64 所示。

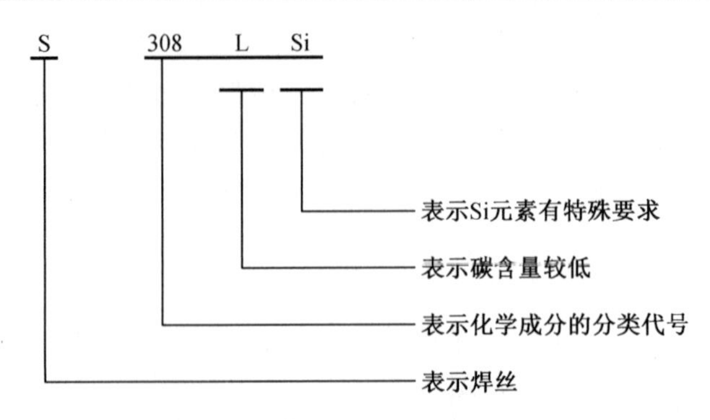

图 2-64 埋弧焊、电渣焊及气焊的不锈钢焊丝型号示例

埋弧焊、电渣焊及气焊常用钢焊丝的型号与牌号对照见表 2-29。

表 2-29 埋弧焊、电渣焊及气焊常用钢焊丝的型号与牌号对照

序号	钢种	牌号	型号	序号	钢种	牌号	型号
1	碳素结构钢	H08A	SU08A	12	合金结构钢	H10Mn2MoV	SUM4V
2		H08E	SU08E	13		H08CrMo	SU1CM2
3		H08Mn	SU26	14		H08CrMoV	SU1CMV
4		H15Mn	SU27	15		H30CrMoSi	SU1CMVH
5	合金结构钢	H10Mn2	SU34	16	不锈钢	H022Cr21Ni10	S308L
6		H08Mn2Si	SU45	17		H022Cr21Ni10Si	S308LSi
7		H10MnSi	SU28	18		H06Cr21Ni10	S308
8		H10MnMo	SU3M3	19		H06Cr19Ni10Ti	S321
9		H11Mn2NiMo	SUN2M31	20		H022Cr24Ni13	S309L
10		H08MnMo	SUM3	21		H022Cr24Ni13Mo2	S309LMo
11		H08Mn2Mo	SUM31	22		H06Cr26Ni21	S310S

②气体保护焊焊丝

GB/T 8110—2020《熔化极气体保护电弧焊用非合金钢及细晶粒钢实心焊丝》规定了熔化极气体保护电弧焊用非合金钢及细晶粒钢实心焊丝的型号、技术要求、试验方法、复验和供货技术条件等内容，适用于熔敷金属最小抗拉强度要求值不大于 570 MPa 的熔化极气体保护电弧焊用非合金钢及细晶粒钢实心焊丝。

不锈钢非熔化极惰性气体保护电弧焊及熔化极惰性气体保护电弧焊用焊丝的牌号，可按照 YB/T 5091—2016《惰性气体保护焊用不锈钢丝》选用，焊丝的型号则根据 GB/T 29713—2013《不锈钢焊丝和焊带》选择。

GB/T 8110—2020《熔化极气体保护电弧焊用非合金钢及细晶粒钢实心焊丝》规定，焊丝型号按熔敷金属力学性能、焊后状态、保护气体类型和焊丝化学成分等进行划分。

气体保护焊焊丝型号由以下五部分组成。

第一部分：用字母“G”表示熔化极气体保护电弧焊用实心焊丝。

第二部分:表示在焊态、焊后热处理条件下熔敷金属的抗拉强度代号,见表 2-30。

表 2-30　熔敷金属抗拉强度代号

抗拉强度代号①	抗拉强度 R_m/MPa	屈服强度② R_{eL}/MPa	断后伸长率 A/%
43×	430~600	≥330	≥20
49×	490~670	≥390	≥18
55×	550~740	≥460	≥17
57×	570~770	≥490	≥17

注:①“×”代表“A”“P”或者“AP”,“A”表示在焊态条件下试验;“P”表示在焊后热处理条件下试验;“AP”表示在焊态和焊后热处理条件下试验均可。

②当屈服发生不明显时,应测定规定塑性延伸强度 $R_{p0.2}$。

第三部分:表示冲击吸收能量(KV_2)不小于 27 J 时的试验温度代号。

第四部分:表示保护气体类型代号,保护气体类型代号按 GB/T 39255—2020《焊接与切割用保护气体》的规定。

第五部分:表示焊丝化学成分的分类,常用焊丝化学成分见表 2-31。

除以上强制代号外,可在型号中附加可选代号:字母“U”附加在第三部分之后,表示在规定的试验温度下冲击吸收能量(KV_2)应不小于 47 J;无镀铜代号“N”,附加在第五部分之后,表示无镀铜焊丝。

气体保护焊焊丝型号示例如图 2-65 所示。

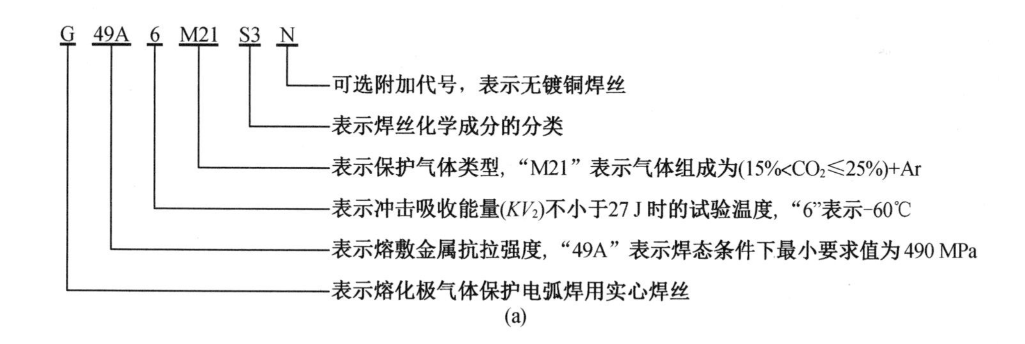

(a)

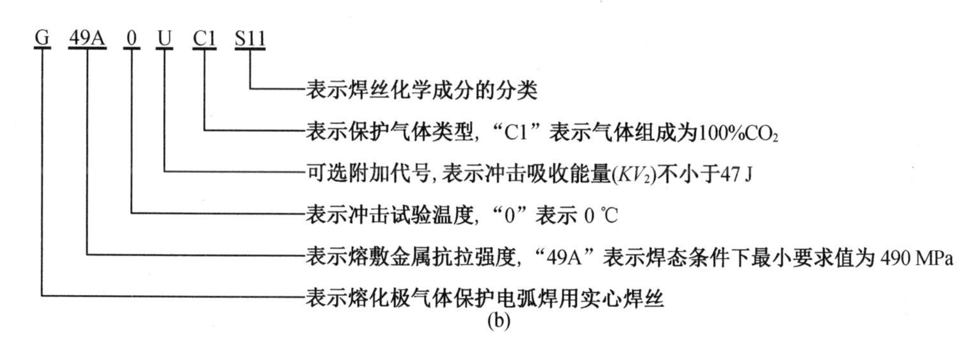

(b)

图 2-65　气体保护焊焊丝型号示例

表 2-31　常用焊丝化学成分

序号	化学成分的分类	焊丝成分代号	化学成分(质量分数)/%											
			C	Mn	Si	P	S	Ni	Cr	Mo	V	Cu	Al	Ti+Zr
1	S2	ER50-2	0. 07	0. 90~1. 40	0. 40~0. 70	0. 025	0. 025	0. 15	0. 15	0. 15	0. 03	0. 50	0. 05~0. 15	Ti:0. 05~0. 15 Zr:0. 02~0. 12
2	S3	ER50-3	0. 06~0. 15	0. 90~1. 40	0. 45~0. 75	0. 025	0. 025	0. 15	0. 15	0. 15	0. 03	0. 50	—	—
3	S4	ER50-4	0. 06~0. 15	1. 00~1. 50	0. 65~0. 85	0. 025	0. 025	0. 15	0. 15	0. 15	0. 03	0. 50	—	—
4	S6	ER50-6	0. 06~0. 15	1. 40~1. 85	0. 80~1. 15	0. 025	0. 025	0. 15	0. 15	0. 15	0. 03	0. 50	—	—
5	S7	ER50-7	0. 07~0. 15	1. 50~2. 00	0. 50~0. 80	0. 025	0. 025	0. 15	0. 15	0. 15	0. 03	0. 50	—	—
6	S10	ER49-1	0. 11	1. 80~2. 10	0. 65~0. 95	0. 025	0. 025	0. 30	0. 20	—	—	0. 50	—	—
7	S4M31	ER55-D2	0. 07~0. 12	1. 60~2. 10	0. 50~0. 80	0. 025	0. 025	0. 15	—	0. 40~0. 60	—	0. 50	—	—
8	S4M31T	ER55-D2-Ti	0. 12	1. 20~1. 90	0. 40~0. 80	0. 025	0. 025	—	—	0. 20~0. 50	—	0. 50	—	Ti:0. 05~0. 20

在我国，CO_2 气体保护焊已广泛应用于碳钢、低合金钢的焊接，较常用的焊丝是 G49AYUC1S10(ER49-1)和 G49A3C1S6(ER50-6)，其中 G49A3C1S6(ER50-6)焊丝应用更广。

低碳钢、低合金钢的埋弧焊、电渣焊、CO_2 气体保护焊实心焊丝的选用见表 2-32，气焊钢实芯焊丝的选用见表 2-33。

表 2-32　低碳钢、低合金钢埋弧焊、电渣焊、CO_2 气体保护焊实心焊丝的选用

<table>
<tr><th>钢号</th><th>埋弧焊焊丝</th><th>电渣焊焊丝</th><th>CO_2 气体保护焊焊丝</th></tr>
<tr><td>Q235、Q255、
245R、25、30</td><td>H08A
H08MnA</td><td>H08Mn
H10MnSi</td><td>G49AYUC1S10(ER49-1)
G49A3C1S6(ER50-6)</td></tr>
<tr><td rowspan="3">Q355
(16Mn、14MnNb)</td><td>薄板：H08A
H08Mn</td><td rowspan="3">H08MnMo</td><td rowspan="3">G49AYUC1S10(ER49-1)
G49A3C1S6(ER50-6)</td></tr>
<tr><td>不开坡口对接
H08A
中板开坡口对接
H08Mn
H10Mn2</td></tr>
<tr><td>厚板深坡口
H10Mn2
H08MnMo</td></tr>
<tr><td rowspan="2">Q390
(15MnV、16MnNb)</td><td>不开坡口对接
H08Mn
中板开坡口对接
H10Mn2
H10MnSi</td><td rowspan="2">H10MnMo
H08Mn2MoV</td><td rowspan="2">G49AYUC1S10(ER49-1)
G49A3C1S6(ER50-6)</td></tr>
<tr><td>厚板深坡口
H08MnMo</td></tr>
<tr><td rowspan="2">Q420(15MnVN、
14MnVTiRE)</td><td>H10Mn2</td><td rowspan="2">H10MnMo
H08Mn2MoV</td><td rowspan="2">G49AYUC1S10(ER49-1)
G49A3C1S6(ER50-6)</td></tr>
<tr><td>H08MnMo
H08Mn2Mo</td></tr>
<tr><td>18MnMoNb
Q500</td><td>H08MnMo
H08Mn2Mo
H08Mn2NiMo</td><td>H10MnMo
H10Mn2MoV
H11Mn2NiMo</td><td>—</td></tr>
<tr><td>X60
X65</td><td>H08Mn2Mo
H08MnMo</td><td>—</td><td>—</td></tr>
</table>

表 2-33　气焊钢实芯焊丝的选用

碳素结构钢焊丝		合金结构钢焊丝		不锈钢焊丝	
牌号	用途	牌号	用途	牌号	用途
H08	焊接一般低碳钢结构	H10Mn2	用途与 H08Mn 相同	H022Cr21Ni10	焊接超低碳不锈钢
		H08Mn2Si			
H08A	焊接较重要低、中碳钢及某些低合金钢结构	H10Mn2Mo	焊接普通低合金钢	H06Cr21Ni10	焊接 18-8 型不锈钢
H08E	用途与 H08A 相同，工艺性能较好	H10Mn2MoV	焊接普通低合金钢	H07Cr21Ni10	焊接 18-8 型不锈钢
H08Mn	焊接较重要的碳素钢及普通低合金钢结构，如锅炉、受压容器等	H08CrMo	焊接铬钼钢等	H06Cr19Ni10Ti	焊接 18-8 型不锈钢
		H18CrMo	焊接结构钢，如铬钼钢、铬锰硅钢等	H10Cr24Ni13	焊接高强度结构钢和耐热合金钢等
H15	焊接中等强度工件	H30CrMoSi	焊接铬锰硅钢	H11Cr26Ni21	焊接高强度结构钢和耐热合金钢等
H15Mn	焊接中等强度工件	H10CrMo	焊接耐热合金钢		

需要注意的是，焊丝的选用有时还需考虑焊接工艺因素，如坡口、接头形式等。当焊剂确定后，对于同种母材由于坡口和接头形式不同，焊丝的匹配也应有所不同。如用 HJ431 配 H08A 埋弧焊焊接不开坡口的 Q355(16Mn)对接接头时，可满足力学性能要求；若焊接中厚板开坡口的 Q355(16Mn)对接接头时，如仍用 H08A 焊丝，由于母材熔合比较小，焊接接头强度就会偏低，因此应采用合金成分较高的 H08MnA 或 H10Mn2 焊丝。由于角接接头、T 形接头焊接时冷却速度较对接接头快，此时焊接 Q355(16Mn)时，应选用 H08A 焊丝，否则采用 H08MnA 或 H10Mn2 焊丝，则焊缝塑性就会偏低。

(2)有色金属及铸铁焊丝

①铜及铜合金焊丝

根据 GB/T 9460—2008《铜及铜合金焊丝》的规定，铜及铜合金焊丝型号由三部分组成，第一部分为字母“SCu”，表示铜及铜合金焊丝；第二部分为四位数，表示焊丝型号；第三部分为可选部分，表示化学成分代号。常用铜及铜合金焊丝的型号、牌号、成分及用途如图 2-66、表 2-34 所示。

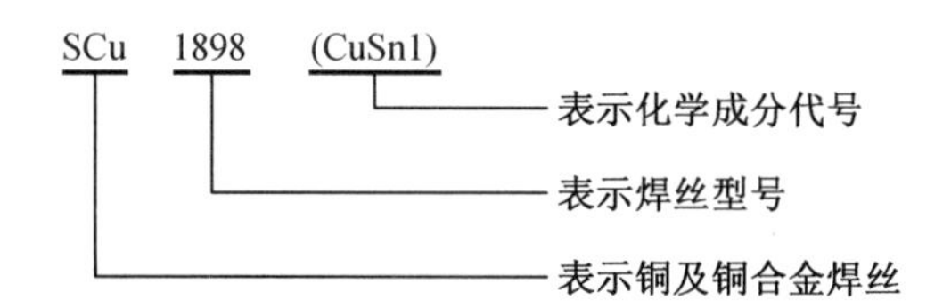

图 2-66　常用铜及铜合金焊丝的型号示例

表 2-34　常用铜及铜合金焊丝的型号、成分及用途

型号	牌号	名称	主要化学成分/%	熔点/℃	用途
SCu1898 (CuSn1)	HS201	纯铜焊丝	Sn(≤1.0)、Si(0.35~0.50)、Mn(0.35~0.50),其余为 Cu	1 083	纯铜的气焊、氩弧焊及等离子弧焊等
SCu6560 (CuSi3 Mn)	HS211	青铜焊丝	Si(2.8~4.0)、Mn(≤1.5),其余为 Cu	958	青铜的气焊、氩弧焊及等离子弧焊等
SCu4700 (CuZn40Sn)	HS221	黄铜焊丝	Cu(57~61)、Sn(0.25~1.00),其余为 Zn	886	黄铜的气焊、氩弧焊及等离子弧焊等
SCu6800 (CuZn40Ni)	HS222	黄铜焊丝	Cu(56~60)、Sn(0.8~1.1)、Si(0.05~0.15)、Fe(0.25~1.20)、Ni(0.2~0.8),其余为 Zn	860	
SCu6810A (CuZn40SnSi)	HS223	黄铜焊丝	Cu(58~62)、Si(0.1~0.5)、Sn(≤1.0),其余为 Zn	905	

②铝及铝合金焊丝

根据 GB/T 10858—2008《铝及铝合金焊丝》的规定,铝及铝合金焊丝型号由三部分组成,第一部分为字母“SAl”,表示铝及铝合金焊丝;第二部分为四位数,表示焊丝型号;第三部分为可选部分,表示化学成分代号。常用铝及铝合金焊丝的型号、牌号、成分及用途如图 2-67、表 2-35 所示。

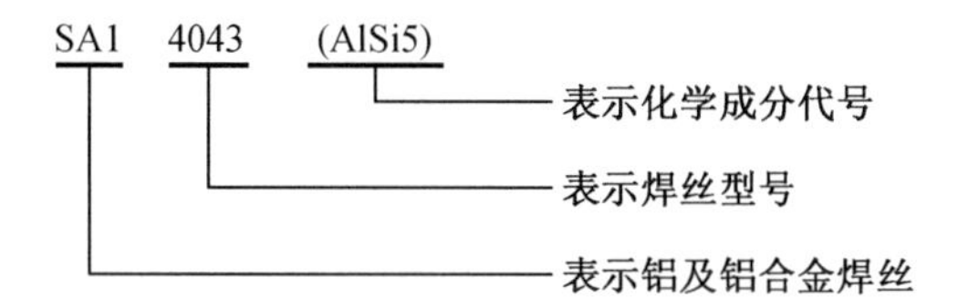

2-67　常用铝及铝合金焊丝的型号示例

表 2-35　常用铝及铝合金焊丝的型号、牌号、成分及用途

型号	牌号	名称	主要化学成分(质量分数)/%	熔点/℃	用途
SAl1450 (Al99.5Ti)	HS301	纯铝焊丝	Al ≥99.5	660	纯铝的气焊及氩弧焊

表 2-35(续)

型号	牌号	名称	主要化学成分(质量分数)/%	熔点/℃	用途
SAl4043 (AlSi5)	HS311	铝硅合金焊丝	Si (4.5~6.0),其余为 Al	580~610	焊接除铝镁合金外的铝合金
SAl3103 (AlMn1)	HS321	铝锰合金焊丝	Mn(1.0~1.6),其余为 Al	643~654	铝锰合金的气焊及氩弧焊
SAl5556 (AlMg5Mn1Ti)	HS331	铝镁合金焊丝	Mg(4.7~5.5)、Mn(0.5~1.0)、Ti (0.05~0.20), 其余为 Al	638~660	焊接铝镁合金及铝锌镁合金

③铸铁焊丝

根据 GB/T 10044—2006《铸铁焊条及焊丝》的规定,铸铁焊丝型号是以“R”表示填充焊丝,以“Z”表示焊丝用于铸铁焊接,在“RZ”后用字母表示熔敷金属类型,以“C”表示灰铸铁,以 “CH”表示合金铸铁、以“CQ”表示球墨铸铁,再细分时用数字表示,并以短线“-”与前面字母分开。如 RZCH 表示熔敷金属类型为合金铸铁的铸铁焊丝。铸铁焊丝的型号、化学成分及用途如图 2-68、表 2-36 所示。

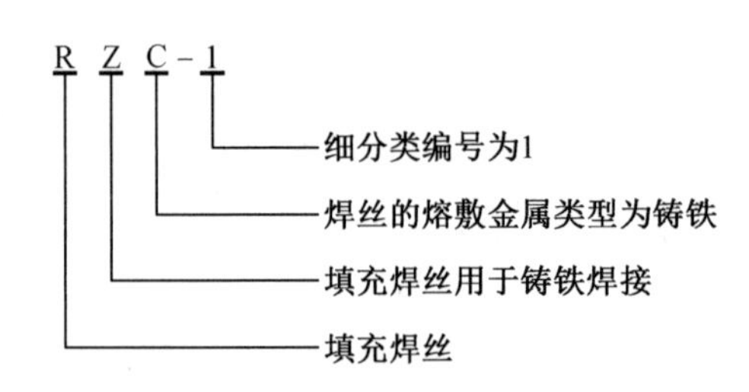

图 2-68 铸铁焊丝的型号示例

表 2-36 铸铁焊丝的型号、主要化学成分及用途

焊丝型号	化学成分(质量分数)/%						用途
	C	Mn	S	P	Si	Fe	
RZC-1	3.20~3.50	0.60~0.75	≤0.100	0.50~0.75	2.7~3.0	余量	焊补灰铸铁
RZC -2	3.50~4.50	0.30~0.80	≤0.100	≤0.50	3.0~3.8	余量	
RZCQ-1	3.20~4.00	0.10~0.40	≤0.015	≤0.05	3.2~3.8	余量	焊补球墨铸铁
RZCQ-2	3.50~4.20	0.50~0.80	≤0.030	≤0.10	3.5~4.2	余量	

3. 药芯焊丝

药芯焊丝是继电焊条、实心焊丝之后广泛应用的又一类焊接材料。药芯焊丝是由包有一定成分粉剂(药粉或金属粉)的不同截面形状的薄钢管或薄钢带经拉拔加工而形成的焊丝。这种焊丝中的药粉具有与焊条药皮相似的作用,只是它们所在的部位不同而已。正因为如此,药芯焊丝具有实心焊丝无法比拟的优点,同时又克服了焊条不能自动化焊接的缺点,因此是很有发展前途的焊接材料。

(1)药芯焊丝的分类

①根据截面形状分类

药芯焊丝根据截面形状可分为 E 形、O 形和梅花形、中间填丝形、T 形等,各种药芯焊丝截面形状如图 2-69 所示,其中 O 形即管状焊丝应用最广。

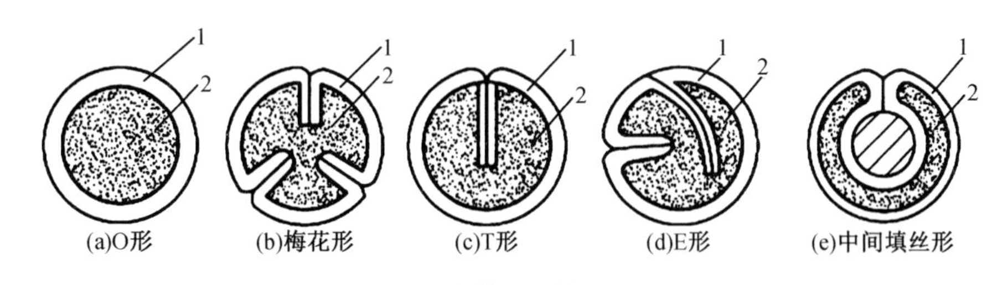

1—钢带;2—药粉。

图 2-69　药芯焊丝的截面形状

②根据焊接过程中外加的保护方式分类

药芯焊丝根据焊接过程中外加的保护方式可分为气体保护焊用药芯焊丝、埋弧焊用药芯焊丝、自保护药芯焊丝。

a. 气体保护焊用药芯焊丝

气体保护焊用药芯焊丝根据保护气体的种类可细分为 CO_2 气体保护焊用药芯焊丝、MIG 焊用药芯焊丝、混合气体保护焊用药芯焊丝以及钨极惰性气体保护焊用药芯焊丝。其中 CO_2 气体保护焊用药芯焊丝主要用于结构件的焊接制造,应用最广,且多为钛型、钛钙型,规格有直径 1.6 mm、2.0 mm、2.4 mm、2.8 mm、3.2 mm 等几种。

b. 埋弧焊用药芯焊丝

埋弧焊用药芯焊丝主要应用于表面堆焊。药芯焊丝制造工艺较实心焊丝复杂、生产成本高,因此焊接普通结构时,一般不采用药芯焊丝埋弧焊。

c. 自保护药芯焊丝

自保护药芯焊丝主要指在焊接过程中不需要外加保护气体或焊剂的一类焊丝。通过焊丝芯部药粉中造渣剂、造气剂在电弧高温作用下产生的气、渣对熔滴和熔池进行保护。

(2)药芯焊丝的特点

①焊接工艺性能好

采用气、渣联合保护,保护效果好,抗气孔能力强,焊缝成形美观,电弧稳定性好,飞溅少且颗粒细小。

②焊丝熔敷速度快

焊丝熔敷速度明显高于焊条,并略高于实心焊丝,熔敷效率和生产效率都较高,生产效率比焊条电弧焊高 3~4 倍,经济效益显著。

③焊接适应性强

通过调整药粉的成分与比例,可焊接和堆焊不同成分的钢材。由于药粉改变了电弧特性,对焊接电源无特殊要求,交流、直流,平缓外特性电源均可。

④综合成本低

焊接相同厚度的钢板,使用药芯焊丝焊接时,单位长度焊缝的综合成本明显低于焊条,且略低于实心焊丝。使用药芯焊丝焊接经济效益非常显著。

⑤焊丝制造过程复杂

送丝较实心焊丝困难,需要采用降低送丝压力的送丝机构;焊丝外表易锈蚀、药粉易吸潮,故使用前应对焊丝外表进行清理并采用 250~300 ℃烘干。

(3)药芯焊丝的型号及牌号

①非合金钢及细晶粒钢药芯焊丝的型号

根据 GB/T 10045—2018《非合金钢及细晶粒钢药芯焊丝》的规定,非合金钢及细晶粒钢药芯焊丝的型号按力学性能、使用特性、焊接位置、保护气体类型、焊后状态和熔敷金属化学成分划分。仅适用于单道焊的焊丝,其型号划分中不包括焊后状态和熔敷金属化学成分。该标准适用于最小抗拉强度不大于 570 MPa 的气体保护焊和自保护电弧焊用药芯焊丝。

非合金钢及细晶粒钢药芯焊丝的型号由以下八部分组成。

第一部分:字母“T”表示药芯焊丝。

第二部分:表示用于多道焊时焊态或焊后热处理条件下熔敷金属的抗拉强度代号(43、49、55、57),或者表示用于单道焊时焊态条件下焊接接头的抗拉强度代号(43、49、55、57)。

第三部分:表示冲击吸收能量不小于 27 J 时的试验温度代号。仅适用于单道焊的焊丝无此代号。

第四部分:表示使用特性代号,见表 2-37。

表 2-37 使用特性代号

使用特性代号	保护气体	电流	熔滴过渡	药芯类型	焊接位置	特性	焊接类型
T1	要求	直流反接	喷射过渡	金红石	0 或 1	飞溅少,平或微凸焊道,熔敷速度高	单道焊和多道焊
T2	要求	直流反接	喷射过渡	金红石	0	与 T1 相似,高锰和/或高硅提高性能	单道焊
T3	不要求	直流反接	粗滴过渡	不规定	0	焊接速度极高	单道焊
T4	不要求	直流反接	粗滴过渡	碱性	0	熔敷速度极高,优异的抗热裂性能,熔深小	单道焊和多道焊
T5	要求	直流反接	粗滴过渡	氧化钙—氟化物	0 或 1	微凸焊道,不能完全覆盖焊道的薄渣,与 T1 相比冲击韧性好,有较好的抗冷裂和热裂性能	单道焊和多道焊
T6	不要求	直流反接	喷射过渡	不规定	0	冲击韧性好,焊缝根部熔透性好,深坡口中仍有优异的脱渣性能	单道焊和多道焊
T7	不要求	直流正接	细熔滴到喷射过渡	不规定	0 或 1	熔敷速度高,优异的抗热裂性能	单道焊和多道焊

表 2-37(续)

使用特性代号	保护气体	电流	熔滴过渡	药芯类型	焊接位置	特性	焊接类型
T8	不要求	直流正接	细熔滴或喷射过渡	不规定	0 或 1	良好的低温冲击韧性	单道焊和多道焊
T10	不要求	直流正接	细熔滴过渡	不规定	0	任何厚度上具有高熔敷速度	单道焊
T11	不要求	直流正接	喷射过渡	不规定	0 或 1	仅用于薄板焊接,制造商需要给出板厚限制	单道焊和多道焊
T12	要求	直流反接	喷射过渡	金红石	0 或 1	与 T1 相似,提高冲击韧性和低锰要求	单道焊和多道焊
T13	不要求	直流正接	短路过渡	不规定	0 或 1	用于有根部间隙的焊接	单道焊
T14	不要求	直流正接	喷射过渡	不规定	0 或 1	涂层、镀层薄板上进行高速焊接	单道焊
T15	要求	直流反接	微细熔滴喷射过渡	金属粉型	0 或 1	药芯含有合金和铁粉,熔渣覆盖率低	单道焊和多道焊
TG	供需双方协定						

第五部分:表示焊接位置代号。“0”表示平焊、平角焊,“1”表示全位置焊。

第六部分:表示保护气体类型代号。自保护为 N,仅适用于单道焊的焊丝在该代号后添加字母“S”。

第七部分:表示焊后状态代号。其中“A”表示焊态,“P”表示焊后热处理状态,“AP”表示焊态和焊后热处理两种状态均可。

第八部分:表示熔敷金属化学成分的分类。

除以上强制代号外,可在其后依次附加可选代号。例如,字母“U”表示在规定的试验温度下,冲击吸收能量应不小于 47 J;扩散氢代号“H×”,其中“×”可为数字 15、10 或 5,分别表示每 100 g 熔敷金属中扩散氢含量的最大值(mL)。

药芯焊丝的型号示例如图 2-70 所示。

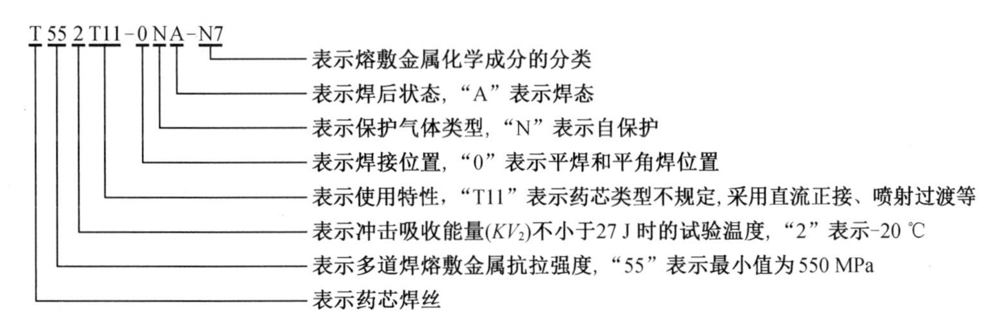

图 2-70　药芯焊丝的型号示例

②药芯焊丝的牌号

药芯焊丝的牌号以字母“Y”表示药芯焊丝,其后面的字母表示用途或钢种类别,见表2-38。字母后的第一、二位数字表示熔敷金属抗拉强度最小值,单位MPa;第三位数字表示药芯类型及电流种类(与焊条相同);第四位数字代表保护形式,见表2-39。

表2-38 药芯焊丝类别

字母	钢类别	字母	钢类别
J	结构钢用	G	铬不锈钢
R	低合金耐热钢	A	奥氏体不锈钢
D	堆焊	—	—

表2-39 药芯焊丝的保护形式

牌号	焊接时保护形式	牌号	焊接时保护形式
YJ××-1	气保护	YJ××-3	气保护、自保护两用
YJ××-2	自保护	YJ××-4	其他保护形式

药芯焊丝的牌号示例如图2-71所示。

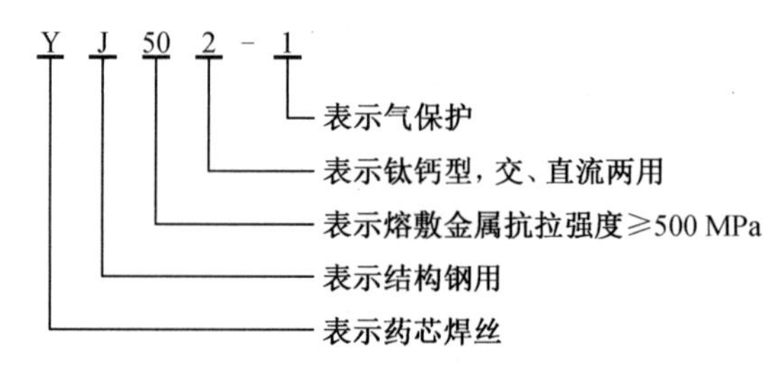

图2-71 药芯焊丝的牌号示例

典型合金结构钢药芯焊丝的化学成分和力学性能见表2-40。

表2-40 典型合金结构钢药芯焊丝的化学成分和力学性能

牌号	熔敷金属化学成分(质量分数)/%							熔敷金属力学性能			
	C	Si	Mn	Ni	Cr	Mo	Cu	R_m /MPa	R_{eL} /MPa	A /%	KV_2 /J
YJ420-1	≤0.10	≤0.5	≤1.20	—	—	≤0.10	—	≥420	—	≥22	≥47 (-20 ℃)
YJ502-1	≤0.10	≤0.5	≤1.20	—	—	—	—	≥490	—	≥22	≥47 (-20 ℃)

表 2-40(续)

牌号	熔敷金属化学成分(质量分数)/%							熔敷金属力学性能			
	C	Si	Mn	Ni	Cr	Mo	Cu	R_m /MPa	R_{eL} /MPa	A /%	KV_2 /J
YJ502CuCr-1	≤0.12	≤0.6	0.50~1.20	—	0.25~0.60	—	0.2~0.5	≥490	≥350	≥20	≥47 (0 ℃)
YJ506-2	0.20	≤0.9	≤1.75	—	—	—	—	≥490	—	≥16	≥27 (0 ℃)
YJ507-1	≤0.10	≤0.5	≤1.20	—	—	—	—	≥490	—	≥22	≥47 (-20 ℃)
YJ507-2	0.20	≤0.9	≤1.75	0.5	—	0.30	—	≥490	≥390	≥20	≥27 (-30 ℃)
YJ607-1	≤0.12	≤0.6	1.20~1.75	—	—	0.25~0.45	—	≥590	≥530	≥15	≥27 (-50 ℃)
YJ707-1	≤0.10	≤0.5	≤1.20	—	—	≤0.10	—	≥420	—	≥22	≥47 (-20 ℃)

2.5.2　其他焊接材料

1. 焊接用气体

焊接用气体有氩气、二氧化碳、氧气、乙炔、液化石油气、氦气、氮气、氢气等。氩气、二氧化碳、氦气、氮气、氢气是气体保护焊用的保护气体,但主要是氩气和二氧化碳;氧气、乙炔、液化石油气是用以形成气体火焰进行气焊、气割的助燃和可燃气体。

(1)焊接用气体的性质

①氩气

氩气是无色、无味的惰性气体,不与金属起化学反应,也不溶解于金属。氩气比空气重25%,使用时气流不易漂浮散失,有利于对焊接区的保护作用。氩弧焊对氩气的纯度要求很高,按我国现行标准规定,其纯度应达到99.99%。焊接用工业纯氩以瓶装供应,在温度20 ℃时满瓶压力为14.7 MPa,容积一般为40 L。

氩气钢瓶外表涂成银灰色,并标有深绿色“氩气”的字样。

②二氧化碳

二氧化碳是无色、无味、无毒的气体,具有氧化性,比空气重,来源广、成本低。焊接用的二氧化碳一般是将其压缩成液体贮存于钢瓶内。液态二氧化碳在常温下容易汽化,1 kg液态二氧化碳可汽化成509 L气态的二氧化碳。气瓶内二氧化碳气体中的含水量与瓶内的压力有关,当压力降低到0.98 MPa时,二氧化碳气体中含水量大大增加,不能继续使用。焊接用二氧化碳气体的纯度应大于99.5%,含水量不超过0.05%,否则会降低焊缝的力学性能,焊缝也易产生气孔。如果二氧化碳气体的纯度达不到标准,可进行提纯处理。

二氧化碳气瓶容量为 40 L,涂色标记为铝白色,并标有黑色“液化二氧化碳”的字样。

③氧气

在常温、常态下氧是气态,是一种无色、无味、无毒的气体,比空气略重。

氧气是一种化学性质极为活泼的气体,它能与许多元素化合生成氧化物,并放出热量。氧气本身不能燃烧,但却具有强烈的助燃作用。

气焊与气割用的工业用氧气一般分为两级:一级纯度氧气含量不低于 99.2%,二级纯度氧气含量不低于 98.5%。通常,由氧气厂和氧气站供应的氧气可以满足气焊与气割的要求。对于质量要求较高的气焊应采用一级纯度的氧。气割时,氧气纯度不应低于 98.5%。

储存和运输氧气的氧气瓶外表涂淡蓝色,瓶体上用黑漆标注“氧气”字样。常用氧气瓶的容积为 40 L,在 15 MPa 压力下可储存 6 m^3的氧气。

④乙炔

乙炔是由电石(碳化钙)和水相互作用分解而得到的一种无色且带有特殊臭味的碳氢化合物,其分子式为 C_2H_2,比空气轻。

乙炔是可燃性气体,它与空气混合时所产生的火焰温度为 2 350 ℃,而与氧气混合燃烧时所产生的火焰温度为 3 000~3 300 ℃,因此足以迅速熔化金属进行焊接和切割。

乙炔是一种具有爆炸性的危险气体,使用时必须注意安全。乙炔与铜或银长期接触后会生成爆炸性的化合物乙炔铜(Cu_2C_2)和乙炔银(Ag_2C_2),所以凡是与乙炔接触的器具设备禁止用银或含铜量超过 70%的铜合金制造。

储存和运输乙炔的乙炔瓶外表涂白色,并用大红漆标注“乙炔” 字样。瓶内装有浸满着丙酮的多孔性填料,能使乙炔稳定、安全地储存在乙炔瓶内。

⑤液化石油气

液化石油气的主要成分是丙烷(C_3H_8)、丁烷(C_4H_{10})、丙烯(C_3H_6)等碳氢化合物,在常压下以气态存在,在 0.8~1.5 MPa 压力下就可变成液态,便于装入瓶中储存和运输,液化石油气由此而得名。工业用液化石油气瓶外表涂棕色,并用白漆标注“液化石油气” 字样。

液化石油气与氧气的燃烧温度为 2 800~2 850 ℃,比乙炔的火焰温度低,且在氧气中的燃烧速度仅为乙炔的 1/3,其完全燃烧所需氧气量比乙炔所需氧气量大。液化石油气与乙炔一样,具有爆炸性,但比乙炔安全得多。

⑥氦气

氦气是一种无色无嗅的惰性气体,比空气轻很多。氦气的化学性质很不活泼,一般状态下很难与其他物质发生反应,在焊接过程中也不会与熔融焊缝发生反应。氦气价格昂贵。氦气瓶外表涂银灰色,并用深绿色漆标注“氦” 字样。

⑦氢气

氢气是所有元素中最轻的气体,无色、无味、无毒。氢气能燃烧,是一种强烈的还原剂。它在常温下不活泼,高温下十分活泼,可作为金属矿和金属氧化物的还原剂。氢能大量溶入液态金属,冷却时容易产生气孔。氢气瓶外表涂淡绿色,并用红漆标注“氢” 字样。

⑧氮气

氮气是一种无色、无味的气体。氮气既不能燃烧,也不能助燃,化学性质很不活泼,但加热后能与锂、镁、钛等元素化合,高温时常与氢、氧直接化合,焊接时能溶于液态金属起有害作用，但对铜及铜合金不起反应，有保护作用。氮气瓶外表涂成黑色，并用白漆标注“氮”字样。

(2)焊接用气体的应用

①气体保护焊用气体

焊接时用作保护气体的主要是氩气、二氧化碳气体，此外还有氦气、氮气、氢气及混合气体等。

a. 氩气、氦气是惰性气体，对化学性质活泼而易与氧起反应的金属，是非常理想的保护气体，故常用于铝、镁、钛等金属及其合金的焊接。氦气的消耗量很大，而且价格昂贵，所以很少用单一的氦气，常和氩气等混合起来使用以改善电弧特性。

b. 氮气、氢气是还原性气体。氮可以与大多数金属反应，是焊接中的有害气体，但不溶于铜及铜合金，故可作为铜及铜合金焊接的保护气体。氢气主要用于氢原子焊，目前这种方法已很少应用。另外氮气、氢气也常和其他气体混合起来使用。

c. 二氧化碳气体是氧化性气体。二氧化碳气体来源丰富，成本低，因此值得推广应用，目前主要用于碳素钢及低合金钢的焊接。

d. 混合气体是一种保护气体中加入适当分量的另一种(或两种)其他气体。应用最广的是在惰性气体氩中加入少量的氧化性气体(二氧化碳、氧气或其混合气体)，用这种气体作为保护气体的焊接方法称为 MAG 焊。由于混合气体中氩气所占比例大，故常称为富氩混合气体保护焊。它常用来焊接碳钢、低合金钢及不锈钢。常用保护气体的应用见表 2-41。

表 2-41 常用保护气体的应用

被焊材料	保护气体	混合比/%	化学性质	焊接方法
铝及铝合金	Ar	—	惰性	熔化极和钨极
	Ar+He	He10		
铜及铜合金	Ar	—	惰性	熔化极和钨极
	$Ar+N_2$	$N_2$20		熔化极
	N_2	—	还原性	
不锈钢	Ar	—	惰性	钨极
	$Ar+O_2$	$O_2$1~2	氧化性	熔化极
	$Ar+O_2+CO_2$	$O_2$2、$CO_2$5		
碳钢及低合金钢	CO_2	—	氧化性	熔化极
	$Ar+CO_2$	$CO_2$20~30		
	CO_2+O_2	$O_2$10~15		
钛锆及其合金	Ar	—	惰性	熔化极和钨极
	Ar+He	He25		
镍基合金	Ar+He	He15	惰性	熔化极和钨极
	$Ar+N_2$	$N_2$6	还原性	钨极

②气焊、气割用气体

氧气、乙炔、液化石油气是气焊、气割用的气体,乙炔、液化石油气是可燃气体,氧气是助燃气体。乙炔用于金属的焊接和切割。液化石油气主要用于气割,近年来推广迅速,并部分取代了乙炔。

此外,除了乙炔、液化石油气外,可燃气体还有丙烯、天然气、焦炉煤气、氢气,以及丙炔、丙烷与丙烯的混合气体、乙炔与丙烯的混合气体、乙炔与丙烷的混合气体、乙炔与乙烯的混合气体,还有以丙烷、丙烯、液化石油气为原料,再辅以一定比例的添加剂的气体和经雾化后的汽油。这些气体主要用于气割,但综合效果均不及液化石油气。

2. 钨极

钨极是钨极氩弧焊的不熔化电极,对电弧的稳定性和焊接质量影响很大。钨极氩弧焊要求钨极具有电流容量大、损耗小、引弧和稳弧性能好等特性。

(1)钨极的分类

根据GB/T 32532—2016《焊接与切割用钨极》,钨极有纯钨极、钍钨极、铈钨极、镧钨极、锆钨极和复合钨极。钍钨极、铈钨极、镧钨极、锆钨极和复合钨极分别在纯钨中添加氧化物ThO_2、CeO_2、La_2O_3、ZrO_2和CeO_2、Y_2O_3、La_2O_3等。目前常用的是纯钨极、钍钨极和铈钨极三种。

①纯钨极

纯钨极型号为WP,熔点高达3 400 ℃,沸点约为5 900 ℃,在电弧热作用下不易熔化与蒸发,可以作为不熔化电极材料,基本上能满足焊接过程的要求,但电流承载能力低,空载电压高,目前已很少使用。

②钍钨极

在纯钨中主要添加氧化物——氧化钍(ThO_2),即为钍钨极,型号有WTh10、WTh20和WTh30。钍是一种电子发射能力很强的稀土元素。钍钨极与纯钨极相比,具有容易引弧、不易烧损、使用寿命长、电弧稳定性好等优点。其缺点是成本比较高,且有微量放射性,必须加强劳动防护。

③铈钨极

铈钨极是在纯钨中主要添加氧化物——氧化铈(CeO_2),型号为WCe20。它比钍钨极有更多的优点,引弧容易、电弧稳定性好,许用电流密度大,电极烧损小,使用寿命长,且几乎没有放射性,所以是一种理想的电极材料,目前应用最广泛。

为了使用方便,钨极一端常涂有颜色,以便识别。钨极的化学成分及颜色标志见表2-42,常用钨极性能的比较见表2-43。

表2-42　钨极的化学成分及颜色标志

钨极类别	型号	化学成分(质量分数)/%							颜色标志
		W	ThO_2	CeO_2	La_2O_3	ZrO_2	CeO_2 Y_2O_3、La_2O_3等	杂质	
纯钨极	WP	≥99.95	—	—	—	—	—	≤0.5	绿色

表 2-42(续)

钨极类别	型号	化学成分(质量分数)/%							颜色标志
		W	ThO_2	CeO_2	La_2O_3	ZrO_2	CeO_2、Y_2O_3、La_2O_3 等	杂质	
镧钨极	WLa10	余量	0.80~1.20	—	—	—	—	≤0.5	黑色
钍钨极	WTh20	余量	1.70~2.20	—	—	—	—	≤0.5	红色
锆钨极	WZr3	余量	0.15~0.50	—	—	—	—	≤0.5	棕色
铈钨极	WCe20	余量	—	1.8~2.2	—	—	—	≤0.5	灰色
复合钨极	WX10	余量	—	—	—	—	0.8~1.2	≤0.1	淡绿色

表 2-43 常用钨极性能的比较

钨极类别	空载电压	电子逸出功	小电流下断弧间隙	电弧电压	许用电流	放射性剂量	化学稳定性	大电流时烧损	使用寿命
纯钨极	高	高	短	较高	小	无	好	大	短
钍钨极	较低	较低	较长	较低	较大	小	好	较小	较长
铈钨极	低	低	长	低	大	无	较好	小	长

常用钨极的直径有 0.25 mm、0.30 mm、0.50 mm、1.00 mm、1.50 mm、1.60 mm、2.00 mm、2.40 mm、2.50 mm、3.00 mm、4.00 mm、5.00 mm 等规格。

(2)钨极的型号

根据 GB/T 32532—2016《焊接与切割用钨极》的规定,钨极型号由以下三部分组成。

第一部分用字母“W”表示钨极。

第二部分为钨极的化学成分分类代号。其中,没有添加氧化物用字母“P”表示;添加氧化物用主氧化物的非氧元素符号表示;添加多元复合氧化物用字母“X”表示。

第三部分是一或两位数字,为添加的主要或多元氧化物名义含量(质量分数)乘以 1 000。

钨极型号示例如图 2-72 所示。

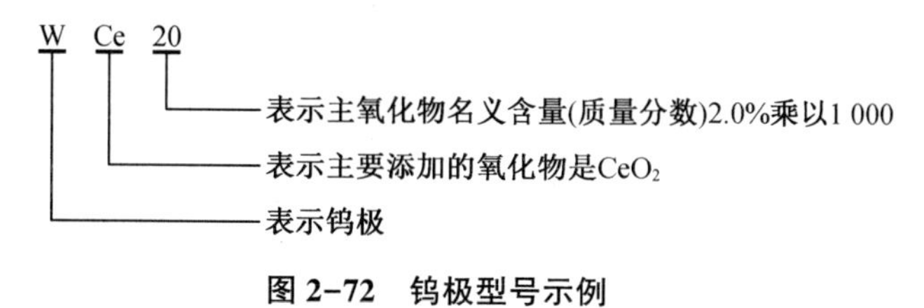

图 2-72 钨极型号示例

3. 气焊熔剂

气焊熔剂是气焊时的助熔剂,作用是与熔池内的金属氧化物或非金属夹杂物相互作用生成熔渣,覆盖在熔池表面,使熔池与空气隔离,从而有效防止熔池金属的继续氧化,改善了焊缝的质量。所以气焊有色金属(如铜及铜合金、铝及铝合金)、铸铁及不锈钢等材料时，必须采用气焊熔剂。

气焊熔剂可以在焊前直接撒在焊件坡口上或者蘸在气焊丝上加入熔池。常用的气焊熔剂的牌号、基本性能及用途见表 2-44。

表 2-44　常用的气焊熔剂的牌号、基本性能及用途

熔剂牌号	名称	基本性能	用途
CJ101	不锈钢及耐热钢气焊熔剂	熔点为 900 ℃，有良好的湿润作用，能防止熔化金属被氧化，焊后熔渣易清除	用于不锈钢及耐热钢气焊
CJ201	铸铁气焊熔剂	熔点为 650 ℃，呈碱性反应，具有潮解性，能有效地去除铸铁在气焊时所产生的硅酸盐和氧化物，有加速金属熔化的功能	用于铸铁件气焊
CJ301	铜气焊熔剂	系硼基盐类，易潮解，熔点约为 650 ℃。呈酸性反应，能有效地熔解氧化铜和氧化亚铜	用于铜及铜合金气焊
CJ401	铝气焊熔剂	熔点约为 560 ℃，呈酸性反应，能有效地破坏氧化铝膜，因极易吸潮，在空气中能引起铝的腐蚀，焊后必须将熔渣清除干净	用于铝及铝合金气焊

气焊熔剂牌号用“CJ”加三位数表示，编制方法为：CJ ×××。

“CJ”表示气焊熔剂；第一位数表示气焊熔剂的用途类型，“1”表示不锈钢及耐热钢用熔剂，“2”表示铸铁气焊用熔剂，“3”表示铜及铜合金气焊用熔剂，“4”表示铝及铝合金气焊用熔剂；第二、三位数字表示同一类型气焊熔剂的不同牌号。

气焊熔剂牌号示例如图 2-73 所示。

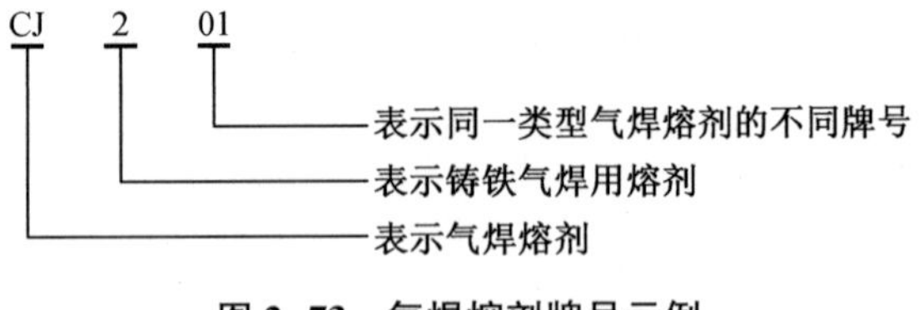

图 2-73　气焊熔剂牌号示例

4. 钎料与钎剂

钎料与钎剂是钎焊的焊接材料。

(1)钎料

钎焊时用作形成钎缝的填充金属称为钎料。

①钎料的分类

a. 根据熔点分类

根据钎料的熔点分类，有软钎料和硬钎料。

熔点低于 450 ℃的称为软钎料。这类钎料熔点低,强度也低,主要成分有锡、铅、铋、铟、锌、镉及其合金。

熔点高于 450 ℃的称为硬钎料。这类钎料具有较高的强度,可以连接承受重载荷的零件,应用较广,主要成分有铝、银、铜、镁、锰、镍、金、钯、钼、钛等合金。

b. 根据主要元素分类

根据组成钎料的主要元素,将钎料分成各种"基"的钎料,如锡基、铅基、锌基、银基、铜基、镍基等。

②钎料的型号

相关国家标准对钎焊的型号做了规定,如 GB/T 10046—2018《银钎料》、GB/T 10859—2008《镍基钎料》、GB/T 6418—2008《铜基钎料》、GB/T 13815—2008《铝基钎料》、GB/T 3131—2001《锡铅钎料》等。

钎料的型号由以下两部分组成。

第一部分用英文字母表示钎料的类型,"S"表示软钎料,"B"表示硬钎料。

第二部分由主要合金组分的化学元素符号组成。

a. 第一个化学元素符号表示钎料的基本组分,其他化学元素符号按其质量分数顺序排列,当几种元素具有相同质量分数时,按其原子序数顺序排列。

b. 质量分数小于 1%的元素在型号中不必标出,如某元素是钎料的关键组分一定要标出时,将其元素符号用括号标出。

c. 软钎料的每个化学元素符号后都要标出公称质量分数。硬钎料仅第一个化学元素符号后标出。

例如,一种含锡量 60%、含铅量 39%、含锑量 0. 4%的软钎料,型号表示为 SSn60Pb40Sb;二元共晶钎料含银量 72%、含铜量 28%,型号表示为 BAg72Cu。

③钎料牌号

钎料的牌号有两种表示法:一种是原冶金工业部的编号方法,即头两个字母以"H1"表示钎料,然后用两个化学元素符号表示钎料的主要组分,最后用一组数字标出除第一个主要化学元素外的其他钎料合金元素含量,如 H1SnPb10;另一种是原机械电子工业部的编号方法,即头两个大写字母"HL"表示钎料,第一位数字表示钎料的化学组成类型,第二、第三位数字表示同一类型钎料的不同编号,如 HL302。

(2)钎剂

钎剂是钎焊时使用的熔剂。它的作用是清除钎料和焊件表面的氧化物,并保护焊件和液态钎料在钎焊过程中不被氧化,以改善液态钎料对焊件的润湿性。

钎剂与钎料类似,也可分为软钎剂和硬钎剂。软钎剂有无机软钎剂和有机软钎剂,氯化锌水溶液就是最常用的无机软钎剂。常用的硬钎剂主要是硼砂、硼酸及其混合物,还常加入某些碱金属或碱土金属的氟化物、氯化物等。考虑到钎剂状态的不同,还有气体钎剂。气体钎剂是炉中钎焊和气体火焰钎焊过程中起钎剂的一种气体,它们最大的优点是钎焊后没有固体残渣,工件不需清洗。

硬钎剂型号是由钎剂代号“FB”和主要组分分类代号、顺序代号和钎剂形态表示。硬钎剂型号示例如图 2-74 所示。

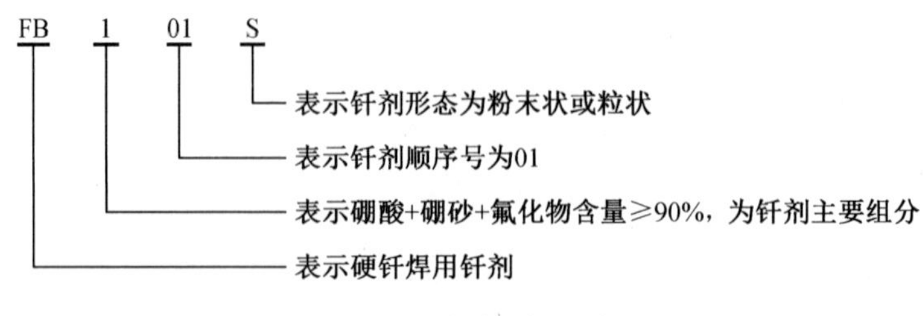

图 2-74　硬钎剂型号示例

软钎剂型号由钎剂代号“FS”加上表示钎剂分类的代号组合而成。例如,非卤化物活性液体松香钎剂型号为 FS113A。

钎剂牌号的编制方法:字母“QJ”表示钎剂;“QJ”后的第一位数字表示钎剂的用途类型,如“1”为铜基和银基钎料用的钎剂,“2”为铝及铝合金钎料用的钎剂;“QJ”后的第二、第三位数字表示同一类钎剂的不同牌号。

各种金属材料火焰钎焊的钎料和钎剂的选用见表 2-45。

表 2-45　各种金属材料火焰钎焊的钎料和钎剂的选用

<table>
<tr><th>钎焊金属</th><th>钎料</th><th>钎剂</th></tr>
<tr><td>碳钢</td><td>铜锌钎料 BCu54Zn
银钎料 BAg45CuZn</td><td rowspan="4">硼砂或硼砂 60%+硼酸 40%或 QJ102 等</td></tr>
<tr><td>不锈钢</td><td>铜锌钎料 BCu54Zn
银钎料 BAg50CuZnCdNi</td></tr>
<tr><td>铸铁</td><td>铜锌钎料 BCu54Zn
银钎料 BAg50CuZnCdNi</td></tr>
<tr><td>硬质合金</td><td>铜锌钎料 BCu54Zn
银钎料 BAg50CuZnCdNi</td></tr>
<tr><td>铜及铜合金</td><td>铜磷钎料 BCu80AgP
铜锌钎料 BCu54Zn
银钎料 BAg45CuZn</td><td>硼砂或硼砂 60%+硼酸 40%或 QJ103 等
(用铜磷钎料钎焊纯铜时可不用熔剂)</td></tr>
<tr><td>铝及铝合金</td><td>铝钎料 BAl67CuSi</td><td>QJ201</td></tr>
</table>

2.6　焊接设备知识

2.6.1　焊接设备的分类、特点及应用

1. 焊接设备的分类

焊接设备按焊接工艺方法分为电弧焊机、电阻焊机及其他焊机等大类，每个大类又可细分若干小类，如电弧焊机又可分为焊条电弧焊机、埋弧焊机、气体保护焊机及等离子弧焊(切割)机等。其中，焊条电弧焊机按结构原理又可分为交流弧焊机、弧焊整流器和弧焊发电机等。焊接设备的分类如图 2-75 所示。

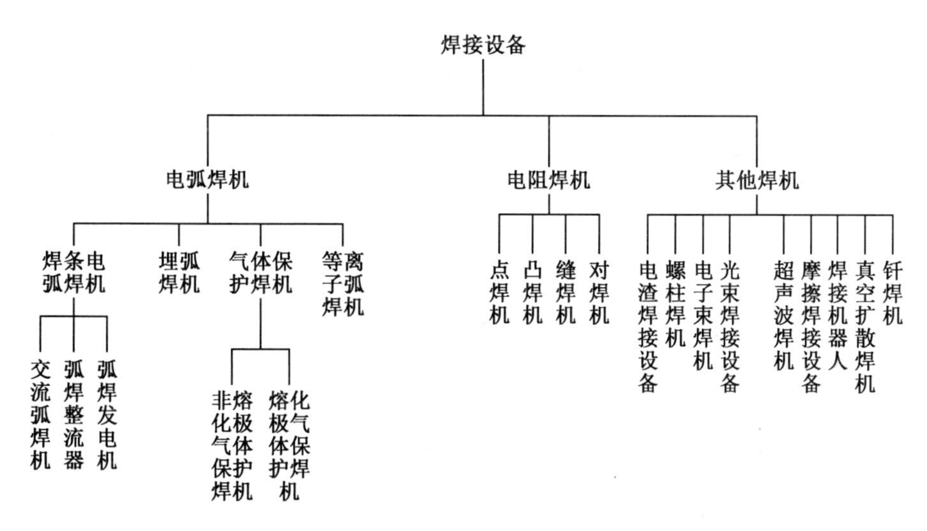

图 2-75　焊接设备分类

2. 常用焊接设备的特点和适用范围

常用焊接设备的特点和适用范围见表 2-46。

3. 电焊机型号及技术参数

(1)电焊机型号

根据 GB/T 10249—2010《电焊机型号编制办法》，电焊机型号采用汉语拼音字母和阿拉伯数字表示。电焊机型号的各项编排次序如图 2-76 所示，由产品符号代码(包括大类名称、小类名称、附注特征和系列序号，见表 2-47)、基本规格、派生代号和改进序号组成。型号中的 1、2、3、6 各项用汉语拼音字母表示；4、5、7 各项用阿拉伯数字表示。其中，3、4、6、7 项如不用时，可省略。

表 2-46 常用焊接设备的特点和适用范围

类别	电流种类	特点	适用范围
电弧焊机	焊条电弧焊机	焊条电弧焊的焊机通常由交流弧焊机、直流弧焊发电机、弧焊整流器三种弧焊电源配以焊钳适用范围组成。交流弧焊机一般指弧焊变压器。弧焊变压器是焊条电弧中具有高漏抗电磁结构的下降外特性变压器。直流弧焊发电机是一种具有去磁或分磁励磁系统的下降外特性直流发电机,通常由电动机或内燃机拖动。弧焊整流器是一种具有下降外特性的变压器或与磁放大器的组合体,利用半导体整流器将交流电转变为直流电,或利用晶闸管、大功率晶体管作为可控整流器获得下降外特性	用于手工交流电弧焊焊接碳钢,或手工直流电弧焊焊接碳铜、合金钢、不铸铜、耐热钢等材料
	埋弧焊机	电弧在焊剂层下燃烧,利用颗粒状焊剂作为金属熔池的覆盖层。焊剂靠近熔池处熔融并形成气泡,将空气隔绝,使其不侵入熔池,这类焊机通常用于自动焊	用于中厚度钢板直缝和环缝拼接
	非熔化极气体保护焊机	利用钨极作为电极,氩气作为金属熔池的保护机层将空气隔绝,使熔池不受空气的侵入	用于轻金属、不锈钢、耐热钢等材料的焊接
	熔化极气体保护焊机	利用惰性气体、二氧化碳气体或混合气体作为金属熔池的保护层,焊丝的熔化速度较快,如使用管状焊丝还可在焊缝中渗入合金元素	用于不锈钢、轻金属、普通碳素钢及低合金钢材的焊接
	等离子弧焊机	利用惰性气体(如氩气、氦气)作为保护,并压缩电弧产生高温等离子弧作为熔化金属的热源进行焊接。这种焊机的特点是电弧能量集中、温度高、穿透能力强	用于铜、铝及其合金、不锈钢及其他难熔金属的焊接
电阻焊机	点焊机	利用强大的电流流过被焊金属,将结合点加热至塑熔状态并施加压力形成焊点	主要用于金属薄板定位焊
	凸焊机	焊接原理、焊机结构类型与点焊机相同,但电极是平面板状。被焊金属的焊接处预先冲成凸出点,在压紧通电状态下一次可以形成几个焊点	用于薄板不等厚度焊件或有电镀层的金属板焊接
	缝焊机	焊机结构类型类似点焊机,电极是一对滚轮,被焊金属经过渡轮电极的通电与挤压,即形成一连串焊点	用于薄板缝焊
	对焊机	利用强大的电流流过被焊工件的接触点,将金属接触端面加热至塑性状态并施加顶锻压力,即形成焊接接头	用于棒料、钢管、线材、板材等对接焊
其他焊机	电子束焊机	利用高速运动的电子轰击被焊金属时产生的热量将金属加热熔化进行焊接。其特点是焊缝深、宽比大,热影响区小,焊后不需要再加工,焊缝不受空气侵入,焊接质量高	用于难熔及活性金属,如钨、钼、锆、钽、铌等材料的焊接

表 2-46(续)

类别	电流种类	特点	适用范围
	光束焊接设备	利用激光光源,经聚焦系统聚焦后所得的高能量光束将金属熔化而焊接	适用于金属与非金属材料的焊接,如集成电路金属封盖与陶瓷底盘的焊接
	超声波焊机	利用超声波机械振动的能量,在压力状态下使被焊金属结合而焊接	适用于金属薄膜、细丝和工件导电性能差等材料的焊接,或要求焊缝热影响区小的工件的焊接
	摩擦焊接设备	利用被焊工件高速旋转摩擦产生的热量将金属加热,待达到适宜于焊接的温度时立即快速自动停止旋转,并施加顶锻压力,完成焊接过程。这类焊机的结构类型与对焊机类似,被焊工件的旋转力一般是以电动机驱动	适用于铜棒、钢管对接焊和异种金属的对接焊
	电渣焊接设备	利用电流通过液态焊剂(渣池)产生电阻热使金属熔化而焊接。焊接时将填充金属(焊丝或板极)连续不断地送入渣池,使其熔化为液态金属填补焊缝间隙而形成焊缝	适用于重型机械制造大厚度钢材的焊接
	真空扩散焊机	真空室内,焊件接触并在一定的温度和压力条件下产生微观塑性变形,原子相互扩散,形成焊接接头	适用于结构复杂、厚度差别大的金属或金属与陶瓷的焊接
	钎焊机	利用比焊件熔点低的金属材料作钎料,将焊件和钎料加热到高于钎料熔点、低于焊件熔点的温度,利用液态钎料润湿母材,填充接头间隙并与母材相互扩散而形成接头。钎焊机一般按钎焊方法可分为高频感应钎焊机、炉中钎焊机、火焰钎焊机等	可以焊接同种金属、异种金属,还可以进行金属与非金属焊接
	螺柱焊机	将螺柱一端与板件(或管件)表面接触,通电引弧,待接触面熔化后,给螺柱一定压力而完成焊接。应用最广的是电弧螺柱焊机和电容储能螺柱焊机	适用于低碳钢、低合金钢、铜及铜合金、铝及铝合金等材质制作的螺柱、焊钉(栓钉)入销钉以及各种异形钉的焊接
	焊接机器人	从事焊接工作的工业机器人,是在普通工业机器人的末轴法兰处装接焊钳或焊枪,使其能进行焊接的机器人。焊接机器人中,弧焊机器人和点焊机器人应用最广	可代替手工作业,如有害、危险环境等场合;适用于大批量、小品种的工件焊接;适用于 24 h 连续生产等

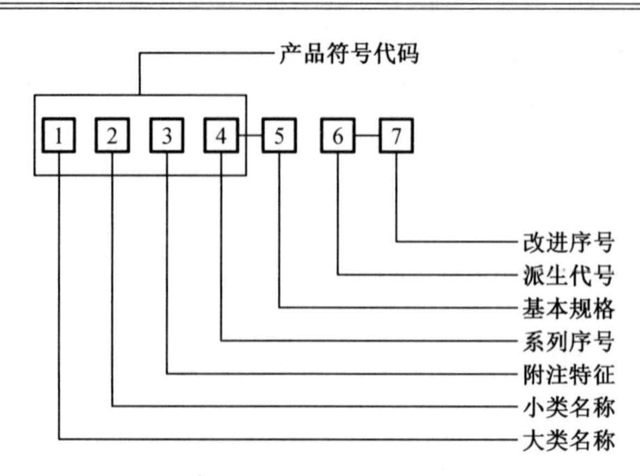

图 2-76 电焊机型号的各项编排次序

表 2-47 产品符号代码

<table>
<tr><th rowspan="2">产品名称</th><th colspan="2">第一字母</th><th colspan="2">第二字母</th><th colspan="2">第三字母</th><th colspan="2">第四字母</th></tr>
<tr><th>代表字母</th><th>大类名称</th><th>代表字母</th><th>小类名称</th><th>代表字母</th><th>附注特征</th><th>数字序号</th><th>系列序号</th></tr>
<tr><td rowspan="3">电弧焊机</td><td>B</td><td>交流弧焊机
（弧焊变压器）</td><td>X
P</td><td>下降特性
平特性</td><td>L</td><td>高空载电压</td><td>省略
1
2
3
4
5
6</td><td>磁放大器或饱和电抗器式
动铁心式
串联电抗器式
动圈式
—
晶闸管式
交换抽头式</td></tr>
<tr><td>A</td><td>机械驱动
的弧焊机
（弧焊发电机）</td><td>X
P
D</td><td>下降特性
平特性
多特性</td><td>省略
D
Q
C
T
H</td><td>电动机驱动
单纯弧焊发电机
汽油机驱动
柴油机驱动
拖拉机驱动
汽车驱动</td><td>省略
1
2</td><td>直流
交流发电机整流
交流</td></tr>
<tr><td>Z</td><td>直流弧焊机
（弧焊整流器）</td><td>X
P
D</td><td>下降特性
平特性
多特性</td><td>省略
M
L
E</td><td>一般电源
脉冲电源
高空载电压交、
直流两用电源</td><td>省略
1
2
3
4
5
6
7</td><td>磁放大器或饱和电抗器式
动铁心式
—
动线圈式
晶体管式
晶闸管式
交换抽头式
逆变式</td></tr>
</table>

表 2-47(续 1)

产品名称	第一字母		第二字母		第三字母		第四字母	
	代表字母	大类名称	代表字母	小类名称	代表字母	附注特征	数字序号	系列序号
	M	埋弧焊机	Z B U D	自动焊 半自动焊 堆焊 多用	省略 J E M	直流 交流 交、直流 脉冲	省略 1 2 3 9	焊车式 — 横臂式 机床式 焊头悬挂式
	N	MIG/MAG 焊机（熔化极惰性气体保护弧焊机/熔化极活性气体保护弧焊机）	Z B D U G	自动焊 半自动焊 点焊 堆焊 切割	省略 M C	直流 脉冲 CO_2 保护焊	省略 1 2 3 4 5 6 7	焊车式 全位置焊车式 横臂式 机床式 旋转焊头式 台式 焊接机器人 变位式
	W	TIG 焊机（钨极惰性气体保护弧焊机）	Z S D Q	自动焊 手工焊 点焊 其他	省略 J E M	直流 交流 交、直流 脉冲	省略 1 2 3 4 5 6 7 8	焊车式 全位置焊车式 横臂式 机床式 旋转焊头式 台式 焊接机器人 变位式 真空充气式
	L	等离子弧焊机/等离子弧切割机	G H U D	切割 焊接 堆焊 多用	省略 R M J S F E K	直流等离子 熔化极等离子 脉冲等离子 交流等离子 水下等离子 粉末等离子 热丝等离子 空气等离子	省略 1 2 3 4 5 8	焊车式 全位置焊车式 横臂式 机床式 旋转焊头式 台式 手工等离子

表 2-47(续 2)

产品名称	第一字母		第二字母		第三字母		第四字母	
	代表字母	大类名称	代表字母	小类名称	代表字母	附注特征	数字序号	系列序号
电渣焊接设备	H	电渣焊机	S B D R	丝极 板极 多用极 熔嘴	—	—	—	—
		钢筋电渣压力焊机	Y	加压	S Z F 省略	手动式 自动式 分体式 一体式	—	—
电阻焊机	D	点焊机	N R J Z D B	工频 电容储能 直流冲击波 次级整流 低频 逆变	省略 K W	一般点焊 快速点焊 网状点焊	省略 1 2 3 5	垂直运动式 圆弧运动式 手提式 悬挂式 焊接机器人
	T	凸焊机	N R J Z D B	工频 电容储能 直流冲击波 次级整流 低频 逆变	—	—	省略	垂直运动式
	F	缝焊机	N R J Z D B	工频 电容储能 直流冲击波 次级整流 低频 逆变	省略 Y P	一般缝焊 挤压缝焊 垫片缝焊	省略 1 2 3	垂直运动式 圆弧运动式 手提式 悬挂式
	U	对焊机	N R J Z D B	工频 电容储能 直流冲击波 次级整流 低频 逆变	省略 B Y G C T	一般对焊 薄板对焊 异形截面对焊 钢窗闪光对焊 自行车轮圈对焊 链条对焊	省略 1 2 3	固定式 弹簧加压式 杠杆加压式 悬挂式

表 2-47(续 3)

产品名称	第一字母		第二字母		第三字母		第四字母	
	代表字母	大类名称	代表字母	小类名称	代表字母	附注特征	数字序号	系列序号
	K	控制器	D F T U	点焊 缝焊 凸焊 对焊	省略 F Z	同步控制 非同步控制 质量控制	1 2 3	分立元件 集成电路 微机
螺柱焊机	R	螺柱焊机	Z S	自动 手工	M N R	埋弧 明弧 电容储能	—	—
摩擦焊接设备	C	摩擦焊机	省略 C Z	一般旋转式 惯性式 振动式	省略 S D	单头 双头 多头	省略 1 2	卧式 立式 倾斜式
	—	搅拌摩擦焊机	产品标准规定					
电子束焊机	E	电子束焊枪	Z D B W	高真空 低真空 局部真空 真空外	省略 Y	静止式电子枪 移动式电子枪	省略 1	二极枪 三极枪
光束焊接设备	G	光束焊机	S	光束	—	—	1 2 3 4	单管 组合式 折叠式 横向流动式
		激光焊机	省略 M	连续激光 脉冲激光	D Q Y	固体激光 气体激光 液体激光	—	—
超声波焊机	S	超声波焊机	D F	点焊 缝焊	—	—	省略 2	固定式 手提式
钎焊机	Q	钎焊机	省略 Z	电阻钎焊 真空针焊	—	—	—	—
焊接机器人	产品标准规定							

第一项，大类名称，如 B 表示交流弧焊机（弧焊变压器）；Z 表示直流弧焊机（弧焊整流器）；A 表示机械驱动的弧焊机（弧焊发电机）。

第二项，小类名称，如 X 表示下降特性；P 表示平特性；D 表示多特性。

第三项，附注特征，如 E 表示交、直流两用电源。

第四项，系列序号，区别同小类名称的各系列和品种。在弧焊变压器中，"1"表示动铁芯式，"3"表示动线圈式；在弧焊整流器中，"1"表示动铁芯式，"3"表示动线圈式，"5"表示晶闸管式，"7"表示逆变式；在机械驱动的弧焊机中，"1"表示交流发电机整流，"2"表示交流；在埋弧焊机中，"3"表示机床式；在点焊机中，"3"表示悬挂式等。

第五项，基本规格，如电弧焊机、电渣焊机表示额定焊接电流；点焊机、凸焊机、缝焊机等表示 50%负载持续率下的标称输入视在功率；摩擦焊机表示顶锻压力等。

例如，BX3-300 表示动线圈式弧焊变压器，具有下降外特性，额定焊接电流为 300 A；ZX5-400 表示晶闸管式弧焊整流器，具有下降外特性，额定焊接电流为 400 A。

（2）电焊机主要技术参数

电焊机除了有规定的型号外，在外壳上均标有铭牌。铭牌标明了主要技术参数，可供安装、使用、维护等参考。

①电弧焊机主要技术参数

电弧焊机主要技术参数包括额定电流、额定负载持续率、工作周期、电流调节范围、额定负载电压、送丝速度、焊接速度等。

②电阻焊机主要技术参数

电阻焊机主要技术参数包括额定容量、额定负载持续率、二次空载电压调节范围、最大短路电流、最大电极压力、最大顶锻力、最大夹紧力等。

③其他焊机主要技术参数

电子束焊机的主要技术参数包括加速电压、电子束流、真空室容积、真空度等；激光焊机的主要技术参数包括输出功率；超声波焊机的主要技术参数包括输出功率、工作频率；摩擦焊机的主要技术参数包括顶锻压力、转速；电渣焊机的主要技术参数包括额定电流、送丝速度；真空扩散焊机的主要技术参数包括真空室容积、真空度、加热温度、加压范围等。

④额定值

额定值是对焊接电源规定的使用限额，如额定电压、额定电流和额定功率等。按额定值使用弧焊电源，是最经济合理、安全可靠的，既充分利用了设备，又保证了设备的正常使用寿命。超过额定值工作称为过载，严重过载将会使设备损坏。在额定负载持续率下工作允许使用的最大焊接电流，称为额定焊接电流。额定焊接电流不是最大焊接电流。根据 GB/T 8118—2010《电弧焊机通用技术条件》，电弧焊机额定焊接电流等级规定见表 2-48。

表 2-48　电弧焊机额定焊接电流等级规定

额定电流范围/A	等级系列	具体等级/A	说明
100 以下	R5 优先数系	10、16、25、40、63、100	电流等级基本上按 $\sqrt[5]{10}$ 倍数增加
100 以上	R10 优先数系	125、160、200、250、315、400、500、630、800、1 000、1 250、1 600、2 000	电流等级基本上按 $\sqrt[10]{10}$ 倍数增加

电阻焊机的额定容量以额定视在功率表示，对于点焊机、凸焊机、缝焊机的规定：5 kV · A、10 kV · A、16 kV · A、25 kV · A、40 kV · A、63 kV · A、80 kV · A、100 kV · A、125 kV · A、160 kV · A、200 kV · A、250 kV · A、315 kV · A、400 kV · A。当小于 5 kV · A 和大于 400 kV · A 时，由制造商和用户商定。

⑤负载持续率

负载持续率是指弧焊电源负载的时间与整个工作时间周期的百分率，用公式表示为

负载持续率 =（弧焊电源负载时间/选定的工作时间周期）×100%

GB/T 8118—2010《电弧焊机通用技术条件》规定，电弧焊机的额定负载持续率分别为 20%、35%、60%、80%、100%。例如，某焊机的额定负载持续率为 60%，表示该焊机在额定焊接电流下、在 10 min 内可连续工作不超过 6 min，休息 4 min 以上才能再继续工作。工作用期分为两种，即 10 min 或连续。其中 10 min 适用于手工焊接。

2.6.2　焊接设备的使用、维护、保养及管理

1. 电弧焊机的使用、维护、保养及管理

弧焊电源是电弧焊机的主要组成部分，能为焊接电弧稳定燃烧提供所需的合适的电流和电压，并具有适合于弧焊和类似工艺所需特性的设备。

（1）弧焊电源的分类

弧焊电源按输出电流种类可分为直流、交流和脉冲三大弧焊电源类型。每一大类中又按其工作原理、结构特征或使用的关键器件细分为若干类型。弧焊电源的分类如图 2-77 所示。

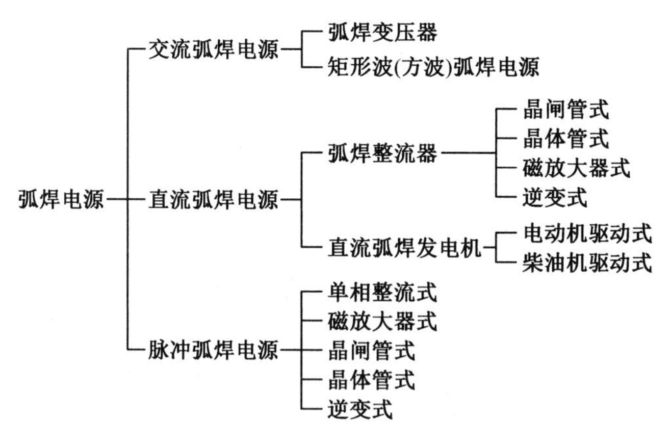

图 2-77　弧焊电源的分类

工业上普遍应用的是交流弧焊电源和直流弧焊电源，而脉冲弧焊电源目前只在有限范围内使用。弧焊电源的基本特点和适用范围见表 2-49。

表 2-49　弧焊电源的基本特点和适用范围

类型		特点	适用范围
交流弧焊电源	弧焊变压器	结构简单、易造易修、成本低、磁偏吹小、空载损耗小、噪声小,但电弧稳定性较差,功率因数低	酸性焊条电弧焊、埋弧焊和 TIG 焊
	矩形波(方波)弧焊电源	电流过零点极快,电弧稳定性好,可调节参数多,功率因数高,设备较复杂,成本较高	焊条电弧焊、埋弧焊和 TIG 焊
直流弧焊电源	弧焊整流器	与直流弧焊发电机相比,空载损耗小,节能,噪声小,控制与调节灵活方便,适应性强,技术和经济指标高	各种弧焊
	直流弧焊发电机	由柴(汽)油发动机驱动发电机而获得直流电,输出电流脉动小,过载能力强,但空载损耗大、效率低、噪声大	各种弧焊
脉冲弧焊电源		输出幅值周期变化的电流,效率高,可调参数多,调节范围宽而均匀,热输入可精确控制,设备较复杂	TIG 焊、MIG 焊、MAG 焊和等离子弧焊

①交流弧焊电源

交流弧焊电源输出的电流波形有两种:一种是近似正弦波,即普通工频交流电的波形,其电源称为弧焊变压器;另一种是矩形波,又称为方波,其电源称为矩形波(方波)弧焊电源,它是近年发展起来的新型电源。

弧焊变压器是用近似正弦波的交流电形式向焊接电弧输送电能的设备,主要用于焊条电弧焊、埋弧焊和 TIG 焊。

弧焊变压器是一种具有下降外特性的降压变压器,通常又称为交流弧焊机。获得下降外特性的方法是在焊接回路中串联一个可调电感器(电抗器)。此电感器可以是一个独立的电抗器,也可以利用弧焊变压器本身的漏磁来代替。常用的弧焊变压器有 BX3-300、BX1-315 等。弧焊变压器的类型见表 2-50。

表 2-50　弧焊变压器的类型

类型	形式	国产常用牌号
串联电抗器类	分体式	BP
	同体式	BX-500 BX2-500,700,1000
增强漏磁类	动铁心式	BX1-135,300,315,500
	动圈式	BX3-300,500 BX3-1-300,500
	抽头式	BX6-120,160

②弧焊整流器

弧焊整流器是将交流电经变压和整流后获得的直流电输出的弧焊电源。弧焊整流器有硅弧焊整流器、晶闸管弧焊整流器、晶体管弧焊整流器等。晶闸管弧焊整流器是目前主要的直流弧焊电源。国产晶闸管弧焊整流器有 ZX5 系列,如 ZX5-250、ZX5-400、ZX5-630 等。

③弧焊逆变器

弧焊逆变器是一种新型的弧焊电源。弧焊逆变器的基本原理是:单相或三相 50 Hz 交流网络电压经输入整流器和输入滤波器后变成直流电,借助大功率电子开关器件 VT(如晶闸管、晶体管、场效应管或绝缘栅双极晶体管 IGBT 等)的交替开关作用,逆变成几千至几万赫兹的中频交流电,再经中频变压器降至适合焊接的几十伏交流电,如再经输出整流器整流和输出滤波器滤波,则可输出适合焊接的直流电。由于弧焊逆变器多用于直流电,故也称逆变弧焊整流器。

弧焊逆变器根据电子开关器件的分类见表 2-51。常用的弧焊逆变器国产型号有 ZX7-250、ZX7-400、ZX7-630 等。

表 2-51　弧焊逆变器根据电子开关器件的分类

序号	类别	工作频率/kHz	所用的大功率开关器件
1	晶闸管式弧焊逆变器	0.5~5.0	快速晶闸管(FSCR)
2	晶体管式弧焊逆变器	可达 50.0	开关晶体管(GTR)
3	场效应管式弧焊逆变器	20.0	功率场效应管(MOSFRT)
4	绝缘栅双极晶体管式弧焊逆变器	10.0~30.0	绝缘栅双极晶体管(IGBT)

④脉冲弧焊电源

脉冲弧焊电源输出的焊接电流是周期变化的脉冲电流,是为焊接薄板和热敏感性强的金属及全位置焊接而设计的。

脉冲弧焊电源最大的特点是能提供周期性脉冲焊接电流,包括基本电流(维弧电流)和脉冲电流;可调参数多,能有效控制热输出和熔滴过渡,可以用低于喷射过渡临界电流的平均电流来实现喷射过渡,对全位置焊接有独特的优越性;应用范围很广泛,现已用于熔化极和非熔化极电弧焊、等离子弧焊等焊接方法中。由于脉冲电流焊接可以精确地控制焊缝的热输入,使熔池体积及热影响区减少,高温停留时间缩短,因此无论是对薄板还是厚板,普通金属、稀有金属和热敏感性强的金属都有较好的焊接效果。

脉冲弧焊电源一般由基本电流电源和脉冲电流电源组成。基本电流电源提供基本电流,脉冲电流电源提供脉冲电流。如果两类电源独立并联供电,则称为双电源式(并联式)脉冲弧焊电源;如果两类电源综合为一体,则称为单电源式(一体式)脉冲弧焊电源。基本电流电源一般为通用直流弧焊电源。脉冲弧焊电源常用的型号有 ZPG3-200、ZXM-160 等。

(2)对弧焊电源的要求

弧焊电源是对焊接电弧供给电能并保证焊接工艺过程稳定的装置。因此,弧焊电源除了具有一般电力电源的特点外,还必须满足以下基本要求。

①对弧焊电源外特性要求

a.弧焊电源外特性的概念

在其他参数不变的情况下,弧焊电源的输出电压与输出电流之间的关系,称为弧焊电源的外特性。弧焊电源的外特性可由曲线来表示,这条曲线称为弧焊电源的外特性曲线,如图2-78所示。弧焊电源的外特性基本上有三种类型:一是下降外特性,即随着输出电流的增加,输出电压降低;二是平外特性,即随着输出电流的增大,输出电压基本不变;三是上升外特性,即随着输出电流增大,输出电压随之上升。

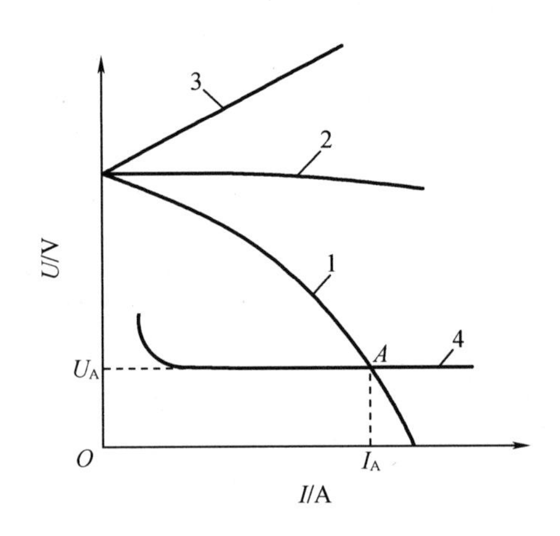

1—下降外特性;2—平外特性;3—上升外特性;4—电弧静特性。

图2-78　弧焊电源的外特性

b.常用焊接方法的弧焊电源的外特性

·焊条电弧焊

在焊接回路中,弧焊电源与电弧构成供电用电系统。为了保证焊接电弧稳定燃烧和焊接工艺参数稳定,电源外特性曲线与电弧静特性曲线必须相交。因为在交点处,电源供给的电压和电流与电弧燃烧所需要的电压及电流相等,电弧才能燃烧。由于焊条电弧焊电弧静特性曲线的工作段在平特性区,所以只有下降外特性曲线才与其有交点,如图2-78中的*A*点。因此具有下降外特性曲线的电源才能满足焊条电弧焊电弧的稳定燃烧。

图2-79为具有不同下降度的弧焊电源外特性曲线对焊接电流的影响情况。从图2-79中可以看出,当弧长变化相同时,陡降外特性曲线1引起的电流偏差ΔI_1明显小于缓降外特性曲线2引起的电流偏差ΔI_2,这有利于焊接工艺参数稳定。因此,焊条电弧焊应采用陡降外特性电源。

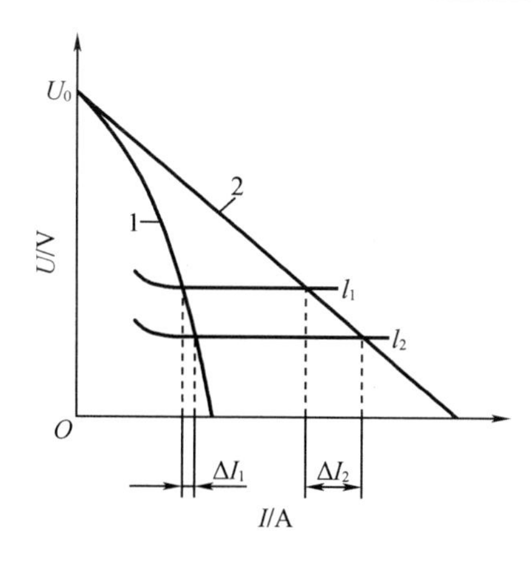

图 2-79 具有不同下降度的弧焊电源外特性曲线对焊接电流的影响情况

· 钨极氩弧焊、等离子弧焊

钨极氩弧焊、等离子弧焊电弧静特性曲线工作在平特性区,与焊条电弧焊相似,因此应采用具有下降的外特性电源。由于影响它们稳定燃烧的主要参数是焊接电流,虽然弧长的变化不如焊条电弧焊那么大,但为了尽量减少由外界因素干扰引起的电流偏差,故应采用具有陡降外特性的电源,所以一般焊条电弧焊电源均可作为钨极氩弧焊、等离子弧焊电源使用。

· CO_2 气体保护焊、MAG 焊、MIG 焊

这些焊接方法由于电流密度较大,电弧静特性曲线工作在上升特性区,采用平外特性或下降外特性电源均能保证电弧稳定燃烧。由于这些焊接方法采用等速送丝式控制系统,如采用平外特性电源,当弧长发生变化时,它们引起的电流偏差较大,但电弧自身调节作用强,自动恢复速度快。所以 CO_2 气体保护焊、MAG 焊、MIG 焊一般采用平外特性电源。

· 埋弧焊

由于埋弧焊电弧静特性曲线一般工作在水平段,所以下降外特性曲线电源能满足焊接电弧的稳定燃烧。对于等速送丝式埋弧自动焊,当弧长变化时,由于缓降的外特性曲线引起的电流偏差大,但电弧自身调节作用强,所以要求采用缓降外特性电源;对于利用电弧电压自动调节原理的变速送丝式埋弧自动焊,当弧长变化时,陡降外特性电源引起的电流偏差较小,有利于焊接工艺参数稳定,所以应具有陡降的外特性电源。

②对弧焊电源空载电压的要求

弧焊电源接通电网而焊接回路为开路时,弧焊电源输出端电压称为空载电压。为便于引弧,需要较高的空载电压,但空载电压过高,对焊工人身安全不利,制造成本也较高。因此,在确保引弧容易、电弧稳定的前提下,应尽量降低空载电压。GB 15579. 1—2013《弧焊设备 第 1 部分:焊接电源》规定了不同环境下各类弧焊电源的额定空载电压值,见表 2-52。

表 2-52　不同环境下各类弧焊电源的额定空载电压值

工作条件		额定空载电压值
a	触电危险较大的环境	直流 113 V 峰值,交流 68 V 峰值和 48 V 有效值
b	触电危险不大的环境	直流 113 V 峰值,交流 113 V 峰值和 80 V 有效值
c	对操作人员加强保护的机械夹持焊枪	直流 141 V 峰值,交流 141 V 峰值和 100 V 有效值
d	等离子弧切割	直流 500 V 峰值

③对弧焊电源稳态短路电流的要求

弧焊电源稳态短路电流是弧焊电源所能稳定提供的最大电流,即输出端短路时的电流。若稳态短路电流太大,焊条过热,易引起药皮脱落,并增加熔滴过渡时的飞溅;若稳态短路电流太小,则会使引弧和焊条熔滴过渡产生困难。因此,对于下降外特性的弧焊电源,一般要求稳态短路电流为焊接电流的 1.25~2.00 倍。

④对弧焊电源调节特性的要求

在焊接过程中,根据焊接材料的性质、厚度、焊接接头的形式、位置及焊条和焊丝直径等不同,需要选择不同的焊接电流。这就要求弧焊电源能在一定范围内对焊接电流做均匀、灵活的调节,以保证焊接接头的质量。

弧焊电源外特性曲线与电弧静特性曲线的交点,是电弧稳定燃烧点。因此,为了获得一定范围内所需的焊接电流,就必须要求弧焊电源具有可以均匀改变的外特性曲线,以便与电弧静特性曲线相交,得到一系列的稳定工作点,从而获得对应的焊接电流,这就是弧焊电源的调节特性,如焊条电弧焊的焊接电流变化范围一般为 100~400 A。

⑤对弧焊电源动特性的要求

弧焊电源的动特性是指弧焊电源对焊接电弧的动态负载所输出的电流、电压与时间的关系,它表示弧焊电源对动态负载瞬间变化的反应能力。弧焊电源动特性合适时,引弧容易、电弧稳定、飞溅小、焊缝成形良好。弧焊电源的动特性是衡量弧焊电源质量的一个重要指标。

(3)弧焊电源的选用

①根据焊接电流种类选择弧焊电源

a. 弧焊电源有交流弧焊电源、直流弧焊电源和脉冲弧焊电源,其对应的焊接电流为直流、交流和脉冲三种。交流弧焊电源与直流弧焊电源相比,具有结构简单、制造方便、使用可靠、维修容易、效率高和成本低等一系列优点(表 2-53、表 2-54),因此在满足焊接需要的前提下应优先选用。

表 2-53　交、直流弧焊电源的性能比较

类型	电弧稳定性	极性	磁偏吹	空载电压	触电危险性	构造	噪声	成本	供电特点	质量
交流弧焊电源	较差	无	很小	较高	较大	较简	不大	低	一般单相	较小
直流弧焊电源	较好	有	大	较低	较小	较繁	发电机大,整流器小	高	一般三相	较大

表 2-54　交、直流弧焊电源的技术参数比较

类型	每 1 kg 焊接金属消耗的电能/(kW·h)	效率/%	功率因数	空载功率因数	空载损耗功率/kW	制造材料消耗/%	制造工时/h	价格/%	每台占用面积/m^2
交流弧焊电源	3~4	60~90	0.30~0.60	0.10~0.20	0.20	30~35	20~30	30~40	1.0~1.5
直流弧焊发电机	6~8	30~60	0.60~0.70	0.40~0.60	2~3	100	100	100	1.5~2.0
弧焊整流器	—	—	0.60~0.75	0.65~0.70	0.30~0.35	介于两者之间	介于两者之间	—	—
弧焊逆变器	—	80~90	0.90~0.99	—	—	—	—	—	—

b. 在直流弧焊电源中,弧焊整流器又比直流弧焊发电机具有更多的优点,例如,功率因数高、效率高、制造简单、质量小、维修方便、无噪声等。因此在必须使用直流电源时(如使用碱性焊条),最好首先选用弧焊逆变器,其次可选用弧焊整流器,尽量不用弧焊发电机。

c. 若单位电网容量小,要求三相均衡用电,宜选用直流弧焊电源。在水下、高山等野外施工时没有交流电网,需选用汽油或柴油发动机拖动的直流弧焊发电机。

d. 在小单位或实验室,由于设备数量有限而焊接材料的种类较多,可选用交流、直流两用或多用弧焊电源。有些场合要求弧焊电源除用于焊接外,还需用于碳弧气刨、等离子切割等工艺,此时应采用直流弧焊电源。

e. 脉冲弧焊电源具有热输入小、效率高、焊接热循环可控制的优点,可用于要求较高的焊接工作。对于焊接热敏感性强的合金钢、薄板结构、厚板的单面焊双面成形、管道及全位置自动弧焊工艺,采用脉冲弧焊电源较为理想。

②根据焊接工艺方法选择弧焊电源

a. 焊条电弧焊

采用酸性焊条焊接一般金属结构,可选用弧焊变压器,如动铁芯式、动线圈式和变换抽头式等。采用碱性焊条焊接较重要的结构钢,可选用直流弧焊电源,如直流弧焊发电机、弧焊整流器等,这些弧焊电源均应具有下降外特性。

b. 埋弧焊

使用细焊丝(焊丝直径为1.6~3 mm)且采用等速送丝方式,应选用平特性的弧焊电源;使用粗焊丝(焊丝直径≥4 mm)且采用电压反馈的变速送丝方式,宜用缓降外特性的弧焊电源。使用小焊接电流(300~500 A)焊接,可选用直流弧焊电源或矩形波(方波)弧焊电源;使用中等焊接电流(600~1 000 A)焊接,可用交流或直流弧焊电源,如同体式弧焊变压器和大容量硅弧焊整流器等;使用大焊接电流(1 200~2 500 A)焊接,宜选用交流弧焊电源。

c. TIG焊和等离子弧焊

焊接电流是影响TIG焊和等离子弧焊电弧稳定燃烧的焊接参数。为了减小焊接过程中弧长变化对焊接电流的影响,宜用下降(最好是恒流的)外特性弧焊电源。采用TIG焊焊接铝、镁及其合金时,宜选用弧焊变压器,最好采用矩形波(方波)弧焊电源;焊接其他金属均选用直流弧焊电源,如弧焊整流器、弧焊逆变器等。

d. CO_2气体保护焊和熔化极氩弧焊

采用CO_2气体保护焊和熔化极氩弧焊焊接时可选用平特性(对等速送丝而言)或下降特性(对于变速送丝而言)的弧焊整流器与弧焊逆变器。对于要求较高的熔化极氩弧焊必须选用脉冲弧焊电源。铝、镁及其合金用熔化极氩弧焊焊接时,可用矩形波(方波)弧焊电源。

e. 脉冲弧焊

无论是熔化极或非熔化极脉冲气体保护焊,还是等离子脉冲弧焊或手工脉冲弧焊,如果用于一般要求的场合可选用单相整流式或磁放大器式脉冲弧焊电源;如果用于要求高的场合,则应选用电子控制的晶闸管式、晶体管式或逆变式脉冲弧焊电源。其外特性可以是平的或下降的。

③根据弧焊电源功率选择弧焊电源

焊接电流是主要的焊接工艺参数,焊接电流越大,所需要的弧焊电源功率越大。为简便起见,可对照弧焊电源型号后面的额定电流来选择,也可通过查阅有关手册等资料来确定弧焊电源功率来选择。

负载持续率也是弧焊电源功率选择时要考虑的参数。负载持续率越高,所需要的弧焊电源功率越大。焊条电弧焊电源的负载持续率一般取60%,自动或半自动弧焊电源功率一般取100%或60%。

④根据工作条件和节能要求选择弧焊电源

在一般生产条件下,尽量采用单站弧焊电源。但是在大型焊接车间,如船体车间,焊接站数量多而且集中,可以采用多站式弧焊电源。

弧焊电源用电量很大,从节能要求出发,应尽可能选用高效节能的弧焊电源,如弧焊逆变器,其次是弧焊整流器、弧焊变压器,尽量不用弧焊发电机。

(4)弧焊电源的正确使用与管理、维护与保养

①弧焊电源的正确使用与管理

a. 电焊机必须装有独立的专用电源开关。电源线和焊接电缆的接头应接触良好。

b. 电焊机接入电网时,应注意电网电压、相数与电焊机铭牌标示相符。电焊机不允许超负荷使用,焊机运行时的温升不应超过标准规定的温升限值。

c. 安装电焊机时，若电网电源为不接地的三相制，应将电焊机外壳接地；若电网电源为三相四线制时，应将电焊机外壳接零。

d. 电源线和焊接电缆线的导线截面积与长度要合适，以保证在额定负载下电源线压降不大于网络电压的 5%，焊接电缆线压降不大于 4 V，电源线与焊接电缆线绝缘性良好。

e. 电焊机应尽可能放在通风良好、干燥的地方，远离热源，并应安装稳固。

f. 焊前要仔细检查各部位接线是否正确，特别是焊接电缆接头是否紧固，防止因接触不良而造成过热烧损。应检查气路、水路是否通畅，焊枪、仪表等是否完好。

g. 焊接中，不得随意打开机壳的顶盖；焊接回路的短路时间不宜过长；应按照电焊机的额定工作电流、额定负载持续率等使用，避免因过载而损坏。

h. 改变电焊机接法应在切断电源的情况下进行，调节电流应在空载状态下进行。焊接时不得移动焊机，如果要移动时，应停止焊接，在切断电源后方可进行。

i. 防止电焊机受潮，保持机内干燥、清洁，定期用干燥的压缩空气吹净内部灰尘，尤其是弧焊整流器。

j. 电焊机发生故障、工作完毕或临时离开工作场地，都应及时切断电焊机电源。

k. 电焊机应放置在离电源开关附近、人手便于操作的地方，并在周围留有安全通道。

l. 电焊机的一次电源线，长度一般不宜超过 2~3 m。当有临时任务需要较长的电源线时，应沿墙或立柱用瓷瓶隔离布设，其高度必须距地面 2.5 m 以上，不允许将电源线拖在地面上。

m. 建立严格的电焊机使用管理制度。

②弧焊电源的维护与保养

弧焊电源在使用过程中，应随时按每台弧焊电源的使用说明书进行维护与保养，这是延长弧焊电源使用寿命的一个重要措施。在弧焊电源的维护与保养中应注意以下几个问题。

a. 建立完善的设备维护与保养制度。

b. 弧焊电源应放置在干燥通风处，应经常对设备外部进行清洁。清扫尘埃时必须断电进行。焊接现场有腐蚀性、导电性气体或粉尘时，必须对电焊机进行隔离防护。

c. 弧焊电源使用后，应用帆布罩盖好，以防止灰尘或雨水侵入其内部。

d. 移动弧焊电源时，应注意不要使弧焊电源受到剧烈振动。

e. 应经常给弧焊电源的调节机构添加润滑油，在调节电流时需注意调节机构的上下限，不能强行调节，以免损坏电流调节机构。

f. 应经常检查焊接电缆、接头、开关、焊枪、仪表等是否损坏，如有损坏应及时进行修理或更换。

g. 交接班时，首先进行技术交底，然后将设备状态、运行情况告知接班人，交接班人员共同对设备进行检查，设备无异常情况后，方可填写设备运转记录、交接班记录，完成交接。

h. 应定期进行电焊机维修保养。当发生故障时，应立即切断焊机电源，及时进行检修。

2. 电阻焊机的正确使用与管理、维护与保养

电阻焊机包括点焊机、缝焊机、凸焊机和对焊机，有些场合还包括与这些焊机配套的控制箱。电阻焊机主要由机身、焊接电源、压力传动装置、电极、气路系统、水冷却系统、电气

系统等组成。

(1)电阻焊机的电源及电极

①电阻焊机的电源

电阻焊机的电源是电阻焊机的主要组成部分,是供给电阻焊机电能的设备。电阻焊机主电源主要采用单相工频交流、三相低频、二次整流、电容储能和逆变等方式供电,其中,单相工频变压器(交流)数量最多、用得最广。电阻焊机的电源具有以下特点。

a. 输出电流大、电压低。

b. 电源功率大、可调节。

c. 一般无空载运行、负载持续率低。

d. 可采取多种供电方式。

②电阻焊机的电极

电阻焊机的电极也是电阻焊机的重要组成部分,用于导电与加压,并决定主要散热量,所以电极材料、形状、工作端面尺寸和冷却条件对焊接质量及生产效率都有很大影响。电极主要是加入铬、镉、铍、铝、锌、镁等合金元素的铜合金进行加工制作的。对电极材料的要求如下。

a. 为了延长使用寿命,改善焊件表面的受热状态,电极应具有高导电率和高热导率。

b. 为了使电极具有良好的抗变形和耐磨损能力,电极应具有足够的高温强度和硬度。

c. 电极的加工要方便,要便于更换,且成本要低。

d. 电极材料与焊件金属形成合金化的倾向小,物理性能稳定,不易黏附。

点焊电极由四部分组成,即端部、主体、尾部和冷却水孔。标准电极(即直电极)有五种形式,如图 2-80 所示。平面电极常用于结构钢的焊接;球面电极常焊接轻合金和厚度大于 2~3 mm 的焊件。为了满足特殊形状工件点焊的要求,有时需要设计特殊形状的电极(弯电极)。

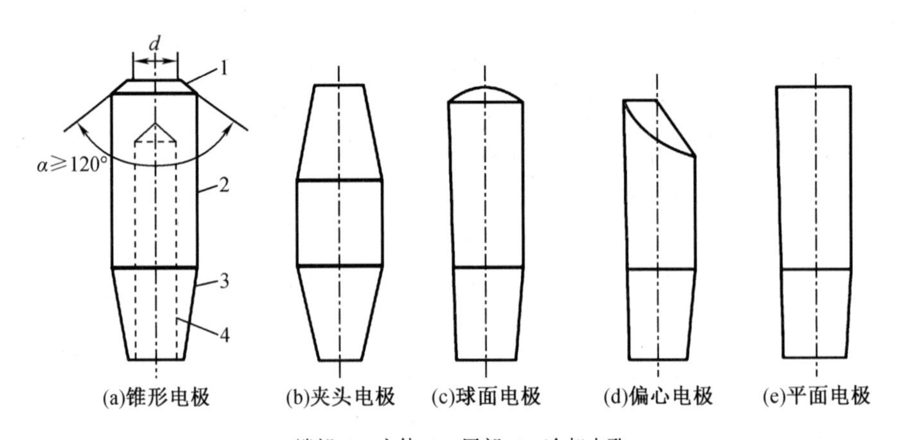

1—端部;2—主体;3—尾部;4—冷却水孔。

图 2-80 标准电极的形式

缝焊电极也称为滚盘,它的工作面有平面和球面两种,滚盘直径通常在 300 mm 以内。

凸焊时常使用平面、球面或曲面电极。

对焊时需要根据不同的焊件尺寸来选择电极形式。

(2)电阻焊机的正确使用与管理

①焊前应检查设备(电源、仪表、电极、传动机构)的完好性。

②焊机必须可靠接地,安装必须保证稳固可靠,高于地面30~40 cm,周围应有排水沟,15 m内不得有易燃、易爆物,且有消防措施。

③电阻焊机上的启动按钮、脚踏开关等应布置在安全部位,并有防止误动的防护措施。

④多点焊机上应装置防碰传感器、制动器、双手控制器等有效防护装置,以防因误动或意外操作而导致伤害。

⑤所有裸露的传动元件都应有有效的防护装置。

⑥焊工应戴专用防护镜工作,用于防火花喷溅伤人的防护罩应由防火材料制成。

⑦每台设备都应装置一个或多个(每个操作位布置一个)紧急停机按钮,便于发生意外时的紧急停机。

⑧焊接变压器一次绕组及其他与电源连接部分的线路,对地绝缘电阻不小于1 MΩ;不与地线连接,且电压小于或等于交流36 V或直流48 V时,电气装置上的任一回路,对地绝缘电阻不小于0.4 MΩ;当电压大于交流36 V或直流48 V时,对地绝缘电阻不小于1 MΩ。

⑨装有高压电容器的焊机和控制面板,必须有合适的绝缘手段并且全封闭,所有机壳门都有合适的联锁装置,以保证机壳门或面板被打开时,可有效地切断电源,并使所有高压电容器适当地向电阻性负载放电。

⑩检修焊机控制箱时,必须切断电源。

⑪焊机应远离有激烈振动的设备,如大吨位冲压机、空气压缩机等,以免引起控制设备工作失常。

⑫气源压力要求稳定,压缩空气的压力不得低于0.5 MPa,必要时应在焊机近旁安置储气筒。

⑬冷却水压力一般应不低于0.15 MPa,进水温度不高于30 ℃。要求水质纯净,以减少管路堵塞。在有多台焊机工作的场地,当水源压力太低或不稳定时,应设置专用冷却水循环系统。

⑭在闪光对焊或点焊、缝焊有镀层的工件时,应有通风设备。

(3)电阻焊机的维护与保养

电阻焊机的日常维护保养工作,是保证焊机正常运行,减少故障率、延长使用期的重要环节。其主要项目包括保证焊机清洁,对电气部分保持干燥,注意观察冷却水流通状况,检查电路各部位的接触与绝缘状况。

①工作完毕后必须清除焊机表面的脏物及尘埃,尤其是相对运动部件滑动面上的尘埃,清除后需涂上润滑油,以减少机械故障、延长导轨表面的使用寿命。

②定期给焊机添加润滑油,排放压缩空气系统中的水分,防止气缸及管路内的积水引起锈蚀。

③定期清除油路系统中的沉积杂物,防止油路堵塞或损坏液压元件。在油路系统的最高点,应定时排除油中的气泡,保证油路系统工作平稳。

④定期紧固主回路中各固定接触面的螺钉,这是因为电阻焊机运行中的振动和发热将

会导致螺钉的松弛而使接触电阻上升。

⑤经常检查冷却系统的工作情况,保证水路畅通;确保电气元件冷却效果良好,并处于干燥状态。

3. 激光焊机的使用、维护、保养及管理

(1)激光焊机(设备)的组成

激光焊机(设备)主要由激光器、光学系统、机械系统、控制与监测系统、光束检测仪及一些辅助装置等组成,如图 2-81 所示。其中,用于焊接的激光器主要有两大类:YAG 固体激光器和 CO_2 气体激光器。光学系统包括导光及聚焦系统、光学系统的保护装置等。机械系统主要是工作台和计算机控制系统(或数控工作台)。控制与监测系统主要是进行焊接过程与质量的监控。光束检测仪的作用是监测激光器的输出功率,有的还能测量光束横截面积上的能量分布状况,判断光束模式。

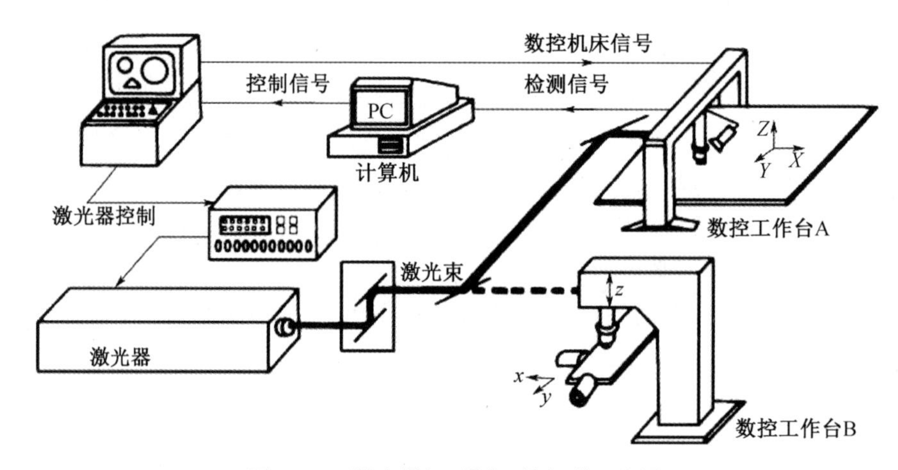

图 2-81 激光焊机(设备)的组成示意图

(2)激光焊机(设备)的安全使用

①激光的危害

在焊接和切割中,激光器输出的功率或能量较高,激光设备中又有数千伏至数万伏的高压激励电源,易对人体造成伤害。由于激光是不可见光,不容易发现,易于忽视。所以,激光加工过程中应特别注意激光的安全防护。激光安全防护的重点对象是眼睛和皮肤。

a. 对眼睛的伤害

眼睛是人最为重要也是极为脆弱的器官,最容易受到激光的伤害。一般情况下,眼睛直接受太阳光或电弧的光照射就会受到伤害,而激光的亮度比太阳、电弧的亮度高数十个数量级,它会对眼睛造成严重损伤。受激光的直接照射,会由于激光的加热效应引起烧伤,可瞬间使人致盲,危险最大,后果严重。即使是数毫瓦的 He-Ne 激光,虽然它的功率很小,但由于人眼的光学聚焦作用,也会引起眼底组织的损伤。

在激光加工时,由于工件表面对激光的反射,也会对眼睛造成伤害。强反射的危险程度与直接照射相差无几,而漫反射光会对眼睛造成慢性损伤,造成视力下降的后果。因此在激光加工时，眼睛是重点保护的对象。

b. 对皮肤的伤害

皮肤受到激光的直射会造成烧伤，特别是聚焦后激光功率密度大，伤害力更大，会造成皮肤严重烧伤。长时间受紫外光、红外光漫反射的照射，可能导致皮肤老化、炎症和皮癌等病变。

c. 其他伤害

激光束直接照射或强反射会引起可燃物的燃烧导致火灾。在激光焊接时，材料受热熔融而蒸发、汽化，产生各种有毒的金属烟尘。高功率激光加热时形成的等离子体会产生臭氧、氮氧化物等有害气体，对人体健康也有一定危害。长时间在激光环境中工作，会产生疲劳等。激光器中还存在着数千伏至数万伏的高压，存在着电击的危险。

②激光焊机（设备）的维护、保养与管理

a. 建立完善的设备维护、保养与管理制度。

b. 建立完整的设备台账。

c. 激光焊接设备上应标有明显的危险警告标志和信号，如“激光危险”“高压危险”等，设备应有各种安全保护装置。

d. 激光加工的光路系统应尽可能全封闭，如使激光在金属管中传递，以防对人体直接照射造成伤害。激光加工的光路系统如不能全封闭，则光路应设在较高的位置，要求激光从人的高度以上通过，使光束避开眼、头等重要器官。激光加工工作台应采用玻璃等屏蔽，以防止激光的反射。

e. 激光焊接场地应设有安全标志，并设置栅栏、隔墙，屏风等，防止无关人员误入危险区。

f. 激光焊接场地操作和加工工作人员必须配备激光防护眼镜，穿白色工作服，以减少漫反射的影响。

g. 只允许有经验的工作人员对激光器等进行操作和激光加工。

h. 激光焊接区应配备有效的通风或排风装置。

i. 保持激光器、床身及周围场地整洁、有序、无油污，焊件、板材、废料按规定堆放。

j. 操作者必须经过培训，熟悉设备结构、性能，掌握操作系统有关知识。

k. 定期对激光焊接设备进行维护与保养。

③激光焊机（设备）安全使用（操作）规范

a. 严格按照激光焊机启动程序启动焊机。

b. 按规定穿戴好劳动防护用品，在激光束附近必须佩戴符合规定的防护眼镜。

c. 开机后，应先试运行，并检查运行情况。

d. 工作时，注意观察机器运行情况，以免机器走出有效行程范围或发生碰撞而造成事故。

e. 必须可靠接地，如果不接地，发生异常时可能导致触电事故。

f. 要保证机器散热顺畅，不允许有外部热量直接吹向机器。

g. 不要频繁开关机器,关机后至少 3 min 后才能开机。

h. 开机状态下和关机 15 min 以内不可触摸机器内部。

i. 雷雨大时,应避免开机工作。

j. 不要目视或触摸激光器,激光直射皮肤是高度危险的,激光直射入人眼可能导致失明。

k. 加工过程中发现异常时,应立即停机,及时排除故障并上报主管人员。

l. 将灭火器放在方便使用的地方;不生产时要关掉激光器或光闸;不允许在未加防护的激光束附近放置纸张、布或其他易燃物。

m. 在未弄清楚某一材料是否能用激光加工前,不要对其加工,以免产生烟雾和蒸汽等潜在危险。

n. 不准私自拆装、安装、改装焊机,禁止任何操作规程未规定的行为。

4. 焊接机器人的使用、维护、保养及管理

(1)焊接机器人的组成及特点

焊接机器人是应用最广泛的一类工业机器人,在各国机器人应用比例中已占总数的 40%~50%。焊接机器人的基本工作原理是“示教—再现”和“可编程控制”。“示教”就是机器人学习的过程,在这个过程中,操作者需利用示教器(或手动拖动)操纵机器人执行某些动作,而机器人的控制系统会以程序的形式将其记忆下来。机器人按照示教时记录下来的程序展现这些动作,就是“再现”过程。“可编程控制”即事先根据机器人的焊接任务以及焊缝轨迹编制控制程序,然后将程序输入给机器人的控制器。

①焊接机器人的组成

焊接机器人的系统组成如图 2-82 所示,主要由机器人本体、焊接电源、送丝机、焊丝盘、焊枪、供气系统、清枪剪丝机、焊接变位机、烟尘净化器、控制柜、示教器、防碰撞传感器以及空气压缩机等组成。焊接机器人系统各组成部分的连接如图 2-83 所示。

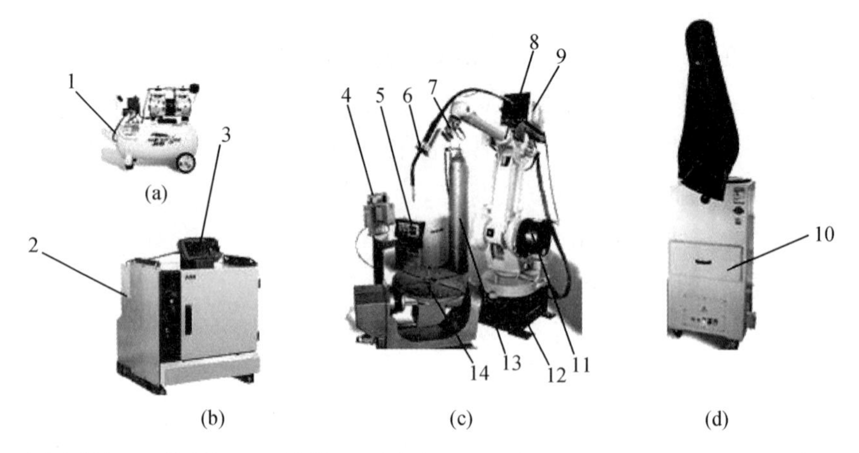

1—空气压缩机;2—控制柜;3—示教器;4—清枪剪丝机;5—焊接电源;6—焊枪;7—防碰撞传感器;8—机器人本体;9—送丝机;10—烟尘净化器;11—焊丝盘;12—底座;13—气瓶;14—焊接变位机。

图 2-82　焊接机器人的系统组成

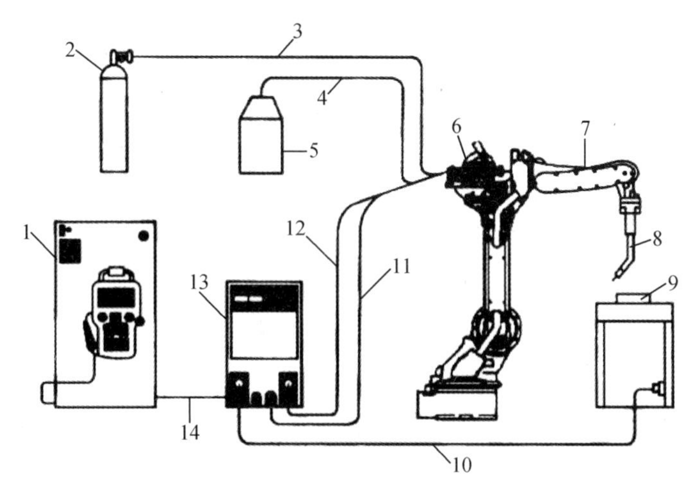

1—控制柜;2—保护气瓶;3—保护气软管;4—送丝管;5—焊丝盘;6—送丝机构;7—焊枪电缆;
8—焊枪;9—焊接变位机;10—焊接动力电缆(负极);11—焊接动力电缆(正极);12—送丝机控制电缆;
13—焊接电源;14—焊接指令电缆。

图2-83　焊接机器人系统各组成部分的连接

a. 机器人本体

机器人本体用于夹持焊枪,执行动作任务。在传统的焊接系统中,机器人和焊接电源是独立的两种产品,通过机器人控制器的CPU与焊接电源的CPU通信、合作,以完成焊接过程。该通信采用模拟或数字接口进行连接,数据交换量有限。现在有些弧焊机器人将弧焊电源与机器人融为一体,从而大幅提升了综合性能。

b. 焊接电源

焊接电源是执行焊接作业的核心部件,是为焊接系统提供能量输入的专用设备。焊接电源的发展不断向数字化方向迈进。焊接机器人焊接电源的发展方向是采用全数字化焊机。全数字化是指焊接参数数字信号处理器、主控系统、显示系统和送丝系统全部都是数字式的。所以电压和电流的反馈模拟信号必须经过转换,与主控系统输出的要求值进行对比,然后控制逆变电源的输出。一般焊接中,焊丝为细焊丝时,相应配用平外特性的焊接电源;焊丝为粗焊丝时,相应配用下降外特性的焊接电源。通过示教器操作控制焊接电源,可便捷地调整焊接参数,以满足不同的焊接需求。

c. 送丝装置

送丝装置是控制焊丝伸出或退回焊枪的装置,由送丝机(包括电动机、减速器、主动轮和从动轮)、送丝软管等部分组成。送丝方式多采用推丝式,即焊丝盘、送丝机构与焊枪分离,焊丝通过一段软管送入焊枪。这种方式结构简单,但焊丝通过软管时会受到阻力的作用,故所用焊丝直径宜在0.8 mm以上。一般焊接采用细焊丝时配用等速送丝系统;采用粗焊丝时配用变速送丝系统。

焊接系统中的数字送丝机,如图2-84所示。送丝机的伺服电机通过输入齿轮带动两驱动轮转动,通过调节压紧旋钮改变压紧轮(即从动轮)与驱动轮的间距,可改变对焊丝的输出力,此调节方式可适用于不同直径的焊丝。这种两驱两从的方式,可实现对焊丝的两点滚动输出,从而确保焊接系统在不同环境中都能稳定地送丝。

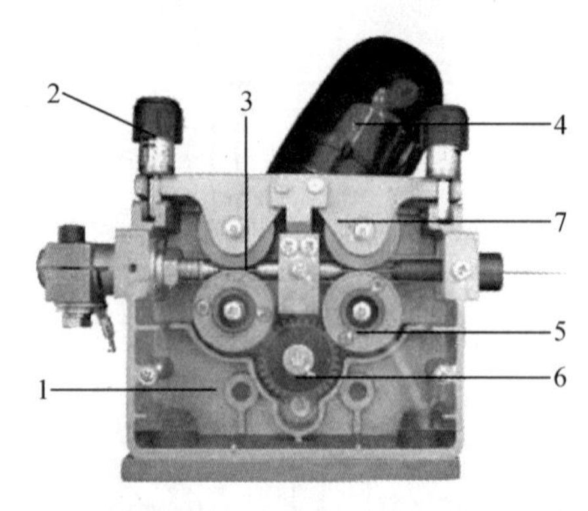

1—送丝机机架;2—压紧旋钮;3—从动轮;4—电机;
5—主动轮;6—驱动齿轮;7—从动轮支架。

图 2-84　数字送丝机

d. 焊枪

焊枪的作用是导电、导丝、导气。焊枪在焊接时,由于焊接电流通过导电嘴等部件时产生电阻热和电弧的辐射热,会使焊枪发热,所以焊枪常需冷却。冷却方式有气冷和水冷两种。当焊接电流在 300 A 以上,宜采用水冷焊枪。

焊枪在工业机器人上的安装形式可分为内置、外置两种,如图 2-85 所示。焊枪及气管、电缆、焊丝通过支架安装在机器人的手腕上,气管、电缆、焊丝从手腕、手臂外部引入,这种焊枪称为外置焊枪。焊枪直接安装在手腕上,气管、电缆、焊丝从机器人手腕、手臂内部引入,这种焊枪称为内置焊枪。

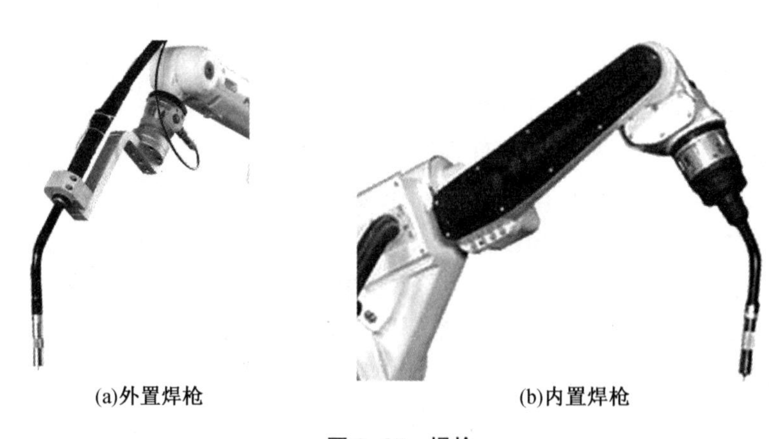

(a)外置焊枪　　(b)内置焊枪

图 2-85　焊枪

e. 焊丝盘和气瓶

焊丝盘用于缠绕并封装焊丝。焊丝盘可安装在机器人的外部轴端,也可安装在地面的焊丝盘架上。焊丝绕出焊丝盘后,通过导管与送丝机夹紧连接,再由送丝机供给至焊枪。气瓶是用于存储保护气,并以一定的气压和流量将保护气供给至焊接作业处。

f. 清枪剪丝机

清枪剪丝机的主要作用是清理焊接过程中产生的黏堵在焊枪气体保护套内的飞溅物,确保气体长期畅通无阻;清枪工位可以给焊枪保护套喷洒耐高温防堵剂,降低飞溅对枪套、枪嘴的粘连;剪丝工位可将熔滴状的焊丝端部自动剪去,废料落入废料盒,以改善焊丝的工况。

g. 焊接变位机

焊接变位机是用来改变待焊工件位置,将待焊焊缝调整至理想位置而进行施焊作业的设备。通过焊接变位机对待焊工件的位置转变,可以实现单工位全方位的焊接加工应用,提高焊接机器人的应用效率,确保焊接质量。

h. 烟尘净化器

烟尘净化器(净化器)是一种工业环保设备。焊接产生的烟尘被风机负压吸入除烟机内部,大颗粒飘尘被均流板和初滤网过滤而沉积下来;进入净化装置的微小级烟雾和废气通过废气装置内部被过滤与分解后排出达标气体。

i. 控制器与示教器

机器人控制器是机器人的核心部件。焊接机器人控制系统在控制原理、功能及组成上和通用型工业机器人基本相同,目前最流行的是采用分级控制的系统结构。一般分为两级:上级具有存储单元,可实现重复编程,存储多种操作程序,负责管理、坐标变换、轨迹生成等;下级由若干处理器组成,每一处理器负责一个关节的动作控制及状态检测,实时性好,易于实现高速、高精度控制。此外,弧焊机器人周边设备的控制,如工件定位夹紧、变位、保护气体供断等调控均设有单独的控制装置,可以单独编程,同时又可和机器人控制装置进行信息交换,由机器人控制系统实现全部作业的协调控制。示教器主要由液晶屏幕和操作按键组成,示教器上配有用于机器人示教编程所需的操作按键。“示教-再现”型机器人的所有操作基本上是通过示教器来完成的。

j. 防碰撞传感器

为保证工业机器人设备安全,在机器人手部安装工具时一般都附加一个防碰撞传感器,如图 2-86 所示,以确保及时检测到工业机器人工具与周边设备或人员发生碰撞并停机。防碰撞传感器采用高吸能弹簧,确保设备具有很高的重复定位精度,在排除故障后可自动复位,其内部设有动断触点。当传感器受到的外力超过一定限度时,其内部触点变为断开状态。

图 2-86　防碰撞传感器

②焊接机器人的特点

a. 易于实现焊接质量的稳定和提高,保证其均一性。

b. 提高生产效率,在一天 24 h 内连续生产。

c. 改善焊工劳动条件,可在有害环境下长期工作。

d. 降低对工人操作技术难度的要求。

e. 缩短产品改型换代的准备周期,减少相应的设备投资。

f. 可实现小批量产品的焊接自动化。

g. 为焊接柔性生产线提供基础。

(2)焊接机器人的维护、保养与管理

①焊接机器人的定期维护与保养计划

焊接机器人的维护与保养时间,可依照标准工作时间设定。“月数”与“时间”以先到达时间为主。例如,如果是双班制,则每 500 h 进行维护与保养的 500 h 就是 1.5 个月。一般按以下计划进行维护与保养。

a. 每日检查。

b. 每 500 h(每 3 个月)检查。

c. 每 2 000 h(每 1 年)检查。

d. 每 4 000 h(每 2 年)检查。

e. 每 6 000 h(每 3 年)检查。

f. 每 8 000 h(每 4 年)检查。

g. 每 10 000 h(每 5 年)检查。

②焊接机器人的日常使用、检查与保养项目

焊接机器人部分日常使用注意事项、焊机及附件日常使用注意事项分别见表 2-55 和表 2-56。

表 2-55 焊接机器人部分日常使用注意事项

部位	注意事项	后果
本体	本体的注油孔不允许加注普通润滑脂	各轴不能灵活转动
	不允许用压缩空气清理灰尘或飞溅	对本体造成损害
控制箱	所有电缆不允许踩踏、砸压、挤碰	电缆破损
	可以用适当压力的干燥压缩空气除尘	—
	不能与大容量用电设备接在一起	死机
示教器	不能摔碰	黑屏
	避免电缆缠绕	电缆断
	避免划擦显示面板	液晶面板损坏

表 2-56　焊机及附件日常使用注意事项

部位	注意事项	后果
焊机	不能过载使用	焊机烧损
	输出电缆连接牢靠	焊接不稳、接头烧损
焊枪	导电嘴磨损后必须及时更换	送丝不稳,不能正常焊接
	送丝管必须及时清理	送丝阻力大,不能正常焊接
送丝机	压臂压力调整应与焊丝直径相符	送丝不稳,不能正常焊接
送丝导管	送丝管必须及时清理	送丝阻力大,不能正常焊接
	弯曲半径不能太小	送丝阻力大,不能正常焊接
送丝盘	注意盘轴的润滑	送丝阻力大,不能正常焊接

焊接机器人闭合电源前、后的日常维护及保养项目分别见表 2-57 和表 2-58。

表 2-57　焊接机器人闭合电源前的日常维护及保养项目

部件	项目	维修	备注
接地电缆/其他电缆	是否松动、断开或损坏	拧紧、更换	—
机器人本体	是否沾有飞溅和灰尘	去除	请勿用压缩空气清理灰尘或飞溅,否则异物可能进入护盖内部,对机器人本体造成损害,建议用干布擦拭
机器人本体	UA 轴是否流出润滑油	擦拭干净	UA 本体的润滑油注入口的释放阀可能会有润滑油流出。这是为了保持内部具有一定的压力,并非异常情况
	是否松动	拧紧	—
安全护栏	是否损坏	维修	—
作业现场	是否整洁	清理现场	—

表 2-58　焊接机器人闭合电源后的日常维护及保养项目

部件	项目	维修	备注
紧急停止开关	按下开关后,是否立即断开伺服电源	维修	开关修好前请不要使用机器人
原点对中标记	执行原点复位后,看各原点对中标记是否重合	如果不重合,应联系生产厂家	按下急停开关,断开伺服电源后,才允许接近机器人进行检查
机器人本体	自动运转、手动操作时,看各轴运转是否平滑、稳定(无异常噪声、振动)	如果原因不明,应联系生产厂家	修好前不要使用机器人

表 2-58(续)

部件	项目	维修	备注
风扇	查看风扇的转动情况,以及是否沾有灰尘	清洁风扇	清洁风扇前应断开所有电源
送丝机	中心管、SUS 管上是否附着杂物或灰尘	去除	

2.7 焊接安全和环境保护知识

焊工在焊接时可能要与电、可燃及易爆的气体、易燃液体、压力容器等接触,在焊接过程中还会产生有害气体、金属蒸气、烟尘、电弧辐射、高频磁场、噪声和射线等,有时还要在高处、水下、容器设备内部等特殊环境作业。如果焊工不熟悉焊接安全与环境保护知识,不遵守操作规程,就可能引起触电、灼伤、火灾、爆炸、中毒、窒息、辐射等事故。

金属焊接(气割)作业是特种作业,焊工是特种作业人员。特种作业人员,必须进行焊接安全和环境保护知识的培训,并经考试合格后,方可上岗作业。

2.7.1 安全用电知识

1. 电流对人体的伤害形式

电流对人体的伤害有电击、电伤和电磁场伤害三种。电击是电流通过人体,破坏人体心脏、肺及神经系统的正常功能,通常称为触电。电伤是指电流的热效应、化学效用和机械效应对人体的伤害,主要是指电弧烧伤、熔化金属溅出烫伤等。电磁场伤害是指在高频磁场的作用下,人会出现头晕、乏力、记忆力减退、失眠、多梦等症状。

一般认为电流通过人体的心脏、肺及神经系统的危险性比较大,特别是电流通过心脏时,危险性最大,所以从手到脚的电流途径最为危险。触电还容易因剧烈痉挛而摔倒,导致电流通过全身并造成摔伤、坠落等二次事故。

2. 影响电击严重程度的因素

电击的严重程度由以下因素决定:电流强度、电压、交流电或直流电、频率、接触时间、皮肤电阻及其他组织电阻、电流在人体内的途径、个体的特征(如健康状况等)等。

(1)电流强度

人体通过的电流强度是决定损伤轻重的重要因素。大量的研究表明,人体通过 1 mA 的工频(50 Hz)交流电或 5 mA 的直流电时,就有麻、痛的感觉。但人体通过工频 8 mA 左右的电流时,人还能自己摆脱电源。若人体通过工频 20~25 mA 的电流时,人则感到肌肉收缩、呼吸困难、身体剧痛,不能自己摆脱电源。人体通过超过工频 50 mA 的电流时,人就很危险了。若人体通过工频 100 mA 的电流时,人则会窒息、心脏停止跳动,直至死亡。电击在低电压及高电压下均可发生,多见于高电压的原因是高电压更易通过皮肤电阻。

(2)电压

电压的高低决定了电流可否超越、克服皮肤电阻及人体通电量。在同一皮肤电阻条件下,电压越高,通过人体的电流越大,对人体的危险也越大。

我国安全电压额定值的等级为 42 V、36 V、24 V、12 V 和 6 V,具体应根据作业场所、操作者条件、使用方式、供电方式、线路状况等因素选用。一般在比较干燥而触电危害性较大的工作环境中,采用 36 V 安全电压;在高空作业或潮湿场所而触电危险性较大的工作环境中,采用 12 V 安全电压;在水下或其他由于触电会导致严重二次事故的工作环境或特别潮湿环境中,采用 6 V 安全电压。

(3)人体电阻

在同样情况下,通过人体电流的大小与人体电阻有关,即人体电阻越小,触电时通过人体的电流越大,受伤越严重。而人体电阻值受多种因素的影响,变化的范围较大,通常为 1 000~1 500 Ω。人体各部分的电阻也是不同的,其中皮肤角质层的电阻最大,脂肪、骨骼和神经的电阻较大,肌肉和血液的电阻最小。如果一个人的皮肤角质层损坏,则人体电阻可降至 800~1 000 Ω,此时触电最易造成生命危险。

不同条件下的人体电阻是变化的,皮肤越潮湿,电阻越小。皮肤接触带电体的面积越大,靠得越紧,电阻越小。通过人体的电流越大,电压越高,作用时间越长,电阻也越小。人体电阻还受身体健康状况和精神状态的影响,如体质虚弱、情绪激动、醉酒等,易出汗也会使人体电阻急剧下降。

(4)电流频率

电流频率不同,在相同的电流值下,对人体的危害程度也不同。通常采用的工频电流对人体的伤害最大,电流频率偏离这个范围,电流对人体的伤害减小。如果电流频率在 1 000 Hz 以上,伤害明显降低,但是高压高频电的危险性还是很大的。

(5)电流通过人体的时间

电流作用于人体的时间越长,人体电阻越小,通过人体的电流将越大,对人体的伤害也就越严重。另外,在人的一个心脏搏动周期(约为 750 ms)中,有一个 100 ms 的易损伤期,这段时间与电伤期相重合会造成很大的危险。工频下 50 mA 电流通过人体的持续时间不得超过 5 s,否则必然引起心脏停止跳动而致死。

(6)电流通过人体的途径

电流通过人体的途径不同,对人体的伤害也不同。电流通过人体的头部时,使人昏迷;通过脊髓时,可导致肢体瘫痪;若通过心脏、呼吸系统和中枢神经时,可导致神经紊乱、心跳停止、血液循环中断等。也就是说,电流通过心脏和呼吸系统时最容易造成触电死亡。可见,触电者因其触电部位不同,使得电流通过人体的途径不同,对人体的伤害程度也不同。

3. 预防触电事故

(1)触电事故

触电事故是焊接操作的主要危险。我国国产电焊机电源为 220 V/380 V 工频交流电,弧焊变压器的空载电压为 55~80 V,弧焊整流器空载电压为 55~90 V。焊工更换焊条、调节焊接电流、移动焊接设备时经常带电进行。另外,电焊机和电缆需在室外工作,受风吹、日晒、雨淋以及粉尘腐蚀,绝缘容易发生老化变质,容易出现漏电现象。此外,在容器、管道、船舱、锅炉和钢架上进行焊接时，周围全是金属导体，触电的危险性更大。

(2)触电的原因

①直接电击

焊工在接线、更换焊条、调节焊接电流、焊接操作以及清理工件的过程中，手或身体某部分无绝缘防护接触接线柱、焊条等带电体，而脚或者身体其他部位对地或金属结构之间无绝缘防护时产生的触电事故，称为直接电击。此外，登高作业以及靠近高压电网所发生的触电事故，也属于直接电击。

②间接电击

间接电击是指手或身体某部分无绝缘防护触及漏电的电焊机外壳、绝缘外皮破损的电缆等意外带电体所发生的触电事故。所谓意外带电体是指正常时不带电，由于绝缘损坏或设备发生故障而带电的导体。

(3)触电的类型

①低压单相触电

当人体直接碰触带电设备其中的一相时，电流通过人体流入大地，这种触电现象称为单相触电。

②两相触电

人体同时接触带电设备或线路中的两相导体，或在高压系统中人体同时接近不同相的两相带电导体，而发生电弧放电，电流从一相导体通过人体流入另一相导体，构成一个闭合回路，这种触电方式称为两相触电。发生两相触电时，作用于人体上的电压等于线电压，这种触电是最危险的。

③跨步电压触电

当电气设备发生接地故障，接地电流通过接地向大地流散，在地面上形成电位分布时，若人在接地短路点周围行走，其两脚之间的电位差就是跨步电压。由跨步电压引起的人体触电，称为跨步电压触电。

④高压电触电

高压电触电即在 1 000 V 以上的高压电气设备旁，人体过度接近带电体时，高压电击穿空气，使电流通过人体，并且伴有电弧，使人体被烧伤。

(4)防止焊接触电的管理及监督措施

①严格执行电焊工资质的管理，其培训、考核、取证、复审和人员的使用管理必须严格遵守国家规定。加强电焊工安全教育，提高自我防护意识。

②电焊工劳保物品如工作服、绝缘鞋、绝缘手套、防护面具必须穿戴齐全，对破损的护具及时更换。在环境恶劣情况下施焊时，电焊工要采取安全措施。

③在金属容器内(如管道、锅炉等)、金属结构内以及其他狭小场所焊接时，必须采取专门防护措施，以保证电焊工身体与焊件绝缘，必要时实行两人轮换工作制，或设立专门监护人员。容器内照明电压不超过 36 V，并加强通风。

④严格按照电焊机的安全操作规程正确使用电焊机。焊前检验电焊机和工具的完好性。定期用 500 V 兆欧表测量电焊机的绝缘电阻，绝缘电阻应不低于 1 MΩ。

⑤电焊机的使用坚持“一机一闸一漏一箱”的原则，每台电焊机必须配备一个独立的电

源控制箱，控制箱内有容量符合要求的铁壳开关。禁止多台焊机共享一个开关。

⑥电焊机在使用过程中不允许超载，即焊接电流不能超过额定电流或使用时间不能超过额定负载率。焊接结束后，工作人员要立即切断电源，盘好电缆线，清扫场地，经确定无安全隐患后方可离开。

2.7.2　焊接环境保护知识

1. 环境与环境保护

(1) 人与环境

人类生存的空间及其中可以直接或间接影响人类生活和发展的各种自然因素称为环境。环境包括自然环境和社会环境。环境是人类生存的必要条件，环境的组成和质量好坏与人体健康的关系极为密切。由于人为因素，工业生产中产生的“三废”(废气、废水、废渣)会使环境发生异常变化，超出人体正常的调节范围，会引起人体疾病并且影响人的寿命。

因此，人与环境的关系密切，环境状态不仅影响人的生存条件和身体健康，而且影响着一个企业、一个国家的可持续发展。《中华人民共和国环境保护法》明确规定，保护环境是国家的基本国策；一切单位和个人都有保护环境的义务。我国环境保护法的立法宗旨就是要保护和改善环境，防治污染和其他公害，保障公众健康，推进生态文明建设，促进经济社会可持续发展。

(2) 保护劳动环境的重要性

工业生产中产生的“三废”、噪声、有毒物质、电磁辐射和电离辐射等，除了污染周围的生活环境，还直接污染生产场所的劳动环境，对工人的身体健康产生不利影响。

保护劳动环境，消除污染劳动环境的各种有害因素，是一项极其重要的工作。我国明确规定，对新建、改扩建、续建的工业企业必须把各种有害因素的治理设施与主体工程同时设计、同时施工、同时投产；对现有工业企业有污染危害的，也应积极采取行之有效的措施逐步消除污染，并规定车间对环境卫生的要求。

(3) 焊接环境安全问题

焊接环境问题是伴随焊接技术的发展而提出并逐渐被重视的。在焊接过程中产生的有毒气体、烟尘等有害物质，对环境造成严重污染，对焊工身心健康造成直接危害。“焊接与环境”“焊接与可持续发展”已成为当前国内外研究的热点问题。多年来，我国在焊接劳动保护方面做了大量工作。以后，我国还将在焊接健康安全环境方面、相应的标准和法规制定方面、劳动保护和产品质量保证体系方面进一步完善，贯彻国际标准，建立环境管理体系，缩短环境治理与世界先进水平的差距。

2. 焊接环境

(1) 焊接中产生的污染环境的有害因素

在焊接中产生的有害因素可分为物理有害因素和化学有害因素两大类。

物理有害因素：焊接弧光(包括紫外线、红外线以及过亮可见光)、高频电磁波、热辐射、噪声及放射线等。

化学有害因素：焊接烟尘、有害气体等。

各种焊接(切割)方法产生的有害因素见表 2-59。

表 2-59　各种焊接(切割)方法产生的有害因素

焊接切割方法	有害因素						
	弧光辐射	高频电磁场	焊接烟尘	有害气体	金属飞溅	放射性	噪声
酸性焊条电弧焊	轻微	—	中等	轻微	轻微	—	—
碱性焊条电弧焊	轻微	—	强烈	轻微	中等	—	—
高效铁粉焊条电弧焊	轻微	—	最强烈	轻微	轻微	—	—
碳弧气刨	轻微	—	强烈	轻微	—	—	强烈
电渣焊	—	—	轻微	—	—	—	—
埋弧焊	—	—	中等	轻微	—	—	—
实心细丝 CO_2 气体保护焊	轻微	—	轻微	轻微	轻微	—	—
实心粗丝 CO_2 气体保护焊	中等	—	中等	轻微	中等	—	—
钨极氩弧焊(铝、铁、铜、镍)	中等	中等	轻微	中等	轻微	轻微	—
钨极氩弧焊(不锈钢)	中等	中等	轻微	轻微	轻微	轻微	—
熔化极氩弧焊(不锈钢)	中等	—	轻微	中等	轻微	—	—

①焊接烟尘

焊接过程中会产生有害烟尘,包括烟和粉尘。被焊材料和焊接材料熔融时产生的蒸气在空气中迅速氧化与冷凝,从而形成金属及其化合物的微粒。直径小于 0.1 μm 的微粒称为烟,直径为 0.1~10 μm 的微粒称为粉尘。这些微粒飘浮在空气中就形成了烟尘。焊工长期接触金属烟尘,如果防护不良,吸进过多的烟尘,将引起头痛、恶心、气管炎、肺炎,甚至有形成焊工尘肺、金属热和锰中毒危险。

常用焊接(切割)方法的发尘量见表 2-60,常用焊条的焊接烟尘的成分见表 2-61,常用焊条的发尘量见表 2-62。

表 2-60　常用焊接(切割)方法的发尘量

焊接方法		施焊时的发尘量 /($mg \cdot min^{-1}$)	焊接材料的发尘量 /($g \cdot kg^{-1}$)
焊条电弧焊	碱性焊条(ϕ4 mm)	350~450	11~16
	钛型焊条(ϕ4 mm)	200~280	6~8
自保护焊	药芯焊条(ϕ3.2 mm)	2 000~3 500	20~25

表 2-60(续)

焊接方法		施焊时的发尘量 /($mg \cdot min^{-1}$)	焊接材料的发尘量 /($g \cdot kg^{-1}$)
CO_2 气体保护焊	实心焊丝(φ1.6 mm)	450~650	5~8
	药芯焊丝(φ1.6 mm)	700~900	7~10
氩弧焊	实心焊丝(φ1.6 mm)	100~200	2~5
埋弧焊	实心焊丝(φ5 mm)	10~40	0.1~0.3
氧-乙炔切割	切割厚 20 mm 低碳钢	40~80	—

表 2-61　常用焊条的焊接烟尘的成分(质量分数)　　单位:%

药皮类型	Fe_2O_3	SiO_2	MnO	TiO_2	Al_2O_3	CaO	MgO	CaF_2	Ca
钛型	45.6~51.8	20.75~21.38	6.99~8.10	5.22~6.76	1.19~2.35	0.90~2.15	0.38~1.08	—	0.20
碱性	33~36	7.44~12.30	5.46~7.27	0.80~1.99	1.32~2.47	14.655~26.700	0.38	7.57~18.20	0.12

表 2-62　常用焊条的发尘量

焊条型号(牌号)	药皮类型	直径/mm	焊接电流/A	发尘量/($g \cdot kg^{-1}$)
E4303	钛型	4	—	7.30
E5015	碱性	4	—	15.60
奥 407	碱性	4	170	12.02
铬 207	碱性	4	160~170	10.18
热 317	碱性	4	180	14.03
堆 256	碱性	4	170	18.10

②有害气体

在各种熔化焊过程中,焊接区都会产生或多或少的有害气体,主要有一氧化碳、臭氧、氮氧化物、氟化物和氯化物等。

a. 一氧化碳

一氧化碳是无色、无臭、无味的气体,密度是空气的 1.5 倍,可以与人类血液中的血红蛋白结合,从而使血红蛋白失去正常的携带氧气的能力,造成人体组织缺氧而中毒。

在 CO_2 气体保护焊或者二氧化碳配比较高的熔化极气体保护焊中,由于二氧化碳的热分解作用,会使一氧化碳达到临界浓度。另外,碳在缺氧状态下的任何形式的燃烧过程都会产生一氧化碳。

b. 臭氧

臭氧是一种浅蓝色气体,带有强烈刺激性的腥臭味。臭氧是强氧化剂,易与各种物质发生化学反应,使橡胶和棉织物老化。

由于在焊接中电弧光与等离子弧辐射出的紫外线使空气中的氧气分解成氧原子,氧原子和氧分子获得一定能量后互相撞击生成臭氧。当人体吸入臭氧后,主要刺激呼吸系统和神经系统,引起胸闷、咳嗽、头晕、全身无力和食欲缺乏等症状,严重时可发生肺水肿与支气管炎。表 2-63 为氩弧焊焊接铝产生的臭氧浓度。

表 2-63　氩弧焊焊接铝产生的臭氧浓度

焊接方法	被焊材料	焊工呼吸带浓度/($mg \cdot m^{-3}$)	超过最高容许浓度的倍数
熔化极自动氩弧焊	铝	29.23	146.15
熔化极半自动氩弧焊	铝	19.00	95.00
手工钨极氩弧焊	铝	15.25	76.12

c. 氮氧化物

氮气在火焰和电弧的边缘被空气中的氧气氧化生成氮氧化物。

氮氧化物包括多种化合物,如氧化亚氮(N_2O)、一氧化氮(NO)、二氧化氮(NO_2)、三氧化二氮(N_2O_3)、四氧化二氮(N_2O_4)和五氧化二氮(N_2O_5)等。除二氧化氮以外,其他氮氧化物均极不稳定,遇光或热变成二氧化氮及一氧化氮,一氧化氮又变为二氧化氮。二氧化氮为红棕色气体,毒性较大,遇水可以变成硝酸或亚硝酸,有强烈刺激性气体。

d. 氟化物

在使用碱性焊条电弧焊时,药皮中的萤石在高温下产生氟化氢(HF);埋弧焊时采用酸性焊剂,也可以产生氟化氢。氟化氢是一种具有强烈刺激性气味的无色气体或者液体,易溶于水,有吸湿性,在空气中吸湿后发出烟雾,有强腐蚀性和毒性。

聚四氟乙烯在温度超过 450 ℃时,可分解产生毒性极大的八氟异丁烯、氟光气等,这些气体刺激呼吸道黏膜和神经系统,严重时可导致肺水肿和中毒性心肌炎。所以,在热切割和焊接氟塑料时,必须采取较好的通风防毒措施。

e. 氯化物

在实际工作中,往往采用四氯化碳、三氯乙烯、四氯丁烯等对容器或管道进行脱脂。若脱脂后清洗不干净,在残留少量氯化溶剂时焊接,会产生有毒的光气($COCl_2$),损害人体健康。

f. 涂层材料所产生的气体

当焊接表面带有底漆(或表面防锈涂层)时,所产生的气体取决于涂层的化学成分。在焊接时,不仅会产生金属氧化物,还会形成一氧化碳、甲醛、氢氰化物、氯化氢等气体。

③弧光辐射

焊接过程中的弧光辐射是由紫外线、可见光和红外线组成的。弧光辐射的强度与焊接方法、焊接工艺参数、施焊点的距离以及保护方法有关。等离子弧焊、氩弧焊和焊条电弧焊的弧光辐射(紫外线)相对强度见表 2-64。

表 2-64　等离子弧焊、焊条电弧焊和氩弧焊的弧光辐射(紫外线)相对强度

波长/nm	相对强度		
	等离子弧焊	氩弧焊	焊条电弧焊
200~233	1.91	1.0	0.02
233~260	1.32	1.1	0.06
260~290	2.21	1.2	0.61
290~320	4.40	1.0	3.90
320~350	7.00	1.2	5.61
350~400	4.80	1.1	9.35

各种明弧焊、保护不好的埋弧焊及处于造渣阶段的电渣焊都会产生外露电弧,形成弧光辐射。

焊接弧光的紫外线过度照射会引起电光性眼炎;红外线对人体的危害主要是引起组织的热作用;眼睛被弧光的可见光照射后,会使眼睛疼痛看不清东西,通常叫作"晃眼"。皮肤被强烈紫外线照射后,可引起皮炎、弥散性弧斑。此外,焊接电弧的紫外线辐射对纤维的破坏能力强,可导致棉布工作服氧化变质。为保护眼睛不受弧光伤害,作业人员在焊接时必须使用镶有特制防护镜片的面罩。

④高频电磁辐射

当交流电的频率达到每秒钟振荡 10 万次以上时,周围形成的高频率电场和磁场称为高频电磁辐射。等离子弧焊和钨极氩弧焊采用高频振荡器引弧时,会形成高频电磁辐射。

⑤热辐射

绝大多数焊接过程是利用高温热源把金属加热至熔化状态进行连接的,所以施焊时有大量热能以辐射形式向作业环境中扩散,这种现象叫作热辐射。

焊接电弧有 20%~30%的热量要逸散到焊接环境中,使环境温度升高;预热工件时或焊后保温均会使焊接环境温度升高。焊接环境温度过高,可导致作业人员代谢机能显著变化,使人大量出汗,体内水盐比例失调,增加触电危险。

焊接作业要特别注意高温条件下的保护问题,严格控制环境温度不要过高,及时供给作业人员盐汽水,以补充人体内的水盐含量,严防触电事故发生。

⑥放射线

放射线主要指钨极氩弧焊和等离子弧焊的钍放射性污染与电子束焊的 X 射线。焊接过程中的放射线污染不严重,钍钨极现一般被铈钨极取代,对电子束焊 X 射线的防护主要是屏蔽,以减少泄漏。

⑦噪声

噪声是指强度和频率变化都无规律、杂乱无章的声音。在焊接环境中,噪声存在于一切焊接方法中。其中声强很大、危害突出的焊接方法是等离子弧切割、等离子喷涂以及碳弧气刨,其噪声强度可达 120~130 dB 或更高。焊工接触的噪声还来自其他工作(如校正时的锤击、铲边、修复铲根),这些噪声水平远高于焊接方法及设备产生的噪声强度,故应采取

措施,防止伤害焊工。

在高噪声环境中工作,短期会产生听觉疲劳;长期受到噪声的刺激,日积月累,听觉疲劳会发展成噪声性耳聋,即职业性听力损失。噪声还可引起多种疾病。焊接噪声已经成为某些焊接和切割工艺中存在的主要职业有害因素。

(2)焊接环境分类

为了预防焊接触电和电气火灾爆炸的发生,操作人员应该了解该工作环境场所的触电与电气火灾爆炸危险性的类型,以及存在的可能引发触电或电气火灾爆炸的不安全因素,以便采取有效措施预防事故发生。

①触电危险性分类

焊接作业需要在不同工作环境中进行,按触电的危险性,考虑到工作环境的湿度、粉尘、腐蚀性气体或蒸气、高温等条件的不同,触电危险性环境分为三类。

a. 普通环境

触电危险性较小,应符合以下条件。

· 干燥,相对湿度不超过 75%。

· 无导电粉尘。

· 用木材、沥青或瓷砖等非导电性材料铺设地面。

· 金属占有系数（即金属物品所占面积与建筑物面积之比）小于 20%。

b. 危险环境

下列条件,均属危险环境。

· 潮湿,相对湿度超过 75%。

· 有导电粉尘。

· 有泥、砖、湿木板、钢筋混凝土、金属等材料或其他导电性材料铺设地面。

· 金属占有系数大于 20%。

· 炎热、高温,平均温度经常超过 30 ℃。

· 人体同时接触接地导体和电气设备的金属外壳。

c. 特别危险环境

下列条件,均属特别危险环境。

· 作业场所特别潮湿,相对湿度接近 100%。

· 作业场所有腐蚀性气体、蒸气、煤气或游离物存在。

· 同时具有上列危险条件中的两个条件。

②爆炸和火灾危险场所分类

根据发生事故的可能性和后果（即危险程度）,在电力装置设计规范中将爆炸和火灾危险场所划分为三类 8 级。

a. 第一类是气体或蒸气爆炸性混合物场所,共分为 3 级。

· Q-1 级场所,即在正常情况下能形成爆炸性混合物的场所。

· Q-2 级场所,即在正常情况下不能形成爆炸性混合物,仅在不正常的情况下才形成爆炸性混合物的场所。

· Q-3 级场所，即在不正常情况下整个空间形成爆炸性混合物的可能性较小，爆炸后果较轻的场所。

b. 第二类是粉尘或纤维爆炸性混合物场所，共分为 2 级。

· G-1 级场所，即在正常情况下能形成爆炸性混合物（如镁粉、铝粉、煤粉等与空气的混合物）的场所。

· G-2 级场所，即在正常情况下不能形成爆炸性混合物，仅在不正常情况下能形成爆炸性混合物的场所。

c. 第三类是火灾危险场所，共分为 3 级。

· H-1 级场所，即在生产过程中产生、使用、加工、储存或转运闪点高于场所环境温度的可燃物体，而它们的数量和配置能引起火灾危险的场所。

· H-2 级场所，即在生产过程中出现悬浮状、堆积状的可燃粉尘或可燃纤维，它们虽然不会形成爆炸性混合物，但在数量和配置上能引起火灾危险的场所。

· H-3 级场所，即有固体可燃物质在数量和配置上能引起火灾危险的场所。

③焊接环境空气中有害物质允许浓度

空气是人类的基本生存条件之一，人体从空气中不断吸入维持生命所需的氧气，并将物质代谢中产生的二氧化碳排出体外。正常人对空气的需要量：工作较轻时约为 1.6 m^3/h，工作较重时约为 2.5 m^3/h。因此，空气的质量是保证人体健康的必要条件。

在焊接环境的空气中，有害物质最高允许浓度见表 2-65，主要粉尘职业接触限值见表 2-66。

表 2-65　在焊接环境的空气中，有害物质最高允许浓度

序号	有害物质名称	职业接触限值/(mg · mm^{-3})		
		最高容许浓度①	时间加权平均容许浓度②	短时间接触容许浓度③
1	臭氧	0.3	—	—
2	臭氧化物（一氧化氮和二氧化氮）	—	5.00	10.00
3	氟化氢(按氟计)	2.0	—	—
4	氟及其化合物(不含氟化氢)(按氟计)	—	2.00	—
5	锰及其无机化合物(按 MnO_2 计)	—	0.15	—
6	氧化锌	—	3.00	5.00
7	一氧化碳(非高原)	—	20.00	30.00
	一氧化碳(海拔 2 000~3 000 m)	20.0	—	—
	一氧化碳(海拔>3 000 m)	15.0	—	—

表 2-65(续)

序号	有害物质名称	职业接触限值/($mg \cdot mm^{-3}$)		
		最高容许浓度	时间加权平均容许浓度	短时间接触容许浓度
8	钼,不溶性化合物	—	6.00	—
	钼,可溶性化合物	—	4.00	—
9	金属镍与难溶性镍化合物(按镍计)	—	1.00	—
	可溶性镍化合物	—	0.50	—
10	汞-金属汞(蒸气)	—	0.02	0.04
11	铅尘	—	0.05	—
	铅烟	—	0.03	—

注:①最高容许浓度:在一个工作日内,任何时间、工作地点的化学有害物质均不应超过的浓度。

②时间加权平均容许浓度:以时间为权数规定的 8 h 工作日、40 h 工作周的平均容许接触浓度。

③短时间接触容许浓度:在实际测得的 8 h 工作日、40 h 工作周平均接触浓度遵守时间加权平均容许浓度的前提下,容许劳动者短时间(15 min)接触的加权平均浓度。

表 2-66　在焊接环境的空气中,主要粉尘职业接触限值

序号	有害物质名称	时间加权平均容许浓度/($mg \cdot mm^{-3}$)	
		总尘	吸尘
1	电焊烟尘	4.0	—
2	大理石粉尘(碳酸钙)	8.0	4.0
3	铝金属、铝合金粉尘	3.0	—
4	氧化铝粉尘	4.0	—
	10%≤游离 SiO_2 含量≤50%	1.0	0.7
	50%<游离 SiO_2 含量≤80%	0.7	0.3
	游离 SiO_2 含量>80%	0.5	0.2
5	萤石混合性粉尘	1.0	0.7
6	二氧化钛粉尘	8.0	—

3. 特殊焊接环境

所谓特殊焊接环境,是指在一般工业企业正规厂房以外的地方,如在高空、野外、容器内部、水下等环境进行的焊接。特殊焊接环境一般具有以下基本特征:潜在的危险性大,比一般环境更容易发生事故;一旦发生事故,往往后果严重,甚至会发生灾难性事故。

(1)高处焊接作业

焊工在距基准面 2 m 以上(包括 2 m)、有可能坠落的高处进行焊接作业称为高处(登高)焊接作业。高处焊接作业时容易发生高处坠落、火灾、电击和物体打击等事故。

进行高处焊接作业时,应注意以下事项。

①患有高血压、心脏病等疾病与酒后人员，不得高处焊接作业。

②高处焊接作业时，焊工应系安全带，地面应有人监护（或两人轮换作业）。

③高处焊接作业时，登高工具（如脚手架等）要安全、牢固、可靠，焊接电缆线等应扎紧在固定地方，不能缠绕在身上或搭在背上工作。不能用可燃物（如麻绳等）作为固定脚手架、焊接电缆线和气割用气皮管的材料。

④乙炔瓶、氧气瓶、焊机等焊接设备或器具应尽量留在地面上。

⑤雨天、雪天、雾天或刮大风（六级以上）时，禁止高处焊接作业。

（2）受限空间场所焊接作业

受限空间场所焊接作业的主要特点是作业环境空间狭小，人员活动不便，甚至在有些场所身体会直接触及设备或工件，封闭或半封闭性使得环境空气流通不畅，烟尘及有害物质浓度较高。在受限空间场所中焊接作业的主要危险因素是触电、爆炸、灼烫、中毒、窒息、中暑等。

在受限空间场所焊接作业时，应注意以下事项。

①采取行之有效的通风排尘、排毒措施。如焊工在置于滚轮架上并不停运转的容器内施焊时，可采用气体喷射器更为合适、安全和有效。气体喷射器是一种由压缩空气驱动，没有任何运转部件的中型静态通风设备。其安全可靠，不会发生触电、机械伤害事故。施焊时焊工尽可能在上风向作业。

②置换清洗。可采用冷风吹扫、蒸气吹扫、惰性气体（如氮气）置换或用水清洗等方法。具体采用哪一种方法置换清洗，要根据现场情况，因地制宜地决定。有些化学介质以黏稠状黏附在容器内壁，难以置换和水洗，必须进行安全清洗。如储油容器内壁上的油垢，宜用氢氧化钠溶液清洗。

③在受限空间内焊接作业，内部临时导线多，操作人员活动余地小，易发生触电事故。220 V 探照灯、220 V 或 380 V 排风机等装置一律不准直接放入容器内，内部照明必须采用不大于 36 V 的安全电压。

④在容器内等受限空间中焊接作业，要实行监护制，派专人进行监护。监护人不能随便离开现场，并要与容器内部的人员经常取得联系。

⑤在受限空间内焊接作业，严禁通过向内部送氧的方法改善通风条件，通风应用压缩空气。

（3）露天或野外焊接作业

在露天或野外焊接作业时，应注意以下事项。

①夏天在露天工作时，必须有防风雨棚或者临时凉棚。

②在露天作业时应注意风向，不要让吹散的铁水及焊渣伤人。

③在雨天、雪天或雾天时，不准露天作业。

④夏天在露天进行气焊、气割时，应防止氧气瓶、乙炔瓶直接受烈日曝晒，以免气体膨胀发生爆炸。冬天如遇瓶阀或减压器冻结时，应用热水解冻，严禁火烤。

（4）水下焊接与切割作业

水下焊接与切割是水下工程结构安装、维修施工中不可缺少的重要工艺手段，它主要用于水下救捞、海洋能源、海洋采矿等海洋工程和大型水下设施的施工过程。

水下焊接与切割致险因素的特点是电弧或气体火焰在水下使用,它与在大气中焊接或一般的潜水作业相比,具有更大的危险性。水下焊接与切割作业常见的事故有触电、爆炸、烫伤、溺水、砸伤、潜水病或窒息伤亡等。水下焊接与切割准备工作的安全要求如下。

①调查作业区气象、水深、水温、流速等环境情况。水下作业时,水面风力应小于6级,作业点水流流速小于0.3 m/s,否则应禁止水下焊接作业。

②焊接与切割作业前应排除焊接与切割物内易燃、易爆及有毒物质。对有可能坠落、倒塌的物体应固定,以免砸伤或损坏供气管及电缆。

③下潜前,在水上应对焊接与切割设备及工具、潜水装备、供气管和电缆线、通信联络工具等的绝缘、水密、工艺性能进行检查并试验。供气管、电缆线应每隔0.5 m捆扎牢固,以免互相绞缠;氧气胶管可采用1.5倍工作压力的蒸气或热水进行泄漏检查,内外不得黏附油脂。

④在作业点上方,半径相当于水深的区域内,不得同时进行其他作业。水下焊接与切割作业过程中会有未燃尽的可燃物或有毒气体逸出,并上浮至水面,水上工作人员应做好防火措施,应将供气泵置于上风处,以防着火或水下人员吸入有毒气体。

⑤操作前,潜水焊接与切割人员应对工作情况进行了解,并对作业地点进行安全处理,严禁在悬浮状态下进行操作。潜水焊接与切割人员可停留在构件上工作,或事先安装操作平台,使其在操作时不必为保持自身平衡状态而分神。否则,某种事故的征兆可能引起潜水焊接与切割人员仓促行动,而造成身体触及带电体,或误使割枪、电极(电焊条)触及头盔等事故。

⑥潜水焊接与切割人员应备有话筒,以便随时同水面上的人员取得联系。不允许在没有任何通信联络的情况下进行水下焊接与切割作业。

⑦在水下焊接与切割开始操作前应仔细检查整理供气管、电缆线、设备、工具和信号绳等,在任何情况下,都不得使这些装具和焊接与切割人员处于熔渣溅落及流动的范围内。水下焊接与切割人员应当移去操作点周围的障碍物,将自身置于有利的安全位置上,然后向水面上的人员报告,取得同意后方可开始操作。

4. 焊接环境的消防

在焊接与切割作业时,电弧及气体火焰的温度很高并有大量的金属火花飞溅物,操作人员还会与可燃及易爆的气体、易燃液体、可燃的粉尘或压力容器等接触,这都有可能引起火灾甚至爆炸。因此GB 9448—1999《焊接与切割安全》对焊接与切割作业的消防措施做了明确规定和要求。

(1)防火职责

必须明确焊接操作人员、监督人员及管理人员的防火职责,并建立切实可行的安全防火管理制度。

(2)指定的操作区域

焊接与切割应在为减少火灾隐患而设计、建造(或特殊指定)的区域内进行。因特殊原因需要在非指定的区域内进行焊接或切割操作时,必须经检查、核准。

(3)放有易燃物区域的热作业条件

焊接与切割作业只能在无火灾隐患的条件下实施;有条件时,首先要将工件移至指定的安全区进行焊接;工件不可移时,应将火灾隐患周围所有可移动物移至安全位置;工件及火源无法转移时，要采取措施限制火源以免发生火灾。

①易燃地板要清扫干净，并以洒水，铺盖湿沙、金属薄板或类似物品的方法加以保护。

②地板上的所有开口或裂缝应覆盖或封好，或者采取其他措施以防地板下面的易燃物与可能由开口处落下的火花接触。对墙壁上的裂缝或开口、敞开或损坏的门、窗亦要采取类似的措施。

(4)灭火

①在进行焊接及切割操作的地方必须配置足够的灭火设备。其配置取决于现场易燃物品的性质和数量，可以是水池、沙箱、水龙带、消防栓或手提灭火器。在有喷水器的地方，在焊接或切割过程中，喷水器必须处于可使用状态。如果焊接地点距自动喷水头很近，可根据需要用不可燃的薄材或潮湿的棉布将喷头临时遮蔽，而且这种临时遮蔽要便于迅速拆除。

②在下列极有可能引发火灾的焊接或切割的作业地点，应设置火灾警戒人员。

a. 靠近易燃物之处。建筑结构或材料中的易燃物距作业点 10 m 以内。

b. 开口。在墙壁或地板有开口的 10 m 半径范围内(包括墙壁或地板内的隐蔽空间)放有外露的易燃物。

c. 金属墙壁。靠近金属间壁、墙壁、天花板、屋顶等处另一侧易受传热或辐射而引燃的易燃物。

d. 船上作业。在油箱、甲板、顶架和舱壁进行船上作业时，焊接时透过的火花、热传导可能导致隔壁舱室起火。

③火灾警戒职责。火灾警戒人员必须经必要的消防训练，并熟知消防紧急处理程序。火灾警戒人员的职责是监视作业区域内的火灾情况；在焊接或切割完成后检查并消灭可能存在的残火。火灾警戒人员可以同时承担其他职责，但不得对其火灾警戒任务有干扰。

(5)装有易燃物容器的焊接或切割

当焊接或切割装有易燃物的容器时，必须采取特殊的安全措施并经严格检查批准方可作业，否则严禁开始工作。

①严禁设备在带压时焊接或切割，带压设备一定要先解除压力(卸压)，并且焊接与切割前必须打开所有孔盖。未卸压的设备严禁操作，常压而密闭的设备也不许进行焊接与切割。

②凡被化学物质或油脂污染的容器都应清洗后再焊接或切割。如果是易燃、易爆或者有毒的污染物，更应彻底清洗，经有关部门检查，核准后，才能焊接与切割。

2.7.3　焊接劳动保护知识

1. 焊接对人体健康的影响

焊接工艺方法可以产生多种职业性有害因素。焊工的劳动条件有室内、室外、高空、密闭环境等，因此焊工在作业过程中可受到不同程度的危害。烟尘、有毒气体、弧光辐射、噪声等有害因素对焊工会造成不同程度的影响。改进工艺方法、焊接材料，改善生产环境，能有效防止焊接有害因素对焊工身体健康的伤害。应尽量避免在焊工作业环境很差或缺乏劳动保护的情况下长期作业,降低引发职业病的风险。

(1)粉尘和有害气体对呼吸系统的影响

①粉尘对呼吸系统的影响——焊工尘肺

焊工尘肺是指长期吸入超过规定浓度的粉尘所引起的肺组织弥散性纤维化的病症。焊工尘肺发病缓慢,发病工龄一般在10年以上,但也有特例,如长期在密闭环境中工作,焊工吸入高浓度的焊接粉尘,经4~5年发病。

焊工尘肺主要表现为呼吸系统症状,在早期多为轻度干咳,合并肺部感染时则有咳痰,晚期咳嗽加剧,有时甚至咯血、胸闷,胸痛多为隐痛、胀痛和刺痛,气候变化或阴雨天加重。

焊工尘肺患者经确诊后,应及时调离焊接岗位。一般认为,患者在脱离和焊接烟尘的接触后,肺部病变不再继续发展或进展极为缓慢。对尘肺目前尚无特效治疗方法,患者应适当地劳动,多休息,有规律地生活,适当锻炼,注意加强营养和预防呼吸道感染。

②有害气体对呼吸道的影响

吸入高浓度的氮氧化物后,可引起急性哮喘症或产生肺水肿,长期吸入可引起慢性呼吸道炎症。臭氧被吸入人体后,主要是刺激呼吸系统和神经系统,引起胸闷、咳嗽,严重时可引起肺水肿及支气管炎。吸入高浓度的氟化氢,可立即引起鼻、呼吸道刺激症状,严重时会导致支气管炎、肺炎等。由于经常与焊接烟尘及有毒气体接触,尤其是当环境通风不良、缺乏个人保护、焊接工作时间过长时,焊工患感冒、喉痛、声音嘶哑者比非焊工多。

(2)光辐射对眼睛的影响

①过度紫外线辐射对眼睛的影响

电光性眼炎为眼部受紫外线过度照射所引起的角膜结膜炎。由于焊条电弧焊的电弧温度达4 000~6 000 K,氩弧焊可达8 000 K或更高,因此可产生很强的中、短波紫外线辐射,其中角膜、结膜上皮吸收最多,使组织分子改变其运动状态,从而产生电光性损害。大部分焊工都有发生数次或更多次电光性眼炎的病史,尤其是初学焊工的技术工人更易发生这种病症。紫外线对眼睛的伤害程度与照射时间成正比,与电弧和眼睛距离的平方成反比。眼睛距离电弧1 m以内,如无防护,经十几秒甚至几秒照射,就可导致电光性眼炎。

电光性眼炎发病需要经过一定的潜伏期,潜伏期长短取决于照射剂量,短则30 min,最长不超过24 h,一般发病在受照射后6~8 h,故常在夜间或清晨发作。

轻症或早期患者,眼部有异物感或轻度不适;重症患者眼部有烧灼感和剧痛,并伴有高度畏光、流泪和眼痉挛。轻者可于12~18 h自行消退,1~2天内可恢复,重症可持续3~5天。屡次重复地受紫外线照射,可引起慢性睑缘炎和结膜炎,甚至引起类似结节状角膜炎的角膜变性,造成严重的视力障碍。短时间重复受紫外线照射,可引起累积作用。

电光性眼炎只要及时处理,一般不会影响视力。急性期应卧床闭目休息,戴墨镜,以避免强光对眼睛的刺激。

②红外线辐射对眼睛的影响

焊接弧光的红外线辐射可能会引发白内障。未适当保护眼睛或防护眼镜使用不当,使眼睛长期小剂量暴露于红外线辐射下，可能会发生调视机能减退或早期花眼，这会对工作造成不利影响。

(3)对神经系统的影响

①锰中毒对神经系统的影响

焊条药芯、药皮和被焊金属在电弧高温下发生冶金反应，在焊接烟尘中可含大量氧化锰及锰尘。焊工长期吸入含锰量高的电焊烟尘，可能引起锰中毒。焊工锰中毒发病很慢，大多数在接触 3~5 年以后发病，有的甚至可长达 10 年才逐渐发病。早期症状为乏力、头痛、头晕、失眠、记忆力减退及自主神经功能紊乱，进一步发展为神经系统病症。

为了防止锰中毒，我国已基本上不使用氧化锰型焊条。进行高锰钢焊接的焊工需注意锰中毒的危害。

②铅中毒对神经系统的影响

焊条电弧焊烟尘中仅含微量铅，不可能引起铅中毒。但是，过去在车辆、船舶、管道的钢结构表面都涂以含铅的红丹(Pb3O4)作为防锈底漆。在焊接过程中，由于红丹漆在高温下燃烧可形成大量的铅烟雾，若缺乏排风排毒设备或设备不完备，会引起焊工发生急性、慢性铅中毒。

解决铅中毒的根本途径是改革工艺，采用无铅防锈底漆；对已涂红丹漆的工件，在焊接或切割时加强局部通风。焊工应加强个人防护，使用过滤式防铅烟口罩，吸收铅的焊工应早期进行驱铅治疗。

③一氧化碳对人的影响

吸入过量的一氧化碳进入肺部，经肺泡进入血液，与血红蛋白结合，导致组织缺氧。另外，一氧化碳直接抑制细胞内呼吸，造成内窒息。中枢神经对缺氧特别敏感，会出现头痛、头晕、眼花、耳鸣、恶心、呕吐、心悸、面色苍白和四肢无力等症状，重者出现意识模糊，甚至死亡。

中度中毒者及时脱离中毒现场，吸入新鲜空气，经及时抢救可恢复，一般无明显并发症和后遗症。

(4)高频电磁波对人的影响

高频电磁波对人的影响主要表现为头昏、头痛、乏力、记忆力减退、失眠、多梦、心悸、易激动、消瘦和脱发等。但对于氩弧焊和等离子焊来说，所使用的高频振荡器频率为 250 kHz，属长波段低频率范围，而且仅在引弧时使用，引弧后自动切断，所以对焊工的影响很小，对身体不造成伤害。

2. 焊接劳动保护措施

焊接劳动保护应贯穿于焊接工作的各个环节。首先，应努力改进焊接工艺和提高焊接操作的机械化、自动化、智能化程度，从焊接技术角度减少污染源、焊工与有害因素的接触。从某种意义上讲，这是更为积极的防护。

(1)焊接劳动保护环节

要大力提倡在焊接结构设计、焊接材料、焊接设备和焊接工艺的改进与选用、焊接车间设计和安全卫生管理等各个环节中,积极改善焊接劳动卫生条件。例如,在焊接结构设计上,应尽量避免让焊工进入通风不良的狭窄空间内焊接;对封闭结构施焊时,在操作过程中要开设合理的通风口。焊接材料和焊接设备应尽可能提高安全卫生性能。在制定施焊工艺时,优先选用对环境污染小的工艺或机械化、自动化、智能化程度高的工艺。要经常对焊工进行安全卫生教育,定期监测焊接作业场所中有毒物质的浓度,督促生产和技术部门采取措施改进安全卫生状况。

(2)焊接作业防护措施

切实做好施焊作业场所的通风排尘工作和焊工的个人防护,是焊接作业防护措施的重点。

①通风措施

在焊接过程中,焊接烟尘是危害作业者健康的主要因素之一。焊接烟尘的粒径很小,绝大部分属于可吸入粉尘(可直接吸入肺泡的粉尘),当作业者长期在通风不良和没有防护措施的环境中进行焊接作业时,就有可能受到职业性危害,因此采取通风措施,降低空气中的烟尘及有害气体浓度,对保护作业者的健康是极其重要的。

焊接通风是通过通风系统向车间送入新鲜空气,或将作业区域内的有害烟气排出,从而降低作业者作业区域空气中的烟尘及有害气体浓度,使其符合国家卫生标准,以达到改善作业环境、保护作业者健康的目的。

一个完整的通风除尘系统,不是简单地将车间内被污染的空气排出室外,而是将被污染的空气净化后再排出室外,这样才能有效防止对车间外大气的污染。

a. 焊接通风的分类

按通风的范围,焊接通风可分为局部通风和全面通风两类。局部通风主要为局部排风,即从焊接工作点附近捕集烟气,经净化后再排出室外。全面通风是指对整个车间进行的通风,它是以清洁的空气将整个车间内的有害物质浓度冲淡到最高允许浓度以下,并使之达到卫生标准。

局部通风所需风量小,烟尘和有害气体刚刚散发出来就被排风罩有效地吸出,因此烟尘和有害气体不经过作业者呼吸带,也不会影响周围环境,通风效果较好。在选择通风方案时,应优先选择局部通风方式。全面通风方式不受焊工工作地点的限制,不妨碍焊工操作,但散发出的焊接烟尘和有害气体仍可能通过焊工呼吸带。焊接作业点多、作业分散、流动性大的焊接作业场所宜采用全面通风。

b. 焊接通风的特点

焊接烟尘不同于一般机械性粉尘,它的特点如下。

· 焊接烟尘粒子小。

· 焊接烟尘黏度大。由于烟尘粒子小、带静电、温度高而使其黏度大。

· 焊接烟尘温度高,在排风管道和除尘器内空气温度达 60~80 ℃。

· 焊接过程发尘量大,一个焊工操作一天所产生的烟尘为 60~150 g。

因此,通风除尘系统必须针对以上特点采取有效措施。

c. 局部通风系统

· 局部通风系统的结构。焊接局部通风系统的结构如图 2-87 所示。

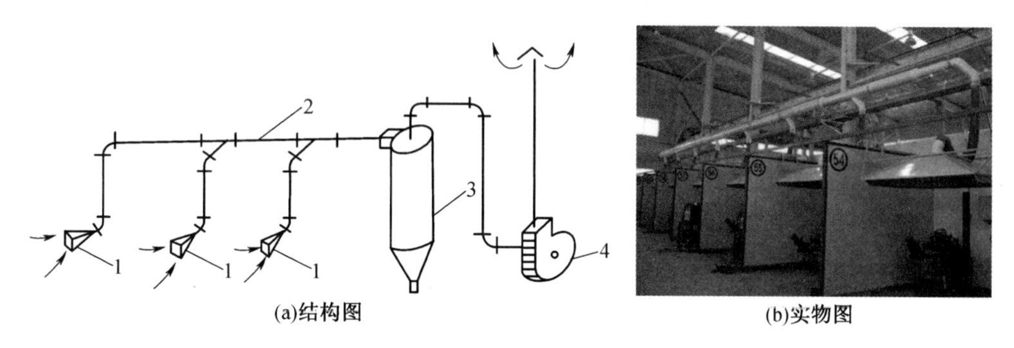

1—排烟罩;2—风管;3—净化设备;4—风机。

图 2-87　焊接局部通风系统的结构

局部通风系统由排烟罩、风管、净化设备、风机四部分组成。排烟罩用于捕集电焊过程中散发的焊接烟尘和有害气体,安装于焊接工作点附近。风管用于输送由局部排烟罩捕集的焊接烟尘、有害气体及净化后的空气。净化设备(除尘器)用于净化焊接烟尘和有害气体,根据捕集烟尘的不同机理分为多种形式。风机用于推动空气在排气系统内的流动,一般采用离心式风机。

· 局部通风系统的形式。其有固定式、移动式和随机式三种。

固定式除烟尘装置如图 2-88 所示,有上抽式、下抽式和侧抽式三种。这类装置适用于焊接操作地点固定、工件较小的作业条件。其中,下抽式排风方法使焊接操作方便,排风效果较好。固定式除烟尘装置排烟途径要合理,焊接烟尘和有害气体不得经过操作者的呼吸带。排风口的风速以 1~2 m/s 为宜。排出管的出口必须高于作业厂房顶部 1~2 m。

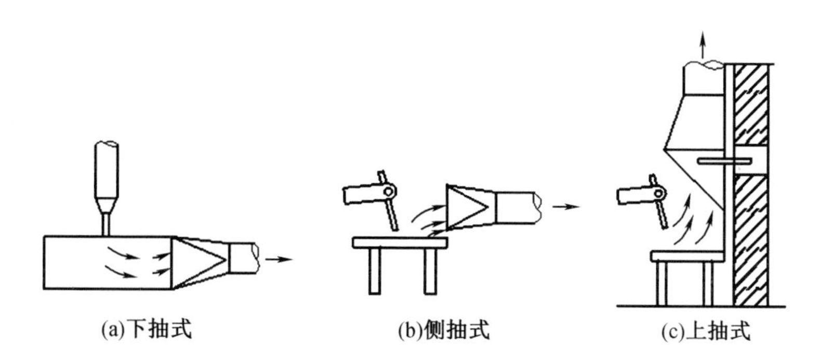

图 2-88　固定式除烟尘装置

移动式除烟尘装置如图 2-89 和图 2-90 所示,其结构简单轻便,可根据焊接地点和操作位置的需要随意移动。在密闭结构、化工容器和管道内施焊或在大厂房非定点施焊时,采用这类装置效果良好。

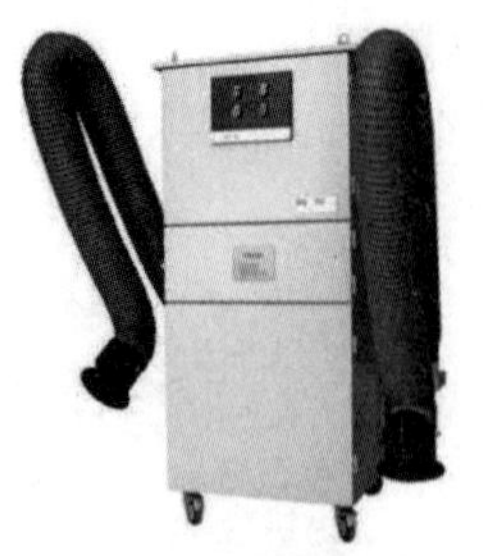

(a)智能双臂式烟尘净化器

(b)智能单臂式烟尘净化器

图 2-89　活动除烟尘装置

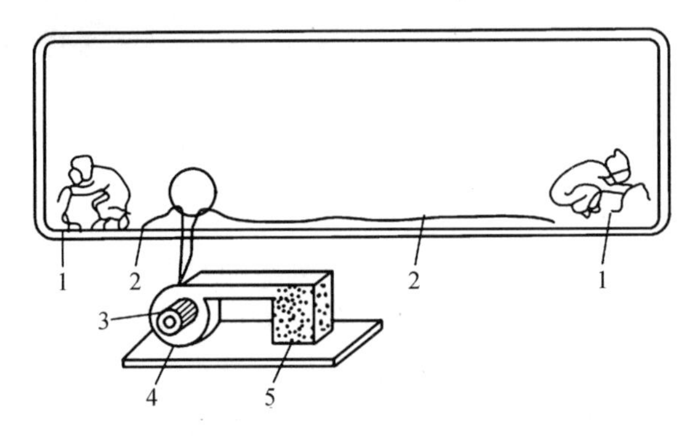

1—排烟罩;2—软管;3—电动机;4—风机;5—过滤器;6—容器。

图 2-90　容器内除烟尘示意图

随机式除烟尘装置如图 2-91 所示。随机式除烟尘装置被固定在自动焊机头上或附近位置,可分为近弧除烟尘装置和隐弧除烟尘装置,其中隐弧除烟尘装置效果最好。使用隐弧除烟尘装置时,应严格控制风速和风压,以保证保护气体层不被破坏,否则难以保证焊接质量。

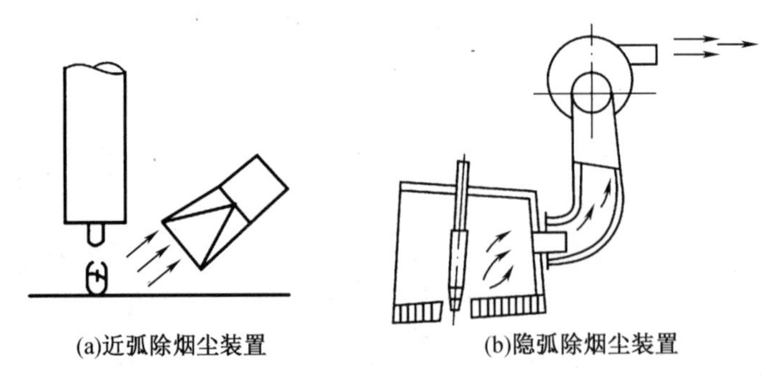

(a)近弧除烟尘装置　　(b)隐弧除烟尘装置

图 2-91　随机式除烟尘装置

d. 全面通风系统

当焊接作业室内净高度低于 3.5 m 或每个焊工作业空间小于 200 m^3 时,工作间(室、仓、柜等)内部结构影响空气流通时,应采取全面通风方式。

全面通风系统包括全面机械通风系统和全面自然通风系统两种。以风机作为动力的通风系统,称为全面机械通风系统,它是通过风机及管道等组成的通风系统进行厂房、车间的通风换气。全面自然通风是通过车间侧窗及天窗进行通风换气。

②弧光的防御措施

焊接弧光对人体的危害主要发生于眼睛和皮肤,只要采取行之有效的防护技术措施和个人防护措施,就可以完全达到保护作业人员身体健康的目的。

有效的弧光防护措施有以下几点。

a. 设置防护屏

为保护焊接车间工作人员的眼睛,一般在小件焊接的固定场所设置防护屏,如图 2-92 所示。

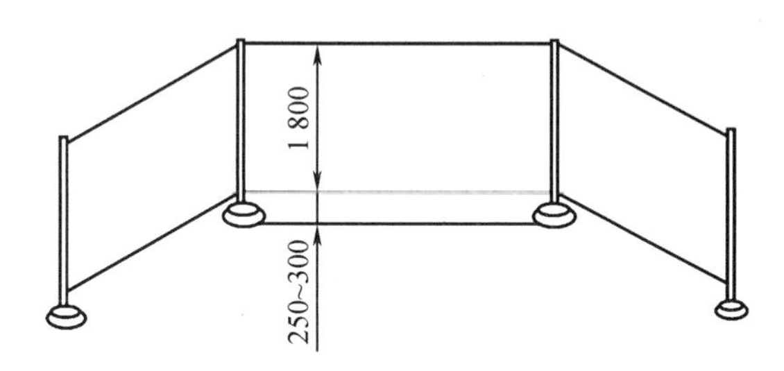

图 2-92　焊接防护屏(单位:mm)

防护屏要采用石棉板、玻璃纤维布、薄铁板等不燃或难燃的材料,并涂上灰色或黑色的无光漆。

b. 采用合理的墙壁饰面材料

在较小的空间施焊时,焊接弧光的反射造成焊接作业点弧光辐射强度增大,影响人体健康。因此,墙壁饰面材料应采用吸收光线的材料,以减少弧光反射。

c. 保证足够的防护间距

弧光辐射强度随防护间距的增大而减弱。在自动或半自动焊作业时,保证足够的防护间距是弧光防护的一个重要措施。

d. 改革工艺

可用自动焊或半自动焊的地方尽量少用焊条电弧焊,可用埋弧焊的地方尽量少用明弧焊,尽可能使工人远离施焊点操作。提高焊接自动化、智能化水平,大力推广机器人焊接。图 2-93 为机器人焊接。

图 2-93　机器人焊接

对于弧光很强、危害严重的焊接方法，如等离子喷焊，可将施焊的弧光封闭在密闭小室或密闭装置内，以减小或避免弧光辐射的危害。

e. 对弧光的个人防护

对于弧光辐射危害还应采取个人防护措施。

(3)焊工个人防护措施

在焊接过程中产生的有害因素是多方面的。除了改善焊接环境、排除有害因素等措施外，焊工的个人防护也是十分重要的。

①使用个人防护用品的意义

个人防护用品是在劳动过程中保护工人安全和健康所必不可少的个人预防性用品。在各种焊接与切割作业中，一定要按规定佩戴防护用品。因为在焊接与切割过程中产生的许多有害因素对人体的伤害都有慢性积累的性质，短时间内不佩戴防护用品，尚不能发现对人体有明显的不良影响，但长期不佩戴就会使人体健康出现一系列的不良后果。

②个人防护用品使用

焊接作业时使用的防护用品种类较多，有防护面罩、头盔、防护眼镜、安全帽、防噪声耳塞、耳罩、工作服、手套、绝缘鞋、安全带、防尘口罩、防毒面罩及披肩等。

a. 焊接防护面罩

· 种类

焊接防护面罩是一种防止焊接金属飞溅物烫伤面部、颈部，同时通过滤光镜片保护眼睛的一种个人防护用品。常用的有掌上型面罩、头戴式面罩和电动送风面罩，如图 2-94、图 2-95、图 2-96 所示。

· 使用

掌上型面罩是最常用的一种。

头戴式面罩的主体可以上、下翻动，便于双手操作，适于各种焊接作业，特别是高空焊接作业。

电动送风面罩(头盔)主要应用于高温、弧光强度大、发尘量高的焊接与切割作业，如氩弧焊、空气碳弧焊等。该头盔可使焊工呼吸畅通，既防尘又防毒。

b. 防护眼镜

焊接弧光中存在紫外线、红外线、可见光，其中紫外线、红外线均会对眼睛造成伤害，弧光越强，对眼睛伤害越严重。所以，必须对眼睛采取防护措施，主要是采用防护滤光片。

· 防护眼镜的组成

防护滤光片的遮光编号以可见光透过率的大小决定。可见光透过率越大，编号越小，颜色越浅。焊工常用黄绿色或蓝绿色滤光片。

防护滤光片分为吸收式(俗称黑玻璃)、吸收-反射式及光电式三种。吸收-反射式比吸收式好，光电式滤光片造价高。

气焊工及辅助工戴的护目镜不应是一般眼镜，镜架必须有防侧光的遮光板。辅助工最好用遮光号为 3 号、4 号的镜片，气焊工最好用 5 号、6 号的镜片。在气焊、气刨、切割、打磨工件边缘或敲焊渣时,为防止碎屑飞溅伤害眼睛,需要佩戴防碎屑眼镜,镜架必须耐冲击,镜腿要宽,以防碎屑从侧面伤害眼睛。

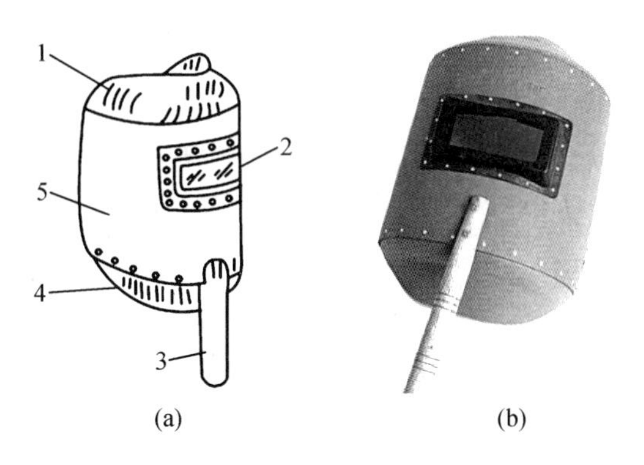

1—上弯司;2—观察窗;3—手柄;4—下弯司;5—面罩主体。

图2-94　掌上型面罩

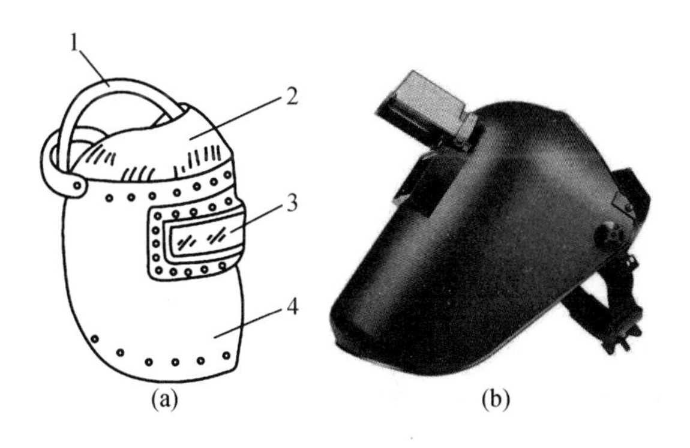

1—头箍;2—上弯司;3—观察窗;4—面罩主体。

图2-95　头戴式面罩

图2-96　电动送风面罩

· 正确选择滤光片

在焊接过程中,正确选择滤光片对焊工是十分重要的。应根据电流大小、焊接方法、照明强弱及本身视力的好坏来选择滤光片的遮光号。如果选择大号的滤光片,对紫外线和红外线防护效果较好,但焊工要看清工件和熔池就会缩短与焊接点的距离,会吸入较多的烟尘,而视线因过度集中于熔池,时间过长,也会引起焊工视力下降。如果选择小号的滤光片,焊接时会看得比较清楚,但红外线、紫外线会较多地伤害眼睛。因此一定要选择正确合理的滤光片遮光号,才能有效保护焊工的眼睛。

为保护焊工的视力,焊接工作累积48 h,一般要更换一次新的滤光片。各种焊接、切割工及焊接辅助工在进行操作时必须佩戴符合国家标准的面罩和护目镜。如不佩戴或长期佩戴不合格的面罩和护目镜,受弧光辐射的伤害就会发生急性电光性眼炎,电光性眼炎多次发生会使视力下降;也可能因为长期红外线照射伤害的积累而发生白内障,影响焊工的身体健康及工作。

c. 防尘口罩及防毒面具

在整体或局部通风不能使烟尘浓度降低到卫生标准以下的场所作业时,焊工必须佩戴合适的防尘口罩或防毒面具。

防尘口罩分为过滤式和隔离式两大类,每类又分为自吸式和送风式两种。过滤式防尘口罩是通过过滤介质,将粉尘过滤干净;隔离式防尘口罩是将人的呼吸道与作业环境隔离,通过导管将干净空气送入焊工的口鼻处,供焊工工作时使用。防尘口罩要求阻尘效果好,呼吸畅通,佩戴舒适。送风式防尘口罩的工作系统如图 2-97 所示。

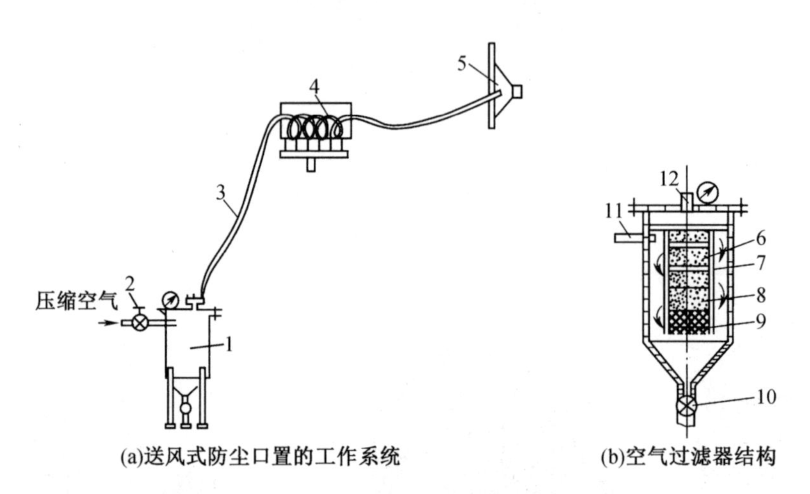

(a)送风式防尘口罩的工作系统　(b)空气过滤器结构

1—空气过滤器;2—调节阀;3—塑料管;4—空气加热器;5—口罩;6—压紧的棉花;7—泡沫塑料;8—焦炭粒;9—瓷环;10—放水阀;11—进气口;12—出气口。

图 2-97　送风式防尘口罩的工作系统

分子筛口罩属于过滤式防尘口罩,其系统如图 2-98 所示。

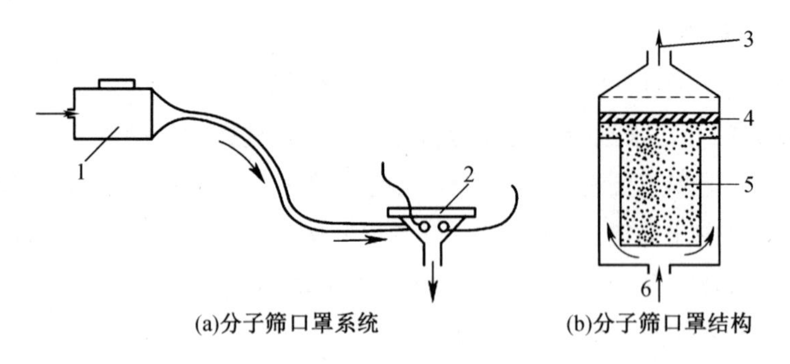

(a)分子筛口罩系统　(b)分子筛口罩结构

1—出气口;2—滤尘尼龙毡;3—分子筛;4—进气孔;5—罐体;6—进气口。

图 2-98　分子筛口罩系统

防毒面具通常可采用送风头盔来代替。在焊接作业时,焊工还可以使用软管式呼吸器或过滤式防毒面具。

d. 防噪声用品

防噪声个人防护用品有耳塞、耳罩、防噪声棉等,最常用的是耳塞和耳罩。

· 耳塞

耳塞是插入外耳道最简便的护耳器。耳塞分为大、中、小三种规格。耳塞的优点是防声作用大、体积小、携带方便、易于保存、价格便宜。

· 耳罩

耳罩是一种以椭圆或腰圆形罩壳把耳朵全部罩起来的护耳器。耳罩对高频噪声有良好的隔离作用,平均隔声值为15~30 dB。

使用耳罩时,应先检查外壳有无裂纹和漏气,然后将弓架压在头顶适当位置,务必使耳罩软垫圈与皮肤贴合。能否正确佩戴防噪声用品与防噪声效果的好坏有密切关系。当佩戴一种护耳器效果不好时,可同时采用两种护耳器。

· 安全帽

在多层或高层交叉(或立体上下垂直)作业,如登高焊接与切割作业时,为了防止高空或外界飞来物的伤害,焊工应戴好安全帽。

· 防护服

焊接用防护工作服有隔热、反射等屏蔽作用,以保护焊工免受热辐射或飞溅物等伤害。焊工常用的工作服是白帆布工作服,具有隔热、反射、耐磨和透气性好等优点。在进行全位置焊接与切割时,特别是仰焊或切割时,为了防止飞溅物、熔渣等溅到面部或额部造成灼伤,焊工可用石棉制作的披肩帽、长套袖、围裙和鞋盖等保护用品进行防护。

· 焊接手套、工作鞋和鞋盖

为了防止焊工触电、灼伤和砸伤,要求焊工在任何情况下,一定要穿戴符合要求的电焊手套、工作鞋及鞋盖。

· 安全带

焊工在登高焊接与切割作业时,必须系符合国家标准的防火高空作业安全带。使用安全带前,必须检查安全带各部分是否完好,救生绳挂钩应固定在牢靠的结构上。安全带系在腰部,救生绳的挂钩挂在和带同一水平位置;也可以将安全带挂在高处,人在下面工作。使用安全带时,一定不能将救生绳挂在下面,而人在高处工作,这样极不安全。

2.7.4　常用焊接方法的安全操作

1. 焊条电弧焊的安全操作

(1)焊条电弧焊操作人员必须进行安全技术培训,考试合格并取得操作证后,方可独立作业。

(2)搬运焊机、改变极性等必须切断电源开关后才能进行。

(3)安装、检修焊机或更换保险丝等应由电工进行,焊工不得擅自进行。

(4)在焊接作业场地10 m范围内,不得有易燃易爆物品。

(5)焊工的手或身体的某一部分不能接触导电体。在潮湿地点操作时,地面应铺设橡胶绝缘垫。

(6)工作前要检查设备、工具的绝缘层有无破损,接地是否良好。

(7)工作时必须按规定穿戴好个人防护用品。

(8)推、拉电源闸刀时,要戴绝缘手套,站在侧面,单手操作,动作要快,以防电弧火花灼伤脸部。

(9)防止焊机受到碰撞或剧烈振动,室外使用的焊机必须有防雨雪的措施。

(10)严禁用连接建筑物的金属构架、管道和设备等作为焊接电源回路。

(11)禁止在焊机上放置任何物件和工具,启动电焊机前焊钳与工件不能短路。

(12)焊接时禁止将过热的焊钳浸在水中冷却后继续使用。

(13)焊接场所应有通风除尘设施,防止焊接烟尘和有害气体对焊工造成危害。

(14)连接焊机与焊钳必须使用软电缆线,长度一般不宜超过 30 m。电缆线截面积应根据焊接电流的大小来选取,以保证其不致过热而损伤绝缘层。

(15)焊机的电缆线应使用整根导线,中间不应有连接接头。当工作需要接长导线时,应使用接头连接器牢固连接,连接处应保持绝缘良好,而且接头不要超过 2 个。

(16)禁止焊接电缆与油脂等易燃物接触。

2. 熔化极气体保护焊安全操作

(1)熔化极气体保护焊时,电弧光辐射比焊条电弧焊强,因此应加强防护。

(2)熔化极气体保护焊时,电弧高温下会产生对人体有害的烟尘和有毒气体,如臭氧、氮氧化物及一氧化碳等,应加强防护。特别是在容器内施焊,更应加强通风,使用能供给新鲜空气的特殊面罩,且容器外应有人监护。

(3)用药芯焊丝进行焊接时产生的烟雾比实心焊丝焊接大,而用自保护药芯焊丝焊接产生的烟雾比使用保护气体的药芯焊丝焊接大得多,因此应注意加强通风及个人防护。

(4)CO_2 气体保护焊时,飞溅较多,尤其是粗丝焊接(直径大于 1.6 mm),能产生大颗粒飞溅,因此焊工应有完善的防护用具,防止人体灼伤,而且应加强防火措施。

(5)大电流粗丝熔化极气体保护焊时,应防止焊枪水冷系统漏水破坏绝缘,避免发生触电事故。

(6)CO_2 气体预热器所使用的电压不得高于 36 V,气瓶内工作剩余压力不得低于 1 MPa。

(7)当焊丝送入导电嘴后,不允许将手指放在焊枪的末端来检查焊丝是否出来,也不允许将焊枪放到耳边来试探保护气流的流动情况。

(8)盛装保护气体的高压气瓶应小心轻放,直立固定,防止倾倒。同时,采取防高温等安全措施,避免气瓶爆炸事故发生。

(9)使用 CO_2 气瓶时,应经常注意预热器的工作情况,防止因预热器故障而使减压流量调节器急冷,造成冻结,堵塞气体通路。

3. 电阻焊安全操作

(1)工作前应仔细、全面检查电阻焊设备,使冷却水系统、气路系统及电气系统处于正常状态,并调整焊接工艺参数,使之符合工艺要求。

(2)穿戴好个人防护用品,如工作帽、工作服、绝缘靴及手套等,并调整绝缘胶垫或木台装置。

(3)操作者应站在绝缘木台上操作,开动焊机时,应先开冷却水阀门,以防焊机烧坏。

(4)操作时,操作者应戴上防护眼镜,眼睛应避开火花飞溅的方向,以防灼伤眼睛。

(5)在使用设备时,不要用手触摸电极头球面,以免灼伤。

(6)上、下工件要拿稳,双手应与电极保持一定距离,手指不能放置于两个待焊焊件之间。工件堆放应稳妥、整齐,并留出通道。

(7)工作结束后,应关闭电源、气源和水源。

(8)电阻焊焊接作业区附近不能有易燃易爆物品,工作场所应通风良好,保持安全、清洁的环境;粉尘严重的封闭作业间,应有除尘设备。在闪光对焊或点焊、缝焊有镀层的工件时,应有通风设备。

(9)电阻焊机需固定一人操作,防止多人因配合不当而产生压伤事故。脚踏开关必须有安全防护。

(10)电阻焊工作时常有喷溅产生,尤其是闪光对焊,火花如礼花持续数秒至十多秒,因此操作人员应穿防护服、戴防护镜,防止灼伤。在闪光产生区的周围宜用黄铜防护罩罩住,以减少火花外溅。由于闪光时火花可飞高 9~10 m,故周围及上方均应无易燃物。

4. 埋弧焊安全操作

(1)埋弧自动焊焊机的小车轮子要有良好绝缘,导线应绝缘良好、连接良好,工作过程中应理顺导线,防止扭转及被熔渣烧坏。

(2)控制箱和焊机外壳应可靠接地(零)和防止漏电,接线板罩壳必须盖好。

(3)在焊接过程中,应注意防止焊剂突然停止供给而发生强烈弧光裸露灼伤眼睛的事故发生。所以,焊工在作业时应戴防护眼镜。

(4)操作前,焊工应穿戴好个人防护用品,如绝缘鞋、绝缘手套、工作服等。

(5)半自动埋弧焊的焊枪应有固定放置处,以防短路。

(6)埋弧焊熔剂的成分中含有氧化锰等对人体有害的物质,焊接时虽不像焊条电弧焊那样产生可见烟雾,但会产生一定量的有害气体和蒸气,所以在工作地点最好有局部的抽气通风设备。

(7)埋弧焊使用的设备、机具发生异常时,应立即停机,通知专业维修人员进行修理,非专业维修人员不得擅自拆修。

(8)在进行大直径外环缝埋弧焊时,应执行登高作业的有关规定。

(9)埋弧焊工作结束,必须切断焊接电源。自动焊小车要放在平稳的地方;半自动埋弧焊的手把应放置妥当,特别要防止手把带电部位与其他物件碰触,以免再次通电造成短路产生电弧及飞溅而伤人。

(10)当出现焊缝偏离焊道等问题,需调整工件及有关辅助设备时,应先切断电源,不得带电作业。操作人员离开岗位前,也应切断电源。

5. 气焊与气割安全操作

(1)焊接或切割工作前必须检查焊接或切割工具是否完好、性能是否正常,特别应检查回火防止器、安全阀是否安全好用。

(2)搬运氧气瓶、乙炔气瓶时,必须避免碰撞、振动,要戴好安全帽、防振圈;气瓶使用、保管中应避免曝晒和火烤。

(3)使用氧气时,操作人员应站在出气口的侧面,缓慢开启阀门;乙炔瓶必须直立放置,不准卧放。

(4)焊接或切割所用气瓶离电闸或正在散发热量的物体及设备不应小于 2 m;使用时,氧气瓶与乙炔气瓶之间不应小于 5 m。

(5)工作时必须按规定穿戴好个人防护用品,必须戴有色护目镜。

(6)应经常自检所用气瓶上的压力表是否完好、性能是否正常,并要按规定向计量单位送检,以确保计量准确。

(7)氧气瓶及压力表部位,均不得沾染油脂。

(8)氧气瓶阀和乙炔瓶阀冻结时,不准用火烤或锤打,应使用热水或蒸汽解冻。

(9)氧气瓶使用到最后必须留表压 0.1~0.2 MPa,乙炔气瓶使用到最后必须留表压 0.03 MPa 以上。

(10)工作结束后,要认真检查现场,确认安全后方可离开。

(11)乙炔瓶、氧气瓶、氢气瓶及易燃物品等严禁同车运输。

6. 钨极氩弧焊安全操作

(1)穿戴好个人防护用品。

(2)必须在检查确认焊机的外壳和控制箱均可靠接地或接零后,方可接通电源。

(3)焊枪及导线(包括焊枪上的控制开关和控制导线)的绝缘必须可靠;当采用水冷焊枪时,必须经常检查水路系统,防止因漏水而引起触电。

(4)作业时不得将焊枪喷嘴靠近耳朵、面部及身体的其他裸露部位来试探保护气体的流量,尤其是采用高频高压或脉冲高压引弧和稳弧时,更应严禁这种做法。

(5)调节或更换焊枪的喷嘴和钨电极时,必须先切断高频振荡器和高压脉冲发生器的电源,且不允许带电徒手更换钨电极和喷嘴。

(6)当钨电极和喷嘴温度较高时,高频或脉冲高压能够击穿更大气隙而导电,因此,在焊接停止时,应及时切断高频振荡器或高压脉冲发生器的电源,以防止发生严重的热态电击和偶然的重新起弧。

(7)焊接过程中,不得赤手操作填充焊丝。

(8)焊接过程中,焊接设备发生电气故障时,应立即切断电源,并通知维修部门检修,焊工不得带电查找故障或擅自修理。

(9)氩弧焊时,弧柱温度高,紫外线辐射强度远大于一般电弧焊,易产生臭氧和氮氧化物。所以氩弧焊工作现场要有良好的通风装置,以排出有害气体及烟尘。除厂房通风外,可在焊接工作量大、焊机集中的地方,安装几台轴流风机向外排风。

(10)尽可能采用放射剂量极低的铈钨极。对钍钨极和铈钨极加工时,应采用密封式或抽风式砂轮磨削,操作者应佩戴口罩、手套等个人防护用品,加工后要洗净手、脸。钍钨极和铈钨极应放在铅盒内保存。

(11)为了防范和削弱高频电磁场的影响,可采取的措施如下。

①工件良好接地,焊枪电缆和地线要用金属编织线屏蔽。

②适当降低频率。

③尽量不要使用高频振荡器作为稳弧装置,减小高频电作用的时间。

7. 激光焊安全操作

(1)激光焊操作人员必须进行安全技术培训,培训合格后方可上岗。

(2)激光焊操作人员必须穿戴激光防护眼镜、防护面罩、防护手套、白色防护服、绝缘鞋。

(3)激光设备及作业地点应设置在专门的房间内,并设有安全警示标志。

(4)在激光加工设备上设置激光安全标志,激光器无论是在使用、维护,还是检修期间,标志必须永久固定。激光辐射警告标志一律采用正三角形,标志中央为 24 条长短相间的阳光辐射线。

(5)激光器应装配防护罩,以防止人员接收的照射量超过标准;或装配防护围封,用于避免操作人员受到激光照射。最有效的措施是将整个激光系统置于不透光的罩子中。

(6)工作场所的所有光路,包括可能引起材料燃烧或二次辐射的区域都要予以密封,尽量使激光光路明显高于人体身高。

(7)维修人员必须定期检查激光器中的电容器、变压器等电路组件,并做必要的更新,避免过度使用而爆裂,造成击伤、失火、短路等事故。

(8)设备必须有可靠的接地或接零装置,绝缘应良好,不可超载使用。

(9)对激光侦测器所用的低温冷剂或压缩气体的容器应定期检测,并按安全规定放置。

(10)工作场所应有功能完善的局部通风抽气排烟设备,烟气排出前应妥善过滤。

(11)激发激光用的强闪光灯,充有介质的气体管或等离子体管等,应有坚固的防护罩。

(12)作业前应显示指示灯,通知操作人员做好防护。

(13)作业时必须双人作业,一人操作一人监护。

(14)激光器运行过程中,任何时候不得直视主射束。

(15)作业过程中如发现眼睛视物异常,应立即到医疗部门进行视力检查和治疗。

(16)设备与房间表面应无光泽,应涂敷吸收体以防反射,且房间应妥善屏蔽。

8. 钎焊安全操作

这里介绍感应钎焊和炉中钎焊安全操作知识,火焰钎焊的安全操作可参见气焊与气割的安全操作知识。

(1)感应钎焊安全操作

①通常采用整体屏蔽防高频,即将高频设备和馈线、感应线圈等都放置在屏蔽室内,操作人员在屏蔽室外进行操作。

②屏蔽室的墙壁一般用铝板、铜板或钢板制成,板厚一般为 1.2~1.5 mm。操作时对需要观察的部位可装活动门或开窗口,一般用 40 目(孔径 0.45 mm)的铜丝屏蔽活动门或

窗口。

③为防触电,要求安装专用地线,接地电阻要小于 4 Ω。

④在设备周围,特别是工人操作位置要铺耐压 35 kV 的绝缘橡胶板。

⑤设备检修不允许带电操作。停电检修时,必须切断总电源开关,并用放电棒将各个电容器组放电后,才允许进行检修工作。

⑥设备启动操作前,应仔细检查冷却水系统,只有当水冷系统工作正常时,才允许通电预热振荡管。

(2)炉中钎焊安全操作

①防止氢气爆炸的主要措施是加强通风。除氢气炉操作间整体通风外,设备上方要安装局部排风设施。

②设备启动前必须先通风,定期检查设备和供气管道是否漏气,若发现漏气必须修复后才能使用。

③氢气炉启动前,应先向炉内充氮气以排除炉内空气,然后通氢气排氮气,绝对禁止直接通氢气排除炉内空气。

④熄炉时要先通氮气排氢气,然后才可停炉。

⑤密闭氢气炉必须安装防爆装置,氢炉旁边应常备氮气瓶,当氢气突然中断供气时应立即通氮气保护炉腔和焊件。

⑥氢气炉操作间内禁止使用明火,电源开关最好用防爆开关,氢气炉接地要良好。

⑦炉中钎焊完毕,炉内温度降到 400 ℃以下时,才可关闭扩散泵电源,待扩散泵冷却低于 70 ℃时才可关闭机械泵电源,以保证焊件和炉腔内部不被氧化。

⑧禁止在真空炉中钎焊含有锌、镁、铅、铬等易蒸发元素的金属或合金,以保持炉内清洁不受污染。

第3章　无轨导全位置爬行焊接机器人的工作原理

无轨导全位置爬行焊接机器人(以下简称“爬行机器人”)是一款无轨导、爬行式、自主识别焊缝的全位置焊接机器人,采用轮履式与悬浮磁吸附相结合的结构,能够满足大型结构件的自动化焊接需求。

爬行机器人系统由焊接机器人子系统、焊接集成子系统和工程定制子系统组成,如图3-1所示。爬行机器人子系统包含爬行机器人本体、控制柜和激光跟踪模块等。焊接集成子系统包含焊接电源、送丝机、焊枪等。工程定制子系统通常包含工程明细、备品备件和专用工具等。

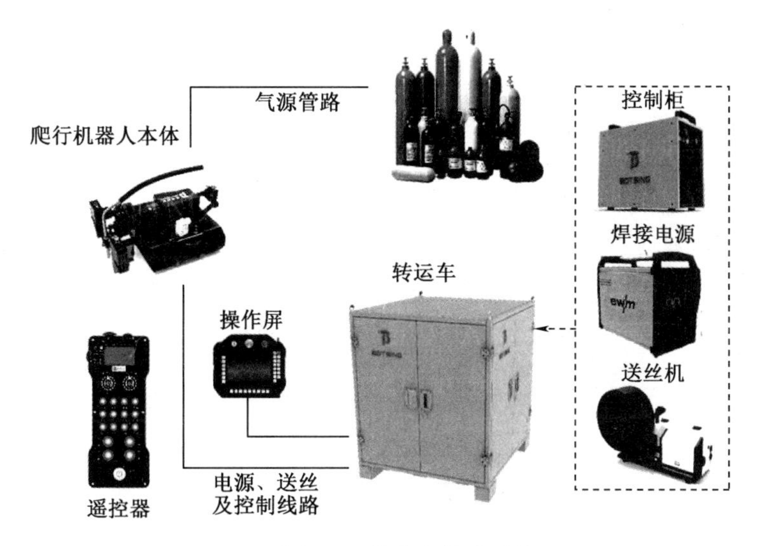

图3-1　爬行机器人系统

焊接机器人子系统采用激光跟踪识别、姿态传感器控制的一体化设计,实现了爬行机器人本体自动对中焊缝、自动启弧和停弧、实时调用焊接工艺参数,大大降低了对焊接人员的技能依赖,是一套自动焊程度较高的智能型机器人系统,主要应用于船舶制造、油气化工、轨道交通、核电工程、能源等领域的船舶外板、储罐、球罐、安全壳等大型结构件的全自动焊接。

3.1 爬行机器人本体结构及吸附原理

3.1.1 爬行机器人本体结构

爬行机器人本体是一款体积小巧、质量轻便的全位置作业小车。其无须铺设导轨,即可实现在大型结构件上的全位置爬行,具有低自重、高负载的特点。爬行机器人本体的基本参数见表 3-1。其主要由磁吸附履带模块、焊炬夹持模块等 8 个部分组成,如图 3-2 所示。

表 3-1 爬行机器人本体的基本参数

产品质量	33 kg
外形尺寸	733 mm×404 mm×285 mm
最大负载	55 kg
焊接位置	全位置
运动方式	履带式+4 个自由度
最高行驶速度	1 500 mm/min

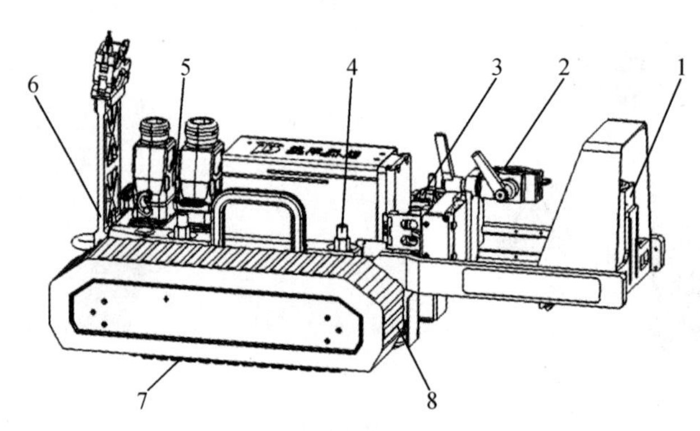

1—激光跟踪模块;2—焊炬夹持模块;3—焊炬摆动模块;4—主磁铁;5—航空插头;
6—线夹;7—磁吸附履带模块;8—工业外壳。

图 3-2 爬行机器人本体的组成

(1)激光跟踪模块:可自主识别并跟踪焊缝,无须人工干预。模块焊接跟踪精度高,抗干扰能力强,对激光线的明暗变化和坡口的宽度变化具有良好的适应性。

(2)焊炬夹持模块:具备 2 个旋转自由度,可实现焊枪在爬行机器人本体上的快速安装及拆卸。

(3) 焊炬摆动模块:是焊枪的摆动执行机构,具有横向摆动及纵向摆动的能力。

(4)主磁铁:提升爬行机器人的吸附能力。每次在工件上放置或取下爬行机器人时需调节主磁铁的高度。

(5)航空插头:爬行机器人的取电、信号传输。

(6)线夹:用于固定爬行机器人的控制线缆及焊枪。

(7)磁吸附履带模块:爬行机器人的行走机构,提供吸附力及摩擦力。

(8)工业外壳:提升爬行机器人的防护能力。

3.1.2　爬行机器人的吸附原理

爬行机器人可在铁磁性材料上进行全位置吸附及爬行,吸附的方式为磁力吸附。按照磁力来源可分为电磁与永磁两种吸附方式;按照磁体与壁面间的距离可分为接触式和非接触式。电磁吸附具有控制方便、磁力强等优点,但当出现电力供给故障时,会使爬行机器人瞬间消磁发生跌落的风险。相比之下,永磁吸附稳定可靠。本章所介绍的爬行机器人本体采用的是永磁吸附的方式。行走模块可选用轮式或履带式。轮式行走模块的优点为结构足够紧凑,控制简单、运动平稳性高并能够极大地减轻成本,目前运用相当成熟;缺点是易打滑、越障性能较差。履带式行走模块越障性能优异,行走平稳,但质量大,只能依靠左右履带差速进行转向。本章所介绍的爬行机器人本体采用的是履带式行走模块。

3.2　爬行机器人的电气结构及工作原理

3.2.1　爬行机器人的电气结构

爬行机器人的电气结构主要分为控制柜、爬行机器人本体和焊接电源三个部分,如图 3-3 所示。其中,控制柜的主要电气作用是,通过外部输入单相电源,将柜内的所有元器件带电,同时通过中继线连接到爬行机器人本体,使爬行机器人本体上的负载设备带电。焊接电源的供电是三相四线制,它的主要功能是根据实际需求,使焊枪能输出对应的电流和电压,即一定的热输入。控制柜与焊接电源之间的通信连接,使二者成为可以联动的、受控的联合体。也就是说,焊接电源的输出参数是由控制柜(通过通信)给定的,爬行机器人本体的动作也是由控制柜内部的 CPU 给定的。在这样的框架下,控制柜成为一个枢纽,将爬行机器人本体和焊接电源有机联合起来,智能进行相关焊接动作。

(a)爬行机器人本体

(b)控制柜

(c)焊接电源

图 3-3　爬行机器人的电气结构

3.2.2 爬行机器人电气工作原理

控制柜的输入电源为交流 220 V/50 Hz,额定功率约为 600 W。表 3-2 为控制柜整体参数。控制柜内部安装电路保护模块,使其具有漏电、短路、过压、过载等保护功能,以防止意外发生时人体被电击或者设备受到损坏。其中漏电保护器安装在控制柜面板上,试验按钮建议定期(建议每月 1 次)测试其功能是否正常。图 3-4 为爬行机器人控制柜示意图。

表 3-2 控制柜整体参数

额定电压/V	额定电流/A	频率/Hz	保护功能
220	2.72	50	漏电、短路、过压、过载等

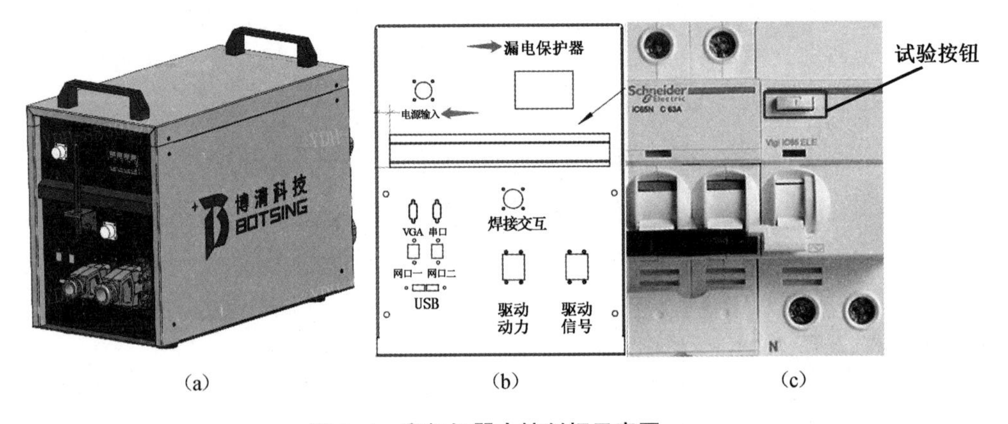

(a) (b) (c)

图 3-4 爬行机器人控制柜示意图

通过观察 3 个指示灯可以判断出系统的状态,其中上电指示灯在系统通电后显示红色,正常和故障灯互为切换。当系统未存在任何故障时,绿色正常灯亮起;当系统存在故障报错时,红色故障灯亮起,如图 3-5 所示。

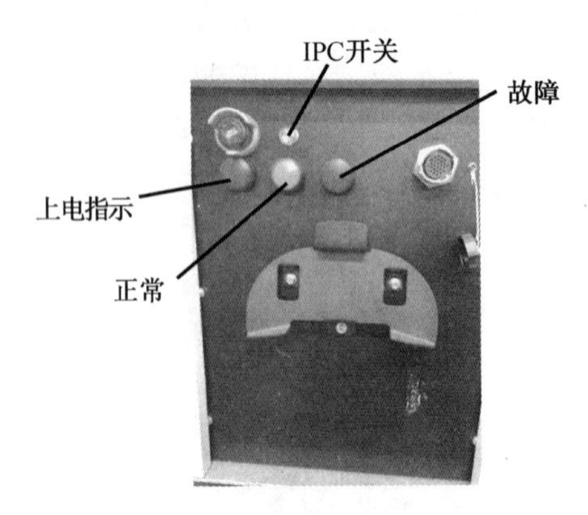

图 3-5 爬行机器人控制柜故障灯示意图

在控制柜内安装无线遥控器的接收模块后,其与柜外的手持遥控器最远通信距离为

100 m(空旷情况下),所以可以通过操作无线遥控器(图 3-6)便捷地实现功能,如调节焊接电源的电流和电压、调节爬行机器人本体的移动等。触摸屏通过一根电缆与控制柜连接,电缆长度为 15 m,即其可活动范围为半径 15 m 的圆。屏幕可设置和显示一些焊接相关参数,如焊接电流、焊接电压等,如图 3-7 所示。遥控器和示教器可以搭配起来使用。由于遥控器手持方便,一般在焊接过程中由操作者手持操作;由于示教器显示更全面、更清晰,焊接前操作者一般在示教器上进行参数预设,以及用于实时观察激光软件使用情况。

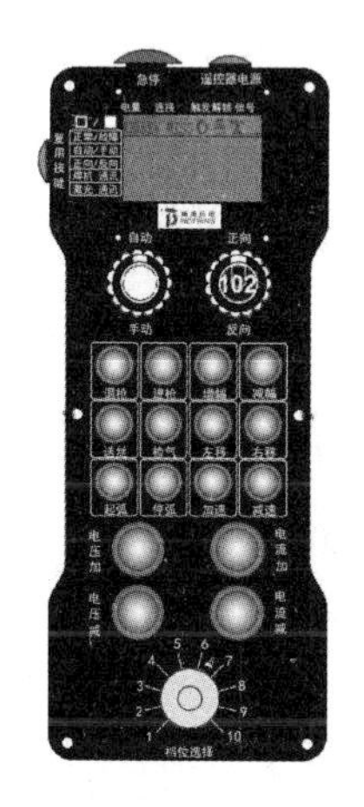

图 3-6　爬行机器人手持遥控器示意图

图 3-7　爬行机器人触摸屏示意图

爬行机器人本体通过一段长度的中继线与控制柜相连。中继线主要包含一根动力线、一根信号线和网线(根据产品类型分为一根或两根)。动力线主要为爬行机器人本体的一些负载(如执行机构)提供动力电;信号线的主要功能是收集爬行机器人本体的一些信号状态;网线的主要功能是传输网络数据。爬行机器人本体的红色指示灯亮起表示系统已通电,一字激光线亮起时不能直对人眼,以免受到灼伤。焊接电源与控制柜的连接则是通过焊机交互的通讯信来实现的。

焊接电源的输入电源为交流 380 V/50 Hz,三相四线制,如图 3-8 所示,焊接工艺参数见表 3-3。在 MIG/MAG 焊时,焊接电源与工件的连接如图 3-9 所示。

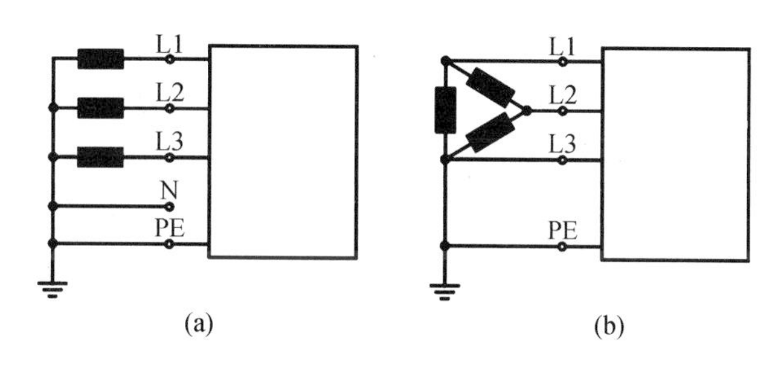

L1—外接导线 1,黑色;L2—外接导线 2,棕色;

L3—外接导线 3,灰色;N—中心点,蓝色;PE—接地保护线,绿色—黄色。

图 3-8　焊接电源的接线法

表 3-3　焊接工艺参数

参数	TIG		MMA		MIG/MAG	
焊接电流/A	5~350		20~350		25~350	
焊接电压/V	10.2~24.0		20.8-34.0		15.3~31.5	
暂载率(直流)/℃	25	40	25	40	25	40
40%/A	—	—	—	350	—	—
50%/A	—	—	—	—	—	350 A
60%A	350	350	350	300	350	330
100%/A	300	300	300	250	300	280
负载循环/min	10(60%DC,6 min 焊接,4 min 休息)					
空载电压/V	79					
电网电压(波动范围)/V	3×400(-25%~20%)					
频率/Hz	50/60					
电网熔断保险(熔断保险丝)/A	3×20					
电网连接电缆	HO7RN-F4G4(60245 IEC53YZ 4×4) H07RN-F4G6(60245 IEC53YZ 4×6)部分机型					
最大功率/(kV·A)	10.6		13.9		15.0	
推荐配电发电机功率/(kV·A)	20.3					
cos φ/效率	0.99/88%					
绝缘等级/防护等级	H/IP 23					
环境温度/℃	-25~40					

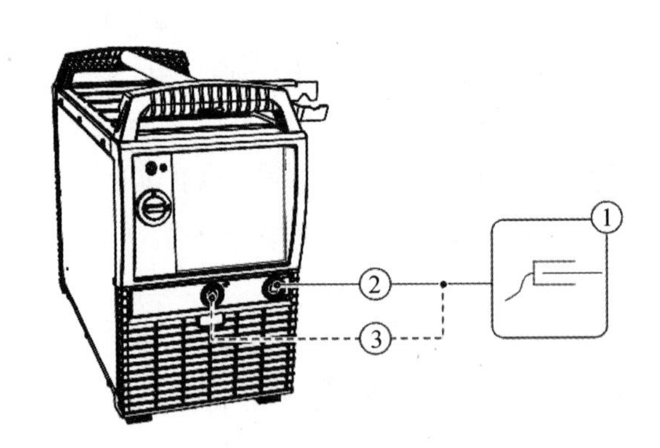

①— ,工件;

②— ,电流快装插座,焊接电流输出,负极,MIG/MAG 焊接:连接工件。

③— ,电流快装插座,焊接电流输出,正极,MIG/MAG 药芯焊接丝:连接工作。

提示:注意焊接电流极性,一些焊丝(自保护药芯焊丝)使用负极焊接。在这种情况下,电流导线需连接“ ”极插座,工件需连接“ ”极插座。参考焊丝制造商提供的信息。

图 3-9　在 MIG/MAG 焊时,焊接电源与工件的连接

从电气安全考虑,爬行机器人设计了 4 个急停回路,作用同等,分别是爬行机器人本体急停、控制柜面板急停、操作屏急停和遥控器急停。在发生紧急情况下,按下某个急停均可以使系统进入紧急停止状态。

3.3 爬行机器人的激光模块结构及工作原理

3.3.1 爬行机器人的激光模块结构

激光模块是爬行机器人的眼睛,是爬行机器人能够实现自主跟踪的关键,可实时扫描焊缝、识别焊缝的位置与形状,能够在没有轨道的情况下引导爬行机器人自动沿着焊缝爬行和焊接。

激光模块是由北京博清科技有限公司自主研发和设计的,主要由高稳定性的半导体激光器、滤光片、工业相机等硬件组成,结合自主开发的激光跟踪算法软件,能够将跟踪焊缝拐点信息的数据发送给爬行机器人的控制单元,从而实现全位置跟踪能力,如图 3-10 所示。

图 3-10　爬行机器人激光模块示意图

目前市面上通用的工业激光器种类较多,根据光斑大小可分为点激光器、“十”字激光器和“一”字激光器。为了适应跟踪焊接条件,激光模块选用的激光器为“一”字激光器,可以将激光器发出的“一”字激光线条照射在焊接对象上,满足焊接弧光在高亮度情况下仍能清楚显示激光线条,同时不会对焊工在观察熔池时对眼睛产生伤害。当两块钢板对接焊接时,会在激光线照射的作用下根据拼接形状生成一个“V”形或是其他形状的线条,同时会形成两个或多个拐点,为相机画面抓取拐点提供特征点。

工业相机选用高像素、高帧率的大靶面相机,配有的千兆网口能够将焊缝图像实时传输到远程的软件控制端处理和显示,后台算法捕捉到焊缝的拐点,并经过三维坐标算法处理,从而能精准地进行焊缝跟踪。

3.3.2 爬行机器人的激光模块工作原理

基于硬件和软件最终的目的是实现实时跟踪焊缝。以爬行机器人吸附在焊接母材上处于正常工作状态为例,介绍激光模块的工作原理。激光器、相机的电源通过内部电源控制板输入稳定电压,设备接通电源后激光器和相机就能开始工作。激光器发射出“一”字激光线照射在焊接母材上,控制爬行机器人运动,使其激光器发射出的激光线条照射在两块坡口呈“V”形的拼接焊板上,中间的激光线条就会形成一个“V”形。同时,相机通过高像素镜头清晰地拍摄出下侧画面并且捕捉到“V”形坡口的两侧拐点。通过后台软件算法计算出两个拐点的坐标数据发送给控制单元,控制软件通过配置的精密传感器控制爬行机器人保持拐点数据跟踪行走,并能生成历史行走轨迹。跟踪原理示意图如图 3-11 所示。

图 3-11 跟踪原理示意图

控制程序、算法程序和传感器相互配合,完成激光模块高精度地跟踪行走。即使焊缝不是直线形,激光跟踪控制也能根据坡口的形状实时跟踪行走。

3.4 爬行机器人的运动控制系统及工作原理

爬行机器人在跟踪焊缝过程中,通过安装在爬行机器人本体上的激光系统传感器实时获取爬行机器人与焊缝的偏差信息,将该偏差信息输入到 PID[①] 控制系统,得到控制系统的输出并作用于爬行机器人系统,进而控制爬行机器人实时纠正自身与焊缝的偏差,实现自动跟踪焊缝功能。

① PID 即 proportional integral derivative,比例、积分和微分。

3.4.1　构建爬行机器人运动学模型

爬行机器人的底盘驱动结构可以简化为两轮差速式模型,通过两轮差速运动完成爬行机器人实时跟踪焊缝轨迹。以两轮差速驱动底盘结构的爬行机器人为例,构建爬行机器人运动学模型方程。

如图 3-12 所示,假设控制周期内车体运动速度保持恒定,给定车体速度、角速度和控制周期,车体中心由点运动到点,以点为局部坐标系原点,以车体航向作为局部坐标系的轴,建立局部坐标系。坐标系为全局坐标系,且已知点在全局坐标系下的坐标和车体航向角,基于两轮差速运动学模型可以分别计算出点在局部坐标系和全局坐标系下的坐标与车体的航向角。

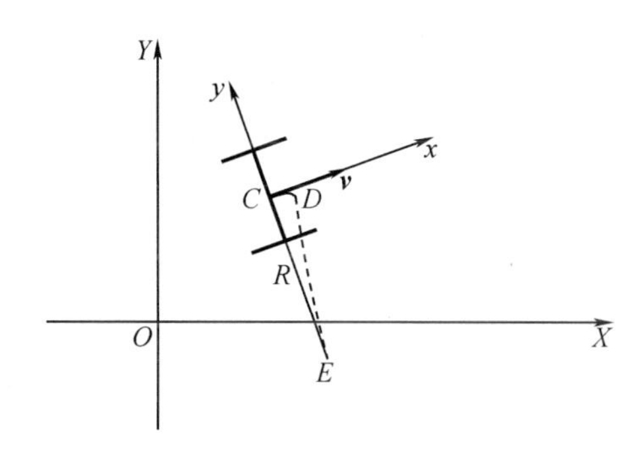

图 3-12　爬行机器人运动学模型示意图

由刚体动力学原理易知车体瞬时旋转半径为

$$R=\frac{v}{\omega}$$

在控制周期内车体角度增量为

$$\Delta\theta=\omega T$$

经过控制周期,车体中心由点运动到点,已知点在局部坐标系下的坐标($x_{D|\mathrm{local}}$,$y_{D|\mathrm{local}}$)为

$$\begin{bmatrix} x_{D|\mathrm{local}} \\ y_{D|\mathrm{local}} \end{bmatrix}=\begin{bmatrix} R\sin(\Delta\theta) \\ R-R\cos(\Delta\theta) \end{bmatrix}$$

进一步,可以得到车体中心在全局坐标系下的位姿($x_{D|\mathrm{global}}$,$y_{D|\mathrm{global}}$,$\theta_{D|\mathrm{global}}$)为

$$\begin{bmatrix} x_{D|\mathrm{global}} \\ y_{D|\mathrm{global}} \\ \theta_{D|\mathrm{global}} \end{bmatrix}=\begin{bmatrix} \cos(\theta_{C|\mathrm{global}}) & -\sin(\theta_{C|\mathrm{global}}) & 0 \\ \sin(\theta_{C|global}) & \cos(\theta_{C|global}) & 0 \\ 0 & 0 & 1 \end{bmatrix}\begin{bmatrix} x_{D|local} \\ y_{D|local} \\ \Delta\theta \end{bmatrix}+\begin{bmatrix} x_{C|global} \\ y_{C|global} \\ \theta_{C|global} \end{bmatrix}$$

基于运动学模型可以实时推算出爬行机器人本体在全局坐标系下的位姿,进而控制爬行机器人跟踪预定轨迹,完成相应的任务。正常情况下,在爬行机器人本体上,激光系统会实时反馈出爬行机器人与焊缝的偏差信息,根据此偏差信息可以控制爬行机器人实时跟踪焊缝。但是可能会存在激光系统短时间内无法有效输出其与焊缝的偏差信息,即激光系统

暂时失效,因此有必要构建出爬行机器人运动学模型。在激光系统失效情况下,可以基于运动学模型推算出爬行机器人与焊缝的偏差信息,并将该偏差信息用于控制爬行机器人跟踪焊缝轨迹。

3.4.2 选择爬行机器人跟踪焊缝的控制方法

爬行机器人在跟踪焊缝过程中,由于来自各个方面的扰动和噪声影响,如不对其进行系统控制,必然会导致爬行机器人逐渐偏离焊缝轨迹。控制理论由来已久,按发展历程来看主要有三种,即经典控制理论、现代控制理论和智能控制。

(1)经典控制理论是以传递函数为基础的一种控制理论,控制系统的分析与设计是建立在某种近似的或试探的基础上的,控制对象一般是单输入单输出、线性定常系统。控制策略主要有反馈控制、PID 控制等。

(2)现代控制理论是建立在状态空间上的一种分析方法,它的数学模型主要是状态方程,控制系统的分析与设计是精确的。控制对象可以是单输入单输出控制系统,也可以是多输入多输出控制系统;可以是线性定常控制系统,也可以是非线性时变控制系统;可以是连续控制系统,也可以是离散或数字控制系统。因此,现代控制理论的应用范围更加广泛。控制策略主要有极点配置、状态反馈和输出反馈等。

(3)智能控制是一种能更好地模仿人类智能的、非传统的控制方法,它采用的理论方法主要来自自动控制理论、人工智能和运筹学等学科分支。控制策略主要有最优控制、自适应控制、鲁棒控制、神经网络控制、模糊控制、仿人控制等。

PID 控制系统的执行流程是利用反馈得到偏差信号,并通过偏差信号控制被控量。控制器本身就是比例、积分、微分三个环节的加和。PID 控制系统的数学模型为

$$u(t) = K_{\mathrm{P}}\left(e(t) + \frac{1}{T_{\mathrm{i}}}\int_{0}^{t} e(t)\,\mathrm{d}t + T_{\mathrm{d}}\frac{\mathrm{d}e(t)}{\mathrm{d}t}\right)$$

式中 $e(t)$——系统输入偏差,实际输出值与期望值的误差;

$u(t)$——控制器的输出,作用于控制系统以实现自动化控制;

K_{p}——控制器的比例系数;

T_{i}——控制器的积分时间,也称积分系数;

T_{d}——控制器的微分时间,也称微分系数。

3.4.3 爬行机器人实现跟踪焊缝和焊接

爬行机器人根据激光系统实时反馈的与焊缝的距离偏差信息,利用 PID 等控制算法计算出车体的角速度控制量参数,实时计算出两差速轮的速度,并通过电机驱动器作用于差速底盘上的两差速轮,进而实现自动跟踪焊缝。焊接过程中,在确保高精度跟踪焊缝情况下,焊枪在执行焊接动作的同时,也会通过与焊枪连接的十字滑块实现对焊枪的横摆等控制动作,进而完成焊缝的焊接任务,如图 3-13 所示。

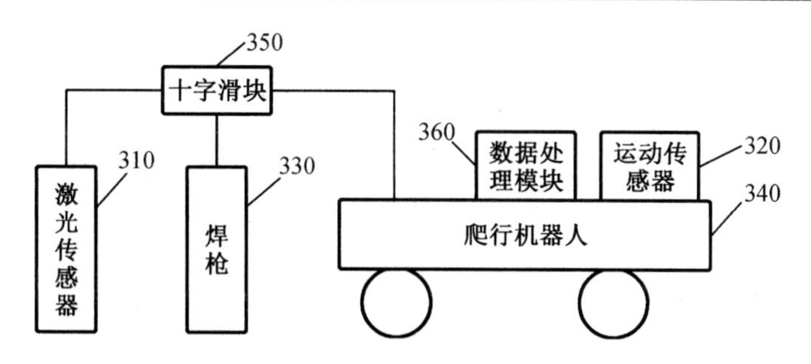

图 3-13　爬行机器人实现跟踪焊缝和焊接的示意图

第4章　爬行机器人焊接接头检验及质量控制

4.1　焊接缺欠及其产生的原因

焊接结构在制造过程中不可避免地会产生焊接缺欠，焊接缺欠在不同程度上影响焊接产品的质量和使用安全，因此需要运用检验方法（尤其是非破坏性检验）将焊件上产生的各种缺欠检查出来，并进行评定，以决定对缺欠的处理。GB/T 6417.1—2005《金属熔化焊接头缺欠分类及说明》将焊接缺欠分为裂纹、孔穴、固体夹杂、未熔合及未焊透、形状和尺寸不良及其他缺欠6类，并采用“缺欠+标准编号+代号”的方式表示。

4.1.1　裂纹

1. 按分布形态分类

在焊接应力及其他致脆因素共同作用下，在焊接接头中局部区域的金属原子结合力遭到破坏而形成新界面所产生的缝隙，具有尖锐的缺口和大的长宽比特征。裂纹的分类及说明见表4-1。

表4-1　裂纹的分类及说明

代号	名称及说明	示意图
100	裂纹：一种在固态下由局部断裂产生的缺欠，它可能源于冷却或应力效果	—
1001	微观裂纹：在显微镜下才能观察到的裂纹	—
101 1011 1012 1013 1014	纵向裂纹：基本与焊缝轴线相平行的裂纹。它可能位于： ——焊缝金属； ——熔合线； ——热影响区； ——母材	1014　1　1011　1013　1012 1—热影响区

表 4-1(续)

代号	名称及说明	示意图
102	横向裂纹:基本与焊缝轴线相垂直的裂纹。它可能位于:	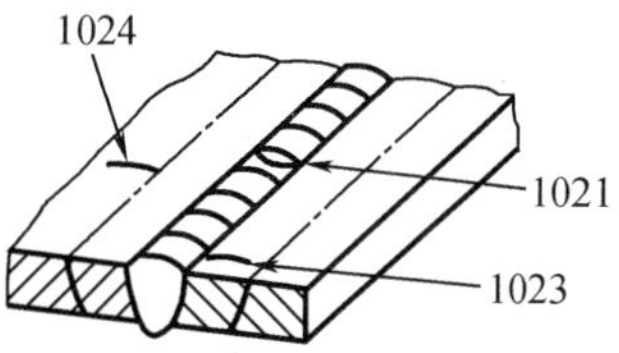
1021	——焊缝金属;	
1023	——热影响区;	
1024	——母材	
103	放射状裂纹:具有某一公共点的放射状裂纹。它可能位于:	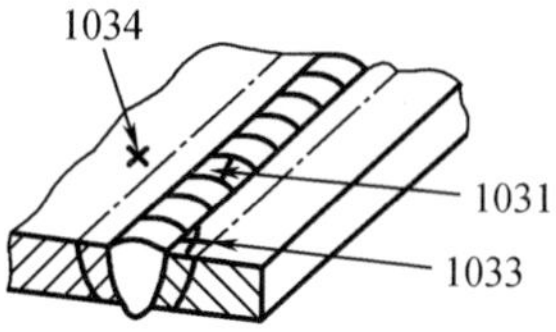
1031	——焊缝金属;	
1033	——热影响区;	
1034	——母材	
104	弧坑裂纹:在焊缝弧坑处的裂纹。它可能位于:	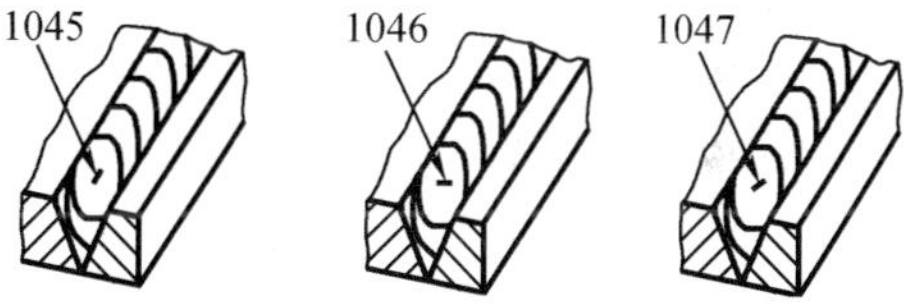
1045	——纵向的;	
1046	——横向的;	
1047	——放射状的	
105	间断裂纹群:一群在任意方向间断分布的裂纹。它可能位于:	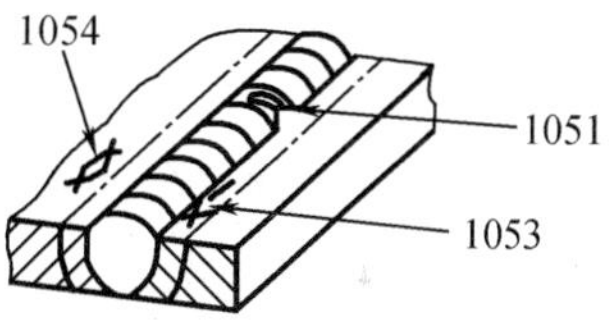
1051	——焊缝金属;	
1053	——热影响区;	
1054	——母材	
106	枝状裂纹:源于同一裂纹并连在一起的裂纹群,它和间断裂纹群及放射状裂纹明显不同。它可能位于:	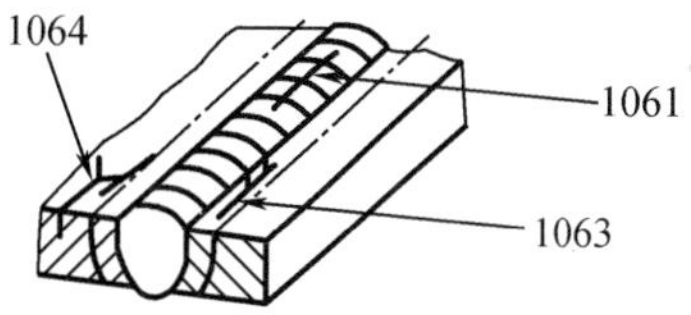
1061	——焊缝金属;	
1063	——热影响区;	
1064	——母材	

2. 按产生机理分类

焊接裂纹按产生机理分为热裂纹(包括结晶裂纹、多边化裂纹和液化裂纹)、再热裂纹、冷裂纹(包括延迟裂纹、淬硬脆化裂纹和低塑性脆化裂纹等)、层状撕裂和应力腐蚀裂纹等。

(1)热裂纹

①结晶裂纹

结晶裂纹指在焊缝结晶过程中,在固液共存温度下,凝固的金属收缩,残液补充不足,而低熔点共晶和杂质沿晶界形成一定数量的“液态薄膜”,在拉应力的作用下,导致沿晶开裂,其断口具有氧化色彩。结晶裂纹多发生在焊缝上,少量在热影响区,呈现沿奥氏体晶界开裂。

②多边化裂纹

多边化裂纹已凝固的结晶前沿,在高温和应力的作用下,晶格缺陷发生移动和聚集,形成二次边界,处于高温低塑性状态。在应力作用下产生的裂纹,多发生在焊缝上,少量在热影响区,呈现沿奥氏体晶界开裂。

③液化裂纹

在焊接热循环最高温度的作用下,在热影响区和多层焊的焊层间发生重熔,在应力作用下产生的裂纹,即液化裂纹。其多发生在热影响区及多层焊层间,呈现沿晶界开裂。

(2)再热裂纹

焊接后,消除残余应力热处理或不经任何热处理的焊件,在处于一定温度下服役的过程中,在一定条件下产生的沿奥氏体晶界发展的裂纹,即再热裂纹。其多发生在热影响区的粗晶区。

(3)冷裂纹

①延迟裂纹

延迟裂纹是指在淬硬组织、氢和拘束应力的共同作用下而产生的具有延迟特征的裂纹。其多出现在热影响区,少量在焊缝,呈现沿晶或穿晶开裂。

②淬硬脆化裂纹

淬硬脆化裂纹主要是由淬硬组织在焊接应力作用下产生的裂纹。其多出现在热影响区,少量在焊缝,呈现沿晶或穿晶开裂。

③低塑性脆化裂纹

低塑性脆化裂纹是指在较低温度下,由于母材的收缩应变超过了材料本身的塑性储备而产生的裂纹。其一般出现在热影响区和焊缝,呈现沿晶或穿晶开裂。

(4)层状撕裂

由于钢板内存在沿轧制方向层状分布的夹杂物(如硫化物),因此在焊接时产生的垂直于轧制方向(板厚方向)的拉应力作用下,在钢板中热影响区或稍远的地方,产生的“台阶”式与母材轧制表面平行的层状开裂,主要产生在 T 字形、K 字形、十字形厚板的角焊接接头中。其一般出现在热影响区,呈现沿晶或穿晶开裂。

(5)应力腐蚀裂纹

应力腐蚀裂纹是指在腐蚀介质和应力共同作用下产生的裂纹。其在焊缝和热影响区均可能出现,呈现沿晶或穿晶的开裂形态。

4.1.2 孔穴

焊接缺欠的空穴主要分为气孔、缩孔、微型缩孔三类。孔穴代号和示意图见表 4-2。其中气孔是焊接生产中经常遇到的一种缺陷。气孔的存在会削弱焊缝有效面积,同时导致应力集中,明显降低焊接接头的强度和韧性,对承受动载荷接头的疲劳强度更为不利。气孔可以分为氢气孔、氮气孔和一氧化碳气孔。焊缝中气孔形成的根本原因是由高温时金属溶解了较多的气体(如氢、氮),或者在冶金反应过程中产生了很多气体(如一氧化碳)。这些气体在焊缝凝固过程中来不及逸出时就会产生气孔。

表 4-2　孔穴代号和示意图

代号	名称及说明	示意图
200	孔穴	—
201	气孔:残留气体形成的孔穴	—
2011	球形气孔:近似球形的孔穴	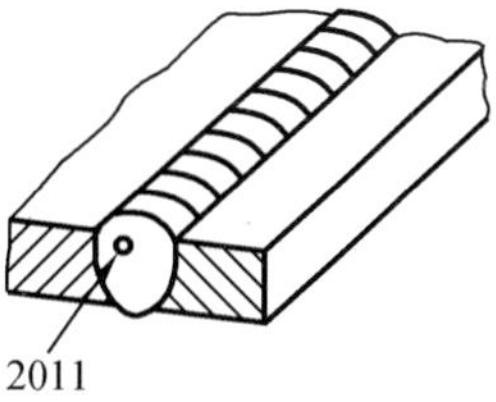 2011
2012	均布气孔:均匀分布在整个焊缝金属中的一些气孔	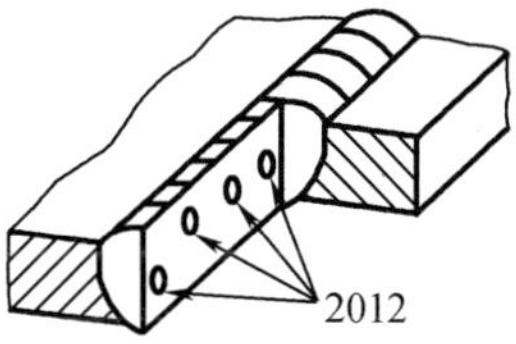 2012
2013	局部密集气孔:呈任意几何分布的一群气孔	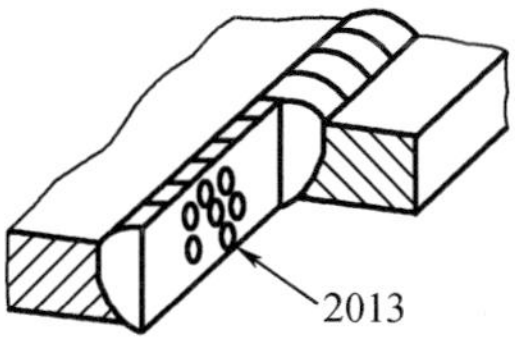 2013
2014	链状气孔:与焊缝轴线平行的一串气孔	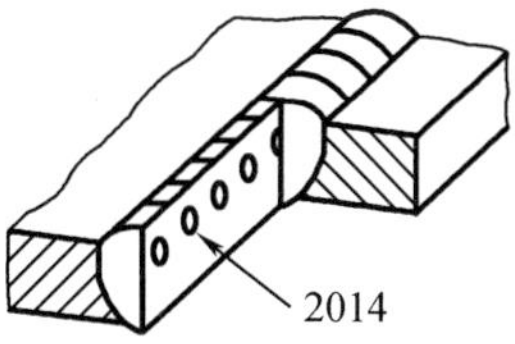 2014
2015	条形气孔:长度与焊缝轴线平行的非球形长气孔	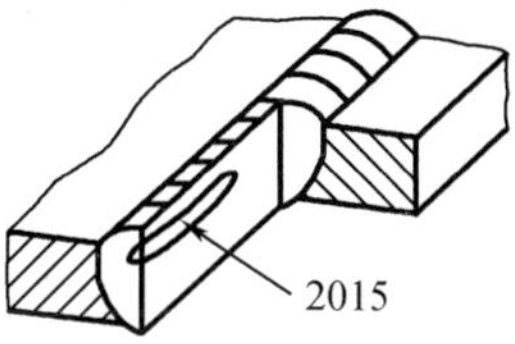 2015
2016	虫形气孔:因气体逸出而在焊缝金属中产生的一种管状气孔穴,通常成串聚集并呈鲱骨形状	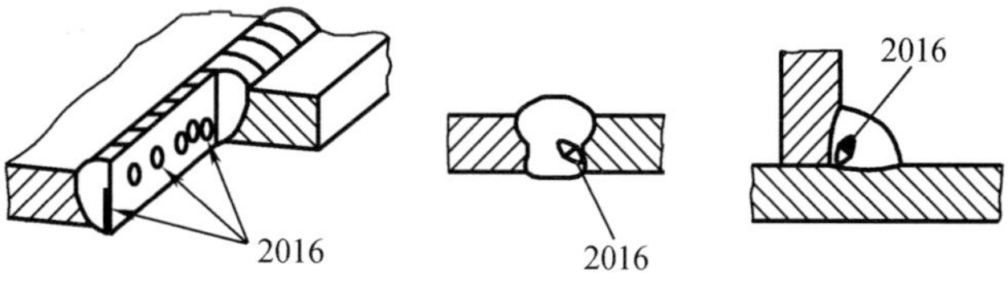 2016　2016　2016

表 4-2(续)

代号	名称及说明	示意图
2017	表面气孔:暴露在焊缝表面的气孔	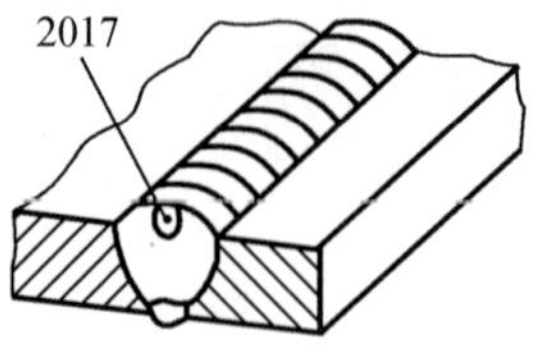 2017
202	缩孔:由于凝固时收缩造成的孔穴	—
2021	结晶缩孔:冷却过程中在树枝晶之间形成的长形收缩孔,可能残留有气体。通常出现在焊缝表面的垂直处	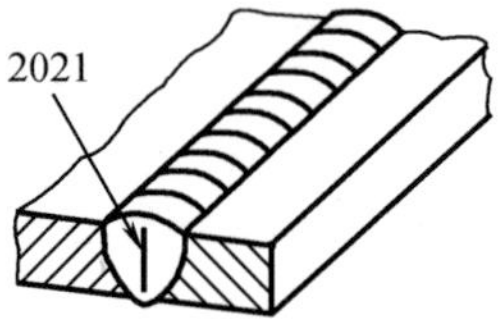 2021
2024	弧坑缩孔:焊道末端的凹陷孔穴,未被后续焊道消除	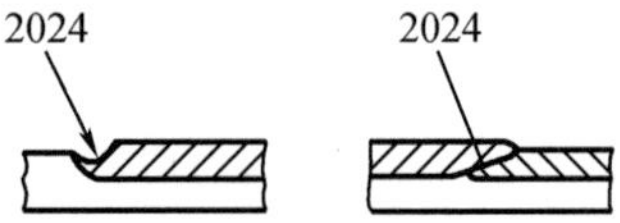 2024 2024
2025	末端弧坑缩孔:减少焊缝横截面的外露缩孔	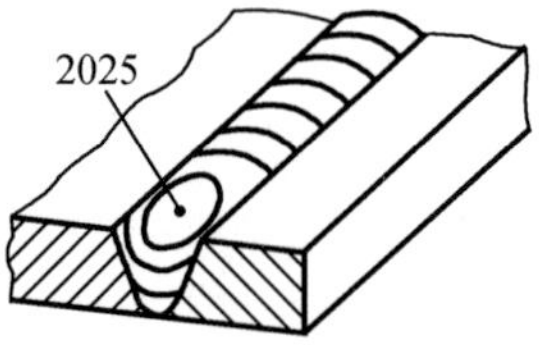 2025
203	微型缩孔:仅在显微镜下才可以观察到的缩孔	—
2031	微型结晶缩孔:冷却过程中沿晶界在树枝晶之间形成的长形缩孔	—
2032	微型穿晶缩孔:凝固时穿过晶界形成的长形缩孔	—

1. 氢气孔

对于低碳钢和低合金钢焊缝,氢气孔大多数出现在焊缝表面,气孔断面形状为螺钉状,在焊缝表面上看呈喇叭口形,气孔内壁光滑。氢气孔的形成主要是由于高温时氢在熔池和熔滴金属中的溶解度很高,吸收了大量氢。当冷却时,氢在金属中的溶解度急剧下降,从液态转变为 δ 铁时,氢的溶解度由 32 mL/100 g 降至 10 mL/100 g。因熔池的快速冷却,氢来不及逸出,从而导致形成氢气孔。

2. 氮气孔

氮气孔的形成机理和氢气孔相似，氮气孔也多出现在焊缝表面，但多数情况下成堆出现，与蜂窝相似。在实际焊接生产过程中，由氮引起的气孔较少。氮的产生主要是由于保护不好，有较多的空气侵入熔池导致的。

3. 一氧化碳气孔

一氧化碳气孔主要是在焊接碳钢时，由于冶金反应产生了大量的一氧化碳，在结晶过程中来不及逸出而残留焊缝内部形成气孔。气孔沿结晶方向分布，有些像条虫状卧在焊缝内部。

4.1.3　固体夹杂

固体夹杂是指在焊缝金属中残留的固体夹杂物，代号和示意图见表 4-3。焊缝中常出现的夹杂物主要有三种，分别为氧化物夹渣、氮化物夹渣和硫化物夹渣。氧化物夹渣主要是 SiO_2，其次是 MnO、TiO_2 和 Al_2O_3 等，一般多以硅酸盐的形式存在。焊接低碳钢时的氮化物主要是 Fe_3N_4。Fe_3N_4 是焊缝在时效过程中由过饱和固溶体析出的，以针状分布在晶粒上或贯穿晶界。而硫化物夹渣主要有 MnS 和 FeS 两种，MnS 的影响较小，FeS 影响较大。其沿晶界析出，与 Fe 或 FeO 形成低熔点共晶(988 ℃)，是引起热裂纹的主要因素之一。

表 4-3　固体夹杂代号和示意图

代号	名称及说明	示意图
300	固体夹杂：在焊缝金属中残留的固体夹杂物	—
301 3011 3012 3014	夹渣：残留在焊缝金属中的熔渣。其可能是： ——线状的； ——孤立的； ——成簇的	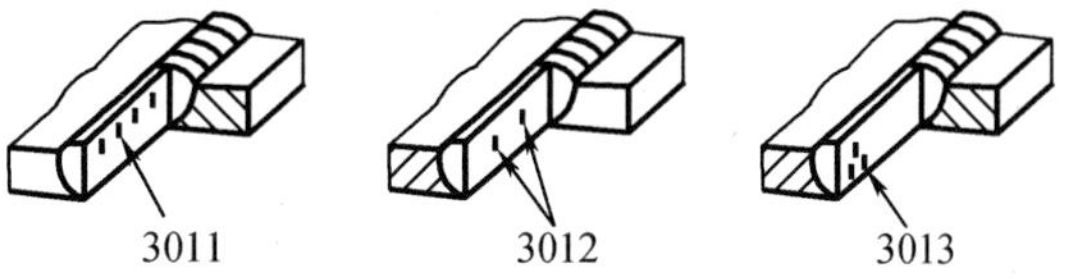 3011　3012　3013
302 3021 3022 3024	焊剂夹渣：残留在焊缝金属中的焊剂渣。其可能是： ——线状的； ——孤立的； ——成簇的	参见 3011~3014
303 3031 3032 3033	氧化物夹杂：凝固时残留在焊缝金属中的金属氧化物。其可能是： ——线状的； ——孤立的； ——成簇的	参见 3011~3014

表 4-3(续)

代号	名称及说明	示意图
304	金属夹杂:残留在焊缝金属中的外来金属颗粒。其可能是:	—
3041	——钨;	
3042	——铜;	
3043	——其他金属	

4.1.4 未熔合及未焊透

焊缝金属和母材或焊缝金属各焊层之间未结合的部分称为未熔合。未焊透是焊接接头根部未完全熔透的现象。焊缝中存在未熔合和未焊透将减少有效面积,严重造成焊接件强度等力学性能下降。未焊透还会造成应力集中,严重降低焊缝的疲劳强度。另外,当焊接件处于承载应力状态下,未焊透还有可能发展为裂纹,最终可能导致焊缝开裂。未熔合及未焊透代号和示意图见表 4-4。

表 4-4　未熔合及未焊透代号和示意图

代号	名称及说明	示意图
401	未熔合:焊缝金属和母材金属或焊缝金属各焊层之间未结合的部分。其可能是	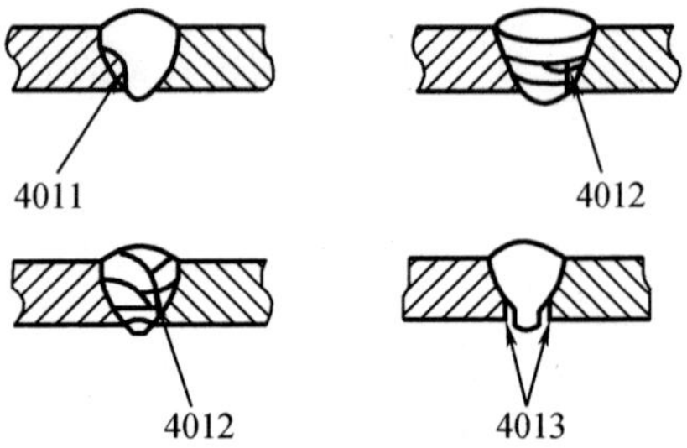 4011　4012　4012　4013
4011	——侧壁未熔合;	
4012	——焊道间未熔合;	
4013	——根部未熔合	
402	未焊透:实际熔深与公称熔深之间的差异	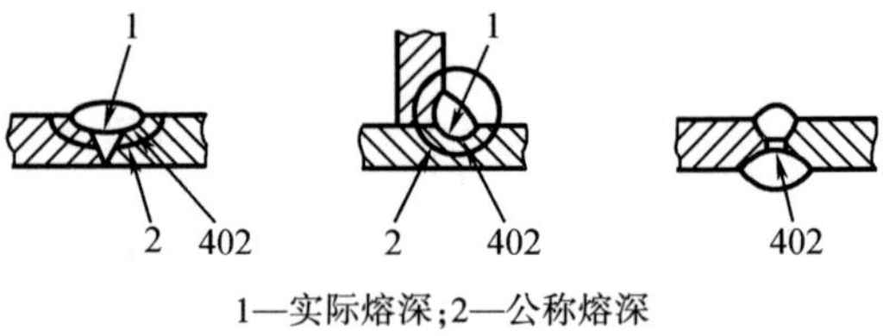 1　1　2　402　2　402　402 1—实际熔深;2—公称熔深
4021	根部未焊透:根部的一个或两个熔合面未熔化	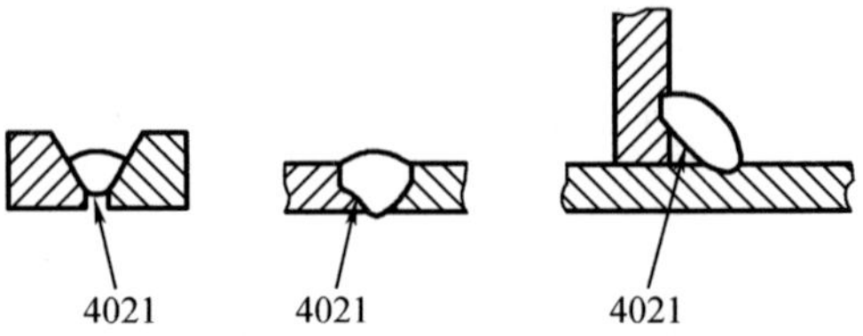 4021　4021　4021

4.1.5　形状和尺寸不良

焊缝的形状和尺寸不良主要为形状不良、咬边、焊缝超高、凸度过大、下榻、焊瘤、错边、角度偏差、烧穿、未焊满及焊脚不对称等,代号和示意图见表 4-5。

表 4-5　焊缝的形状与尺寸的不良代号和示意图

代号	名称及说明	示意图
500	形状不良:焊缝的外表面形状或接头几何形状不良	—
501	咬边:母材(或前一道熔敷金属)在焊趾处因焊接而产生的不规则缺口	—
5011	连续咬边:具有一定长度,且无间断的咬边	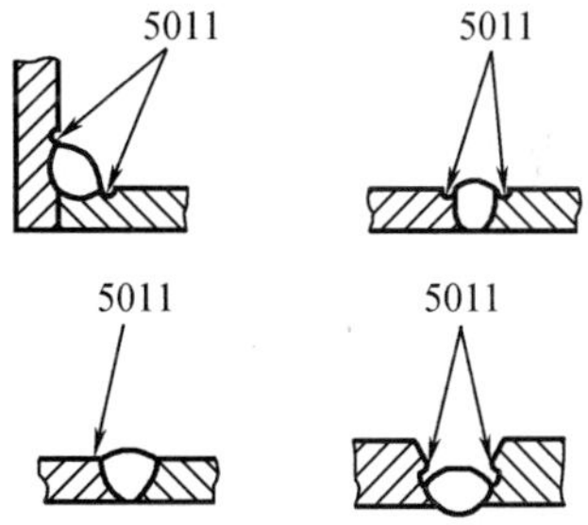 5011 5011 5011 5011
5012	间断咬边:沿着焊缝间断、长度较短的咬边	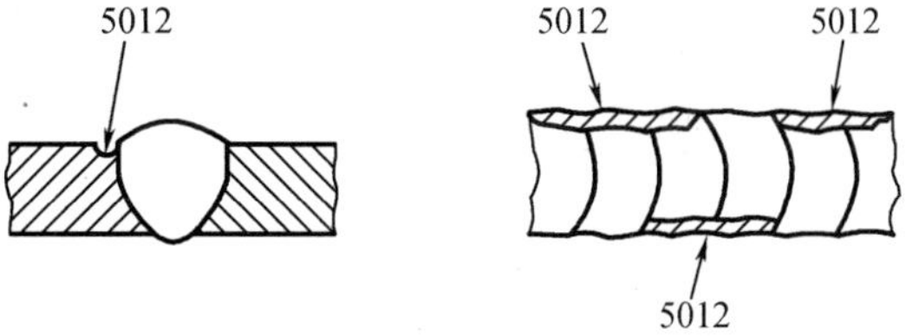 5012 5012 5012 5012
5013	缩沟:在根部焊道的每侧都可观察到的沟槽	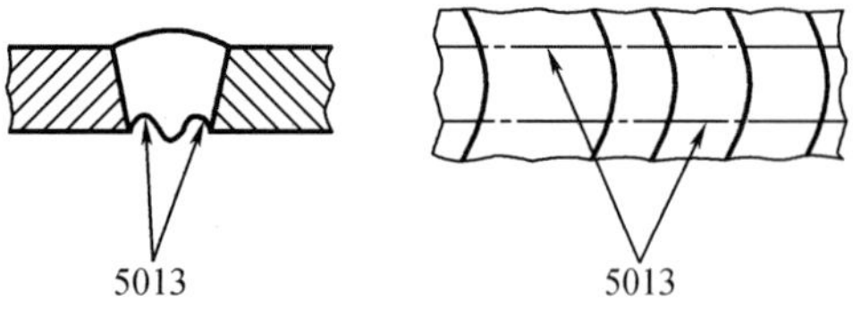 5013 5013
5014	焊道间咬边:焊道之间纵向的咬边	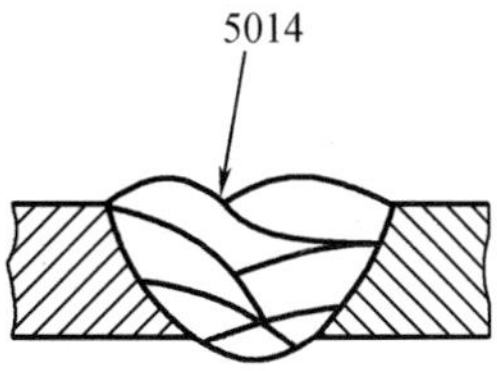 5014

表 4-5(续)

代号	名称及说明	示意图
504 5041 5042 5043	下榻:过多的焊缝金属伸到了焊缝的根部。其可能是: ——局部下榻; ——连续下榻; ——熔穿	5043 504 5043
506 5061 5062	焊瘤:覆盖在母材金属表面,但未与其熔合的过多焊缝金属。其可能是: ——焊趾焊瘤; ——根部焊瘤	5061 5062
507 5071 5072	错边:两个焊件表面应平行对齐时,未达到规定的平行对齐要求而产生的偏差。其可能是: ——板材错边; ——管材错边	5071 5072

4.1.6　其他缺欠

其他缺欠是指除了上面几类缺欠外的缺欠,主要包括电弧擦伤(601)、飞溅(602)、表面撕裂(603)、磨痕(604)、凿痕(605)、打磨过量(606)、定位焊缺欠(607)和角焊缝的根部间隙不良(617)等。

4.1.7　缺欠产生的原因

若焊接缺欠能减少或避免产生,可能就不会发生一些破坏事故。在实际焊接生产中,产生焊接缺欠的因素是多方面的,不同的缺欠,影响因素也不同。表 4-6 从材料、结构、工艺方面对焊接缺欠产生的主要因素进行了分析。

表 4-6　焊接缺欠产生的主要因素

类别	名称	材料因素	结构因素	工艺因素
热裂纹	结晶裂纹	(1)焊缝金属中的合金元素含量高; (2)焊缝金属中的磷、硫、碳、镍含量高; (3)焊缝金属中的锌/硫比例不合适	(1)焊缝附近的刚度较大(如大厚度、高拘束度的构件); (2)接头形式不合适,如熔深较大的对接接头和各种角焊缝抗裂性差; (3)接头附近的应力集中	(1)焊接热输入量过大,使近缝区的过热倾向增加,晶粒长大,引起结晶裂纹; (2)熔深与熔宽比过大; (3)焊接顺序不合适,焊缝不能自由收缩
	液化裂纹	母材中的磷、硫、硼、硅含量较多	(1)焊缝附近的刚度较大,如大厚度、高拘束度的构件; (2)接头附近的应力集中,如密集、交叉的焊缝	(1)热输入量过大,使过热区晶粒粗大,晶界熔化严重; (2)熔池形状不合适,凹度太大
	多边形化裂纹	纯金属或单相奥氏体合金		热输入量过大,使温度过高,容易产生裂纹
冷裂纹	延迟裂纹	(1)钢中的碳或合金元素含量增高,使淬硬倾向增大; (2)焊接材料中的含氢量较高	(1)焊缝附近的刚度较大(如材料的厚度大,拘束度高); (2)焊缝布置在应力集中区; (3)坡口形式不合适(如V形坡口的拘束应力较大)	(1)接头熔合区附近的冷却时间(500 ~ 800 ℃)小于出现铁素体临界冷却时间,热输入量过小; (2)焊接材料未烘干,焊口及工件表面有水分、油污及铁锈; (3)焊后未进行保温处理
	淬硬脆化裂纹	(1)钢中的碳或合金元素含量增高,使淬硬倾向增大; (2)对于多组元合金的马氏体钢,焊缝中出现块状铁素体		(1)对冷裂纹倾向较大的材料,其预热温度未做相应的提高; (2)焊后未立即进行高温回火
再热裂纹	—	(1)焊接材料的强度过高; (2)母材中铬、钼、钒、硼、硫、磷、铜、铌、钛的含量较高; (3)热影响区粗晶区的组织未得到改善(未减少或消除镁组织)	(1)结构设计不合理造成应力集中; (2)坡口形式不合适导致较大的拘束应力	(1)回火温度不够,持续时间过长; (2)焊趾处形成咬边而导致应力集中; (3)焊接次序不对使焊接应力增加; (4)焊缝的余高导致近缝区的应力集中

表 4-6(续 1)

类别	名称	材料因素	结构因素	工艺因素
气孔	—	(1)熔渣的氧化性增大时,由一氧化碳引起气孔的倾向增加;当熔渣的还原性增大时,则氢气气孔的倾向增加; (2)焊件坡口清理不到位; (3)药芯焊丝受潮,实心焊丝生锈	仰焊、横焊易产生气孔	(1)焊接环境风速过大; (2)气路堵塞或泄漏; (3)气体流量过大或过小; (4)电弧电压太高(即电弧过长); (5)当电弧功率不变,焊接速度增大时,增加了产生气孔的倾向
夹渣	—	(1)渣的流动性差; (2)在原材料的夹杂中含硫量较高及硫的偏析程度较大	立焊、仰焊易产生夹渣	(1)电流大小不合适,熔池搅动不足; (2)多层焊时层间清渣不够; (3)焊枪角度不当; (4)焊层或焊道排布顺序不当
未熔合	—	—	立焊、仰焊易产生未熔合	(1)焊接电流小或焊接速度快; (2)坡口或焊道有氧化皮、熔渣及氧化物等高熔点物质; (3)焊枪摆动宽度、边缘停留时间不够,或坡口加工精度不够; (4)自动跟踪功能不稳定; (5)焊丝弯曲; (6)电弧偏吹; (7)接头打磨坡度和长度不当
未焊透	—	—	坡口角度太小,钝边太厚,间隙太小	(1)焊接电流小或焊速太快; (2)焊枪位置未对中; (3)电弧太长或电弧偏吹; (4)坡口加工不均匀,局部尺寸精度差

表 4-6(续 2)

类别	名称	材料因素	结构因素	工艺因素
形状和尺寸不良	咬边	—	立焊、仰焊时易产生咬边	(1)焊接电流过大或焊接速度太慢; (2)在立焊、横焊和角焊时,电弧太长; (3)焊枪角度和摆动宽度不当
	焊瘤	—	坡口太小	(1)焊接规范不当,电压过低,焊速不合适; (2)摆动宽度与焊接速度不匹配
	烧穿	—	(1)坡口间隙过大; (2)薄板或管子的焊接易产生烧穿和下榻	(1)电流过大,焊速太慢; (2)垫板托力不足
	错边	焊件尺寸公差范围过大	—	(1)装配不正确; (2)焊接夹具质量不高
	角变形	—	(1)角变形程度与坡口形状有关; (2)角变形与板厚有关,板厚为中等时角变形最大,厚板、薄板的角变形较小	(1)焊接顺序对角变形有影响; (2)在一定范围内,热输入量增加,则角变形也增加; (3)反变形量未控制好; (4)焊接夹具质量不高
	焊缝尺寸、形状不符合要求	(1)熔渣的熔点和黏度太高或太低都会导致焊缝尺寸、形状不合要求; (2)熔渣的表面张力较大,不能很好地覆盖焊缝表面,使焊纹粗、焊缝高、表面不光滑	坡口不合适或装配间隙不均匀	(1)焊接规范不合适; (2)摆动宽度不适合; (3)摆动频率、摆动宽度与焊接速度不匹配
其他缺欠	电弧擦伤	—	—	(1)随意在坡口外引弧; (2)接地不良或电气接线不好
	飞溅	熔渣的黏度过大	—	(1)焊接电流增大时,飞溅增大; (2)电弧过长则飞溅增大; (3)CO_2 焊飞溅大; (4)焊机动特性、外特性不佳时,则飞溅大

4.1.8 爬行机器人在弧焊时焊接缺欠的预防措施

1. 弧焊电源的特点及要求

爬行机器人对弧焊电源的要求，比对普通焊接电源的要求更高，这是由于在手工焊过程中工人可以使用很多灵活的焊接技能和手法，而这些技能和手法目前无法移植到爬行机器人焊接中。因此，对爬行机器人弧焊电源而言，焊接工艺的适用性是其设计上需要考虑的重要因素。

弧焊电源需要具有稳定性高、动态性能佳、调节性能好的品质特点，需要具备可以与爬行机器人进行通信的接口，同时焊接设备需要具有专家数据库和全数字化系统，还需要配置自动化送丝机，且送丝机可以安装在爬行机器人的肩上。

为了满足爬行机器人在焊接时对焊接质量和生产效率的一系列要求，弧焊电源除了需要满足电流、电压可调等要求外，还需要具备以下工艺性能：引弧电流大小可调节、引弧电流持续时间可调节、弧长修正可调节、电感大小可调节、收弧电流大小可调节、收弧电流持续时间可调节、回烧修正可设置、电缆补偿可设置、预通气时间可设置、滞后断气时间可设置、引弧/收弧电流衰减可设置。以上这些功能和爬行机器人通信后可以通过爬行机器人来调节。

2. 弧焊电源的工艺性能对焊接质量的影响

在爬行机器人焊接过程中，可以通过程序设置，由爬行机器人向弧焊电源发出指令，控制弧焊电源的输出电流特性，包括引弧/收弧电流的大小、引弧/收弧电流的持续时间以及引弧/收弧电流衰减快慢等参数。

(1)爬行机器人在焊接时的引弧/收弧过程分析

要获得熔滴过渡均匀、焊缝成形美观的结果，不但要保证焊接过程的稳定，而且要确保引弧过程的顺畅，这样才能获得高质量的引弧特性，避免出现大段焊丝爆断或者引弧失败的情况。尤其是在爬行机器人焊接过程中，弧焊电源的引弧特性至关重要。

一般情况下，脉冲 MIG 焊采用接触短路引弧方式。但是接触引弧在短路的瞬间，焊丝与工件之间的接触电阻是不可预测的，它随焊丝及工件状态的不同而变化，焊丝可能在不同的位置爆断，从而产生不同的引弧效果。图 4-1 为焊丝爆断位置示意图。

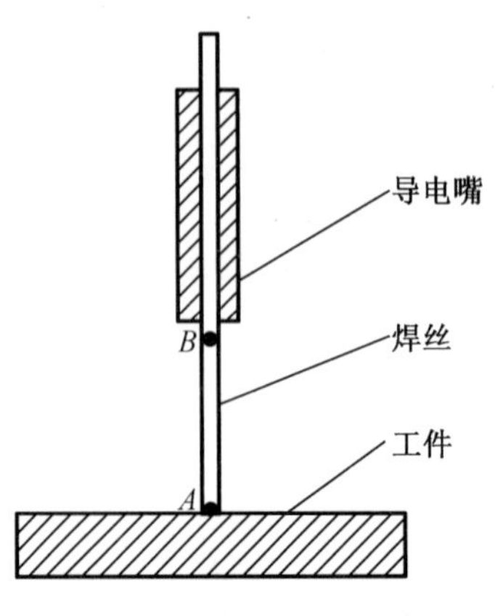

图 4-1 焊丝爆断位置示意图

(2)引弧/收弧参数设置对焊接质量的影响

①平对接焊缝引弧/收弧参数设置对焊接质量的影响

一般平对接焊缝在刚引弧时温度相对低,此时设置的引弧电流小、停留时间短,焊缝易偏高、偏窄或产生气孔;在收弧时温度稍偏高,此时设置的收弧电流保持与正常焊接相同,停留时间短或者长,焊缝均易产生过凹或过凸、气孔、裂纹等缺欠,如图4-2和图4-3所示。图4-4为通过设置合适的引弧/收弧点,选用合适的引弧/收弧电流大小和持续时间获得的高质量焊缝。

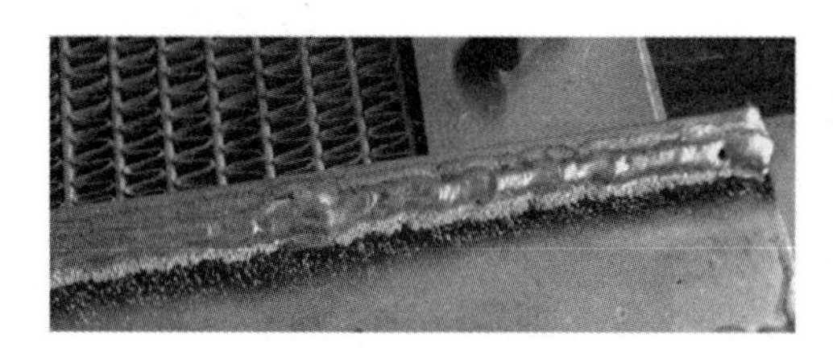

图4-2　焊缝成形不良

图4-3　焊缝收弧弧坑

②T形接头角焊缝引弧/收弧参数设置对焊接质量的影响

图4-5(a)为方形框工件的T形接头角焊缝偏窄、过凸而不美观、未熔合缺欠,原因是刚引弧时该处散热快,温度偏低,而编程时设置的引弧电流与正常焊接电流相同、停留时间短,从而出现了焊缝偏窄、过凸,不便于收弧的连接接头。图4-5(b)为焊缝产生了收弧凹坑,原因是收弧时设置的电流与正常焊接电流相同、停留时间长。

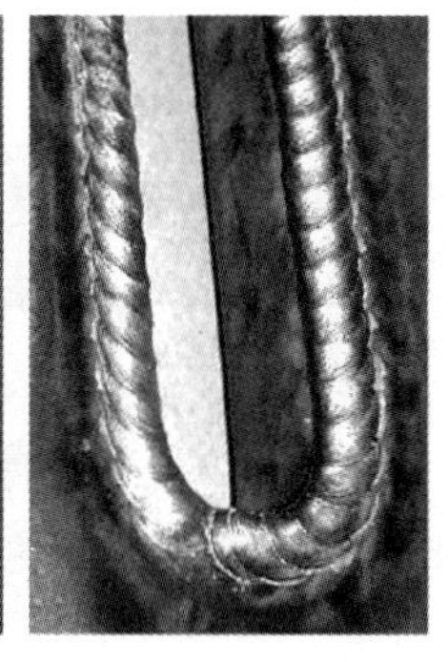

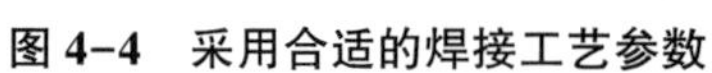

图4-4　采用合适的焊接工艺参数

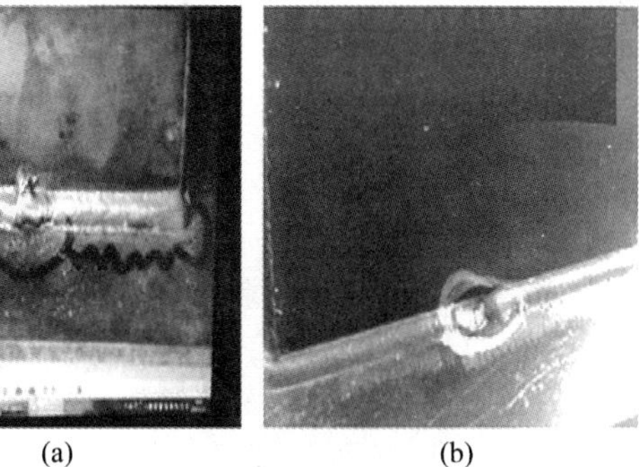

(a)　(b)

图4-5　不良的焊缝接头

③立内、外角顶、底部焊缝引弧/收弧参数设置对焊接质量的影响

在立角顶部位置选用正常焊接电流引弧时温度相对偏低,易产生未熔合、气孔等缺欠,编程时应考虑设置合适的起焊点及调试选择合适的引弧参数。立角底部位置接近收弧时温度相对偏高,易产生焊瘤、未熔合、气孔等缺欠。

在焊接技术要求较高的情况下,编程时应考虑焊接结束前增设点为收弧做准备,同时调试选择收弧参数。容器立外角焊缝实例如图4-6所示。

④角接焊缝引弧/收弧参数设置对焊接质量的影响

图 4-7 所示试件为典型的角接焊缝。在试件上端方形板块的角焊缝接头处，若焊接参数设置得不合理，则很容易产生焊缝偏高、凹坑、未熔合、下塌等缺欠。因此，编程时应考虑起焊处焊缝要平滑，起焊点需要选择合适的引弧参数，结尾设点要合适，收弧时要调试选择合适的焊接参数。

(a)
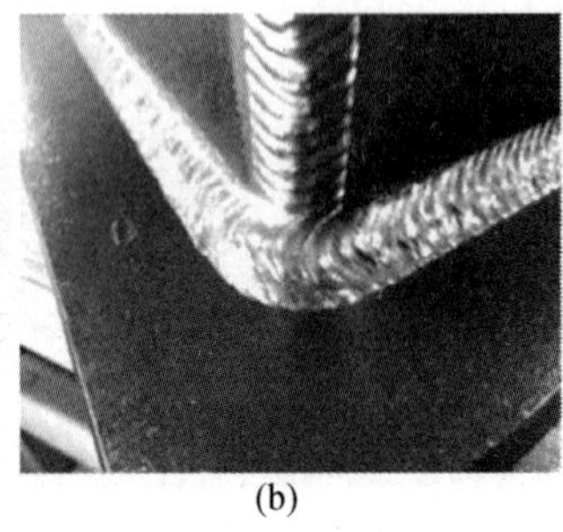
(b)

图 4-6　容器立外角焊缝实例

(a)
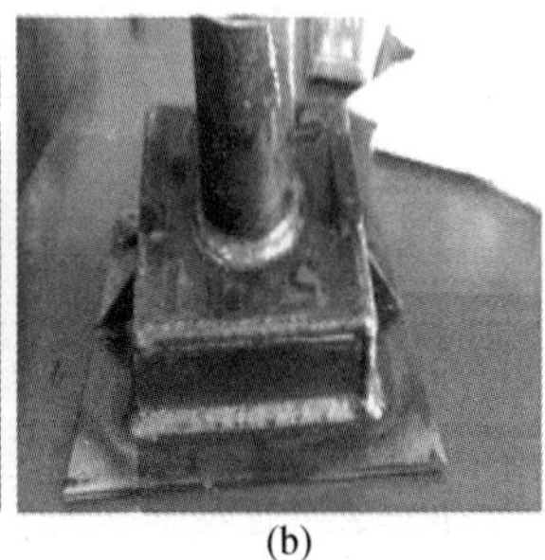
(b)

图 4-7　典型的角接焊缝

⑤角接头 90°拐角焊接参数设置对焊接质量的影响

对于薄板，90°拐角焊缝在编程时需要采用圆弧插补功能，若设点不合适或焊接速度稍慢，焊缝会产生如图 4-8 所示的下塌缺欠。

⑥T 形接头 90°拐角焊接参数设置对焊接质量的影响

焊接 T 形接头 90°拐角焊缝时易产生脱节、未熔合、下焊脚偏大等缺欠，如图 4-9 所示。编程时应考虑圆弧插补功能，设置合适的位置点、焊枪角度、焊接速度等。

图 4-8　焊缝的下塌缺欠

(a)
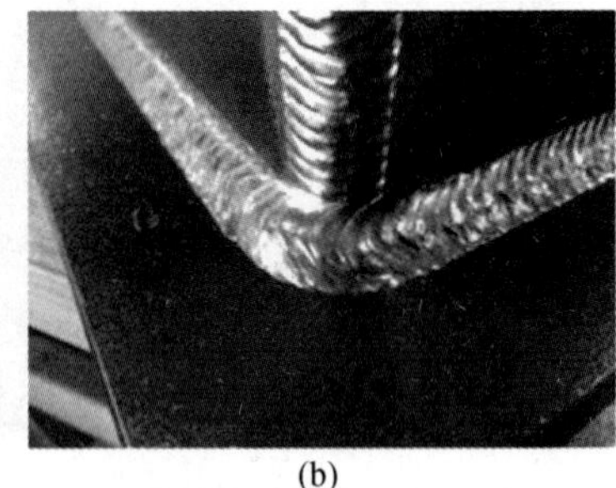
(b)

图 4-9　不良的角焊缝成形

⑦相贯线接管焊接参数设置对焊接质量的影响

上坡、下坡焊缝焊接时，液态熔池受重力的作用向下流，易在焊缝底部堆积而产生未熔合等缺欠，影响了焊缝质量和表面成形。编程时应考虑液态熔池下流的影响，选取圆弧插补，在上坡、下坡轨迹点处选取合适的焊枪角度、焊接参数，以控制焊缝质量，如图 4-10 所示。

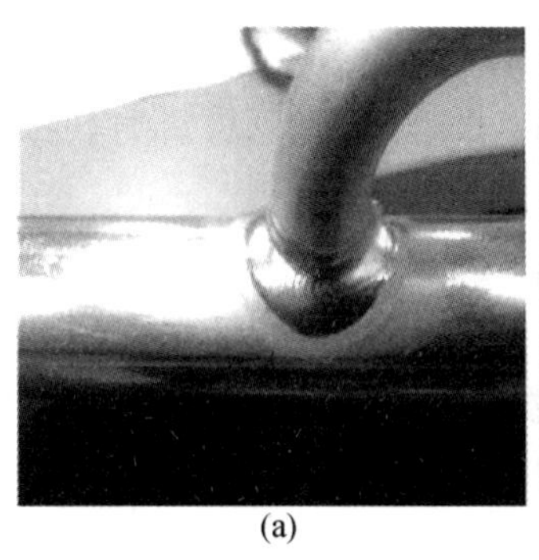
(a)

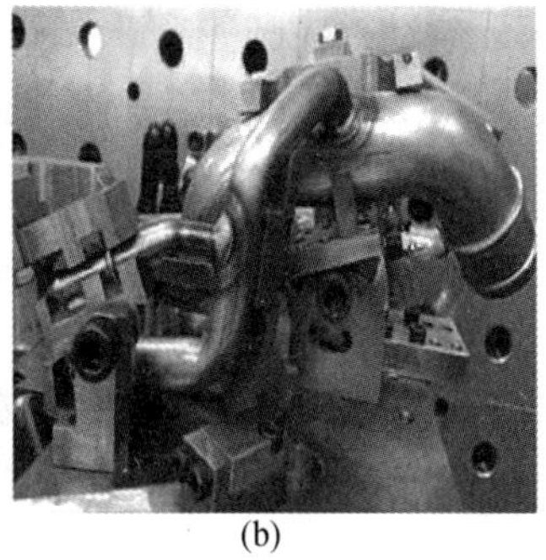
(b)

图 4-10　合适的焊接工艺参数焊接的相贯线管焊接接头

3. 弧焊电源的输出电感特性对焊接质量的影响

为了获得良好的焊缝成形质量,焊接电流、电压的静态偏差越小越好,即要求焊接参数稳定。试验证明,垂直陡降外特性电源的飞溅率最低,并且均为 1 mm 以下的小颗粒飞溅。飞溅随短路电流外拖量的增加而明显增大,当外拖量为 100%时,飞溅达到最大值。

(1) 调节特性对焊接质量的影响

弧焊电源输出电流或电压的调节是通过调节电源的外特性来实现的。为了保证焊接质量,必须根据实际的焊接材料、板厚、结构和位置来调节焊机的负载电压与焊接电流。

(2) 动态特性对焊接质量的影响

把直流焊机在焊接过程中的使用性能称为焊接适应性。这种焊接适应性反映了在使用碱性焊条时,其电弧的稳定程度、飞溅量的大小、引弧性能的好坏及电弧恢复能力等性能。焊机的外特性、动态特性对焊接时的适应性影响很大。一般焊机,当空载电压与稳定短路电流在正常范围内时,其动特性直接影响焊接适应性。

4.2　焊接检验

焊接检验是一项理论和实践性都很强的工作,检验人员需要具备焊接冶金学、材料焊接性、焊接方法及工艺、金属学、热处理、结构材料对力学性能的要求、试样类型、取样原则、试验方法、试验设备、试验标准等相关知识。焊接检验是指按照规定的技术要求,对焊接试件采用物理或化学手段,借助相应的设备器材对检测对象的内部及表面的结构、性质及状态进行检查和测试,并对结果进行分析和评价。焊接检验分为破坏性检验和非破坏性检验。在进行破坏性检验时,焊接试件在检验过程中形态发生变化,使用功能或性能遭到一定程度的破坏。非破坏性检验又称为无损检验,是指在不损坏检测试件的性能及完整性前提下进行的检验和其他缺欠的方法。在实际焊接工程中,一般需要破坏性和非破坏性检验结合进行以确保工程质量。

4.2.1　破坏性检验

破坏性检验主要有拉伸试验、冲击试验、硬度试验、弯曲试验、疲劳试验、断裂韧度试验、高温力学性能试验、化学成分分析、宏微观金相检验、扩散氢检验、铁素体含量检验和晶间腐蚀等。本章主要介绍应用较多的拉伸试验、冲击试验、硬度试验和弯曲试验，其余检验方法可参照相应的国家标准进行。

1. 拉伸试验

拉伸试验作为最广泛的力学性能试验方法，是用拉力拉伸试样，一般拉至断裂。按试验温度可将拉伸试验分为室温拉伸试验、高温拉伸试验、低温拉伸试验和液氦拉伸试验。除非另有规定，室温拉伸试验应在 10～35 ℃进行，对温度要求严格的试验，试验温度应为 23 ℃±5 ℃。

（1）拉伸试验术语

拉伸试验可以测定材料的抗拉强度 R_m、上屈服强度 R_{eH}、下屈服强度 R_{eL}、规定塑性延伸强度 R_p、断裂总延伸率 A_t 及断面收缩率 Z 等力学性能指标。表 4-7 为拉伸试验常用的术语和定义。

表 4-7　拉伸试验常用的术语和定义

术语	符号	定义
标距	L	在测试的任一时刻，用于测量试样伸长的平行部分长度
原始标距	L_0	室温下施力前的试样标距
断后标距	L_u	在室温下将断后的两部分试样紧密地对接在一起，保证两部分的轴线位于同一条直线上，测量试样断裂后的标距
平行长度	L_c	试样平行缩减部分的长度
伸长	—	试验期间任一时刻原始标距的增量
伸长率	—	原始标距的伸长与原始标距（L_0）之比，以%表示
残余伸长率	—	卸除指定的应力后，伸长与原始标距（L_0）之比，以%表示
断后伸长率	A	断后标距的残余伸长（L_u-L_0）与原始标距（L_0）之比，以%表示
引伸计标距	L_e	用引伸计测量试样延伸时所使用的引伸计初始标距长度
延伸	—	试验期间任一时刻引伸计标距的增量
延伸率、应变	—	用引伸计标距计算的延伸百分率
断裂总延伸率	A_t	断裂时刻的总延伸（弹性延伸加塑性延伸）与引伸计标距之比，以%表示
试验速率	—	试验期间使用的速率
应变速率	$\dot{e}_{Le}$	用引伸计标距测量时单位试件的应变增加量
横梁位移速率	v_c	单位试件横梁位移的增加
应力速率	$\dot{R}$	单位时间应力的增加
断面收缩率	Z	断裂后试样横截面积的最大缩减量（S_0-S_u）与原始横截面积（S_0）之比，以%表示：$Z=\frac{S_0-S_u}{S_0}\times100$

表 4-7(续)

术语	符号	定义
最大力	F_m	连续屈服的金属材料:试验期间试样所承受的最大的力;不连续屈服的金属材料:在加工硬化开始之后,试样所承受的最大的力
应力	R	试验期间任一时刻的力与试样原始截面积(S_0)之商
抗拉强度	R_m	相应最大力对应的应力
屈服强度	—	当金属材料呈现屈服现象时,在试验期间金属材料产生塑性变形而力不增加时的应力
上屈服强度	R_{eH}	试样发生屈服而力首次下降前的最大应力
下屈服强度	R_{eL}	在屈服期间,不计初始瞬时效应时的最小应力
规定塑性延伸强度	R_p	塑性延伸等于规定的引伸计标距百分率时对应的应力
断裂	—	当试样发生完全分离时的现象
弹性模量	E	在弹性范围内应力变化(ΔR)和延伸率变化(Δe)的商乘以 100%

(2)拉伸试验设备

拉伸试验设备主要由拉伸试验机(液压式、电子万能式)、计算机、引伸计、高低温试验辅助装置等构成,图 4-11 为拉伸试验机。成套拉伸试验设备能够实现计算机控制试验过程、同步采样、计算并输出特征结果,同时进行储存结果数据。储存的试验数据可再次进行分析,拾取特征点。计算机生成的应力-位移、应力-应变及应力-时间等曲线可以很好地反映试样在单轴力作用下试样发生的弹性变形、塑性变形及断裂等阶段,从而很好地反映了材料抵抗外力的全过程。拉伸试验机、引伸计、高低温试验辅助装置等均应按相关标准进行计量检定,合格后方可使用,计量检定周期应符合标准或管理体系要求。

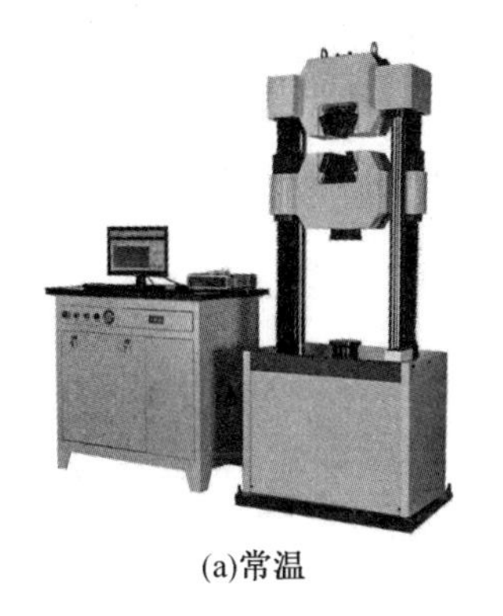
(a)常温

(b)高温

图 4-11　拉伸试验机

(3)拉伸试验的物理现象及曲线

拉伸试验时试样被逐渐均匀拉长,然后在某一等截面处变细,直到在该处断裂。这个过程一般可分为弹性变形、滞弹性变形、屈服前微塑性变形、屈服变形、均匀塑性变形及局部塑性变形阶段,拉伸曲线如图 4-12 所示。

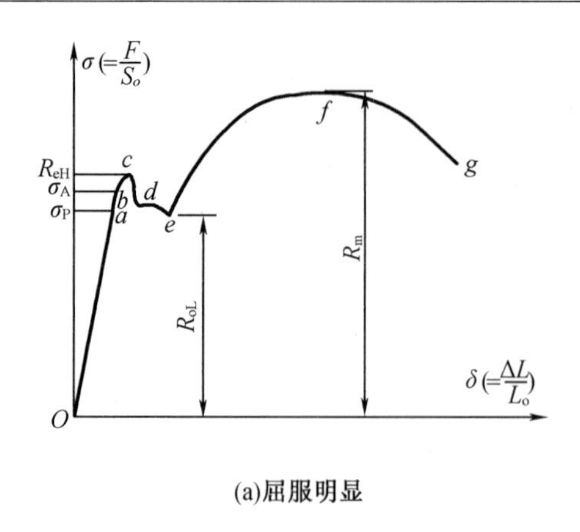

(a)屈服明显

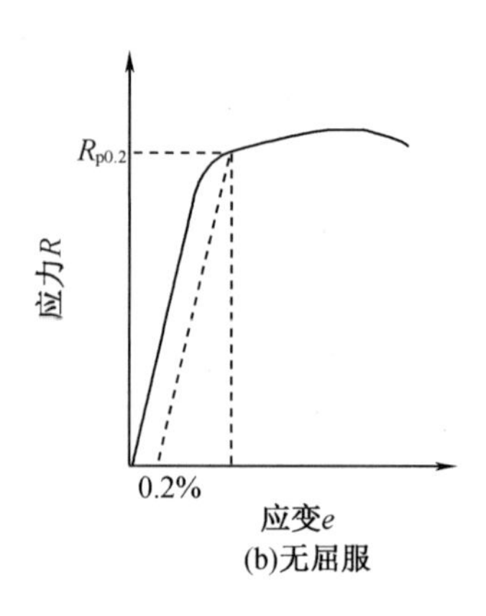

(b)无屈服

图 4-12　拉伸曲线

①弹性变形阶段(oa)

在弹性变形阶段,试样的变形是弹性的,并且外力与伸长是成正比例的直线关系,即伸长与载荷之间服从虎克定律。如果在试验过程中卸除拉力,则试样的伸长变形会消失,试样的标距部分可以恢复到原长,不产生残余伸长。

②滞弹性变形阶段(ab)

在弹性变形阶段,外力与伸长成正比例的直线关系并不能一直保持下去,一旦外力超过曲线上 a 点,正比例关系就破坏了。拉伸图上的 ab 段就是弹性变形中的非线性阶段,即滞弹性变形,此时试样的变形仍然是弹性的。此阶段很短,一般不容易观察到。

③屈服前微塑性变形阶段(bc)

在屈服前微塑性变形阶段,式样出现连续均匀的微小塑性变形。该变形在卸除试验拉力后,试样的伸长变形不会完全消失。这一阶段亦很短,容易与滞弹性变形阶段混淆。

④屈服阶段(cde)

在屈服阶段,试样受拉伸外力的作用产生了较大的塑性变形。在开始阶段,由于屈服变形的不连续导致力值突然下降 cd。随着拉伸时间的延续,试样伸长急剧增加,但载荷却在小范围内波动,如果忽略这一波动,拉伸图上可见一水平线段 de。该阶段对应的外力即为屈服力。这种拉力不增加而变形仍能继续增加的现象,其起始点宏观上可以看作金属材料从弹性变形过渡到塑性变形的一个明显标志。

⑤均匀塑性变形阶段(ef)

屈服阶段后,必须进一步增加外力才能使试样继续被拉长。在均匀塑性变形阶段,随着变形量的增加材料不断被强化,这种现象称为应变硬化,表现 ef 段的不断上升。在此阶段,试样的某一部分产生了塑性变形,虽然这一部分截面积减小,但变形强化的作用阻止了塑性变形在此处继续发展。此时,由于力的传递使塑性变形推移到试样的其他部位,这样变形和强化交替进行,就使得试样各部分产生了宏观上均匀的塑性变形。

⑥局部塑性变形阶段(fg)

在拉力的继续作用下,由于均匀塑性变形的强化能力跟不上变形量,终于在某个截面上产生了局部的塑性变形,致使该截面积快速地缩小,产生了缩颈现象。此时,虽然外力不断下降,但由于缩颈部位的面积迅速减小,为此,缩颈处的实际应力仍在不断增长,缩颈部位的材料继续被拉长,直至被拉断为止。出现局部塑性变形的开始点 f 所对应的力 F_m 为试样在拉伸过程中所能承受的最大外力。

(4) 拉伸试验要求、程序及结果

①拉伸试验要求

a. 取样要求

焊接接头对接横向拉伸试样应从焊接接头垂直于焊缝轴向方向截取,试样加工完成后,焊缝的轴线位于试样平行长度部分的中间。取样所采用的机械加工方法或热加工方法不应对试样性能产生任何影响。钢材取样时应当注意以下几点。

· 厚度超过 8 mm 的钢材取样时,不应采用剪切方法。

· 当采用热切割或影响切割面性能的其他切割方法从焊接试板或试件上截取试样时,应确保所有切割面距离试样最终平行长度部分的表面至少 8 mm。

· 对于平行于焊接试板或试件的原始表面的切割,不应采用热切割方法。而对于其他金属材料,则不应采用剪切方法和热切割方法,应采用机械加工方法(如锯削、水射流切割、铣削等)。

b. 取样位置

焊接接头对接横向拉伸试样厚度 t_s 通常应与焊接接头处母材的厚度相等。如果试样厚度超过 30 mm,且相关应用标准要求进行全厚度试验时,可将焊接接头截取若干试样覆盖整个厚度(相邻试样间可重叠),此时要记录试样相对焊接接头厚度的位置,如图 4-13 所示。

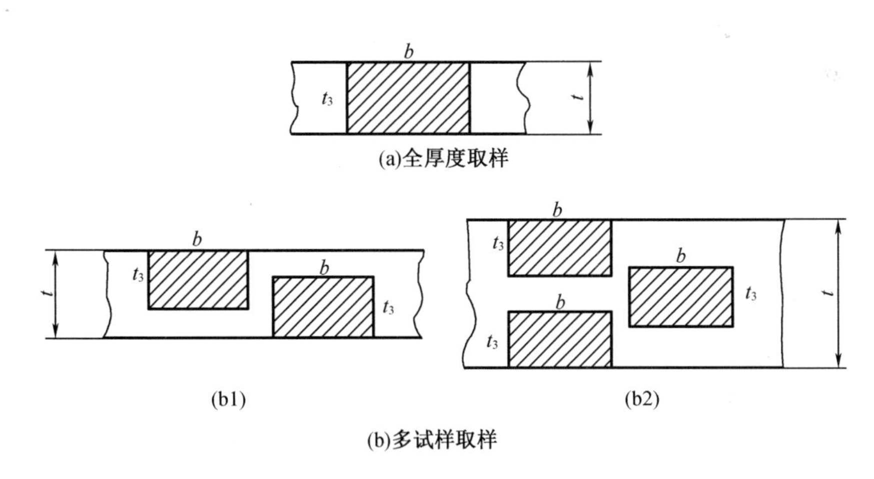

图 4-13　试样取样位置

c. 试样要求

试样可分为板材试样、管材试样、管段试样及实心截面试样。对于板材试样和管材试样,沿着平行长度部分(L_c)应均衡一致,其形状及尺寸见表 4-8 和图 4-14。试样公差应符合 GB/T 228. 1—2010《金属材料 拉伸试验 第 1 部分:室温试验方法》和 GB/T 228. 2—2015《金属材料 拉伸试验 第 2 部分:高温试验方法》的规定。管段试样尺寸如图 4-15 所示。实心截面试样尺寸应符合协议要求,当实心截面为圆形截面时,试样尺寸应符合 GB/T 228. 1—

2010《金属材料 拉伸试验 第 1 部分:室温试验方法》和 GB/T 228.2—2015《金属材料 拉伸试验 第 2 部分:高温试验方法》的要求,且平行长度 L_c 应不小于 L_s+60 m,如图 4-16 所示。

表 4-8 板材试样和管材试样的尺寸

名称		符号	尺寸/mm
试样总长度		L_t	适用于所使用的试验机
夹持端宽度		b_1	b_0+12
平行长度部分的宽度	板材	b_0	12(t_s≤2) 25(t_s>2)
	管材	b_0	6(D_0≤50) 12(50<D_0≤168) 25(D_0>168)
平行长度[①]		L_c	≥L_s+60
过渡弧半径		R	≥25

注:①对于电阻焊、压焊及高能束焊接接头,L_s = 0;对于其他某些金属材料(如铝、铜及其合金),可要求 L_c≥L_s+100 mm。

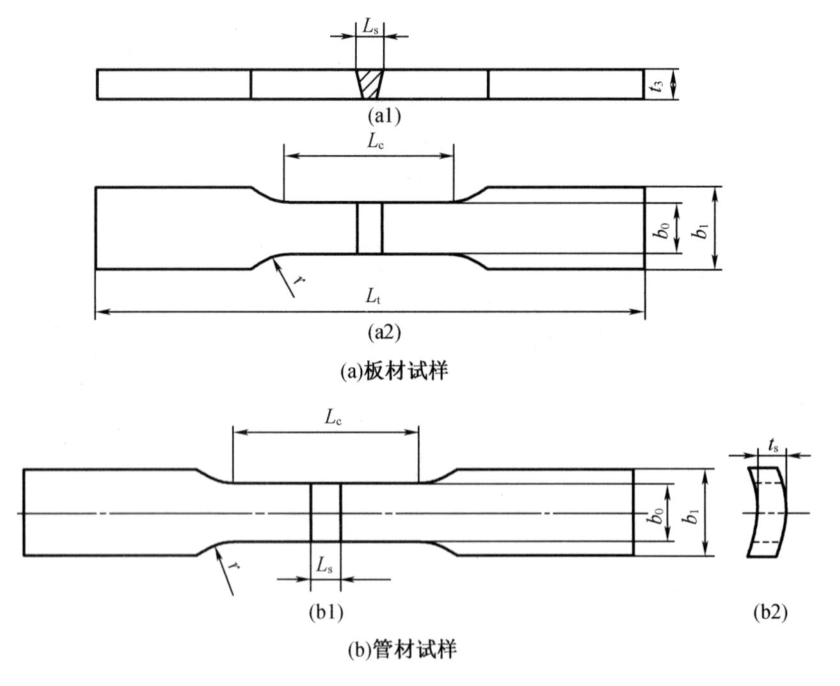

图 4-14 板材试样和管材试样的形状

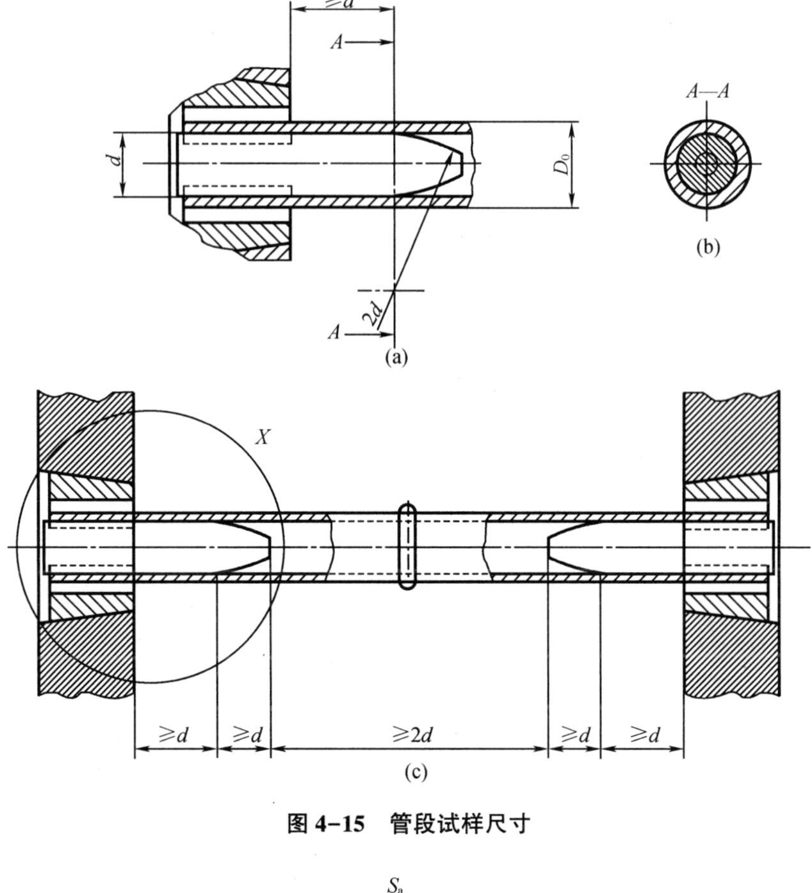

图 4-15　管段试样尺寸

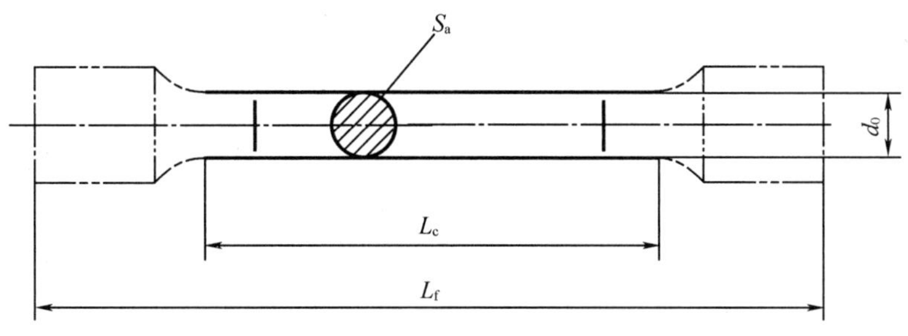

图 4-16　圆形实心截面试样

另外,注意试样制备的最后阶段应采用机械加工或磨削,并采取适当的预防措施避免在试样表面产生应变强化或过热。试样表面应没有垂直于试样平行长度(L_c)方向的划痕。除非有特殊要求,否则应去除超出试样表面的焊缝金属,要保留咬边及有熔透焊道的管段试样的管内焊缝。

③拉伸试验程序及结果

首先应计算试样的原始截面积,宜在试样平行长度区域测量最少三个不同位置,取测量的实际尺寸计算横截面积的平均值。

对于管材试样,计算公式为

$$S_0=\frac{b_0}{4}(D_0^2-b_0^2)^{\frac{1}{2}}+\frac{D_0^2}{4}\arcsin\left(\frac{b_0}{D_0}\right)-\frac{b_0}{4}[(D_0-2a_0)-b_0^2]^{\frac{1}{2}}-\left(\frac{D_0-2a_0}{2}\right)^2\arcsin\left(\frac{b_0}{D_0-2a_0}\right)$$

当$\frac{b_0}{D_0}<0.25$时,可使用计算公式为

$$S_0=a_0b_0\left[1+\frac{b_0^2}{6D_0(D_0-2a_0)}\right]$$

而$\frac{b_0}{D_0}<0.1$时,可使用计算公式为

$$S_0=a_0b_0$$

式中,a_0 为管子的原始壁厚。

对于管段试样,应按照以下公式计算试样原始面积:

$$S_0=\pi a_0(D_0-a_0)$$

按照 GB/T 228.1—2010《金属材料 拉伸试验 第 1 部分:室温试验方法》、GB/T 228.2—2015《金属材料 拉伸试验 第 2 部分:高温试验方法》的规定对试样以连续渐进方式施加试验力,然后测定试验力和断裂位置。焊接接头对接横向拉伸试验一般只需要测定抗拉强度,如果需要使用引伸计测定其他性能时,宜根据试验目的确认引伸计的安装位置。

(5)熔化焊接头焊缝金属纵向拉伸试验

熔化焊接头焊缝金属纵向拉伸试验的取样要求同横向拉伸一致。试样应从成品焊接接头或焊接试件纵向截取。加工完成后,试样的平行长度部分应全部由焊缝金属组成,如图 4-17 所示。每个试样应加工成圆形横截面,其平行长度范围内的直径 d_0 应符合 ISO 6892-1:2019《金属材料—拉伸试验—第 1 部分:室温试验方法》的相关规定。试样直径 d_0 应为 10 mm,如果样品不能满足加工要求,直径应尽可能大,不应小于 4 mm。

熔化焊接头焊缝金属纵向拉伸试验一般要求测定抗拉强度 R_m、屈服强度/规定塑性延伸强度(一般为 $R_{p0.2}$)及断后伸长率 A。测定断后伸长率需要试验前标记原始标距 L_0,对于比例试样,原始标距 L_0 一般为 $5.65\sqrt{S_0}$(其中 S_0 为平行长度的原始截面积),如果不为 $5.65\sqrt{S_0}$,则应在断后伸长率符号 A 附脚标说明所用比例系数,比如 $A11.3$。当使用非比例试样,符号 A 宜附以脚标说明使用的原始标距(以 mm 表示),如 $A80$ mm 表示原始标距为 80 mm 的断后伸长率。

用两个或一系列小标距、细化线或墨线标记原始标距,要注意所采用的方法是否导致试样过早断裂。当试样平行段长度远长于标距时,可标记相互重叠的几组标距,标距应以±1%准确度标记,比例试样的原始标距值,取计算结果最接近 5 mm 的倍数,中间值向大的一方取值。然后按照 ISO 6892-1:2019《金属材料—拉伸试验—第 1 部分:室温试验方法》的规定对试样以连续渐进方式施加试验力进行拉伸试验。

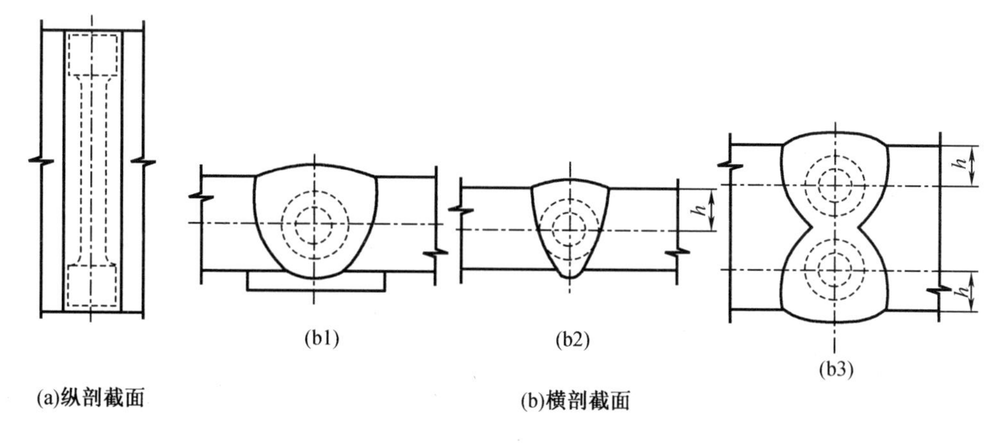

图 4-17　试样取样位置示例

2. 冲击试验

焊接接头在使用过程中,除了需要具有足够的强度和塑性外,还应具有足够的韧性。韧性是指材料在弹性变形、塑性变形和断裂过程中吸收能量的能力。冲击试验是把要试验的材料制成规定形状和尺寸的试样,在冲击试验机上一次冲断,用冲击试样所消耗的功率和断口形貌特点,经过整理得到规定定义的冲击性能指标。夏比冲击试验可以用来评估承受大能量冲击的金属构件发生脆断的倾向,并且能够评定材料在高、低温条件下的韧脆转变特性等。

(1)夏比冲击试样

标准尺寸冲击试样长度为 55 mm,横截面为 10 mm×10 mm 方形截面,在试样长度的中间位置有 V 形、U 形缺口,其示意图和尺寸要求见图 4-18 与表 4-9。如试料不够制备标准尺寸试样,如无特殊规定,可使用厚度为 7.5 mm、5 mm 或 2.5 mm 的小尺寸试样,通过协议也可使用其他厚度的试样,但应注意只有采用形状和尺寸均相同的试样才可以对结果进行直接比较。另外,对需要进行热处理的试验材料,应在最终热处理后的试件上进行精加工和开缺口。

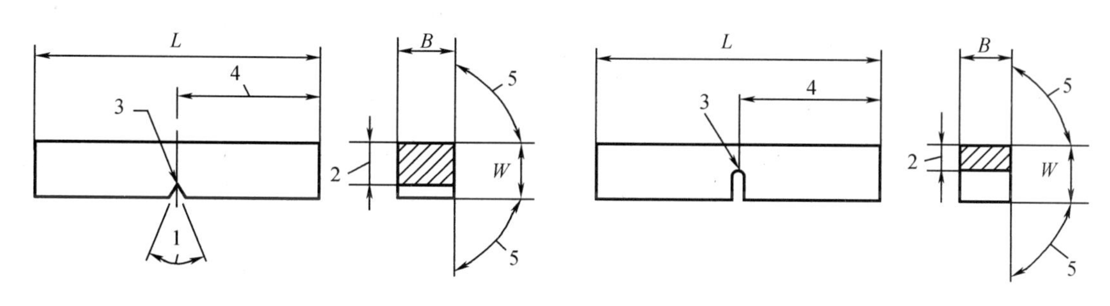

图 4-18　冲击试样示意图

(注:图中序号说明见表 4-9)

表 4-9　冲击试样的尺寸要求

名称	符号或序号	V 形缺口试样①		U 形缺口试样	
		名义尺寸	机加工公差	名义尺寸	机加工公差
试样长度/mm	L	55.00	±0.600	55.0	±0.60
试样宽度/mm	W	10.00	±0.075	10.0	±0.11
试样厚度标准尺寸试样/mm	B	10.00	±0.110	10.0	±0.11
试样厚度-小尺寸试样②/mm		7.50	±0.110	7.5	±0.11
		5.00	±0.060	5.0	±0.06
		2.50	±0.050	—	—
缺口角度/(°)	1	45	±2	—	—
韧带宽度/mm	2	8.00	±0.075	8.0	±0.09
		—	—	5.0	±0.09
缺口根部半径/mm	3	0.25	±0.025	1.0	±0.07
缺口对称面—端部距离/mm	4	27.50	±0.420③	27.5	±0.42③
缺口对称面-试样纵轴角度/(°)		90	±2	90	±2
试样相邻纵向面间夹角/(°)	5	90	±1	90	±1
表面粗糙度④/μm	Ra	<5.00	—	<5.0	—

注：①对于无缺口试样，要求与 V 形缺口试样相同(缺口要求除外)。

②如指定其他厚度(如 2 mm 或 3 mm)，应规定相应的公差。

③对端部对中自动定位试样的试验机，建议偏差采用±0.165 mm 代替±0.42 mm。

④试样的表面粗糙度 Ra 应优于 5 μm，端部除外。

(2)焊接接头冲击试样的取样位置及代号

焊接接头的冲击试样应从焊接接头横向水平截取，且试样纵轴与焊缝长度方向垂直，一般要通过宏观侵蚀确定缺口位置。试样的切取应按相关产品标准或 GB/T 2975—2018《钢及钢产品 力学性能试验取样位置及试样制备》的规定执行，试样制备过程应使任何可能导致材料发生改变(如加热或冷作硬化)的影响减至最小。

取样位置可使用取样代号表示。取样代号由表示试样类型、位置和缺口方向的字母，以及表示缺口与参考线 RL 距离(单位 mm)的数值组成。

第一个字符：用“U”表示夏比 U 形缺口；“V”表示夏比 V 形缺口。

第二个字符：用“W”表示缺口在焊缝金属，此时参考线 RL 为试样上的焊缝中心线。用“H”表示缺口在热影响区，此时参考线 RL 为试样纵向中轴线与熔合线/压焊结合线的交点向母材表面引出的垂直线。

第三个字符：用“S”表示开缺口面平行于接头/试件表面。

第四个字符：用“a”表示缺口距参考线的距离(如果缺口中心线即为焊缝金属中心线，则记录 $a=0$)。

第五个字符：用“b”表示接头/试件表面与试样最近一侧表面的距离(如果试样表面即

为接头表面，则记录 $b=0$）。

图4-19为典型的取样代号示例。

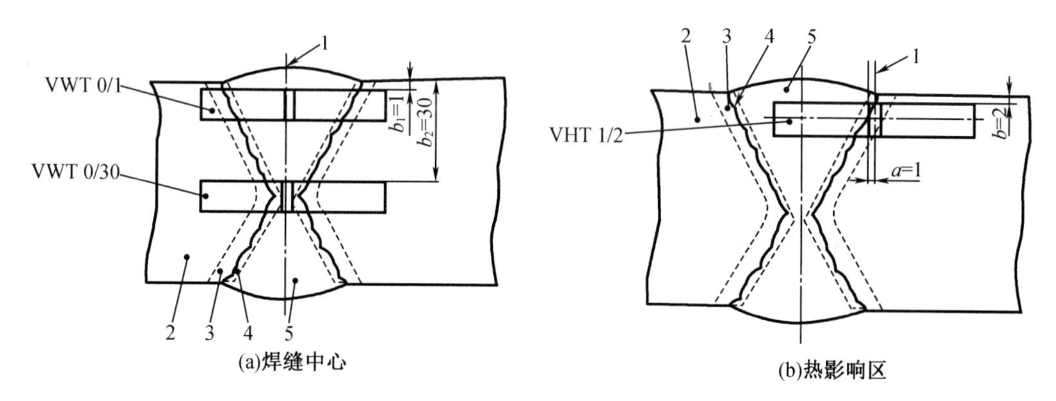

1—缺口轴线；2—母材；3—热影响区；4—熔合线；5—焊缝金属。

图4-19　典型的取样代号示例

（3）冲击试验设备

冲击试验机主要由机架、摆锤、砧座、指示装置及摆锤释放、制动和提升机构等组成，如图4-20所示。试验机应按照GB/T 3808—2018《摆锤式冲击试验机的检验》或JJG 145—2007《摆锤式冲击试验机》的要求进行安装及校准。

图4-20　冲击试验机

摆锤锤刃边缘曲率半径为2 mm或8 mm。符号的下标数字分别表示为 KV_2、KV_8、KU_2、KU_8。摆锤锤刃半径的选择应符合相关标准规定。

（4）冲击试验程序

①检查试样尺寸

用最小分度不大于0.02 mm的游标卡尺测量冲击试样的宽度、厚度及缺口处厚度；用缺口投影仪检查缺口尺寸，看其是否符合标准要求。

②试验机的摩擦损耗测定

开始冲击试验前应按照GB/T 229—2020《金属材料 夏比摆锤冲击试验方法》要求对冲击试验机摩擦造成的能量损耗进行检查。

③确定试验温度

常温冲击试验应在 23 ℃±5 ℃(室温)下进行。对于试验温度有规定的冲击试验,试样温度应控制在规定温度±2 ℃范围内进行冲击试验。当使用液体介质冷却或加热试样时,试样应放置于容器中的网栅上,网栅至少高于容器底部 25 mm,液体浸过试样的高度至少为 25 mm,试样距容器侧壁至少 10 mm。液体介质温度应在规定温度±1 ℃以内,试样应转移至冲击位置前并在该介质中保持至少 5 min。当使用气体介质冷却或加热试样时,试样应与最近表面保持至少 50 mm 的距离,试样之间至少间隔 10 mm。温度测量装置应置于试样组中间,且应连续均匀搅拌介质以使温度均匀。气体介质温度应在规定温度±1 ℃以内,试样应在该介质中保持至少 30 min 后再进行试验。

④试样的转移与放置

为了消除试样与砧座之间的明显缝隙,可使用类似图 4-21 所示的自动对中钳转移试样。当不在室温进行试验时,试样从高温或低温介质中移出至打断的时间应不大于 5 s;当室温或仪器温度与试样温度之差小于 25 ℃时,试样转移时间应小于 10 s。转移装置的设计和使用应能使试样温度保持在允许的温度范围内,转移装置与试样接触部分应和试样一起加热或冷却。

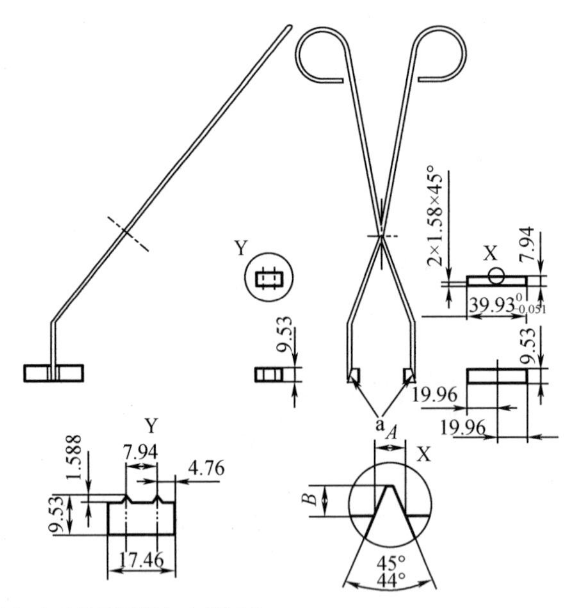

试样类型	凸台底部高度 A	凸台高度 B
V形缺口	1.60~1.70	1.52~1.65
U形缺口	1.56~1.74	1.52~1.65

图 4-21　自动对中钳(单位:mm)

试样应紧贴试验机砧座,试样缺口对称面与两砧座中间平面间的距离应不大于 0.5 mm。锤刃打击中心位于缺口对称面、试样缺口的对面,如图 4-22 所示。对于无缺口试样,应使锤刃打击中心位于试样长度方向和厚度方向的中间位置。试验前应检查砧座跨距,砧座跨距应保证在 40~40.2 mm,并检查砧座圆角和摆锤锤刃部位是否有损伤或外来金属粘连,如发现存在问题应对问题部件及时调整、修磨或更换,以保证试验结果的准确可靠。

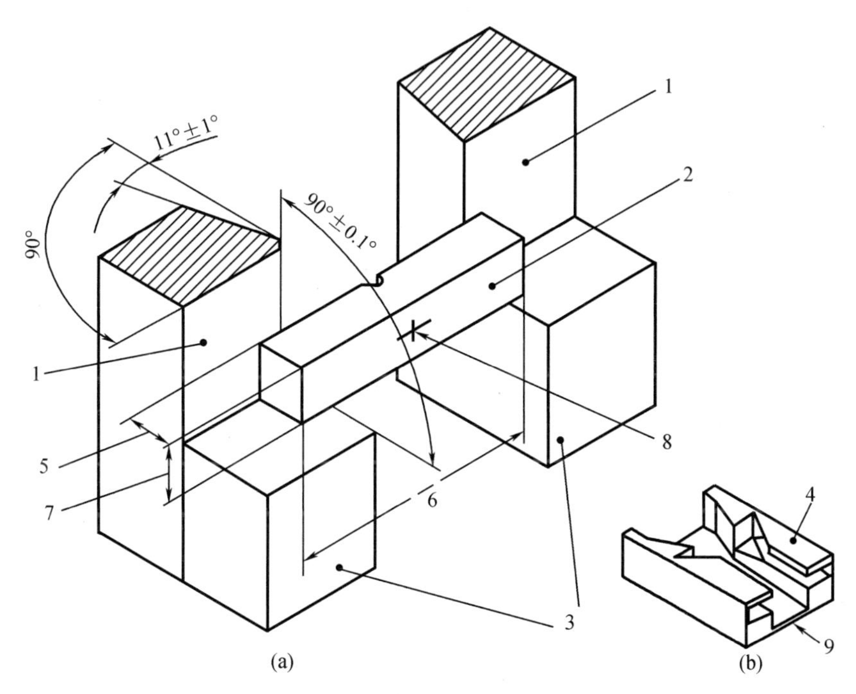

1—砧座;2—标准尺寸试样;3—试样支座;4—保护罩;5—试样宽度,W;

6—试样长度,L;7—试样厚度,B;8—打击点;9—摆锤冲击方向。

注:保护罩可用于 U 形摆锤试验机,用于保护断裂试样不回弹到摆锤和造成卡锤。

图 4-22　试样与摆锤冲击试验机支座及砧座相对位置示意图

⑤使用计算机控制摆锤进行冲击

为了保证安全,冲击试验机应安装防护罩,并且操作计算机、冲击试验机和安放试样的应为同一人。

⑥试样数量

焊接接头冲击试样数量一般为 3 个,而焊接材料熔敷金属复验一般为 5 个。

⑦试验结果

读取每个试样的冲击吸收能量,应至少估读到 0.5 J 或 0.5 个分度单位(取两者之间较小值)。试验结果应至少保留两位有效数字,修约方法按 GB/T 8170—2008《数值修约规则与极限数值的表示和判定》执行。当要求测定试样侧膨胀值和剪切断面率时可参考 GB/T 229—2020《金属材料 夏比摆锤冲击试验方法》的附录 B 和附录 C 进行。

3. 弯曲试验

弯曲试验是以一定形状(如圆形、方形、矩形或多边形横截面)试样在弯曲装置上经受弯曲塑性变形,在不改变加力方向情况下直至达到规定的弯曲角度后卸除试验力,通过观察试样表面状态来检查其承受弯曲变形能力的一种工艺试验。

(1)取样要求

试样的制备不能影响母材和焊缝金属的性能。对于对接接头横向弯曲试验应从产品或试件的焊接接头上横向截取试样,以保证加工后焊缝的轴线在试样的中心或适合于试验的位置。对于对接接头纵向弯曲试验,应从产品或试件的焊接接头上纵向截取试样。带堆焊层的弯曲试样的位置和方向应符合相关标准或协议的规定。

钢材取样时应当注意以下几点。

①厚度超过 8 mm 的钢材取样时,不应采用剪切方法。

②当采用热切割或影响切割面性能的其他切割方法从焊接试板或试件上截取试样时,应确保所有切割面距离试样最终平行长度部分的表面至少 8 mm。

而对于其他金属材料,则不应采用剪切方法和热切割方法,应采用机械加工方法(如锯削、水射流切割、铣削等)。试样加工的最后工序应采用机加工或磨削。应该注意的是,在试样长度范围内,试样表面应没有横向划痕或切痕。除了相关标准或协议另有规定外,试样不得去除咬边,超出试样表面的焊缝金属一般应通过机加工方法去除,小管径内壁的熔透焊缝允许保留。

(2)试样类别

①对接接头正弯试样(FBB)和背弯试样(RBB)

焊缝表面为受拉面的试样,双面焊时焊缝表面为焊缝较宽或焊接开始的一面是正弯试样,焊缝根部为受拉面是背弯试样。对接接头横向弯曲试样(FBB 和 RBB)和侧向弯曲试样(SBB)如图 4-23 所示。横向弯曲试样厚度 t_s 应等于焊接接头处母材的厚度。当相关标准要求对整个厚度(30 mm 以上)进行试验时,可以截取若干个试样覆盖整个厚度。在这种情况下,试样在焊接接头厚度方向的位置应做标识。纵向弯曲试样厚度 t_s 应等于焊接接头处母材的厚度。如果试件厚度 t 大于 12 mm,试样厚度 t_s 应为 12 mm±0.5 mm,而且试样应取自焊缝的正面或背面。

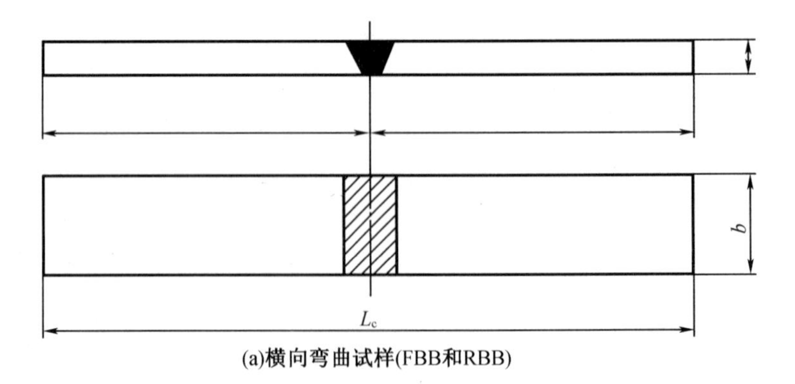

(a)横向弯曲试样(FBB和RBB)

图 4-23 对接接头横向弯曲试样(FBB 和 RBB)和侧向弯曲试样(SBB)

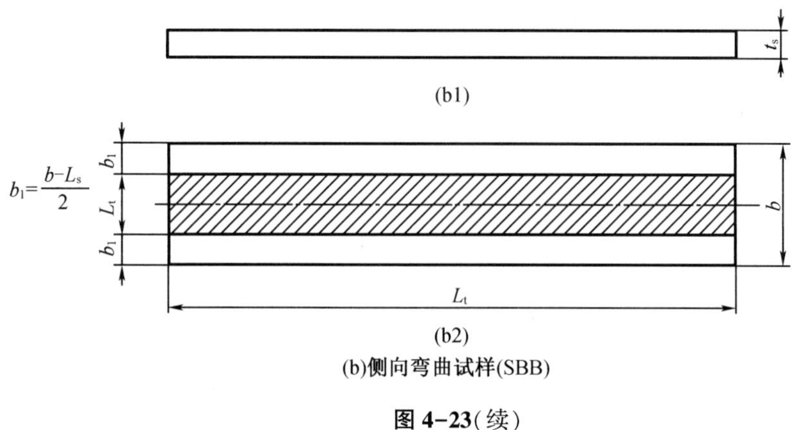

(b)侧向弯曲试样(SBB)

图 4-23(续)

②对接接头侧弯试样

焊缝横截面为受拉面的试样,如图 4-24 所示。试样宽度 b 应等于焊接接头处母材的厚度,试样厚度 t_s 至少应为 10 mm±0.5 mm,而且试样宽度应大于或等于试样厚度的 1.5 倍。

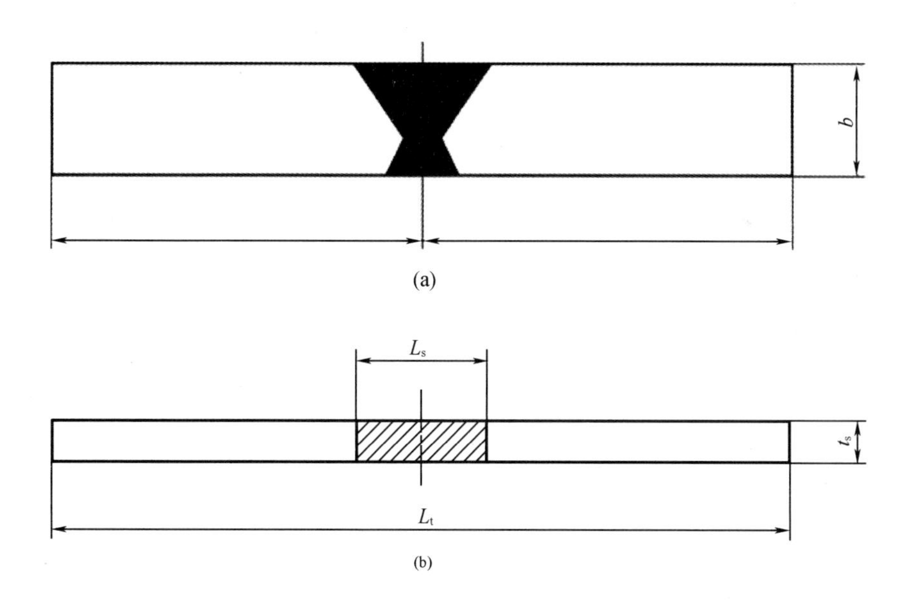

图 4-24　对接接头侧弯试样

当接头厚度超过 40 mm 时,允许从焊接接头截取几个试样代替一个全厚度试样,试样宽度 b 的范围为 20~40 mm。在这种情况下,试样在焊接接头厚度方向的位置应做标识。

③带堆焊层正弯试样(FBC)

堆焊层表面为受拉面的试样,如图 4-25 所示。试样厚度 t_s 应等于基材厚度加上堆焊层的厚度,最大为 30 mm。当基材厚度加上堆焊层的厚度超过 30 mm 时,允许去除部分基材,使加工好的试样厚度 t_s 符合相关标准要求。

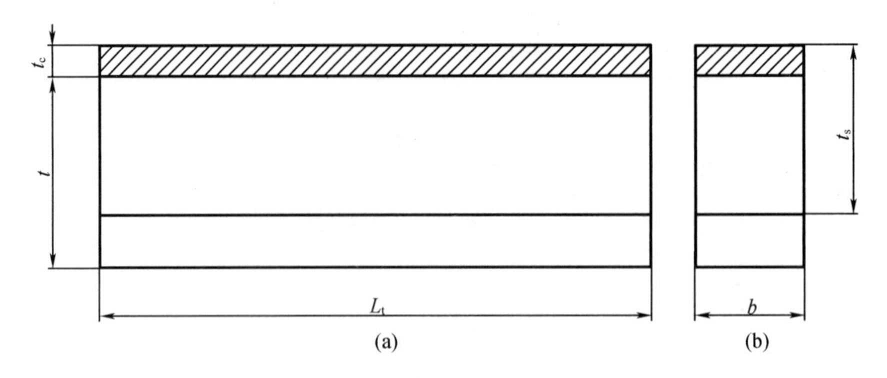

图 4-25　带堆焊层正弯试样(FBC)

④带堆焊层侧弯试样(SBC)

堆焊层横截面为受拉面的试样,如图 4-26 所示。试样宽度 b 应等于基材厚度加上堆焊层的厚度,最大为 30 mm。试样厚度 t_s 至少应为 10 mm±0. 5 mm,而且试样的宽度应大于或等于试样厚度的 1. 5 倍。当基材厚度加上堆焊层的厚度超过 30 mm 时,允许去除部分基材,使加工好的试样宽度 b 符合相关标准要求。

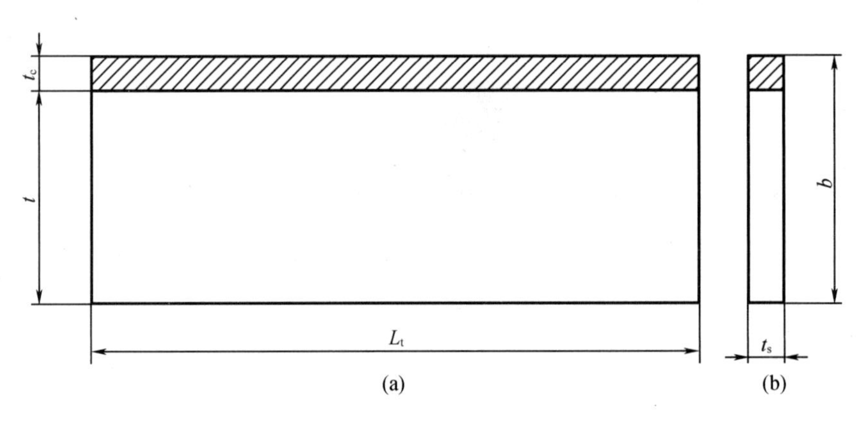

图 4-26　带堆焊层侧弯试样(SBC)

(3)试样尺寸

①长度

试样长度 L_t 应为 $L_t \geqslant l+2R$,其中 l 为滚筒间距离,R 为滚筒半径,且至少应满足相关标准的要求。

②宽度

a. 横向正弯和背弯试样:钢板试样宽度 b 应不小于 $1.5t_s$,最小为 20 mm;铝、铜及其合金板试样宽度 b 应不小于 $2t_s$,最小为 20 mm;管径 $D \leqslant 50$ mm 时,管试样宽度 b 最小应为 $t+0.1D$,最小为 8 mm;管径 $D>50$ mm 时,管试样宽度 b 最小应为 $t+0.05D$,最小为 8 mm,而最大为 40 mm。

b. 侧弯试样:试样宽度 b 一般等于焊接接头处母材厚度。

c. 纵向弯曲试样:试样宽度 b 应符合表 4-10 的规定。

d. 拉伸试样面棱角应加工成圆角,其半径不超过 $0.2t_s$,最大为 3 mm。

表 4-10　纵向弯曲试样宽度

材料	试样厚度 t_s/mm	试样宽度 b/mm
钢	≤20	$L_s+2\times10$
	>20	$L_s+2\times15$
铝、铜及其合金	≤20	$L_s+2\times15$
	>20	$L_s+2\times25$

注:其他金属材料试样宽度按协议要求。

(4)弯曲试验程序

①腐蚀

在开始弯曲试验前,可对试样表面稍作腐蚀,以分清熔化区域形状、位置或熔合线。

②试验方法选择

圆形压头弯曲是最常用的方法,把试样放在两个平行的辊筒上进行试验。焊缝应在两个辊筒间中心线位置,纵向弯曲除外。在两个辊筒间中点,即焊缝的轴线,垂直于试样表面通过压头施加载荷(三点弯曲),使试样逐渐连续地弯曲,如图 4-27 所示。另一种方法是辊筒试验,该方法适用于铝合金和异种材料焊接接头,是将试样的一端牢固地卡紧在两个平行辊筒的试验装置内,进行试验。通过外辊筒沿以内辊筒筒轴线为中心的圆弧转动,向试样施加载荷,使试样逐渐连续地弯曲,如图 4-28 所示。

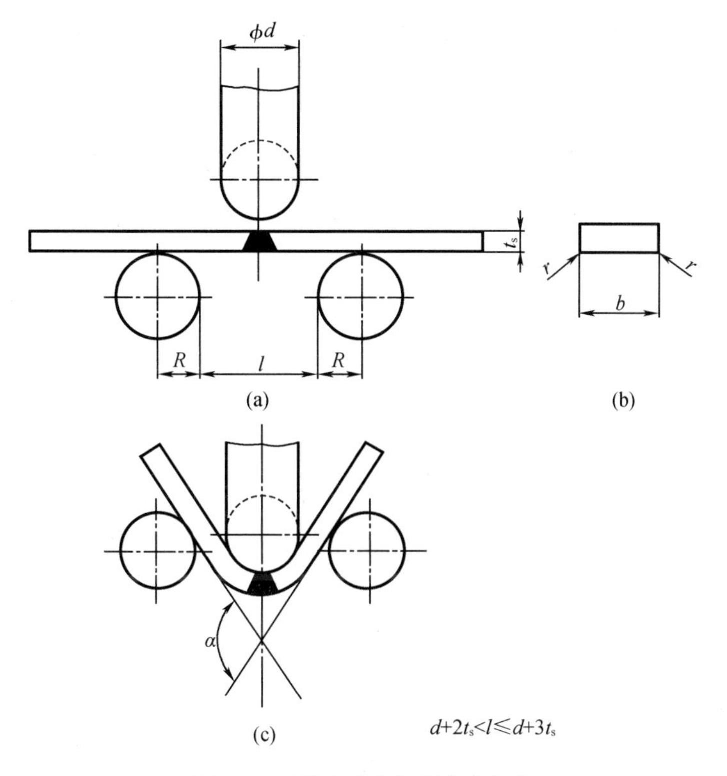

图 4-27　圆形压头弯曲试验方法

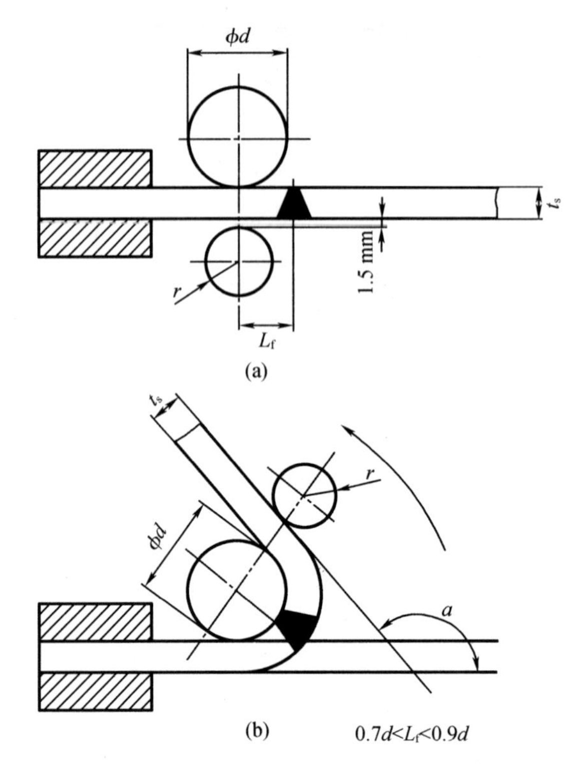

图 4-28　辊筒弯曲试验方法

③压头和辊筒尺寸

压头直径 d 应依据相关标准或技术文件确定，辊筒直径应至少为 20 mm。

④辊筒间距离

辊筒间距离应在 $d+2t_s$ 和 $d+3t_s$ 之间。

⑤弯曲角度

当弯曲角度 α 达到相关标准时试验完成。钢材焊缝弯曲角度 α 一般为 180°。

⑥试验结果

弯曲试验结束后，应检查试样的外表面和侧面。在试样表面不出现 3 mm 长的缺欠为合格。

4. 硬度试验

硬度是衡量材料抵抗局部变形，特别是塑性变形、压痕或划痕的能力。硬度能够很好地反应材料在化学成分、金相组织、热处理工艺及冷加工变形等方面的差异，因此得到广泛应用。硬度试验主要分为布氏硬度试验、维氏硬度试验、努氏硬度试验、洛氏硬度试验、里氏硬度试验等。而焊接接头硬度试验一般选用布氏硬度试验和维氏硬度试验。

（1）布氏硬度试验

①试验原理和设备

布氏硬度是根据压痕单位表面积上的载荷大小来计算硬度值。将一定直径 D 的碳化物合金球施加试验力 F 压入试验表面，保持规定时间后，卸除试验力，测量试样表面压痕的直径 d。布氏硬度与试验力除以压痕表面积的商成正比。压痕可以被看作卸载力后具有一定半径的球形。图 4-29 为布氏硬度试验原理图,图 4-30 为布氏硬度计,表 4-11 为布氏硬度符号、说明及计算公式。

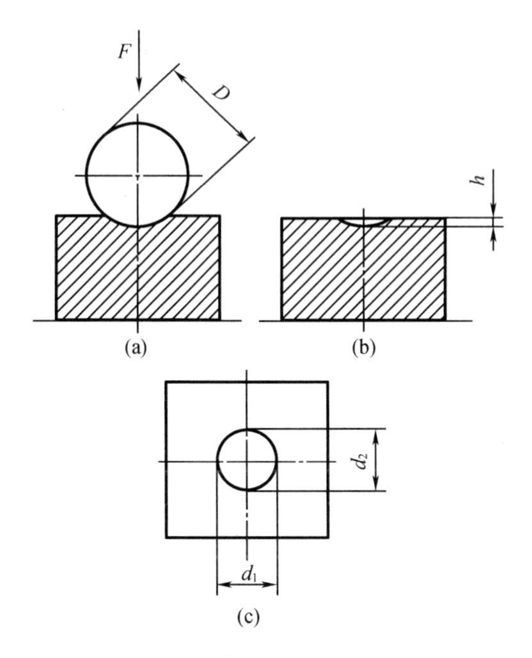

图 4-29　布氏硬度试验原理图

图 4-30　布氏硬度计

表 4-11　布氏硬度符号、说明及计算公式

布氏硬度符号	说明	单位
D	球直径	mm
F	试验力	N
d	压痕平均直径,$d=\frac{d_1+d_2}{2}$	mm
d_1,d_2	在两相互垂直方向测量的压痕直径	mm
h	压痕深度,$h=\frac{\sqrt{D^2-d^2}}{2}$	mm
HBW	布氏硬度=常数×$\frac{试验力}{压痕表面积}$ $\mathrm{HBW}=0.102\times\frac{2F}{\pi D(D-\sqrt{D^2-d^2})}$	—
$0.102\times F/D^2$	试验力-球直径平方的比率	$\mathrm{N/mm^2}$

注:常数=0.102≈1/9.806 65,9.806 65 是从 kgf(1 kgf=9.8 N)到 N 的转换因子,单位为 $\mathrm{s/m^2}$。

布氏硬度 HBW 的表达方法示例如图 4-31 所示。

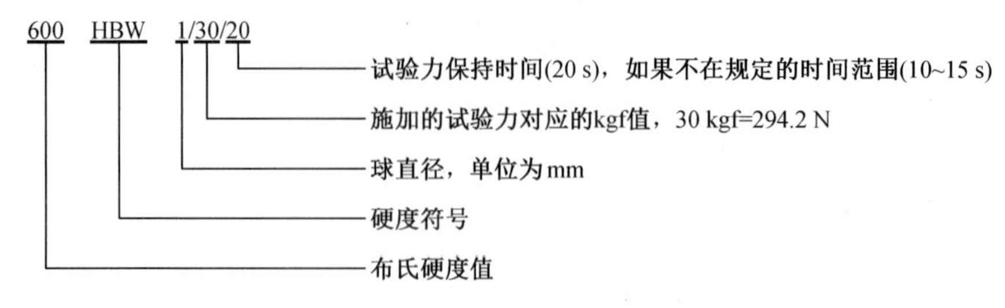

图 4-31　布氏硬度 HBW 的表达方法

②试样要求

制备试样时,应使过热或冷加工等因素对试样表面的影响减至最小。试样表面应平坦光滑,且不应有氧化皮及外界污物,尤其不应有油脂。试样表面应能保证压痕直径的精确测量。对于使用较小压头,有可能需要抛光或磨平试样表面。试样厚度至少应为压痕深度的 8 倍。试验后,试样背部如出现可见变形,则表明试样太薄。试样最小厚度与压痕平均直径的关系可参考 GB/T 231. 1—2018《金属材料 布氏硬度试验 第 1 部分:试验方法》的附录 A。

③试验程序

a. 试验温度:试验一般在 10 ~ 35 ℃室温下进行,对于温度要求严格的试验,温度为 23 ℃±5 ℃。

b. 核查硬度计:是否计量有效,是否符合 GB/T 231. 1—2018《金属材料 布氏硬度试验 第 1 部分:试验方法》中附录 C 的要求。

c. 试验力的选择:应保证压痕直径为 0. 24D ~ 0. 60D。如果压痕直径超出了上述区间,应在试验报告中注明压痕直径与压头直径的比值 d/D。试验力-压头球直径平方的比率(0. 102F/D_2 比值)应根据材料和硬度值选择,钢、镍基合金及钛合金选用的比率为 30。为了保证在尽可能大的有代表性的试样区域试验,应尽可能地选取大直径压头,但要确保任一压痕中心与试样边缘距离至少应为压痕平均直径的 2. 5 倍,两相邻压痕中心间距离至少应为压痕平均直径的 3 倍。

d. 试样放置:试样应放置在刚性试台上。试样背面和试台之间应无污物(氧化皮、油、灰尘等)。将试样稳固地放置在试台上,确保在试验过程中不发生位移。

e. 试验力保持时间:使压头与试样表面接触,垂直于试验面施加试验力,直至达到规定试验力值,确保加载过程中无冲击、振动和过载。从加力开始至全部试验力施加完毕的时间应为 2 ~ 8 s。试验力保持时间为 10 ~ 15 s。对于要求试验力保持时间较长的材料,试验力保持时间公差为 12 ~ 16 s。

f. 使用设备的光学测量系统测量压痕直径。

g. 利用表 4-11 中的公式计算平面试样的布氏硬度值,结果修约到 3 位有效数字。

（2）维氏硬度试验

①试验原理和设备

维氏硬度是指用顶部两相对面具有规定角度的正四棱锥体金刚石压头，在规定载荷 F 作用下压入被测试样表面，保持一定时间后卸除载荷，测量压痕对角线长度 d，进而计算出压痕表面积，最后求出压痕表面积上的平均压力。维氏硬度值与试验力除以压痕表面积的商成正比，压痕被视为具有正方形基面并与压头角度相同的理想形状。图 4-32 为维氏硬度试验原理图，图 4-33 为全自动维氏硬度计，表 4-12 为维氏硬度符号、说明及计算公式。

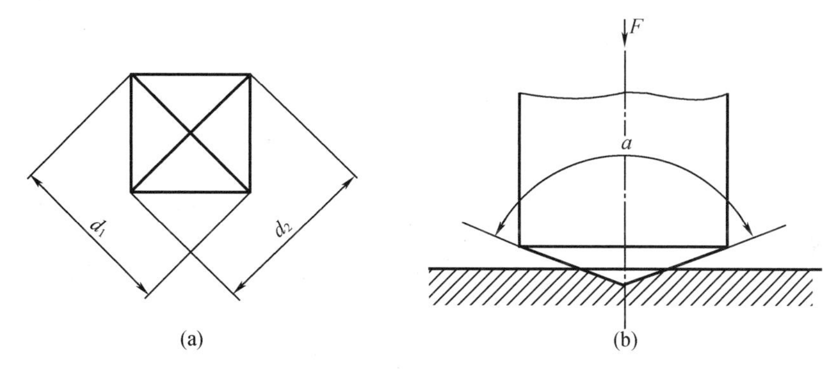

图 4-32　维氏硬度试验原理图

图 4-33　全自动维氏硬度计

表 4-12　维氏硬度符号、说明及计算公式

维化硬度符号	说明	单位
α	金刚石压头顶部两相对面夹角（136°）	（°）
F	试验力	N
d	两压痕对角线长度 d_1 和 d_2 的算术平均值	mm
HV	维氏硬度＝常数×$\frac{\text{试验力}}{\text{压痕表面积}}=0.102\frac{2F\sin\frac{136^\circ}{2}}{d^2}\approx 0.1891\frac{F}{d^2}$	—

维氏硬度 HV 的表达方法示例如图 4-34 所示。

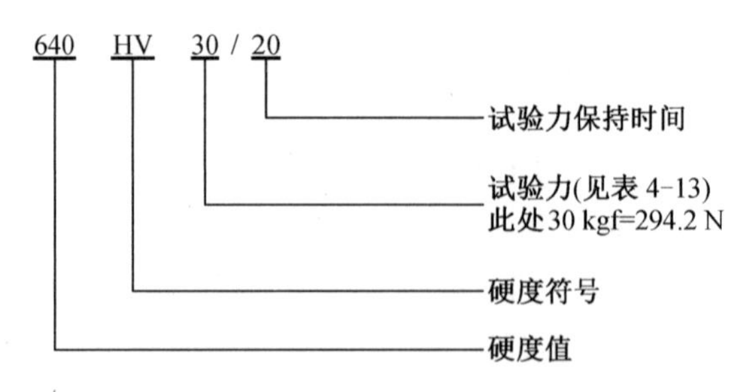

图 4-34　维氏硬度 HV 的表达方法示例

②试样要求

制备试样时应使由于过热或冷加工等因素对试样表面硬度的影响减至最小。试样表面应平坦光滑,试样面上应无氧化皮及外来污物,尤其不应有油脂。试样表面的质量应保证压痕对角线长度的测量精度,建议试样表面进行表面抛光处理。由于显微维氏硬度压痕很浅,加工试样时建议根据材料特性采用抛光/电解抛光工艺。试样或试验层厚度至少应为压痕对角线长度的 1.5 倍,试验后试样背面不应出现可见变形压痕,试样最小厚度-试验力-硬度关系可参考 GB/T 4340.1—2009《金属材料 维氏硬度试验 第 1 部分:试验方法》的附录 A。

③试验程序

a. 试验温度:试验一般在 10~35 ℃室温下进行,对于温度要求严格的试验,温度为 23 ℃±5 ℃。

b. 核查硬度计:是否计量有效,是否符合 GB/T 4340.1—2009《金属材料 维氏硬度试验 第 1 部分:试验方法》中附录 C 的要求。

c. 试验力:选用表 4-13 中的试验力进行试验。

d. 试样放置:试样应放置在刚性试台上,试样背面和试台之间应无污物(氧化皮、油、灰尘等)。将试样稳固地放置在试台上,确保在试验过程中不发生位移。

e. 试验力保持时间:使压头与试样表面接触,垂直于试验面施加试验力,加力过程中不应有冲击和振动,直至将试验力施加至规定值。从加力开始至全部试验力施加完毕的时间应为 2~8 s。对于小力值维氏硬度试验和显微维氏硬度试验,加力过程不能超过 10 s 且压头下降速度应不大于 0.2 mm/s。对于显微维氏硬度试验,压头下降速度应为 15~70 μm/s。试验力保持时间为 10~15 s。对于特殊材料试样,试验力保持时间可以延长,直至试样不再发生塑性变形,但应在硬度试验结果中注明且误差应在 2 s 以内。在整个试验期间,硬度计应避免受到冲击和振动。

f. 压痕位置要求:任一压痕中心到试样边缘距离,对于钢、铜及铜合金至少应为压痕对角线长度的 2.5 倍,对于轻金属铅、锡及其合金至少应为压痕对角线长度的 3 倍。两相邻压痕中心之间的距离,对于钢、铜及铜合金至少应为压痕对角线长度的 3 倍,对于轻金属、铅、锡及其合金至少应为压痕对角线长度的 6 倍。如果相邻压痕大小不同,应以较大压痕确定间距。

g. 测量压痕两条对角线长度,用表 4-12 中的公式计算维氏硬度值,全自动维氏硬度计可自动完成计算(表 4-13)。

表 4-13　维氏硬度试验力

维氏硬度试验		小力值维氏硬度试验		显微维氏硬度试验	
硬度符号	试验力标称值/N	硬度符号	试验力标称值/N	硬度符号	试验力标称值/N
HV5	49.03	HV0.2	1.961	HV0.01	0.098 07
HV10	98.07	HV0.3	2.942	HV0.015	0.147 10
HV20	196.10	HV0.5	4.903	HV0.02	0.196 10
HV30	294.20	HV1	9.807	HV0.025	0.245 20
HV50	490.30	HV2	19.610	HV0.05	0.490 30
HV100	980.70	HV3	29.420	HV0.1	0.980 70

注:维氏硬度试验可使用大于 980.7 N 的试验力;显微维氏硬度试验的试验力为推荐值。

(3)焊接接头硬度试验方法

焊接接头试样制备要求应符合布氏硬度试验和维氏硬度试验。试件横截面应通过机械切割获取,通常垂直于焊接接头,被检测面制备完成后应进行适当的腐蚀,以便能够准确确定焊接接头不同区域的硬度测量位置。

①标线测定(R)

钢焊缝标线测定测点位置示意如图 4-35 所示,包括标线与表面的距离,通过这些点可以对接头进行评定。必要时,可以增加标线数量或其他位置测定。对于铝、铜及其合金对接接头可能不需要对根部位置进行标线测定,如图 4-36(a),其典型的 T 形接头的标线测定位置如图 4-36 所示。

测点的数量和间距应足以确定由于焊接导致的硬化或软化区域。在热影响区两个测点中心之间的推荐距离见表 4-14。

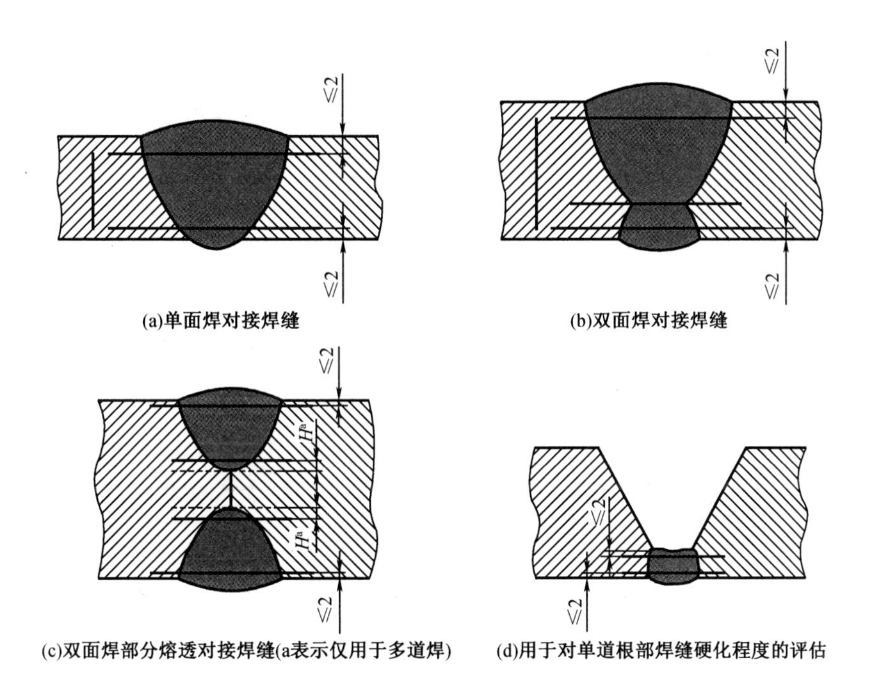

图 4-35　钢焊缝标线测定(R)示例(单位:mm)

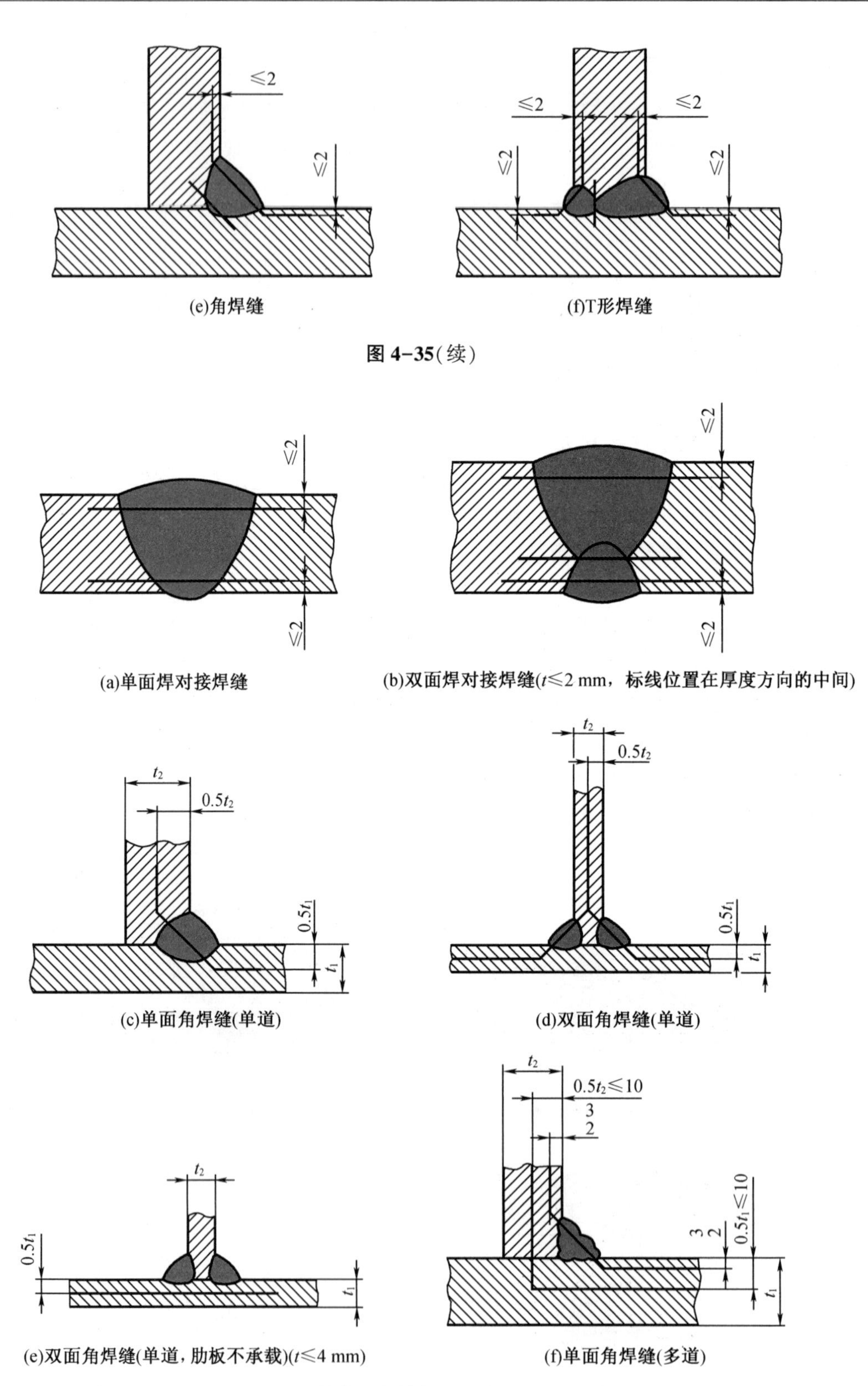

图 4-35(续)

(a)单面焊对接焊缝

(b)双面焊对接焊缝($t≤2$ mm，标线位置在厚度方向的中间)

(c)单面角焊缝(单道)

(d)双面角焊缝(单道)

(e)双面角焊缝(单道，肋板不承载)($t≤4$ mm)

(f)单面角焊缝(多道)

图 4-36　铝、铜及其合金焊缝标线测定(R)示例(单位:mm)

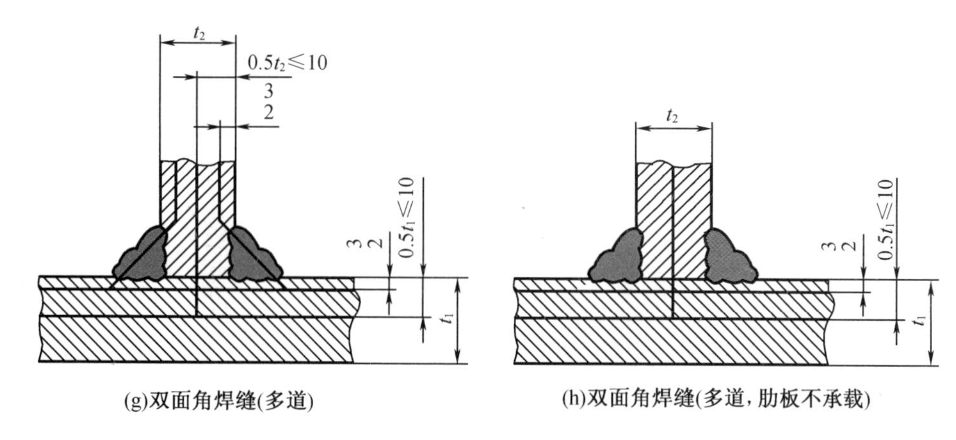

(g)双面角焊缝(多道)　　(h)双面角焊缝(多道,肋板不承载)

图 4-36(续)

表 4-14　在热影响区两个测点中心之间的推荐距离

硬度符号	两个测点中心之间的推荐距离/mm	
	钢铁材料①	铝、铜及其合金②
HV5	0.7	2.5~5.0
HV10	1	3~5
HBW 1/2.5	不使用	2.5~5.0
HBW 2.5/15.625	不使用	3~5

注:①奥氏体钢除外。
②任何测点中心与已检测点中心的距离应不小于 GB/T 4340.1—2009《金属材料 维氏硬度试验 第 1 部分:试验方法》规定的允许值。

在母材上检测时,应由足够的检测点以保证检测的准确;在焊缝金属上检测时,测点间距离的选择应确保对焊缝金属做出准确评定。热影响区中由于焊接引起硬化的区域应增加两个测点,测点中心和熔合线之间的距离小于或等于 0.7 mm,如图 4-37 至图 4-41 所示。其他形状的接头或金属(如奥氏体钢),可根据相关标准或协议要求。

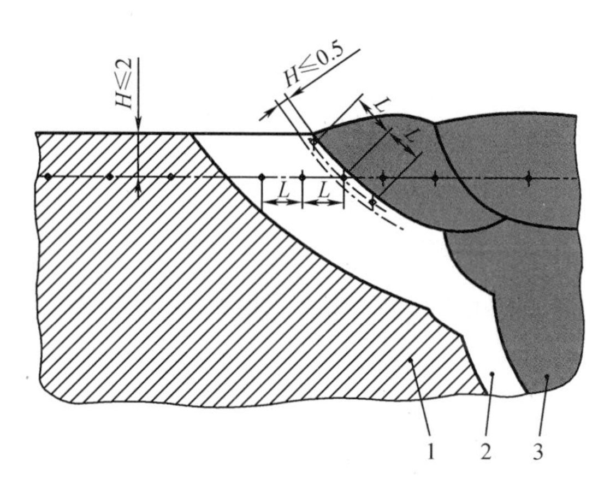

1—母材;2—热影响区;3—焊缝金属。

图 4-37　钢(奥氏体钢除外)对接焊缝测点位置(单位:mm)

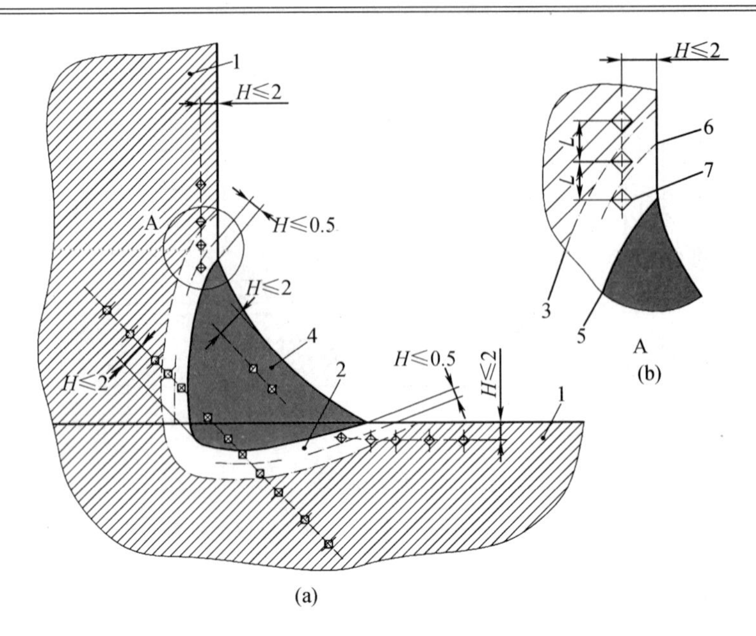

1—母材;2—热影响区;3—热影响区靠近母材侧区域;4—焊缝金属;5—熔合线;

6—热影响区靠近熔合线侧区域;7—第一个检测点位置。

图 4-38　钢(奥氏体钢除外)角焊缝测点位置(单位:mm)

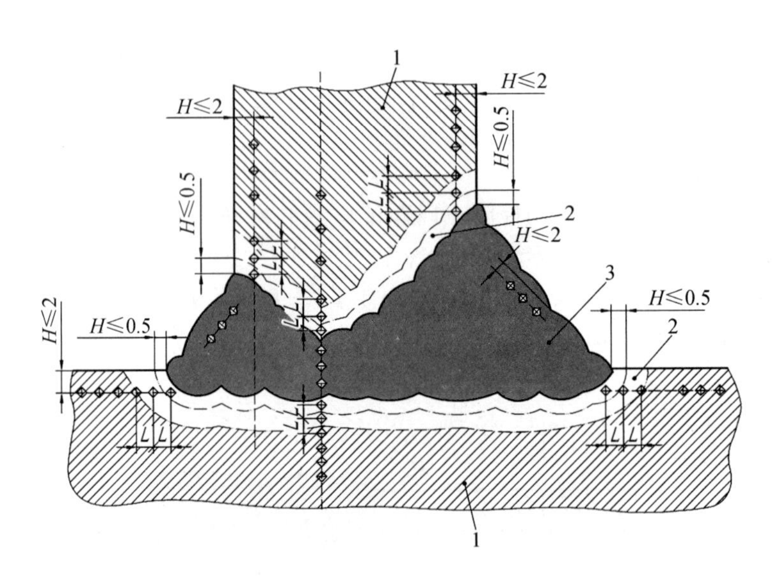

1—母材;2—热影响区;3—焊缝金属。

图 4-39　钢(奥氏体钢除外)T 形接头测点位置(单位:mm)

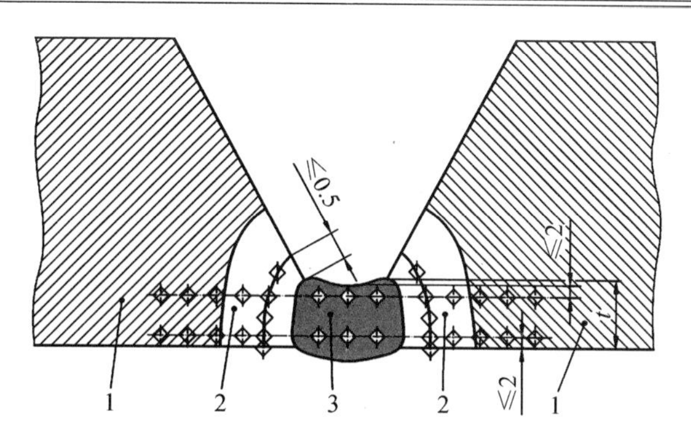

1—母材；2—热影响区；
3—焊缝金属(对于厚度≤4 mm 试样，标线测定的位置应在厚度方向的中间部位)。

图 4-40　钢根部焊缝评估硬化程度的测点位置(单位：mm)

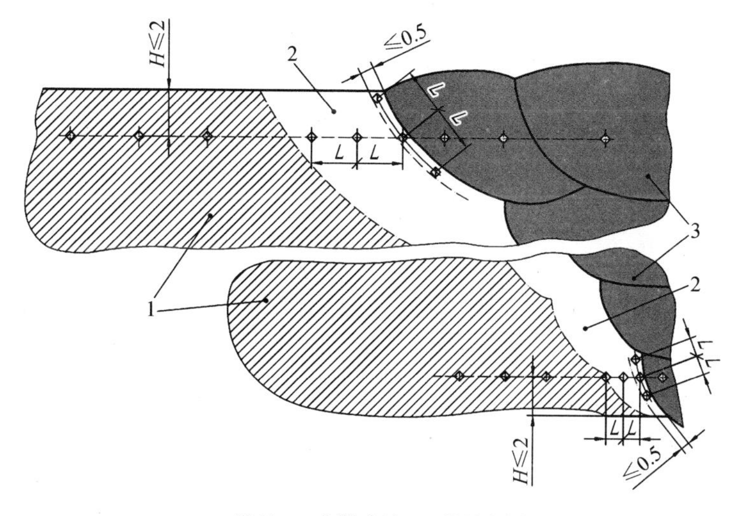

1—母材；2—热影响区；3—焊缝金属。

图 4-41　钢根部多道焊缝评估硬化程度的测点位置(单位：mm)

②单点测定(E)

图 4-42 为测点位置的典型区域，可根据金相检验确定测点位置。为防止由于测点压痕变形引起的影响，在任何测点中心间的距离不得小于最近测点压痕的对角线或直径的平均值的 2.5 倍。热影响区中由于焊接引起硬化的区域，至少有一个测点，测点中心与熔合线之间的距离不超过 0.5 mm。

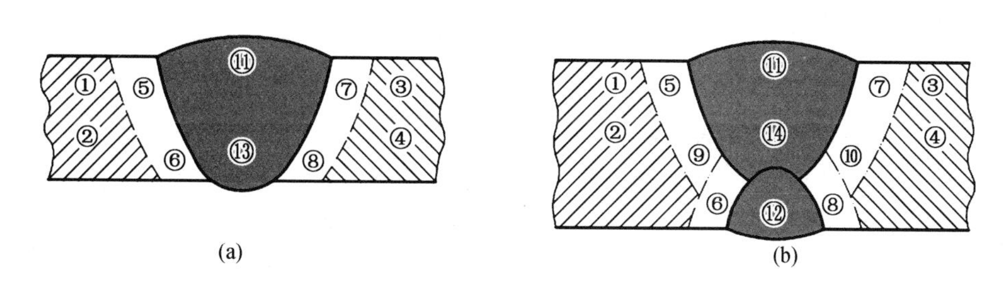

①～④—母材；⑤～⑩—热影响区；⑪～⑭—焊缝金属。

图 4-42　单点测定(E)区域示例

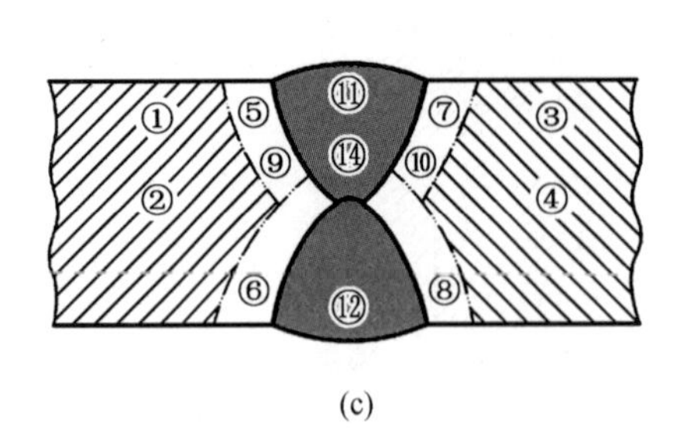

(c)

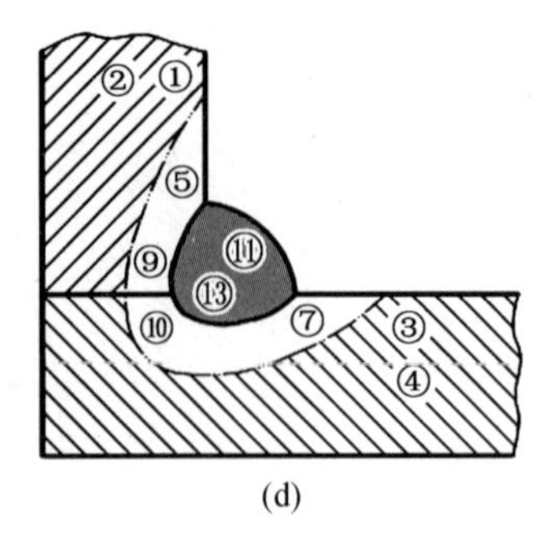

(d)

图 4-42(续)

5. 其他破坏性试验方法标准

其他破坏性试验方法标准号及名称见表 4-15。

表 4-15　其他破坏性试验方法标准号及名称

标准号	标准名称
GB/T 26957—2022	《金属材料焊缝破坏性试验 十字接头和搭接接头拉伸试验方法》
GB/T 39167—2020	《电阻点焊及凸焊接头的拉伸剪切试验方法》
GB/T 39081—2020	《电阻点焊及凸焊接头的十字拉伸试验方法》
GB/T 39082—2020	《电阻点焊、凸焊及缝焊接头的维氏硬度试验方法》
GB/T 27552—2021	《金属材料焊缝破坏性试验 焊接接头显微硬度试验》
GB/T 35085—2018	《金属材料焊缝破坏性试验 激光和电子束焊接接头的维氏和努氏硬度试验》
GB/T 1954—2008	《铬镍奥氏体不锈钢焊缝铁素体含量测量方法》
GB/T 3965—2012	《熔敷金属中扩散氢测定方法》
GB/T 32260. 1—2015	《金属材料焊缝的破坏性试验 焊件的冷裂纹试验 弧焊方法 第 1 部分:总则》
GB/T 32260. 2—2015	《金属材料焊缝的破坏性试验 焊件的冷裂纹试验 弧焊方法 第 2 部分:自拘束试验》
GB/T 32260. 3—2015	《金属材料焊缝的破坏性试验 焊件的冷裂纹试验 弧焊方法 第 3 部分:外载荷试验》
GB/T 41107. 1—2021	《金属材料焊缝破坏性试验 焊件的热裂纹试验 弧焊方法 第 1 部分:总则》
GB/T 41107. 2—2021	《金属材料焊缝破坏性试验 焊件的热裂纹试验 弧焊方法 第 2 部分:自拘束试验》
GB/Z 41107. 3—2021	《金属材料焊缝破坏性试验 焊件的热裂纹试验 弧焊方法 第 3 部分:外载荷试验》

4.2.2　非破坏性检验

非破坏性检验是指在检验过程中不破坏被检对象的结构和材料,主要分为外观检验和无损检测试验。外观检验包括母材、焊材、坡口、焊缝等表面质量检验,成品或半成品的外观集合形状和尺寸的检验。无损检测试验包括射线探伤、超声波探伤、磁粉探伤和渗透探伤等方法。

1. 外观检验

(1) 检查内容

焊接结构生产制造过程中,焊前、焊后以及焊接过程中均应进行外观检查,外观检查应按照产品的检测要求或相关技术标准进行。各种焊接标准中对外观检查的项目和判别的目标数值(即定量标准)都有明确的规定。外观检验一般包括以下内容。

①焊接缺欠检验

在整条焊缝和热影响区附近应无裂纹、夹渣、焊瘤、烧穿等缺欠,气孔、咬边缺欠的特征值应符合有关标准规定。

②焊缝外观成形

焊缝外形尺寸是保证焊接接头强度和性能的重要因素,通常检查焊缝的外形和焊波过渡的平滑程度。若焊缝高低宽窄很均匀,焊道与焊道、焊道与母材之间的焊波过渡平滑,则焊缝成形好。若焊缝高低宽窄不均,焊波粗乱,甚至有超标的表面缺欠,则判为外观成形差。

③焊缝尺寸检验

焊缝尺寸检验的目的是判断焊缝尺寸是否符合产品技术标准和设计图样的规定要求。检验的内容一般包括焊缝的宽度、余高,焊趾角度,焊缝表面凹凸差,角焊缝的焊脚尺寸等内容。

a. 焊缝的宽度

对接焊时,焊接操作不可能保证焊缝表面与母材完全平齐,坡口边缘必然要产生一定的熔化宽度,一般要求焊缝的宽度比坡口每边增宽不小于 2 mm。

b. 焊缝的余高

母材金属上形成的焊缝金属的最大高度叫作焊缝的余高。对于左右板材高度不一致的情况,其余高以最大高度为准。根据 GB 150—2011《压力容器》的要求,A、B 类接头焊缝的余高 e_1、e_2(图 4-43)应符合表 4-16 的规定。

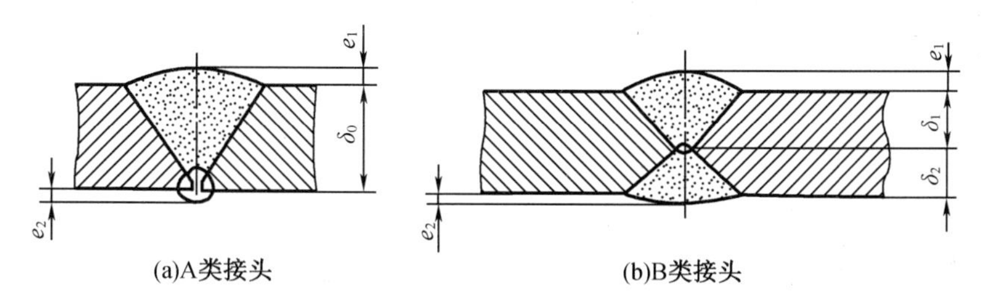

图 4-43　A、B 类接头焊缝的余高 e_1 和 e_2

表 4-16　A、B 类接头焊缝的余高允许偏差

标准抗拉强度下限值 R_m>540 MPa 的钢材及 Cr-Mo 低合金钢钢材				其他钢材			
单面坡口/mm		双面坡口/mm		单面坡口/mm		双面坡口/mm	
e_1	e_2	e_1	e_2	e_1	e_2	e_1	e_2
0~10%δ_0 且≤3	≤1.5	0~10%δ_1 且≤3	0~10%δ_2 且≤3	0~10%δ_0 且≤4	≤1.5	0~10%δ_1 且≤3	0~10%δ_2 且≤3

c. 焊趾角度

焊趾角度是指在接头横剖面上,经过焊趾的焊缝表面切线与母材表面之间的夹角,如图 4-44 中的 θ。根据 GB/T 1220—2016《不锈钢棒》的规定,对接接头的焊趾角 θ 应不小于 140°,T 形接头的焊趾角 θ 应不小于 130°。

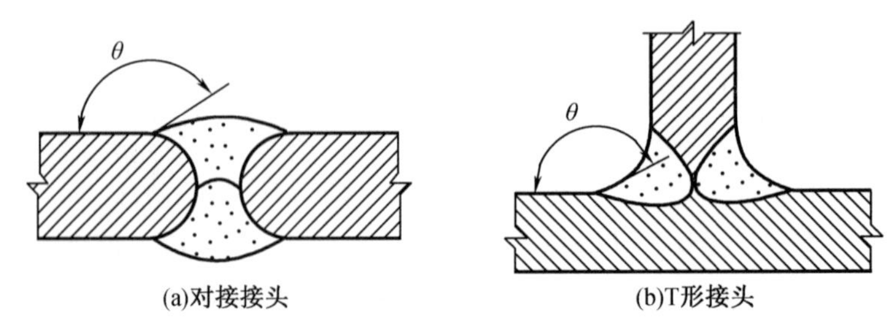

图 4-44　焊趾角度示意图

d. 角焊缝的焊角尺寸

角焊缝的焊角尺寸 K 值由设计或有关技术文件注明。根据 GB 50205—2020《钢结构工程施工质量验收标准》的规定,T 形接头、十字接头、角接接头等要求熔透的对接和角对接组合焊缝,其焊角尺寸不应小于 $T/4$(T 为母材厚度)。设计有疲劳验算要求的起重机梁或类似构件,其腹板与上翼缘连接焊缝的焊角尺寸为 $T/2$,且不应大于 10 mm。焊角尺寸的允许偏差为 0~4 mm。

e. 焊缝的宽度差

焊缝的宽度差即焊缝最大宽度和最小宽度的差值,在任意 500 mm 焊缝长度范围内不得大于 4 mm,整个焊缝长度内不得大于 5 mm,如图 4-45 所示。

f. 焊缝表面凹凸差

焊缝表面凹凸差即焊缝余高的差值,在焊缝任意 25 mm 长度范围内,不得大于 2 mm,如图 4-46 所示。

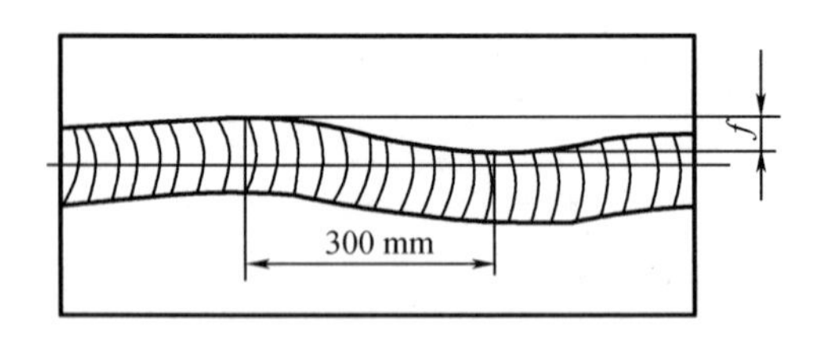

图 4-45　焊缝边缘直线度

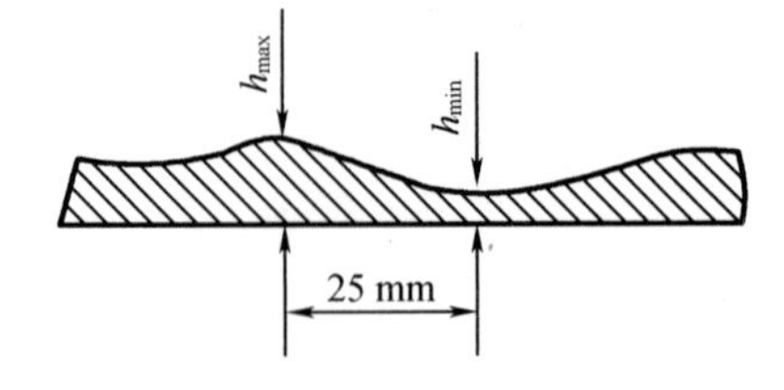

图 4-46　焊缝表面凹凸差

(2) 焊缝的外观检查方法及工具

①焊缝的外观检查方法

焊缝的外观检查也称为目视检测,通常分为直接目视检测和间接目视检测。

a. 直接目视检测

当能够充分靠近焊缝,眼睛离被检测表面不超过 610 mm,与被检表面所成的视角不小于 30°时,则一般可采用直接目视检测。可以采用反光镜来改善观察的角度,并可借助放大镜等帮助检测。在做直接检测时,具体的零件、部件、容器或容器的某个部位需要照明,可采用自然光或辅助白炽光。所用方法的光源和光水平需要进行验证,并在文件里加以记录和保存。

b. 间接目视检测

在有些情况下,可能需以远距离的目视检测来代替直接检测。远距离的目视检测还可以辅之以各种反光镜、内窥镜、光导纤维、照相机或其他合适的仪器。这些系统的分辨能力至少应和直接目视检测相当。

②焊缝外观检测常用工具

焊缝外观检测工具有专用工具箱(主要包括咬边测量器、焊缝内凹测量器、焊缝宽度和高度测量器、焊缝放大镜、锤子、扁铿、划针、尖形量针、游标卡尺等)、焊接检验尺、数显式焊缝测量工具,如图 4-47 所示。此外,还有基于激光视觉的焊后检测系统等。

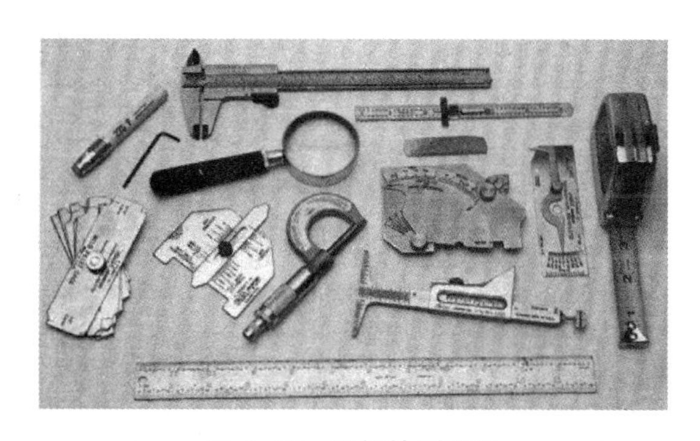

图 4-47　目视检测工具

③焊缝尺寸测量方法

根据 JJG 704—2005《焊接检验尺》对检验尺的划分,其主要结构形式分为Ⅰ型、Ⅱ型、Ⅲ型、Ⅳ型 4 个类型。最常用于焊缝尺寸测量的是焊接检验尺,如图 4-48 所示。焊接检验尺是利用线纹和游标测量等原理,检测焊接件的焊缝宽度、高度、焊接间隙、坡口角度和咬边深度等的计量器具,其使用方法如图 4-49 所示。

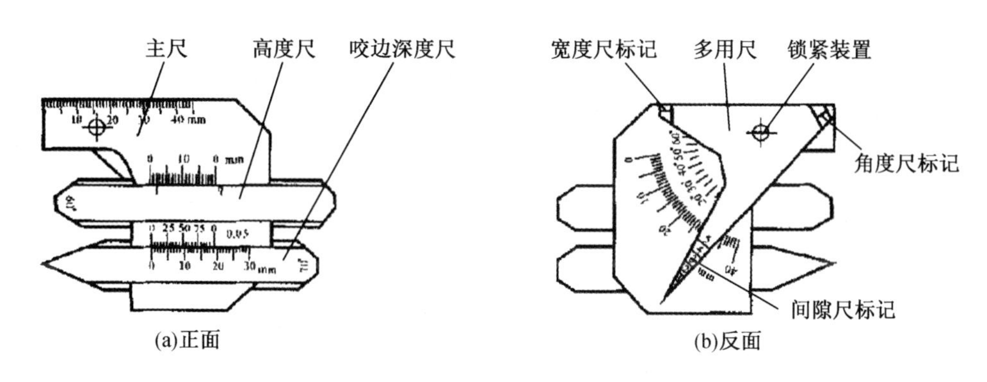

(a)正面　(b)反面

图 4-48　焊接检验尺(Ⅰ型)

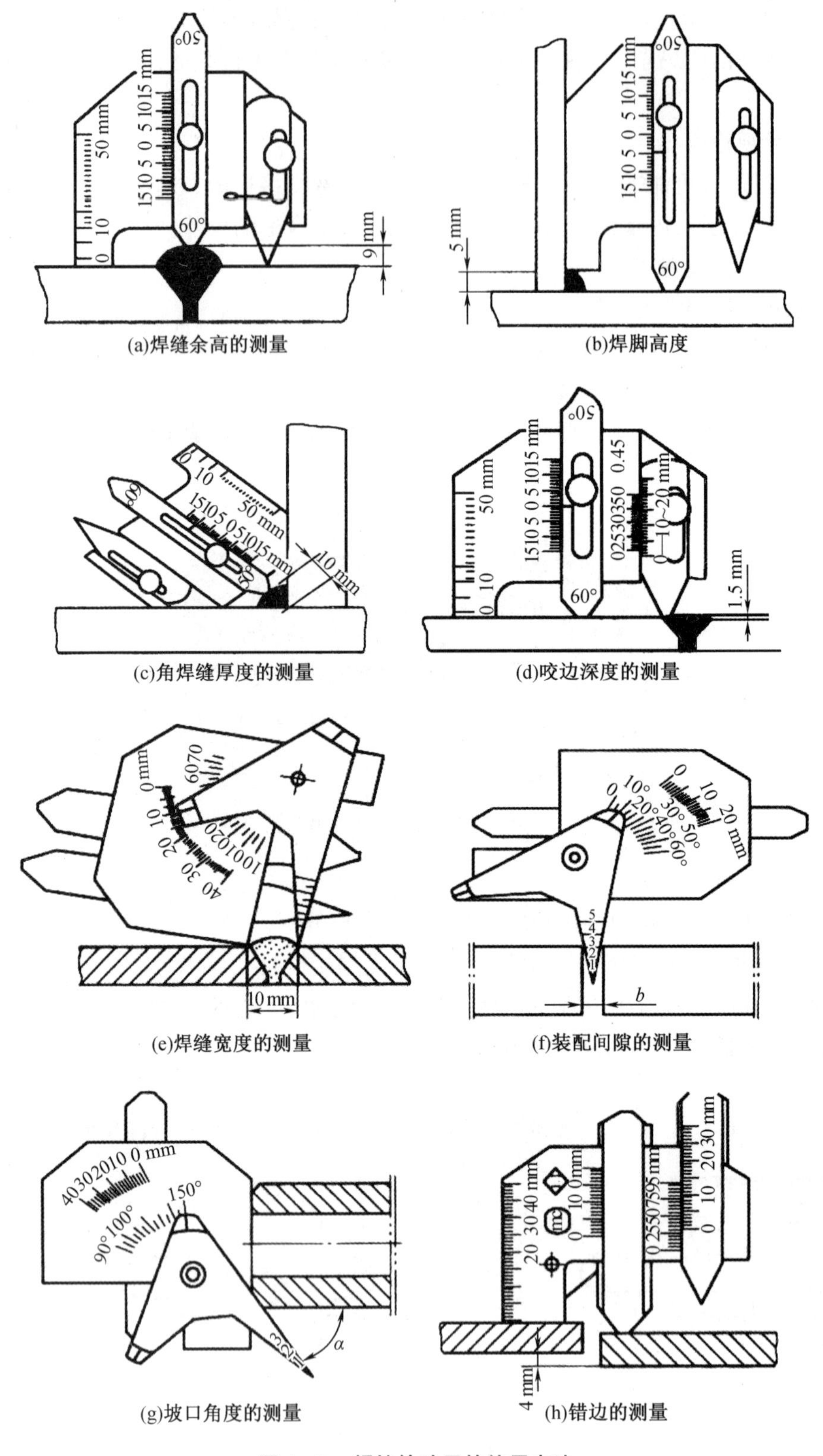

图 4-49　焊接检验尺的使用方法

2. 无损检测

(1)射线检测(RT)

①原理

射线检测本质上是利用电磁波或者电磁辐射(X射线和γ射线)的能量。射线在穿透物体过程中会与物质发生相互作用,因吸收和散射使其强度减弱。强度衰减程度取决于物质的衰减系数和射线在物质中穿透的厚度。如果被透照物体(工件)的局部存在缺欠,且构成缺陷的物质的衰减系数又不同于试件(如在焊缝中,气孔缺欠里面的空气衰减系数远远低于钢的衰减系数),该局部区域的透过射线强度就会与周围的产生差异。把胶片放在适当位置,使其在透过射线的作用下感光,经过暗室处理后得到底片。

射线穿透工件后,由于缺欠部位和完好部位的透射射线强度不同,底片上相应部位等会出现黑度差异。射线检测员通过对底片的观察,根据其黑度的差异,便能识别缺欠的位置和性质。

②适用范围

射线检测适用于各种熔化焊接方法(电弧焊、气体保护焊、电渣焊、气焊等)的焊接接头,也能检查铸钢件,在特殊情况下还可用于检测角焊缝或其他一些特殊结构工件。其主要用于检查焊缝内部的体积缺欠,如气孔、疏松、夹杂等。在射线与缺欠平行的方向上照射时可以发现裂纹、未焊透、未熔合等缺欠,基本上可确定缺欠的性质、位置、大小、形状和分布情况,检测结果可长期保存。其几乎适用于所有材料,在钢、钛、铜、铝等金属材料上使用均能得到良好的效果。该方法对试件的形状、表面粗糙度没有严格要求,材料晶粒度对其不产生影响。

③优缺点

a. 射线检测的优点

· 缺欠显示直观。射线照相法用底片作为记录介质,通过观察底片能够比较准确地判断出缺欠的性质、数量、尺寸和位置。

· 容易检出那些形成局部厚度差的缺欠。对气孔和夹渣之类缺欠有很高的检出率。

· 射线照相能检出的长度和宽度尺寸分别为毫米数量级和亚毫米数量级,甚至更少,且几乎不存在检测厚度下限。

b. 射线检测的缺点

· 对裂纹类缺陷的检出率受透照角度的影响,且不能检出垂直照射方向的薄层缺欠,如钢板的分层。

· 检测厚度上限受射线穿透能力的限制,如420 kV的X射线机能穿透的最大钢厚度约80 mm,钴60放射性同位素(Co60)γ射线穿透的最大钢厚度约150 mm,更大厚度的工件则需要使用特殊的设备——加速器,其最大穿透厚度可达400 mm以上。

· 一般不适宜钢板、钢管、锻件的检测,也较少用于钎焊、摩擦焊等焊接方法的接头的检测。

· 射线照相法检测成本较高,检测速度较慢。

· 射线对人体有伤害,需要采取防护措施。

(2)超声检测(UT)

①原理

超声检测用发射探头通过耦合剂向构件表面发射超声波,超声波在构件内部传播时遇到不同界面将有不同的反射信号(回波)。利用不同反射信号传递到探头的时间差,可以检查到构件内部的缺欠。

②适用范围

超声检测适用于金属、非金属和复合材料等多种制件。由于超声波穿透能力特别强,因而检测厚度可达到几米。超声波遇到界面会发生反射的现象,所以对那些与超声波声束方向垂直的面积性缺欠检出率较高。超声波常用来检测钢制对接接头(包括管座角焊缝、T形焊接接头、支撑件和结构件)和堆焊层等工件。

③优缺点

a. 超声检测的优点

· 穿透能力强,可对较大厚度范围的试件内部缺欠进行检测,可进行整个试件体积的扫查。如对金属材料,可检测厚度 1~2 mm 的薄壁管材和板材,也可检测几米长的钢锻件。

· 灵敏度高,可检测材料内部尺寸很小的缺欠。

· 可较准确地测定缺欠的深度位置,这在许多情况下是十分必要的。

· 对大多数超声技术的应用来说,仅需从一侧接近试件。

· 设备轻便,对人体及环境无害,可做现场检测。

b. 超声检测的缺点

任何科学技术都是一把双刃剑,超声检测也不例外。尽管超声无损检测技术广泛应用于各行各业中,但是在应用中仍存在一些问题。

· 由于纵波脉冲反射法存在盲区,且缺欠取向对检测灵敏度的影响,对位于表面和非常近表面的某些缺欠常常难于检测。

· 试件形状的复杂性,如小尺寸、不规则形状、粗糙表面、小曲率半径等,对超声检测的可实施性有较大影响。

· 材料的某些内部结构,如晶粒度、相组成、非均匀性、非致密性等,会使缺欠检测的灵敏度和信噪比变差。

· 对材料及制件中的缺欠做定性、定量表征,常常是不准确的,需要检验者丰富的经验。

· 以常用的压电换能器为声源时,为使超声波有效地进入试件,一般需要有耦合剂。

(3)渗透检测(PT)

①原理

渗透检测的原理简单说就是将一种含有着色染料或荧光染料的液体渗透液涂敷在被检查的工件表面上,在毛细作用下,经过一定时间,渗透液会渗入到表面开口的缺欠中;除表面多余的渗透液外,经干燥显像后,同样在毛细作用下,显像剂将吸引缺欠中的渗透剂;在一定的光源下(黑光或白光),缺欠处的渗透剂痕迹被显示,从而探测出缺欠的形貌及分布状态。

②适用范围

渗透检测主要用于材料表面裂纹、针孔等开口缺欠的检查。无论是铁磁性材料还是非铁磁性材料,表面检查都可用这种方法。该方法能够弥补磁粉检测的不足。在对不锈钢、镍基合金及钛、铝、铜等材料表面检查方面,渗透检测应用得也非常广泛。

③优缺点

a. 渗透检测的优点

· 可检测出焊缝表面开口的裂纹、气孔和夹渣等缺欠。

· 不受被检工件化学成分的限制。

· 能直观地显示出缺欠的位置、形状、大小和严重程度。

· 无须适用特殊设备,适合现场检测,不用水和电。

· 不受工件的结构、形状、尺寸和方向限制。

b. 渗透检测的缺点

· 无法检测多孔性材料。

· 检测重复性差。

· 对检测现场造成一定的污染。

(4)磁粉检测(MT)

①原理

磁粉检测是过磁粉在缺欠附近漏磁场中的堆积以检测铁磁性材料表面或近表面处缺欠的一种无损检测方法。将钢铁等磁性材料制作的工件予以磁化,利用其缺欠部位的漏磁能吸附磁粉的特征,依磁粉分布显示被探测物件表面缺欠和近表面缺欠的探伤方法。

②适用范围

磁粉检测只适用于铁磁性材料表面和近表面尺寸很小、间隙很窄(可检出长 0.1 mm、宽为微米级的裂纹)和目视难以看出的缺欠。与渗透检测相比,磁粉检测可以检测出近表面较深处存在的缺欠。磁粉检测设备有固定式磁粉探伤机、移动式磁粉探伤机、便携式磁粉探伤机。固定式磁粉探伤机的尺寸和质量都比较大,安装在固定场合,主要用于中小型工件和需要较大磁化电流的可移动工件。移动式磁粉探伤机置于小车上便于移动,主要用来检查小型工件和不易搬动的大型工件。便携式磁粉探伤机体积小、质量轻、易于搬动,适用于高空、野外等现场的磁粉检测及焊缝的局部检测。

③优缺点

a. 磁粉检测的优点

· 对钢铁材料或工件表面裂纹等缺欠的检验非常有效。

· 设备和操作均较简单。

· 检验速度快,便于在现场对大型设备和工件进行探伤。

· 检验费用较低。

b. 磁粉检测的缺点

· 仅适用于铁磁性材料。

· 仅能显出缺欠的长度和形状,而难以确定其深度。

· 对剩磁有影响的一些工件,经磁粉探伤后还需要退磁和清洗。

4.3 焊接工艺评定

焊接工艺评定是在产品正式焊接以前,对初步拟定的焊接工艺细则卡或其他规程中的焊接工艺进行的验证性试验。即按准备采用的焊接工艺,在接近实际生产条件下,制成材料、工艺参数等均与产品相同的模拟焊接试板,并按产品的技术条件对试板进行检验。不仅如此,对于已经评定合格并在生产中应用得很成熟的工艺,若因某种原因需要改变一个或一个以上的焊接工艺参数,也需要重新进行焊接工艺评定。这个环节是焊接产品制造过程中不可缺少的组成部分。

焊接工艺评定常用的标准有 NB/T 47014—2011《承压设备焊接工艺评定》、GB 50236—2019《现场设备、工业管道焊接工程施工规范》、SY/T 0452—2021《石油天然气金属管道焊接工艺评定》、GB 50661—2011《钢结构焊接规范》等。其中,NB/T 47014—2011《承压设备焊接工艺评定》是特种设备安全技术规范(TSG)中强制性执行的条款,这表明焊接工艺评定具有非常重要的意义。所以,应该准确理解焊接工艺评定的目的、内容、试验程序、评定结果及适用范围,合理和合法地执行相关标准,对保证产品的焊接质量是十分重要的环节。

4.3.1 焊接工艺评定目的

焊接工艺评定是通过对焊接接头进行拉伸、冲击、弯曲、硬度、宏微观金相及化学成分等试验证实焊接工艺规程的正确性和合理性的一种程序。由设备制造厂按相关国家标准、行业标准、监察规程、国际标准等,自行组织并完成焊接工艺评定工作,部分行业要求相关监督人员对焊接工艺评定过程进行监督并对评定结果进行确认。

焊接工艺评定具有两个目的:一是为了验证焊接产品制造之前所拟定的预焊接工艺规程是否正确;二是评定即使所拟定的焊接工艺是合格的,焊接产品制造单位是否能够制造出符合技术条件要求的焊接产品。也就是说,焊接工艺评定的目的除了验证预焊接工艺规程的正确性外,还要评定制造单位的能力。

4.3.2 焊接工艺评定流程

焊接工艺评定流程如图 4-50 所示。其一般过程是根据金属材料的焊接性能,按照设计文件规定和制造工艺拟定预焊接工艺规程、施焊试件和制取试样、检测焊接接头是否符合规定的要求,并形成焊接工艺评定报告对预焊接工艺规程进行评价,应注意焊接工艺评定所用的设备、仪表应处于正常工作状态,金属材料、焊接材料应符合相应标准。图 4-50 中预焊接工艺规程(pWPS)是为焊接工艺评定所拟定的焊接工艺文件;焊接工艺评定报告(PQR)是记载验证性试验及其检验结果,对拟定的预焊接工艺规程进行评价的报告;焊接工艺规程(WPS)是根据合格的焊接工艺评定报告编制的,用于产品施焊的焊接工艺文件;焊接作业指导书(WWI)是与制造焊件有关的加工和操作细则性作业文件,焊工施焊时使用的作业指导书,可保证施工时质量的再现性。

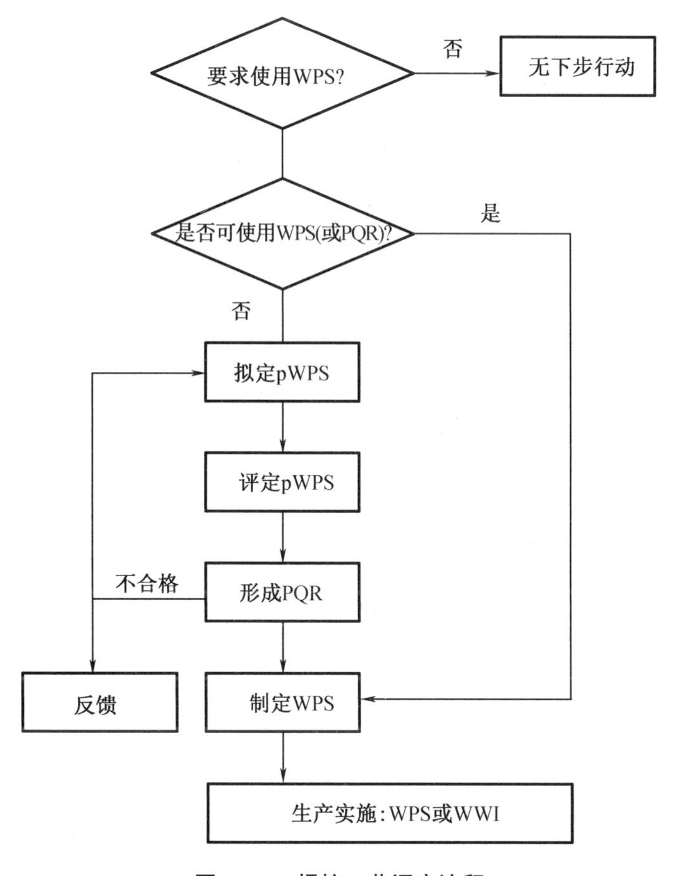

图 4-50　焊接工艺评定流程

4.3.3　常用焊接工艺评定标准

1. NB/T 47014—2011《承压设备焊接工艺评定》

NB/T 47014—2011《承压设备焊接工艺评定》是由全国锅炉压力容器标准化技术委员会负责修订,于 2011 年 7 月 1 日由国家能源局发布,于 2011 年 10 月 1 日实施。该标准规定了承压设备(锅炉、压力容器、压力管道,不包含气瓶)的对接焊缝和角焊缝焊接工艺评定、耐蚀堆焊工艺评定、复合金属材料焊接工艺评定、换热管与管板焊接工艺评定、焊接工艺附加评定和螺柱电弧焊工艺评定的规则、试验方法及合格指标。

该工艺评定标准适用于气焊、焊条电弧焊、埋弧焊、钨极气体保护焊、熔化极气体保护焊、电渣焊、等离子弧焊、摩擦焊、气电立焊和螺柱电弧焊等焊接方法。

2. GB 50236—2011《现场设备、工业管道焊接工程施工规范》

GB 50236-2011《现场设备、工业管道焊接工程施工规范》是由中国石油和化工勘察设计协会、中油吉林化建工程股份有限公司会同有关单位在 GB 50236—1998《现场设备、工业管道焊接工程施工及验收规范》的基础上修订完成的,由住房和城乡建设部批准,于 2011 年 10 月 1 日实施。该规范共分为 13 章和 4 个附录。主要技术内容是总则、术语、基本规定、材料、焊接工艺评定、焊接技能评定、碳素钢及合金钢的焊接、铝及铝合金的焊接、铜及铜合金的焊接、钛及钛合金的焊接、镍及镍合金的焊接、锆及锆合金的焊接、焊接检验及焊接工程交接等。

该规范使用的焊接方法包括气焊、焊条电弧焊、埋弧焊、钨极惰性气体保护电弧焊、熔化极气体保护电弧焊、自保护药芯焊丝电弧焊、气电立焊和螺柱焊等。

3. SY/T 0452—2021《石油天然气金属管道焊接工艺评定》

SY/T 0452—2021《石油天然气金属管道焊接工艺评定》是由中国石油天然气集团有限公司主编，国家能源局批准，于 2022 年 2 月 16 日实施的。该规范主要是为了统一天然气和炼油化工工程建设中金属管道焊接工艺评定的方法与内容，验证拟定的焊接工艺的正确性，保证焊接接头的性能满足要求。

该规范适用于陆上石油天然气和炼油化工工程中各类金属管道的气焊、焊条电弧焊，钨极氩弧焊、熔化极气体保护焊、自保护药芯焊丝电弧焊、埋弧焊及它们的组合等焊接工艺评定。

4. GB 50661—2011《钢结构焊接规范》

GB 50661—2011《钢结构焊接规范》由中冶建筑研究总院有限公司会同有关单位编制而成的。该规范是基于行业标准 JGJ 81—2002《建筑钢结构焊接技术规程》编写，由住房和城乡建设部批准，于 2012 年 8 月 1 日实施。该规范包括总则、术语符号、基本规定、材料、焊接连接构造设计、焊接工艺评定、焊接工艺、焊接质量控制、焊接补强与加固、焊工考试及相关附录。

该规范适用于工业与民用钢结构工程中承受静荷载或动荷载，钢材厚度大于或等于 3 mm 的结构焊接。本规范适用的焊接方法包括焊条电弧焊、气体保护电弧焊、自保护电弧焊、埋弧焊、电渣焊、气电立焊、栓钉焊等及其组合。

4.3.4 焊接工艺评定常用英文缩写及代号

表 4-17 为焊接工艺评定常用英文缩写及代号，适用于焊接工艺评定文件。

表 4-17 焊接工艺评定常用英文缩写及代号

术语	英文缩写/代号	术语	英文缩写/代号
预焊接工艺规程	pWPS	仰焊	O
焊接工艺规程	WPS	立向下焊	VD
焊接工艺评定报告	PQR	立向上焊	VU
焊后热处理	PWHT	板材对接焊缝试件平焊位置	1G
气焊	OFW	板材对接焊缝试件横焊位置	2G
焊条电弧焊	SMAW	板材对接焊缝试件立焊位置	3G
埋弧焊	SAW	板材对接焊缝试件仰焊位置	4G
钨极气体保护焊	GTAW	管材水平转动对接焊缝试件位置	1G
熔化极气体保护焊	GMAW	管材垂直固定对接焊缝试件位置	2G
药芯焊丝电弧焊	FCAW	管材水平固定对接焊缝试件位置	5G

表 4-17(续)

术语	英文缩写/代号	术语	英文缩写/代号
电渣焊	ESW	管材 45°固定对接焊缝试件位置	6G
等离子弧焊	PAW	板材角焊缝试件平焊位置	1F
摩擦焊	FRW	板材角焊缝试件横焊位置	2F
气电立焊	EGW	板材角焊缝试件立焊位置	3F
螺柱电弧焊	SW	板材角焊缝试件仰焊位置	4F
交流电源	AC	管-板(或管-管)角焊缝 45°转动试件位置	1F
直流电源反接	DCEP	管-板(或管-管)角焊缝 垂直固定横焊试件位置	2F
直流电源正接	DCEN	管-板(或管-管)角焊缝 水平转动试件位置	2FR
平焊	F	管-板(或管-管)角焊缝 垂直固定仰焊试件位置	4F
横焊	H	管-板(或管-管)角焊缝 水平固定试件位置	5F
立焊	V	—	—

4.4　焊接质量管理

4.4.1　焊接结构生产质量管理的概念与发展阶段

1. 质量管理的概念

焊接结构生产质量管理,是指从事焊接生产或施工的企业通过建立质量保证体系发挥质量管理的职能,进而有效地控制焊接产品质量的全过程。

2. 质量管理的发展阶段

(1) 质量检查阶段(20 世纪 20—40 年代)

质量检查阶段是把检查作为质量管理的职能,列为专门工序,使质量管理进入科学管理阶段。不足是,仅能挑出不合格的产品,不能防止不合格产品的产生,即缺乏预防和控制的职能。

(2)统计质量控制阶段(20 世纪 40—60 年代)

统计质量控制阶段提出了抽样验收原理,使质量管理具备了预防职能。不足是,这一阶段由于片面强调应用统计方法,忽视了组织管理工作,严重影响了质量管理科学向深度和广度的发展。

从 20 世纪 50 年代,人们已经感到统计质量管理不能满足生产实践对质量管理理论的要求,开始探索新的质量管理理论。

(3)全面质量管理阶段(20 世纪 60 年代至今)

全面质量管理阶段利用统计方法控制制造过程外,还组织管理工作对生产全过程进行质量管理,而且明确指出执行质量职能是企业全体人员的责任。全面质量管理符合生产发展和质量稳定性客观要求,很快被人们所接受,并在世界各地逐渐普及和执行。其在实践中也取得了较大的成功。

3. ISO 9000 系列标准概述

1987 年,国际标准化组织 ISO(The International Organization for Standardization)发布了 ISO 9000~ISO 9004“质量管理和质量保证”系列标准,从而使世界质量管理和质量保证活动有了一个统一的基础。该系列在世界范围内产生了十分广泛而深刻的影响,它标志着质量管理和质量保证标准走向了规范化、系列化与程序化的世界高度。

我国于 1992 年等同采用了 ISO 9000 系列标准,发布为 GB/T 19000 国家标准,并于 1993 年 1 月 1 日起实施,使我国的质量管理和质量保证工作与国际惯例接轨。它是冲破贸易技术壁垒,进入国际市场的“金钥匙”。在我国实施 ISO 9000 系列标准有着非常重要的意义。

在国内,ISO 9000~ISO 9004 系列与 GB/T 19000 系列同义。所谓 GB/T 19000 是指按同等原则由 ISO 9000 转化而成的国家标准。为了保证产品的焊接质量,2009 年,由全国焊接标准化技术委员会提出并归口的 GB/T 12467. 1—2009《金属材料熔焊质量要求 第 1 部分:质量要求相应等级的选择准则》、GB/T 12467. 2—2009《金属材料熔焊质量要求 第 2 部分:完整质量要求》、GB/T 12467. 3—2009《金属材料熔焊质量要求 第 3 部分:一般质量要求》、GB/T 12467. 4—2009《金属材料熔焊质量要求 第 4 部分:基本质量要求》及 GB/T 12467. 5—2009《金属材料熔焊质量要求 第 5 部分:满足质量要求应依据的标准文件》发布,于 2010 年开始实施。

4.4.2 焊接生产质量管理体系的内容

质量控制点的设置原则如下。

(1)对产品(工程)的适应性(性能、精度、寿命、可靠性、安全性等)有严重影响的关键质量特性、关键部位或重要影响因素,应设置质量控制点。

(2)对工艺上有严格要求,对下道工序的工作有严重影响的关键质量特性、部位都应设质量控制点。

(3)对质量不稳定、出现不合格产品多的工序或项目,应建立质量控制点。

(4)对用户反馈的重要不良项目应建立质量控制点。

(5)对紧缺物资或可能对生产安排有严重影响的关键项目应建立质量控制点。

国际焊接学会所制定的压力容器制造(包括现场组装)全过程的质量控制要点共 164 个,其中与焊接有关的质量控制点就有 144 个。焊接生产质量管理体系中的控制系统主要包括材料质量控制系统、工艺质量控制系统、焊接质量控制系统、无损检测质量控制系统和产品质量检验控制系统等。每个方面都有自己的控制环节和工作程序、检验点和责任人。

4.4.3 全面质量管理的概念与基本特征

1. 全面质量管理的概念

全面质量管理是指企业的所有部门和全体职工,以提高和确保质量为核心,把专业技术、管理技术同现代科学结合起来加以灵活运用,建立一套科学的、严密的、高效的质量保证体系,控制影响质量的全过程的各项因素,以优质的工作质量、经济的办法研制、生产和销售用户满意的产品而进行的系统管理活动。简而言之,就是由企业全体人员参加的、用全面工作质量去保证生产全过程质量的管理活动。

2. 全面质量管理的基本特征

(1)内容是全面的

不仅要管好产品质量,还要管好产品质量赖以形成的工作质量。工作质量是指企业的生产工作、技术工作和组织工作对达到产品质量标准与提高产品质量的保证程度,是产品质量的保证。全面质量管理要以改进工作质量为重要内容。

(2)范围是全面的

全面质量管理包括产品设计、制造、辅助生产、供应服务、销售直至使用的全过程的质量管理。全面质量管理要求把不合格的产品消灭在它的形成过程中,做到防检结合,以防为主,并从全过程各环节致力于质量的提高。

(3)实现全过程的质量管理

产品市场调查、研制、设计、试制、工艺、技术、工装、原材料供应、生产、计划、劳动、设备、销售直至用户服务等各个环节,形成一条龙的总体质量管理。

(4)方法是全面的

根据不同情况和影响因素,采取多种多样的管理技术和方法,包括科学的组织工作、数理统计方法的应用、先进的科学技术手段和技术改造措施等。

上述全面质量管理的四个特点都围绕着一个中心目的,就是以经济的办法研制和生产出用户满意的产品。这是我国企业推行全面质量管理的出发点和落脚点。

3. 全面质量管理的工作内容

(1)设计试制过程的质量管理

设计试制过程的质量管理有以下几项工作。

①制定好产品质量目标。

②加强设计中的试验研究工作。

③严格遵守设计试制过程的工作程序。

④进行产品质量的经济分析。

(2)制造过程的质量管理

制造过程质量管理有以下几项工作。

①加强工艺管理,严格工艺纪律。

②搞好均衡生产和文明生产。

③组织好技术检验工作。

④掌握好质量动态,做好产品质量的原始记录、统计和分析。

⑤加强不合格品管理。

⑥实行工序质量控制。

(3)使用过程的质量管理

使用过程的质量管理有以下几项工作。

①积极开展技术服务工作,包括编制产品使用说明书;采取多种形式传授安装、使用和

维修技术,并代培技术骨干,解决使用的难题;提供易损件图样,供应备品和配件;设立维修网点,做到服务上门;对某些复杂的产品,应协助用户安装、试车并负责技术指导。

②进行使用效果和使用要求的调查。

③认真处理出厂产品的质量问题,实行“三包”(包修、包换、包退)。

4.4.4 质量保证体系的概念、作用与内容

1. 质量保证体系的概念

质量保证体系是指为了给用户提供物美价廉、安全可靠的产品和服务,从企业的整体出发,把企业各部门、各个生产环节严密地组织起来,规定它们在质量管理和质量保证中的职责、任务、权限,订出各种标准和制度,组织和协调各方面的质量管理活动,从而组成一个严密、协调、高效并能够保证产品质量的管理体系。

2. 质量保证体系的作用

(1)通过质量保证体系的建立及其实践活动,可以建立正常的质量管理秩序,使企业整个质量管理活动走向制度化、合理化、科学化。

(2)有了质量保证体系,就可以使产品从开发、设计、试制、生产、销售、服务等生产经营各环节组成一个科学的业务流程,生产出用户满意的产品,并可对个别产品的质量问题,做到及时发现,得到综合治理。

(3)质量保证体系可以把各部门、各生产环节的质量管理活动组成一个有机整体,在统一领导下互通情报、协同动作,搞好厂内、外的质量信息反馈,用各项质量管理制度、作业标准和工作实践来保证与提高产品质量。

3. 质量保证体系的内容

(1)设立专职的质量管理部门,作为质量保证体系的组织保证。

(2)要规定各部门质量管理方面的职责、任务和权限,真正做到保证产品质量人人有责。

(3)建立一套质量管理标准和工作程序。这是质量保证体系的重点内容,也是重要的基础工作。

(4)设置质量信息反馈系统。

(5)组织外协厂的质量保证工作。

(6)开展质量管理小组活动。

4.4.5 焊接生产质量控制的内容

焊接生产的质量控制可分为三个阶段:焊前质量控制、焊接过程中的质量控制和焊接成品的质量检验。

1. 焊前质量控制

焊前质量控制是贯彻预防为主的方针,最大限度地避免和减少焊接缺欠的产生,保证焊接质量的积极而有效的措施。

2. 焊接过程中的质量控制

焊接过程中的质量控制是焊接质量控制最重要的环节,不仅指形成焊缝的过程,应包

括后热和焊后热处理。

3. 焊接成品的质量检验。

(1)焊后质量检验。

(2)安装调试质量的检验包括以下两方面。

①对现场组装的焊接质量进行检验。

②对产品制造时的焊接质量进行现场复验。

(3)产品服役质量的检验包括以下几方面。

①产品运行期间的质量监控。

②产品检修质量的复查。

③服役产品质量问题现场处理。

④焊接结构破坏事故的现场调查与分析。

(4)不合格焊缝产生的原因如下。

①错用焊接材料。

②违背焊接工艺。

③焊缝质量不符合标准。

④无证焊工施焊。

(5)不合格焊缝的标记。为便于识别和监督,利于返修,应对不合格焊缝做如下标记。

①标记产品编号:监督和控制不合格焊缝的出厂。

②标记缺欠部位:经 NDT 发现的局部超标缺欠应在缺欠部位做明确的标记。

③标记焊缝编号:整条焊缝不合格需返修的应标记焊缝编号。

(6)不合格焊缝的处理有如下几项。

①报废

对错用焊接材料,而经热处理等工艺方法无法满足使用要求的焊缝,应将焊缝清除重新焊接。

②返修焊

经外观检查和无损检测发现局部缺欠超标的,可把原焊缝、热影响区和缺欠同时清除,重新开坡口施焊。焊后应对返修部位重新检验或追加检验项目检查。对锅炉受压部件焊缝允许返修三次,压力容器焊缝返修不超过两次。

③回用

焊缝质量不符合标准要求,但不影响使用性能时,在经申请批准和用户不申诉索赔情况下,方可回用。

④降低使用参数

产品制作完毕,发现焊缝不合格而进行返修将造成产品报废或重大经济损失时,应根据检验结果对焊缝做重新核算,经用户同意后可降低参数使用。但此法要赔偿用户一定的经济损失,也会影响企业信誉,因此,一般不采用这种处理办法。

(7)焊接检验档案包括的内容如下。

①产品编号、名称、图号。

②现场使用工艺文件的编号、名称。

③母材、焊接材料的牌号、规格、入厂检验编号。

④焊接方法、焊工姓名、钢印号。

⑤实际预热、后热、消氢处理温度。

⑥检验方法和结果。

⑦检验报告编号:是指理化检验和 NDT 等专职检验机构的质量证明书。

⑧焊缝返修方法、部位、次数等。

⑨记录日期、记录人签字等。

⑩检验证书:焊接产品的检验证书,是产品完工时,整个检验工作的原始记录,并进行汇总而编制的质量证明文件。它既是产品质量合格的凭证,也是产品质量复查的依据。焊接产品的检验证书内容和要求同检验记录的内容与要求是相同的。

⑪检验档案的归档材料主要包括以下内容。

a. 完整的焊接生产图样。

b. 原始记录,包括材质检验、工艺检查、焊缝质量检验记录等。

c. 检验单据,包括材料代用单、临时更改单、工作联系单、不合格焊缝处理单等。

d. 检验证书,包括产品质量说明书和合格证。

e. 检验报告,包括力学性能、无损检测、热处理等检验报告。

f. 在检验档案中,对于检测人员承担检测项目的相应资格等级和有效期应有记录。

第 5 章　爬行机器人焊接实际操作

5.1　爬行机器人的焊接系统组成

爬行机器人的系统组成如图 5-1 所示,主要是由爬行机器人本体、自动送丝机、焊接电源和控制柜等组成。

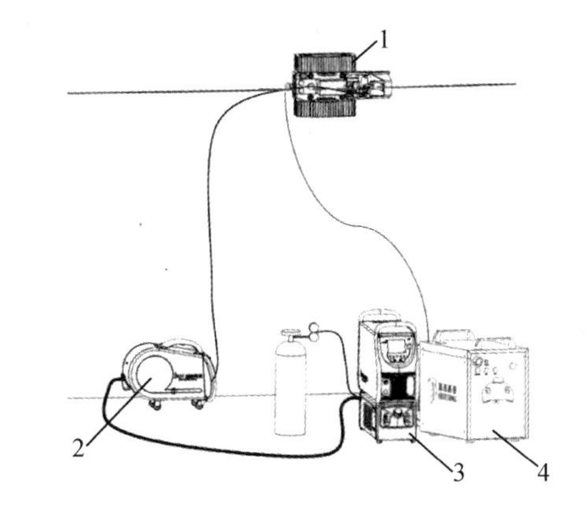

1—爬行机器人本体;2—自动送丝机;3—焊接电源;4—控制柜。

图 5-1　爬行机器人的系统组成

5.2　对爬行机器人操作人员的要求及其安全操作注意事项

5.2.1　对操作人员的要求

初次操作爬行机器人时要认真阅读设备说明书和相关注意事项,并且要由有操作经验的人员来指导具体操作。操作人员进行实际产品焊接前,必须要按照相关标准参加考试且成绩合格。

5.2.2 安全操作注意事项

1. 急停按钮教学

当操作人员短时间离开设备或有突发情况时，应按下急停按钮，长时间离开应断电。成套系统共有4个急停按钮，分别在爬行机器人本体的尾部、遥控器的上部、控制柜的背部、控制面板的上部。按下急停按钮，设备停止运行，消除急停，应逆时针旋转，将遥控器调为“手动、反向”，再按起弧激活，设备进入可运行状态。当遥控器没有激活或者有急停按钮按下时，会出现急停动画渐进界面，急停消除，该界面会自动解除消失。

2. 防坠器使用

当爬行机器人在高处作业（离地大于3 m左右）时，应将配套的防坠器挂在爬行机器人尾部的吊环中，防止意外跌落损坏爬行机器人本体。

3. 其他要求

（1）设备操作人员务必严格遵守施工现场安全施工的各项规定。

（2）不得在爬行机器人下方观察焊缝或停留。

（3）焊后层间处理时，应将爬行机器人移动至待处理位置5 m距离。

（4）设备在维修过程中，应断电操作。

（5）日常使用中，应定期检查线缆是否损伤，排除漏电风险。

（6）爬行机器人转运时，用双手紧握提拉把手，防止砸落。

（7）爬行机器人放置在母材上和从母材上拆卸时，不要把手放在激光模块上使力，避免激光模块因用力过度而损坏。

（8）注意爬行机器人底盘磁吸附力，切勿将手放在母材和爬行机器人底盘中间，以免误伤。

5.3 爬行机器人的组成

5.3.1 爬行机器人本体

爬行机器人本体采用铝合金材质外壳，坚固耐用，如图5-2所示，主要包含以下部件。

（1）激光跟踪模块：负责焊缝实时跟踪，不需要预扫描，具备抗弧光、抗飞溅的多重抗干扰能力，具有对接焊缝的跟踪能力。

（2）焊枪夹持模块：用于固定焊枪，由蝶形螺母紧固。

（3）焊枪摆动模块：也称执行机构，可在 X 轴、Y 轴、Z 轴方向进行移动和旋转。

（4）提拉把手：主要便于爬行机器人搬运和放置。

（5）重载插头：一个是驱动动力端，另一个是驱动控制端。

（6）线缆支撑架：用来固定爬行机器人上面的线缆和焊枪，避免爬行机器人行走时与线束冲突。

（7）磁吸附履带模块：采用轮履式与悬浮磁吸附相结合，行走稳定。

(8)底盘主要由万向球、永磁铁组成。管道机底盘主要由永磁轮组成。

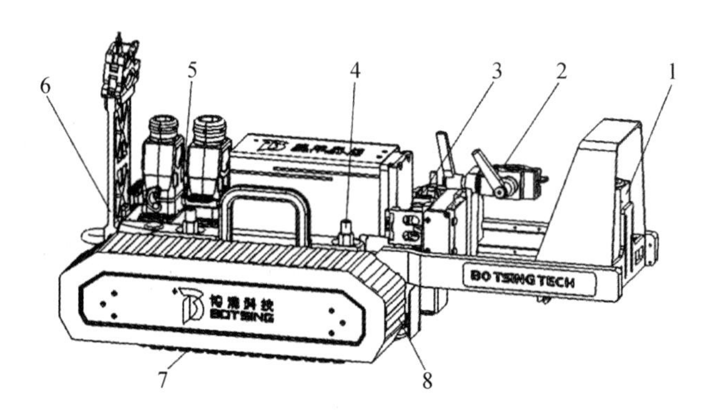

1—激光跟踪模块;2—焊炬夹持模块;3—焊炬摆动模块;4—主磁铁;
5—航空插头;6—线夹;7—磁吸附履带模块;8—工业外壳。

图 5-2　爬行机器人本体示意图

5.3.2　爬行机器人的控制柜

控制系统采用集成化和模块化设计,中央处理单元采用多处理器系统(工控机+伺服电机),保证爬行机器人本体和执行机构高速同步运行。

爬行机器人的控制柜正面包括控制面板接线盒,是控制面板与控制柜的连接口;急停按钮,按下按钮,则设备停止运行;IPC 开关,按下此开关控制柜开机;3 个灯,分别是上电指示灯、正常灯和故障灯。上电指示灯,设备通电即亮红色;正常灯,设备正常运行亮绿色;故障灯,设备故障即亮红色。

爬行机器人的控制柜背面包括电源开关,推闸上电,拉闸关电;电源输入端,控制柜的电源线接口;网口,激光软件通信接口;驱动动力端,爬行机器人动力线接口;驱动控制端,爬行机器人控制线接口。爬行机器人的控制柜示意图如图 5-3 所示。

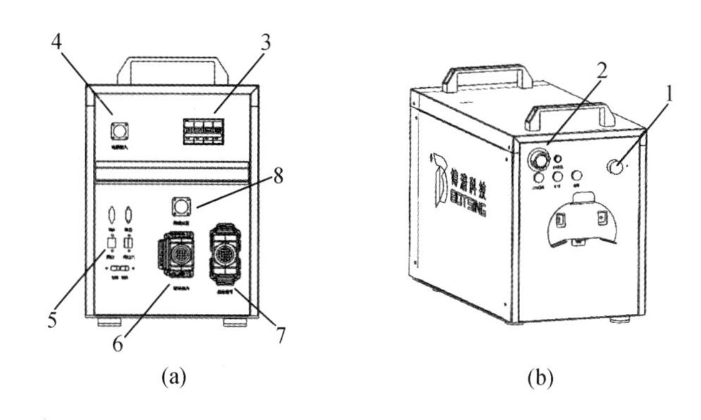

1—示教器接线盒;2—急停按钮;3—电源开关;4—电源输入端;5—网口;
6—驱动动力端;7—驱动控制端;8—焊机交互端。

图 5-3　爬行机器人的控制柜示意图

5.3.3 爬行机器人的控制面板

双击打开桌面上的上位机软件(BOT软件)启动界面,软件会有3 s左右的启动,对系统进行初始化设置。悬浮的3个功能键,分别为软件界面最小化(-)、全屏(□)、关闭(◇)。

打开上位机软件,输入用户名和密码,点击登录,用户登录有3次机会,若3次错误,需重启系统再登录。最上侧是功能菜单,自左向右依次介绍各功能菜单使用。

1. 主界面

第一个功能菜单是“主界面”,左下侧区域是爬行机器人作业过程相关参数的状态显示,可显示焊接参数和爬行机器人参数,最底侧可显示焊接里程。今日焊接里程(m):当前爬行机器人今日焊接里程;总焊接里程(m):爬行机器人焊接总里程。

WPS:WPS中的焊接参数序号名。

焊机JOB:焊机电源JOB号。以EWM焊机为例,JOB号为1180时,电弧为脉冲模式;JOB号为180时,电弧为直流模式。

焊接位置:2G为横焊,3G为立焊,非2G/3G为全位置焊接。

起弧开关:打开进入可起弧状态。

摆动开关:打开焊枪摆动。

实时速度:爬行机器人实时的焊接速度。

实时摆幅:焊枪左右摆动的幅度大小。

爬行机器人位置:爬行机器人姿态角度显示。

中间图像显示的是爬行机器人的运动状态,P:停车;D:前进; R:后退。遥控器的操作与控制面板同步显示。

运行模式:显示爬行机器人的运行模式,自动/手动状态,遥控器操作会同步显示。

运行方向:显示爬行机器人的运行方向,正向/反向,遥控器操作会同步显示。

系统状态:显示爬行机器人的状态,灰色(通信未建立)、绿色(正常)、红色(异常)。

跟踪模式:激光模式、姿态模式、直线模式。

激光:激光通信状态,绿色(正常)、红色(异常)。

电机:伺服电机通信状态,绿色(正常)、红色(异常)。

姿态:姿态传感器通信状态,绿色(正常)、红色(异常)。

焊机:焊接电源通信状态,绿色(正常)、红色(异常)、黄色(异常)。

焊接状态选择开关:点击“显示”,焊接过程会自动弹出焊接界面;点击“隐藏e”,焊接过程不自动弹出焊接界面。

伺服复位按钮:点击该按钮对伺服电机进行复位。

滑块回到原点按钮:点击该按钮对伺服电机进行复位。

2. 快速焊接设置

第二个功能菜单是快速焊接设置,点击该菜单可进入快速焊接界面。左侧分为“焊机参数”“爬行机参数”“跟踪参数”。最下方为新建/存入WPS,点击该按钮,进入WPS编辑界面。

保存:保存当前参数设置,再次打开加载保存的参数设置。

执行:执行设置系统参数。

每次设置好参数,需要点击保存,然后点击执行,否则无法执行参数。

3. 焊机参数

WPS:WPS 序号,填写 WPS 参数时使用。

焊机 JOB:焊机电源 JOB 号,与焊接模式相关,具体见焊机电源使用说明书 。如 EWM 焊机,直流模式选 180,脉冲模式选 1180。

检气:打开,检查气体是否通畅。

送丝:打开,检查送丝机送丝是否通畅。

起弧指示:起弧显示开关,“On”为处于起弧焊接状态,“Off”为处于停弧状态。

模式:通常选择模式 1,模式 2 预留。

根据焊接工艺,多层多道焊接时,设置送丝、弧长和推力这三个参数。

送丝:送丝速度设置,一元化程序中,等同于焊接电流。

弧长:弧压矫正设置,一元化程序中,等同于焊接电压。

推力:推力(动态特性)设置。

4. 爬行机参数

摆动模式:摆动模式选择,支持平摆。

配置开关:选择开关,“On”为支持参数编辑,“Off”为关闭参数编辑功能。

WPS:WPS 序号,填写 WPS 参数时使用。

摆动设置:选择开关,摆动设置时使用,“On”为打开焊枪摆动设置,Off 关闭焊枪摆动设置。

起弧设置:选择开关,起弧设置时使用,“On”为打开起弧设置,“Off”为关闭起弧设置。

焊接速度:焊接速度设置,设置范围为 0~500 mm/min。

摆动幅度:摆动幅度设置,设置范围为 0~30.0 mm。

左侧摆速:左摆幅度设置,设置范围为 0~30 mm/s。

左侧停留:左摆停留时间设置,设置范围为 0~5.0 s。

速度步长:速度步长设置,设置范围为 0~50 mm/min。

幅度步长:幅度步长设置,设置范围为 0~5.0 mm。

右侧摆速:右摆幅度设置,设置范围为 0~30 mm/s。

右侧停留:右摆停留时间设置,设置范围为 0~5.0 s。

5. 跟踪参数

图 5-4 为控制面板示意图。先选择跟踪模式,跟踪模式的形式有激光模式、姿态模式、直线模式。

配置开关:选择开关, “On”为支持参数编辑,“Off”为关闭参数编辑功能。

横焊设置角:横焊设置角度,设置范围为-45°~45°。

立焊设置角:立焊设置角度,设置范围为±45°~±135°。

图 5-4　爬行机器人的控制面板示意图

5.3.4　爬行机器人的遥控器

爬行机器人的遥控器主要作用是在焊接过程中可通过手持遥控器对焊枪的姿态和爬行机器人的行走速度实时调整,从而实现对焊缝成形状态的控制。图 5-5 为爬行机器人的遥控器示意图。新型爬行机器人的遥控器可调节焊接时的电流电压。

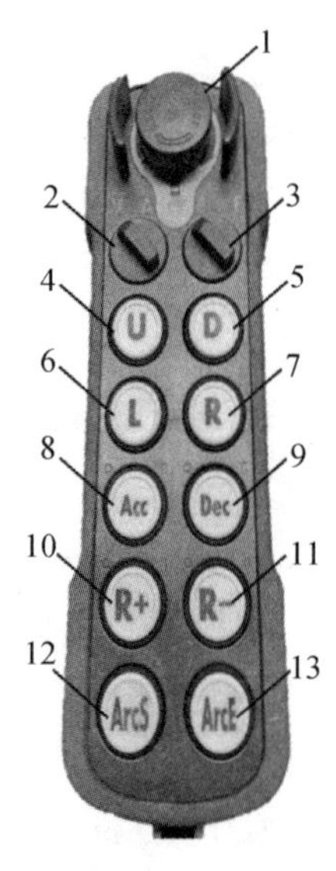

1—急停按钮;2—手动/自动切换按钮;3—正/反向切换按钮;4—上升按钮;5—下降按钮;6—左移按钮;7—右移按钮;8—加速按钮;9—减速按钮;10—增幅按钮;11—减幅按钮;12—起弧按钮;13—停弧按钮。

图 5-5　爬行机器人的遥控器示意图

每次系统开机,按下遥控器“起弧”按钮,听到“滴”的声响,表明已激活成套系统。点击“上升”按钮,焊枪向上移动,即向坡口外部移动;点击“下降”按钮,焊枪向下移动,即向坡口内部移动。

1. 遥控器的按钮

(1)急停按钮,按下此按钮设备急停,爬行机器人不可运行;释放急停按钮,爬行机器人进入可运行状态。

(2)手动/自动切换按钮,用来切换爬行机器人的手动和自动模式。自动模式表示爬行机器人正在进入焊接作业,手动模式表示爬行机器人正在进行焊接作业。

(3)正/反向切换按钮,用来调整爬行机器人移动的方向,包括向前移动或向后移动、向左转弯或向右转弯。

(4)上升、下降、左移、右移、加速、减速、增幅、减幅、起弧、停弧按钮,分别用来控制焊枪上升、下降、左移、右移,控制爬行机器人的速度、增幅、减幅,以及起弧、停弧。

2. 操作遥控器时的注意事项

(1)当遥控器上的灯显示黄色时,表示需要使用配套的充电器进行充电。

(2)手动模式下,起弧和停弧按钮无法使用;自动模式下,起弧表示爬行机器人开始运动,停弧表示爬行机器人停止运动。双击停弧可以纠正爬行机器人本体姿态,尤其是在横焊和立焊时,一定要在焊接前双击停弧键,纠正车体姿态。

(3)遥控器是无线的,因此需将天线放置在较高位置,如控制柜、集成转运箱等设施顶部,避免信号接收不良。

(4)遥控器内置电池,需要使用专用的充电器为遥控器充电。

3. 遥控器功能按钮的说明

表 5-1 和表 5-2 分别为手动模式和自动模式下遥控器功能按钮的说明。

表 5-1　手动模式下遥控器功能按钮的说明

序号	名称	按钮模式	功能
1	急停	按下	紧急停止按钮,与起弧按钮配合可复位
2	手动/自动	旋转	手动与自动模式切换
3	方向	旋转	设定爬行机器人行走方向或旋转方向
4	上升	长按	焊枪连续上移
		短按	焊枪点动上移
5	下降	长按	焊枪连续下移
		短按	焊枪点动下移
6	左移	长按	焊枪连续左移
		短按	焊枪点动左移
7	右移	长按	焊枪连续右移
		短按	焊枪点动右移
8	加速	短按	爬行机器人行走速度加快
9	减速	短按	爬行机器人行走速度减慢
10	增幅	短按	焊炬横向摆动幅度增加
11	减幅	长按	焊炬横向摆动幅度降低
12	起弧	长按	起弧(爬行机器人运动)
		双击	爬行机器人初始位置自动调整
13	停弧	长按	停弧(爬行机器人不运动)

表 5-2　自动模式下遥控器功能按钮的说明

序号	名称	按钮模式	功能
1	急停	按下	紧急停止按钮
2	手动/自动	旋转	选择自动模式
3	方向	旋转	设定爬行机器人行走方向
4	上升	长按	焊枪连续上移
		短按	焊枪点动上移
5	下降	长按	焊枪连续下移
		短按	焊枪点动下移
6	左移	长按	焊枪连续左移
		短按	焊枪点动左移
7	右移	长按	焊枪连续右移
		短按	焊枪点动右移
8	加速	短按	爬行机器人点动加速
		长按	自动往返功能设置定位
9	减速	短按	爬行机器人点动减速
		长按	取消自动往返功能
10	增幅	短按	焊炬横向摆动幅度增加
11	减幅	短按	焊炬横向摆动幅度降低
12	起弧	长按	一键启动焊接
13	停弧	长按	一键停止焊接

5.4　博清焊接 App

博清焊接 App 专为爬行机器人应用设计,用户界面简洁清晰。用户可通过 App 实时了解爬行机器人、焊接电源系统的作业状态。

5.4.1　启动界面、登录界面和主界面

软件启动界面如图 5-6 所示,软件需要几秒钟的启动时间,对系统进行初始化设置。登录界面如图 5-7 所示。

用户使用爬行机器人必须先登录。用户权限分为操作工和工程师两类,登录成功进入主界面。用户登录会有 3 次错误登录机会,如果超多 3 次不能正确登录,需要重启软件方可重新进行登录,登录失败如图 5-8 和图 5-9 所示。

图 5-6　启动界面

图 5-7　登录界面

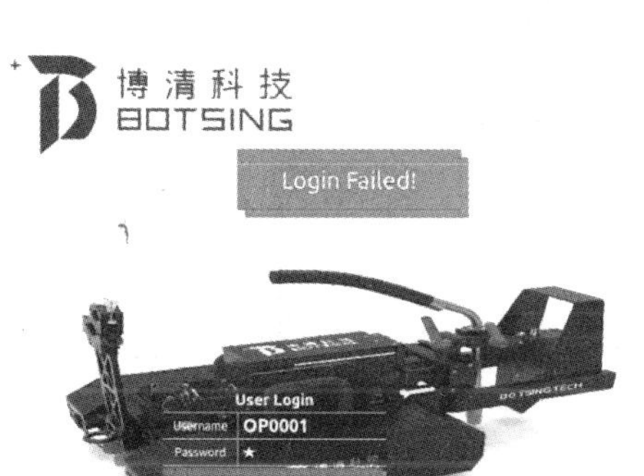

图 5-8　登录失败

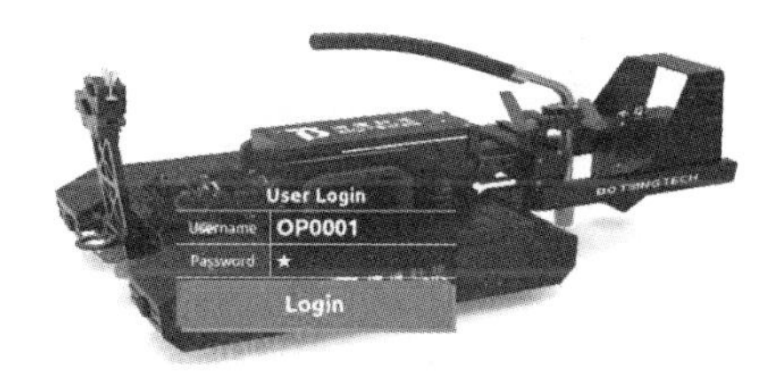

图 5-9　登录失败超过 3 次

图 5-10 为主界面。主界面最上面是功能菜单,点击“Home Page”按钮可进入主界面。功能菜单如图 5-11 所示。

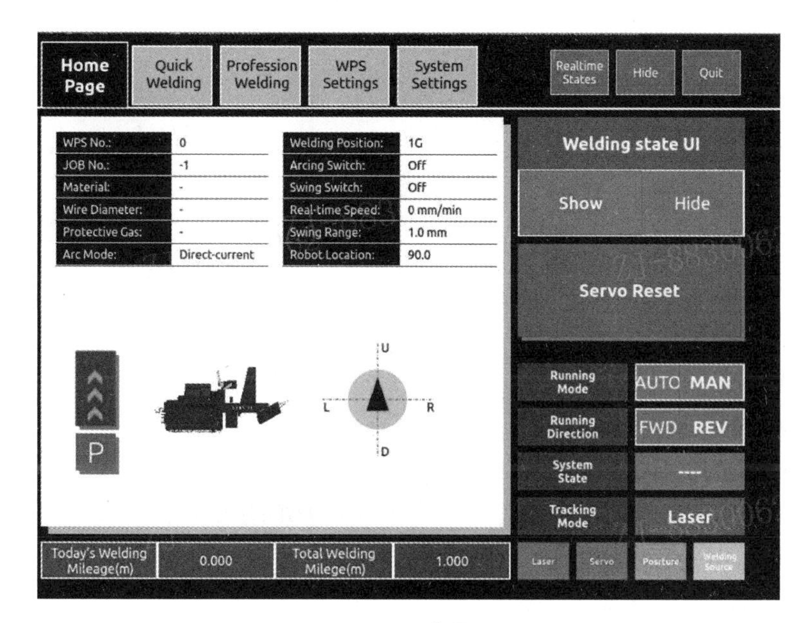

图 5-10　主界面

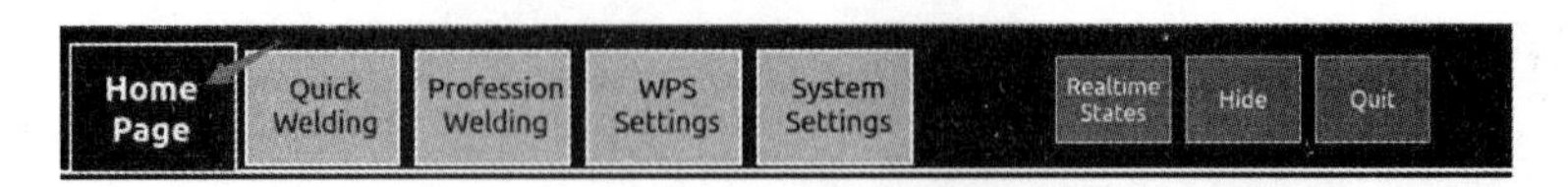

图 5-11　功能菜单

主界面的左侧区域是爬行机器人作业过程的相关参数状态显示，可显示焊接参数和爬行机器人参数，最底侧可显示焊接里程，如图 5-12 所示。

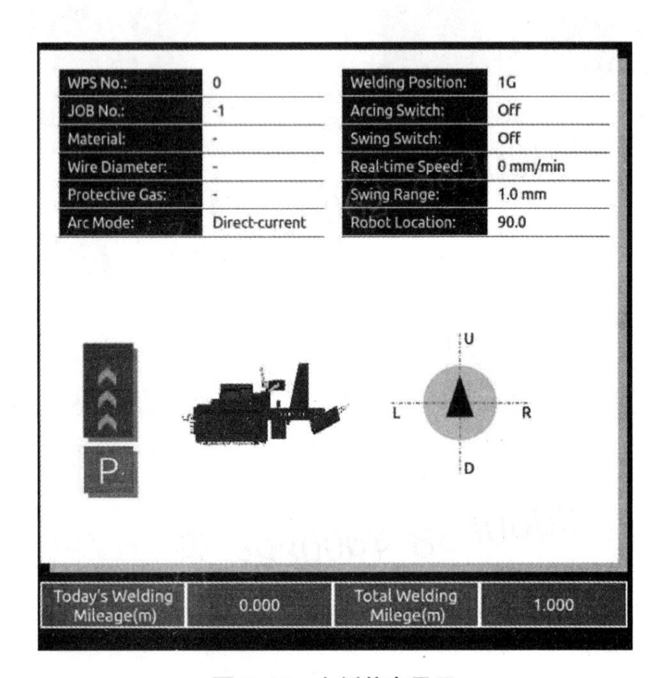

图 5-12　左侧状态显示

图 5-12 中的英文含义如下。

WPS No.：WPS 参数序号。

JOB No.：焊接电源 JOB 号。

Material：焊接材料。

Wire Diameter：焊丝直径。

Protective Gas：保护气体。

Arc Mode：电弧模式，分为直流模式和脉冲模式。

Welding Position：焊接位置，分为 1G、2G、3G、4G、5G。

Arcing Switch：起弧设置开关，打开允许起弧。

Swing Switch：摆动开关，打开焊枪摆动。

Real-time Speed：实时焊接速度。

Swing Range：焊枪实时摆幅。

Robot Location：爬行机器人位置。

中间图像显示的是爬行机器人的运动状态，P：停车；D：前进；R：后退。

Today's Welding Mileage（m）：当前爬行机器人今日焊接里程。

Total Welding Milege（m）:爬行机器人焊接总里程。

主界面的右侧区域是爬行机器人作业过程相关参数设备通信状态显示,如图 5-13 所示。

Running Mode:显示爬行机器人的运行模式,自动（AUTO）/手动状态（MAN）。

Running Direction:显示爬行机器人的运行方向,正向（FWD）/反向（REV）。

System State:显示爬行机器人的状态,灰色（通信未建立）、绿色（正常）、红色（异常）。

Tracking Mode:激光模式、姿态模式、融合模式、直线模式。

Laser:激光通信状态,绿色（正常）、红色（异常）。

Servo:伺服电机通信状态,绿色（正常）、红色（异常）。

Posrture:激光通信状态,绿色（正常）、红色（异常）。

Welding Source:焊接电源通信状态,绿色（正常）、红色（异常）、黄色（异常）。

Welding state UI 选择开关:点击"Show",焊接过程会自动弹出焊接界面;点击"Hide",焊接过程不自动弹出焊接界面,如图 5-14 所示。

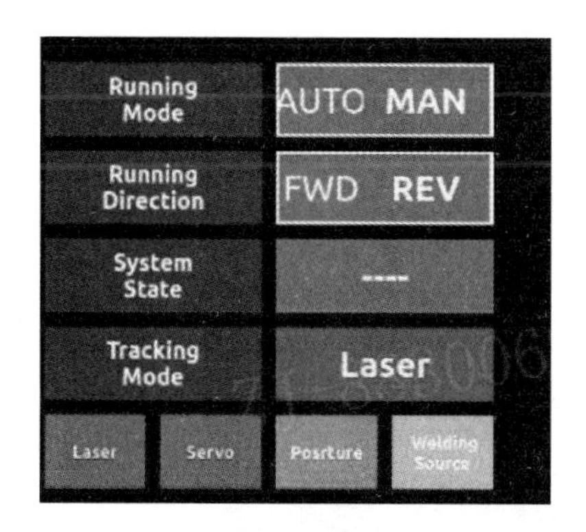

图 5-13　右下侧状态显示

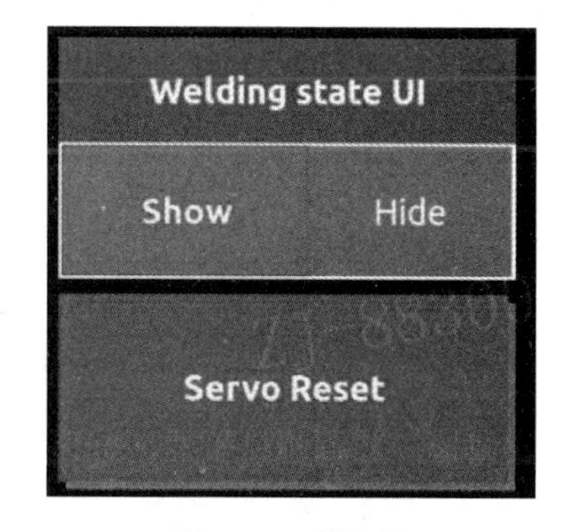

图 5-14　操作栏

Servo Reset 按钮:对伺服电机进行复位。

5.4.2　快速焊接设置界面

点击功能菜单"Quick Welding"按钮可进入快速焊接界面。

1. Welding Machine Parameter Page 焊接参数界面

点击左侧"Welding Machine Param"可进入焊接参数界面,如图 5-15 所示。

图 5-15 中的英文含义如下。

WPS No.:WPS 序号,填写 WPS 参数时使用。

JOB No.:焊接电源 JOB 号,与焊接模式相关,具体见焊机电源使用说明书。

Gas Check:选择开关,"On"为检气打开,"Off"为检气关闭。

Wire Feed:选择开关,"On"为送丝开始,"Off"为送丝停止。

Arc Display:起弧显示开关,"On"为处于起弧焊接状态,"Off"为处于停弧状态。

Welding Mode:焊接模式,预留。

Wire-Feed Speeed:送丝速度设置。

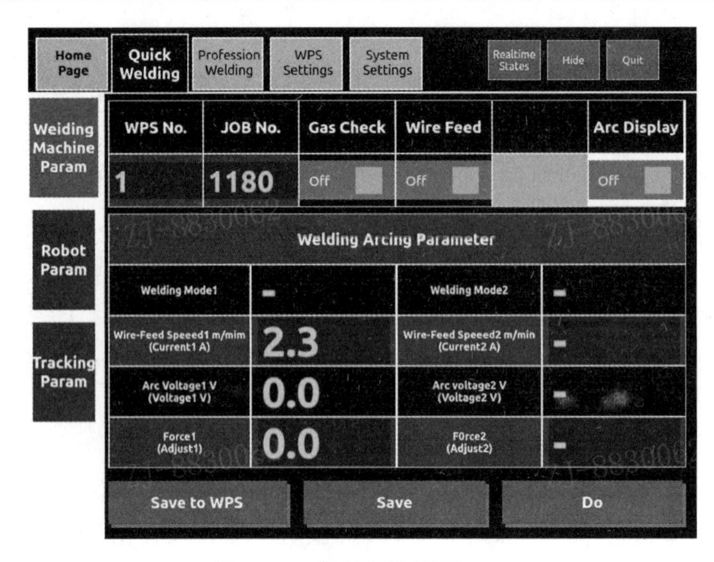

图 5-15　焊接参数界面(一)

Arc Voltage:弧压矫正设置。

Force:推力(动态特性)设置。

Save to WPS:点击进入 WPS 编辑界面。

Save:点击保存当前参数设置,再次打开加载保存的参数设置。

Do:点击执行设置系统参数。

2. Robot Setting Page 爬行机器人参数界面

点击左侧“Robot Param”可进入爬行机器人参数界面,如图 5-16 所示。

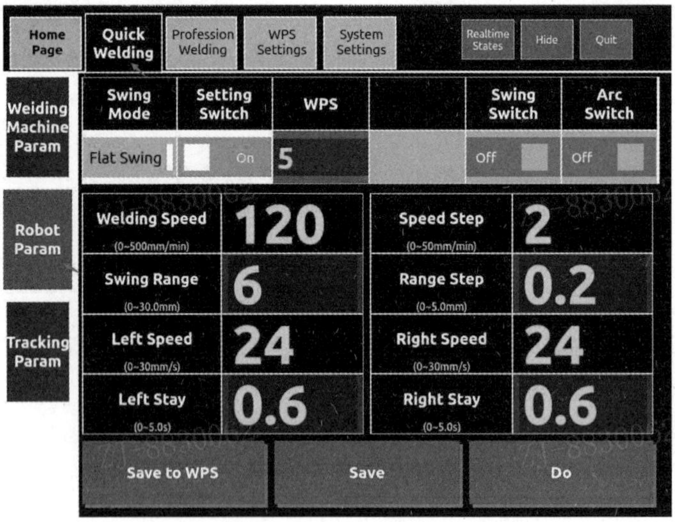

图 5-16　爬行机器人参数界面

图 5-16 中的英文含义如下。

Swing Mode:摆动模式选择,支持平摆。

Setting Switch:选择开关,“On”为支持参数编辑,“Off”为关闭参数编辑功能。

WPS:WPS 序号,填写 WPS 参数时使用。

Swing Switch:选择开关,摆动设置时使用,“On”为打开焊枪摆动设置,“Off”为关闭焊枪摆动设置。

Arc Switch:选择开关,起弧设置时使用,“On”为打开起弧设置,“Off”为关闭起弧设置。

Welding Speed:焊接速度设置,设置范围为 0~500 mm/min。

Swing Range:摆动幅度设置,设置范围为 0~30.0 mm。

Left Speed:左摆幅度设置,设置范围为 0~30 mm/s。

Left Stay:左摆停留时间设置,设置范围为 0~5.0 s。

Speed Step:速度步长设置,设置范围为 0~50 mm/min。

Range Step:幅度步长设置,设置范围为 0~5.0 mm。

Right Speed:右摆幅度设置,设置范围为 0~30 mm/s。

Right Stay:右摆停留时间设置,设置范围为 0~5.0 s。

Save to WPS:点击进入 WPS 编辑界面。

Save:点击保存当前参数设置,再次打开加载保存的参数设置。

Do:点击执行设置系统参数。

3. Tracking Parameter Page 跟踪参数界面

点击左侧“Tracking Param”可进入跟踪参数界面,如图 5-17 所示。

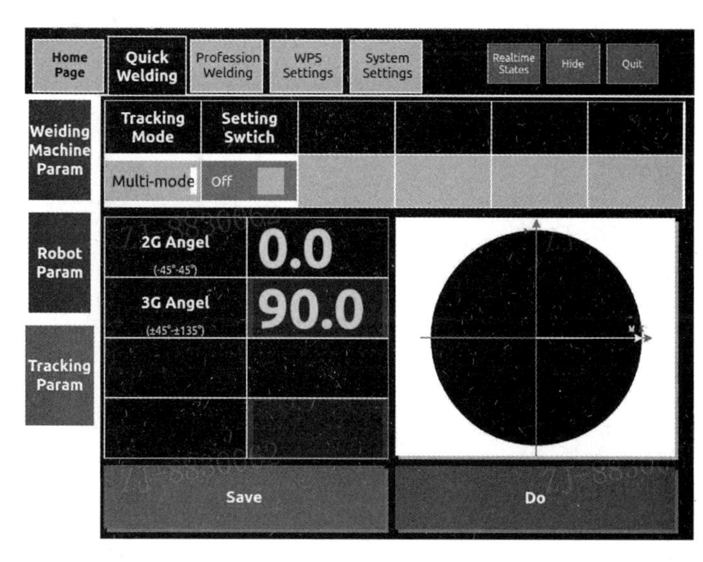

图 5-17　跟踪参数界面

图 5-17 中的英文含义如下。

Tracking Mode:跟踪模式选择,有激光模式、姿态模式、多传感器融合模式。

Setting Swtich:选择开关,“On”为支持参数编辑,“Off”为关闭参数编辑功能。

2G Angel:横焊设置角度,设置范围为-45°~45°。

3G Angel:立焊设置角度,设置范围为±45°~±135°。

Save:点击保存当前参数设置,再次打开加载保存的参数设置。

Do:点击执行设置系统参数。

5.4.3 专业设置界面

点击功能菜单“Profession Welding”按钮,可进入快速焊接界面。

1. Welding Machine Setting 焊接参数界面

点击左侧“Welding Machine Setting”可进入焊接参数界面,如图 5-18 所示。

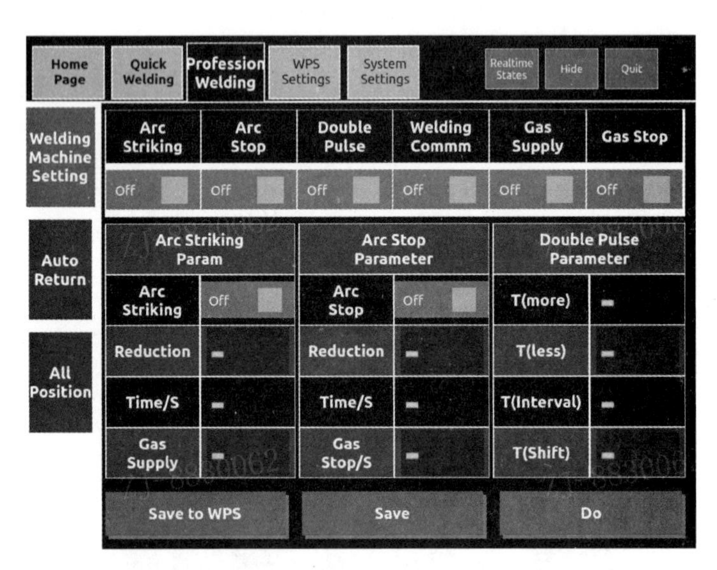

图 5-18　焊接参数界面(二)

图 5-18 中的英文含义如下。

Arc Striking:起弧。

Arc Stop:收弧。

Double Pulse:双脉冲。

Welding Commm:焊机通信。

Gas Supply:预送气。

Gas Stop:尾送气。

Arc Striking Param:起弧参数。

Reduction:衰减。

Time:时间,单位 s。

Double Pulse Parameter:双脉冲参数。

T(more):T 强。

T(less):T 弱。

T(Interval):T 间隔。

T(Shift):T 切换。

Save to WPS:点击进入 WPS 编辑界面。

Save:点击保存当前参数设置,再次打开加载保存的参数设置。

Do:点击执行设置系统参数。

2. All Position 全位置功能界面

点击左侧“All Position”可进入全位置功能界面,如图 5-19 所示。

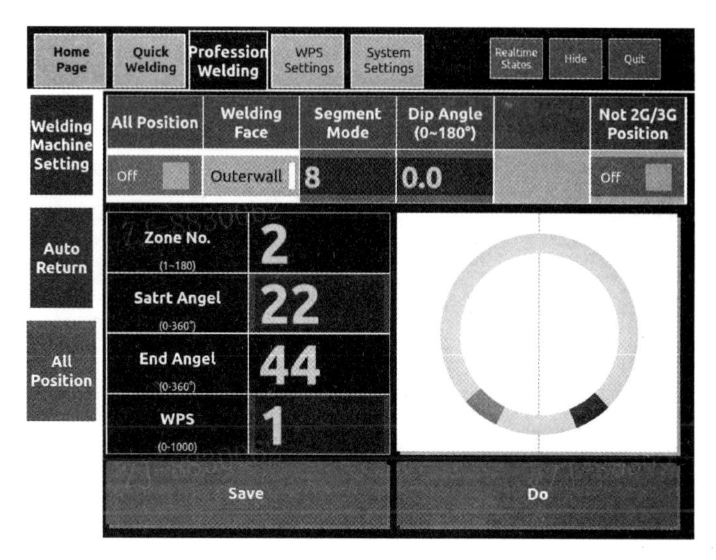

图 5-19　全位置功能界面

图 5-19 中的英文含义如下。

All Position:选择开关,“On”为全位置功能打开,“Off”为全位置功能关闭。

Welding Face:环形焊件焊接面选择,有内壁、外壁。

Segment Mode:分段模式选择,可设置分段数。

Dip Angle:焊接倾角设置,设置范围为 0~180°。

Not 2G/3G Position:选择开关,“On”为功能打开,“Off”为功能关闭。

Zone No. :分区号(0~180),显示爬行机器人相应位置,如图 5-20 所示。

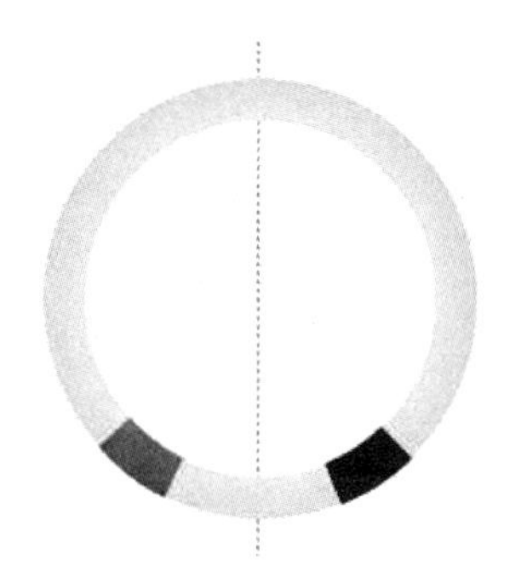

图 5-20　爬行机器人分区位置

Satrt Angel:起始角(0~360°),自动导入数据。

End Angel:终点角(0~360°),自动导入数据。

WPS:WPS 序号,为 0~1000。

Save:点击保存当前参数设置,再次打开加载保存的参数设置。

Do:点击执行设置系统参数。

5.4.4 设置界面

点击功能菜单“WPS Settings”按钮,可进入设置界面。

点击左侧“WPS Switch”可进入焊接参数界面,如图 5-21 所示。

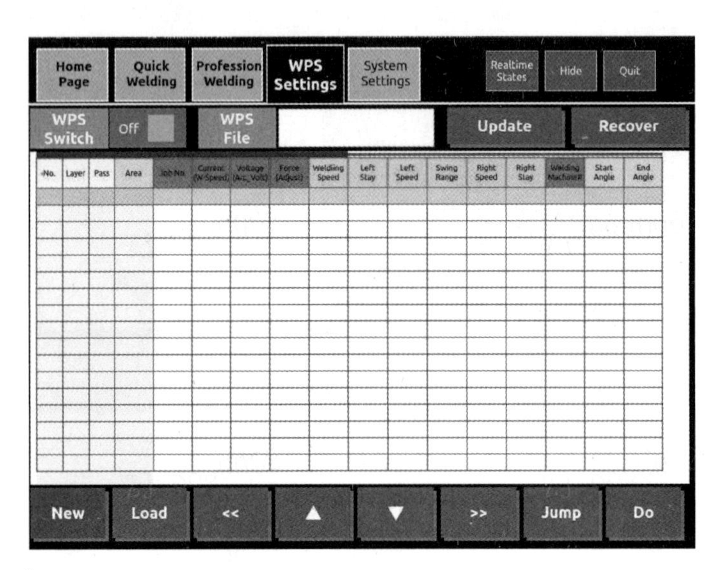

图 5-21 WPS 界面

图 5-21 中的英文含义如下。

WPS Switch:选择开关,“On”为 WPS 参数关联焊接电源参数控制,“Off”为 WPS 参数不关联焊接电源参数控制。

WPS File:WPS 文件名。

No. :WPS 序号。

Layer:焊接层数。

Pass:焊接道数。

Area:分区号。

Job No. :焊接电源 Job 号。

Current(W-Speed):焊接电源的电流(或者送丝速度)。

Voltage(Arc_volt):焊接电源的电压(或者弧压矫正)。

Force(Adjust):焊接电源的推力(或者动态特性)。

Welding Speed:爬行机器人的焊接速度。

Left Stay:焊枪夹持摆动左侧停留时间。

Left Speed:焊枪夹持摆动左侧摆动速度。

Swing Range:焊枪夹持摆动幅度。

Right Stay:焊枪夹持摆动右侧停留时间。

Right Speed:焊枪夹持摆动右侧摆动速度。

Welding Machine#:焊机号,保留。

Start Angle:起始角,保留。

End Angle:终点角,保留。

Update:点击弹出修改 WPS 界面(请先加载 WPS 文件才能使用),WPS 修改界面,如图 5-22 所示。

No. 2 | Layer 0 | Pass 0 | Area 0 | Job No. 0 | Current W-Speed 0 | OK
Voltage Arc_Volt 0 | Force (Adjust) 0 | Welding Speed 0 | Left Stay 0 | Left Speed 0 | Swing Range 0 | Cancel
Right Speed 0 | Right Stay 0 | Welding Machine# 0 | Start Angle 4 | End Angle 6

No.	Layer	Pass	Area	Job No.	Current (W-Speed)	Voltage (Arc_Volt)	Force (Adjust)	Welding Speed	Left Stay	Left Speed	Swing Range	Right Speed	Right Stay	Welding Machine#	Start Angle	End Angle
1	0	0	0	0	0	0	0	0	0	0	0	0	0	0	0	0
2	0	0	0	0	0	0	0	0	0	0	0	0	0	0	4	6
3	0	0	0	0	0	0	0	0	0	0	0	0	0	0	0	0

New | Load | << | ▲ | ▼ | >> | Jump | Do

图 5-22　WPS 修改界面

Recover:点击保存修改 WPS 参数到 WPS 参数列表中。

New:点击新建 WPS 文件,弹出 WPS 新建界面(需要工程师以上权限,操作工没有权限操作该选项),如图 5-23 所示。

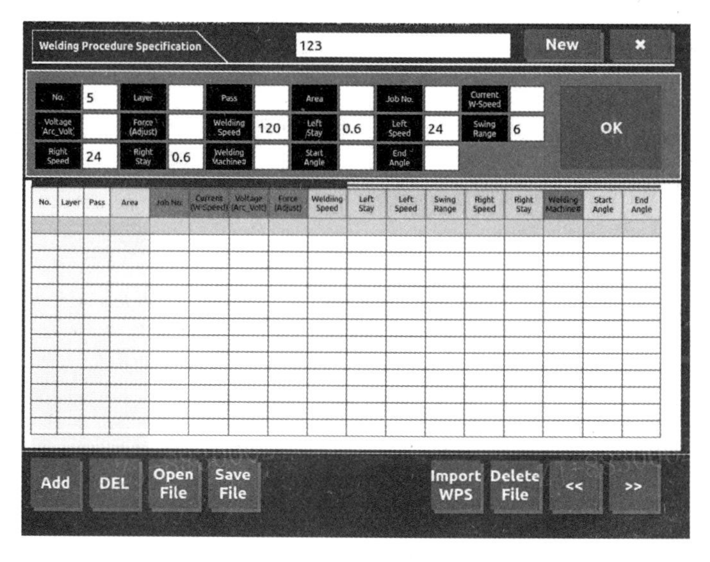

图 5-23　WPS 新建界面

Load:点击加载 WPS 数据界面,如图 5-24 所示。

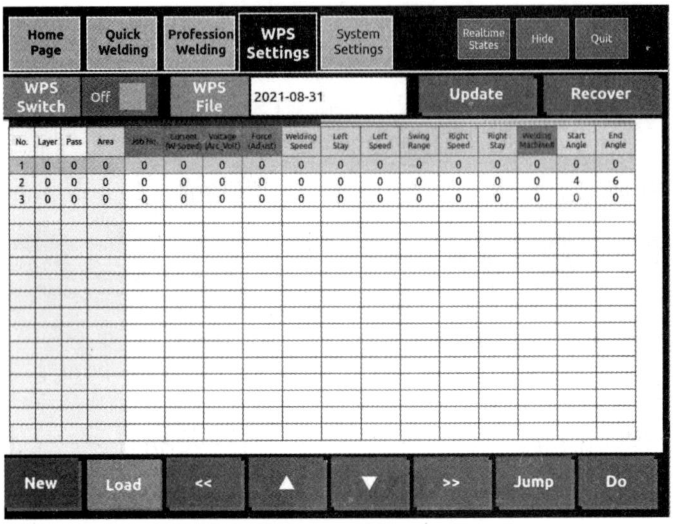

图 5-24　加载 WPS 数据界面

≪:点击跳转上一页。

▲:点击跳转上一项。

▼:点击跳转下一项。

≫:点击跳转下一页。

Jump:点击跳转到焊接参数设置。

Do:点击执行设置系统参数。

图 5-22 中的英文含义如下。

OK:点击确认修改 WPS 参数。

Cancel:点击取消修改 WPS 参数。

图 5-23 中的英文含义如下。

OK:点击确认添加 WPS 参数。

ADD:点击添加 WPS 数据项。

DEL:点击删除 WPS 数据项。

Open File:点击打开 WPS 数据文件。

Save File:点击保存 WPS 数据到当前文件中。

Import WPS:将当前的 WPS 文件导入 WPS 文件夹中。

Delete File:删除当前 WPS 文件。

≪:点击跳转上一页。

≫:点击跳转下一页。

5.4.5　系统设置界面

点击功能菜单“System Settings”按钮,可进入系统设置界面。

1. System Check 系统自检界面

点击左侧“Syatem Check”可进入系统自检界面，根据指示的颜色确认系统的状态，如图 5-25 所示。

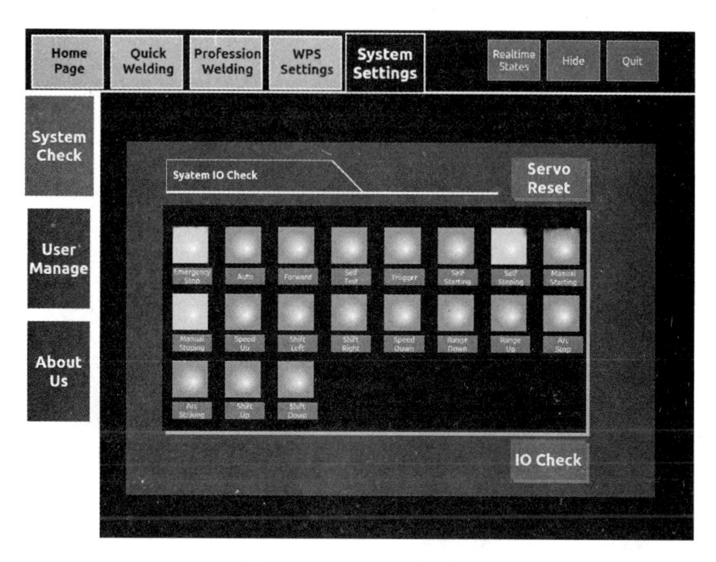

图 5-25　系统自检界面

图 5-25 中的英文含义如下。

Servo Reset：点击对伺服电机进行复位。

IO Check：点击可进入系统 IO 自检状态。

2. User Manage 用户管理界面

点击左侧“User Manage”进入用户管理界面，可根据指示的颜色确认系统的状态，如图 5-26 所示。

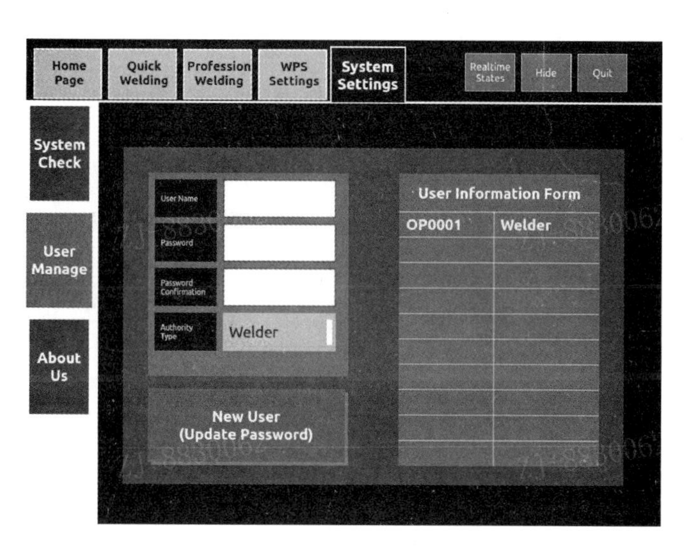

图 5-26　用户管理界面

图 5-26 中的英文含义如下。

User Name:用户名填写。

Password:密码填写。

Password Confirmation:密码确认填写。

Authority Type:用户权限选择,支持 Welder 和 Engineer 选择。

New User(Update Password):点击可新增用户和修改密码(需要权限可操作)。

右侧是登录的用户信息,分别是用户名和权限显示。

3. About Us 关于本机信息界面

点击左侧"About Us"可进入关于本机信息界面,如图 5-27 所示。

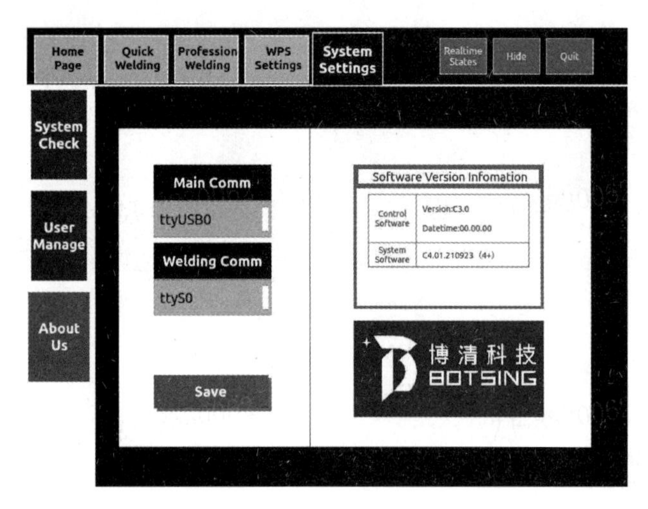

图 5-27 关于本机信息界面

图 5-27 中的英文含义如下。

Main Comm:主控通信端口选择。

Welding Comm:焊机电源通信端口选择。

Save:点击保存主控通信端口设置和焊机电源端口设置,重启后软件生效。

5.4.6 实时状态界面

点击功能菜单"Realtime States"按钮(图 5-28)可进入焊接实时状态界面,如图 5-29 所示。

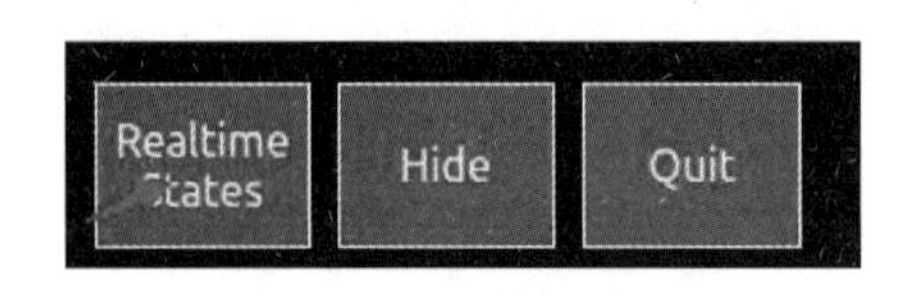

图 5-28 功能菜单

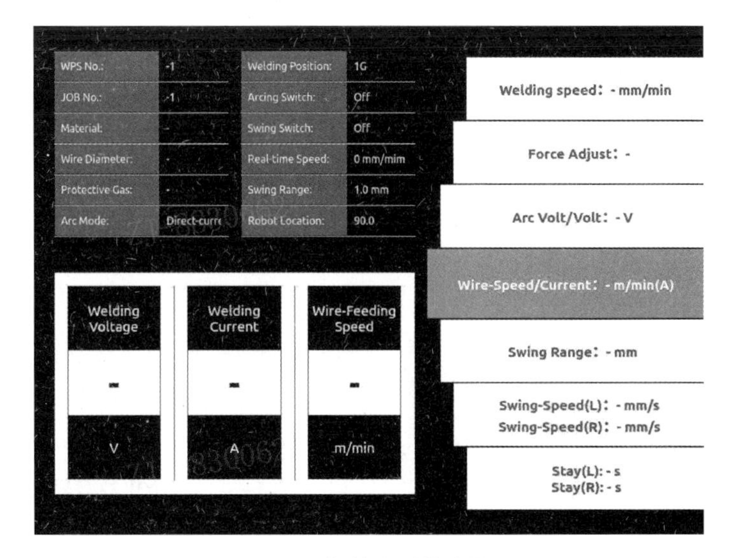

图 5-29　焊接实时状态界面

图 5-29 中的英文含义如下。

左上侧状态栏中各符号含义如下。

WPS No.:WPS 参数序号。

JOB No.:焊机电源 JOB 号。

Material:焊接材料。

Wire Diameter:焊丝直径。

Protective Gas:保护气体。

Arc Mode:起弧模式,分为直流模式和脉冲模式。

Welding Position:焊接位置,分为 1G、2G、3G、4G、5G。

Arcing Switch:起弧设置开关,打开允许起弧。

Swing Switch:摆动开关,打开允许焊枪摆动。

Real-time Speed:实时焊接速度。

Swing Range:焊枪实时摆幅。

Robot Location:爬行机器人位置。

Welding Voltage.:焊机电源实时电压,单位 V。

Welding Current:焊机电源实时电流,单位 A。

Wire-Feeding Speed:焊机电源实时送丝速度,单位 m/min。

Welding Speed:设置焊接速度值。

Force Adjust:设置推力(动态特性)值。

Arc Volt/Volt:设置弧压矫正/电压值。

Wire-Speed/Current:设置送丝速度/电路值。

Swing Range:设置摆动幅度值。

Swing-Speed(R):设置右摆动速度值。

Swing-Speed(L):设置左摆动速度值。

Stay(L):设置左摆动停留时间值。

Stay(R):设置右摆动停留时间值。

5.4.7 隐藏界面

点击功能菜单“Hide”按钮(图 5-30)可进入最小化界面,会出现悬浮窗小图标,并动画显示,如图 5-31 所示。

图 5-30 “Hide”功能菜单

图 5-31 最小化隐藏界面

5.4.8 退出界面

点击功能菜单“Quit”按钮(图 5-32)可进入系统退出选择界面,如图 5-33 所示。

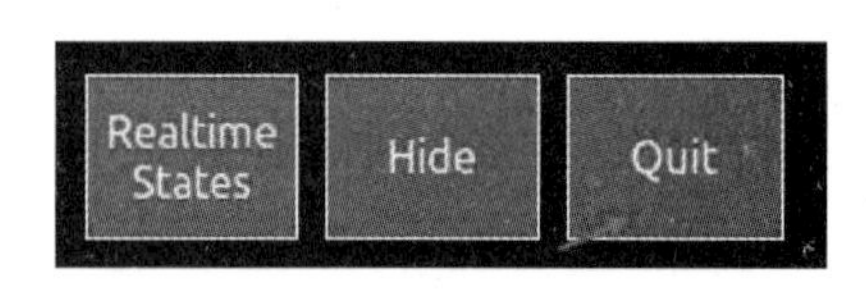

图 5-32 “Quit”功能菜单

图 5-33 系统退出选择界面

图 5-33 中的英文含义如下。

Quit:退出软件。

Shutdown:系统关机。

Return:返回原来状态,该功能按钮取消。

5.4.9 急停界面

当遥控器没有激活或者有急停按钮按下时,会出现急停动画渐进界面,急停消除,该界面会自动解除消失,如图 5-34 和图 5-35 所示。

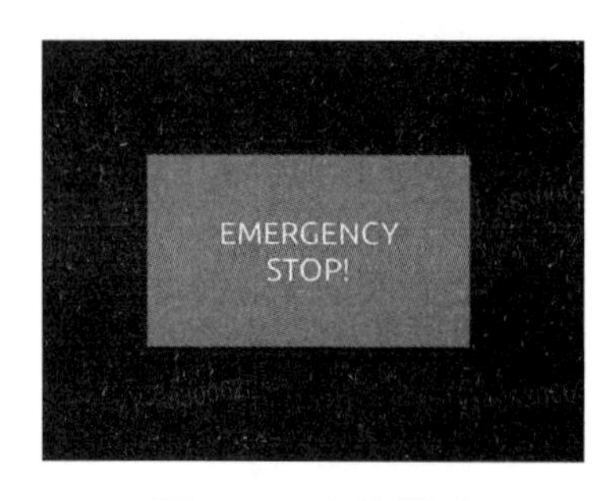

图 5-34 急停界面

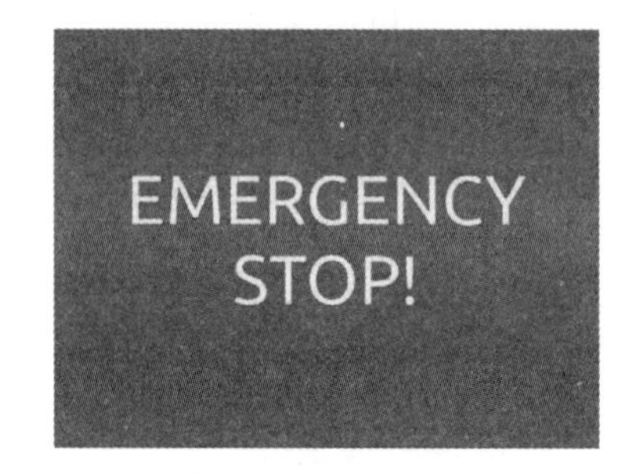

图 5-35 急停界面

5.5　设备连接与中继电缆线校准

按系统框图进行爬行机器人的线缆连接。首次使用焊接系统前,按照焊接电源的校准指引,对焊接回路进行校准。线缆连接要求见表 5-3。

表 5-3　线缆连接要求

线缆编号	线缆名称	接入端	输出端	备注
R1	控制柜电源线	用户电源	控制柜电源航空插头	—
R2	驱动动力线	控制柜驱动动力端航空插头	爬行机器人本体驱动动力端航空插头	绑扎在一起
R3	驱动信号线	控制柜驱动信号端航空插头	爬行机器人本体驱动信号端航空插头	
R4	负载信号线	控制柜负载信号端航空插头	爬行机器人本体负载信号端航空插头	
R5	焊机交互线	控制柜焊机交互端航空插头	焊机 A1 接口航空插头	—
P1	焊机电源线	用户电源	—	—
P2	气管	用户气源	送丝机气管接头	绑扎在一起
P3	焊机正极电缆	焊机	送丝机	
P4	焊机信号线	焊机	送丝机	
P5	冷却水管(出)(Out)	冷却水箱	送丝机	
P6	冷却水管(回)	送丝机	冷却水箱	
P7	外壳接地线	焊机	大地	—
P8	焊机地线	焊机	待焊工件	—
P9	焊枪	送丝机	爬行机器人本体夹持机构	—

5.6　焊 接 模 式

5.6.1　普通焊接模式

在普通焊接模式下,爬行机器人操作者可通过独立设置每一道焊缝的焊接参数,保存设置后进行焊接。在爬行机器人设置界面设置跟踪模式和跟踪参数,以及焊接速度、摆动幅度、摆动速度、停留时间等焊枪动作参数。

保存设置后,使用遥控手柄长按“起弧”开始焊接,焊接过程中可通过遥控器、控制面板和博清焊接 App 对焊接过程参数进行实时调整。

5.6.2 WPS 焊接模式

在 WPS 设置界面,点击“加载”,选择需要的焊接工艺卡,选择本道焊接所需的焊接工艺参数,点击“跳转”后开始焊接。

5.6.3 全位置焊接模式

对于处于 5G 或 6G 位置圆环的焊接,可采用全位置焊接模式。在这种焊接模式下,将圆环划分为若干个区间,每个区间的参数分别设定,可实现整个圆环的全位置焊接。

5.7 焊接作业流程

焊接作业流程示意图如图 5-36 所示。流程的详细介绍见表 5-4 至表 5-8。

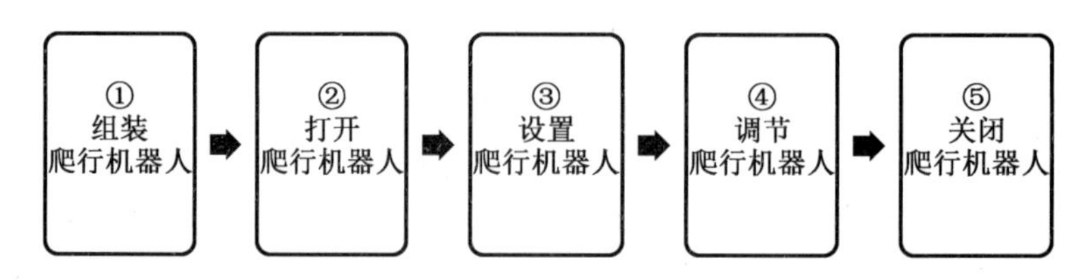

图 5-36 焊接作业流程示意图

表 5-4 焊前关键工序确认

分步骤	动作明细	
设备清点	□1. 无线遥控器	□7. 冷却水箱
	□2. 爬行机器人本体	□8. 送丝机
	□3. 控制柜	□9. 中继线
	□4. 控制柜电源线	□10. 地线
	□5. 控制柜控制线	□11. 焊枪
	□6. 焊接电源	—
放置爬行机器人本体	将爬行机器人本体取下放置到待焊工件上,安装防坠器	
	调整主磁体至合适位置	

表 5-4(续)

分步骤	动作明细
焊接电源接线	将焊接电源与冷却水箱连接
	用中继线将焊接电源与送丝机连接
	安装焊接电源,接负极线,并将负极线一端加持在待焊工件上
	将中继线的气管与气体减压阀连接
	将中继线的冷却水管与水箱的快速接头连接
	将焊枪安装在送丝机上
控制柜与爬行机器人本体接线	将控制柜控制线一端插头安装在控制柜上
	将控制柜控制线一端的插头安装在焊接电源上
	将爬行机器人本体骑放在待焊焊缝上,并安装防坠器
	将控制柜控制线一端与爬行机器人连接
	将焊枪安装在爬行机器人本体上的焊枪加持机构上
输入电缆连接	连接焊接电源的 380 V 电源
	连接控制柜的 220 V 电源

表 5-5　检查爬行机器人

开机前检查	检查电源是否接地,禁止无地接线,现场第一次接电可参照设备接线注意事项
	确保连接好的控制柜和爬行机器人的航空插头连接可靠,分别检查控制柜、爬行机器人本体和遥控器上的急停按钮处于非按下状态。完成后才可打开设备开关通电
打开设备电源	打开焊接电源开关,检查焊机没有报错信息为正常
	打开控制柜开关,进入爬行机器人控制系统
	设备通电后,面板上指示灯会长亮 1 s,然后熄灭;急停灯处于熄灭状态,则设备正常;如果急停灯在 1 s 内闪烁 2 次,说明系统存在故障
	若出现故障,待开机完成后打开爬行机器人参数设置软件,选择“开发者选项——故障查询”,查询当前故障的具体代码,具体参照常见问题排查;没有报错说明开机正常,可以使用
	软件进入 IO 口状态监测界面
	按下遥控器的按钮会有相应的图标被点亮
焊丝装载	打开气阀,接通保护气体
	将焊丝放入送丝机
	压紧送丝旋钮
	使用点动送丝将焊丝送到合适干伸长度
	使用检气开关,检查送气是否正常,并调整气体流量

表 5-6　设置爬行机器人参数

<table>
<tr><td rowspan="3">跟踪参数设置</td><td>设置爬行机器人跟踪模式为融合模式</td></tr>
<tr><td>设置横立焊跟踪设置角</td></tr>
<tr><td>打开图像跟踪软件设置跟踪图像参数</td></tr>
<tr><td rowspan="4">焊接模式与参数设置</td><td>设置爬行机器人焊接模式为“平摆”</td></tr>
<tr><td>打开“摆动开关”</td></tr>
<tr><td>打开“起弧开关”</td></tr>
<tr><td>在“焊接参数编号”中输入焊接中参数包的编号</td></tr>
<tr><td rowspan="4">成熟工艺的 WPS 设置</td><td>插入有 WPS 文件的 U 盘</td></tr>
<tr><td>使用“加载文件”找到 WPS 文件并加载</td></tr>
<tr><td>选择要开始焊接的焊道编号</td></tr>
<tr><td>点击“ ”按钮,跳转到“爬行机器人设置”界面</td></tr>
</table>

表 5-7　调节爬行机器人

<table>
<tr><td rowspan="4">手动进行爬行机器人初始定位</td><td>将遥控器调整到“手动”挡位</td></tr>
<tr><td>使用遥控器控制爬行机器人移动至待焊焊缝的中间</td></tr>
<tr><td>调整爬行机器人前后移动,使焊枪位于起焊点</td></tr>
<tr><td>调整焊枪角度和干伸长度至合适位置</td></tr>
<tr><td rowspan="6">自动焊接过程调节</td><td>将遥控器调整到“自动”和“正向”</td></tr>
<tr><td>长按“起弧”开始焊接</td></tr>
<tr><td>焊接过程中通过“加速”“减速”实时调整焊接速度</td></tr>
<tr><td>焊接过程中通过“增幅”“减幅”实时调整摆动宽度</td></tr>
<tr><td>焊接过程中通过“上升”“下降”实时调整干伸长度</td></tr>
<tr><td>焊接过程中通过“左移”“右移”实时调整焊枪位置</td></tr>
</table>

表 5-8　关闭爬行机器人

<table>
<tr><td rowspan="2">关闭控制软件</td><td>关闭图像跟踪软件</td></tr>
<tr><td>关闭爬行机器人操作界面</td></tr>
<tr><td rowspan="2">关闭电源与气源</td><td>关闭控制柜与焊机电源</td></tr>
<tr><td>关闭气体减压阀</td></tr>
<tr><td rowspan="3">拆除爬行机器人接线</td><td>从爬行机器人上取下焊枪</td></tr>
<tr><td>拆除控制柜控制线与爬行机器人本体的连接</td></tr>
<tr><td>松开防坠装置,取下爬行机器人,放置到存放位置,以备下次使用</td></tr>
<tr><td>日常维护</td><td>按维护保养手册要求定期对爬行机器人进行维护保养</td></tr>
</table>

5.8　爬行机器人的焊接要点

5.8.1　焊接坡口的制备及表面处理情况

根据设计或工艺需要,将焊件待焊部位加工并装配成一定几何形状的沟槽称为坡口。在焊接过程中用填充金属填满坡口而形成的焊缝称为坡口焊缝。根据被焊接构件的厚度、焊接方法、焊接位置和焊接工艺程序,选择合适的焊接坡口可以做到使厚板熔透,并起到改善力的传递、节省焊接材料和调节焊接变形等作用。焊接坡口的选择尽量做到以下几点。

(1)填充材料应最少。

(2)具有好的可达性。

(3)坡口容易加工,且费用低。

(4)要有利于控制焊接变形。

(5)焊接坡口及两侧 20 mm 处要打磨出金属光泽,清除水、油污、铁锈等影响焊接质量的杂物,清除定位焊的熔渣和飞溅。

(6)熔透焊缝背面必须去除影响焊透的焊瘤、熔渣、焊根。

加工焊接坡口有很多种方法,常见的有火焰切割坡口、等离子切割坡口、激光切割坡口和机加工坡口。根据被加工母材的材质和厚度来选择焊接坡口的加工方法。

5.8.2　焊接电弧

焊接电弧是各种弧焊方法的热源。电弧是由焊接电源供给的,具有一定电压的两电极间或电极与母材间,在气体介质中产生的强烈而持久的放电现象。同时,加速气体的电离,使带电粒子在电场作用下,向两极定向运动。弧焊电源不断地供给电能,新的带电粒子不断得到补充,形成连续燃烧的电弧。它能把电能有效而简便地转化为热能、机械能和光能。电弧焊主要利用其热能来熔化焊接材料和母材,最终达到连接金属材料的目的。

焊接电弧的气体放电主要依靠两电极间气体电离和阴极电子发射这两个物理过程来完成。

1. 焊接电弧的构成

焊接电弧的构成主要包括如下几项。

(1)阳极区,在阳极附近的区域称阳极区。

(2)阴极区,在阴极附近的区域称阴极区。

(3)弧柱区,在电弧中间部分称为弧柱区。

电弧焊时,焊丝端部形成熔滴通过电弧空间向熔池转移的过程,称为熔滴过渡。其过渡形式主要有三种:自由过渡、接触过渡和渣壁过渡。由于电弧电流线之间产生相互吸引力且电极两端的直径不同,因此电弧呈倒锥形状。电弧轴向推力在电弧横截面上分布不均匀,弧柱轴线处最大,向外逐渐减小,在焊件上此力表现为对熔池形成的压力,称为电磁静压力。正常稳定燃烧的焊接电弧具有的效果是:使熔池下凹;对熔池产生搅拌作用,细化晶粒;促进排除杂质气体及夹渣;促进熔滴过渡;约束电弧的扩展,使电弧挺直,能量集中。

2. 焊接碳当量和焊接热输入的计算公式

焊接碳当量和焊接热输入的计算公式如下。

(1)焊接时计算母材的碳当量 C_{eq} 公式

$$C_{eq}=\frac{w_{C}+w_{Mn}}{6}+\frac{w_{Cr}+w_{Mo}+w_{V}}{5}+\frac{w_{Cu}+w_{Ni}}{15}$$

(2)焊接热输入的计算公式

$$E=\frac{UIK}{v}$$

式中 E——焊接热输入;

I——焊接电流;

U——焊接电压;

K——热系数;

v——焊接速度。

5.8.3 焊接时层道布局规则

焊接厚板时,要填满焊接坡口往往需要采用多层多道焊。选择合适的焊缝层道布置要根据母材的材料性质、母材的厚度和母材的焊接坡口形式,还要考虑焊接热输入量的要求来决定。多层多道焊时,若每层的厚度过大时,对焊缝金属的塑性(主要表现在冷弯角度上)有不利的影响。对质量要求较高的焊缝,气体保护焊时每层焊缝的厚度不大于 4~5 mm。

5.9 爬行机器人的焊接及其工艺参数设置

5.9.1 横焊位置的焊接及焊接工艺参数设置

横焊时,焊枪角度调整根据不同的焊接坡口角度和焊道位置来确定调节范围,焊接每一层时要注意观察电弧形态和坡口状况,要时时微调焊接电流、焊接电压、焊接速度和摆动幅度。

(1)一般在打底层焊接时焊枪向下 0~15°。根据已有焊接工艺参数,在控制面板上设置打底层具体参数值(不同材质、厚度等)。

(2)填充层每层的第一道焊缝焊枪向下 0~35°,焊枪对准打底焊道和坡口连接处施焊。根据已有焊接工艺参数,在控制面板上设置填充层具体参数(不同材质、不同厚度等)。

(3)填充层每层的最后一道焊缝焊枪向上 0~45°。根据已有焊接工艺参数,在控制面板上设置填充层具体参数(不同材质、厚度等)。

(4)盖面层的第一道至中间焊缝焊枪向下 0~15°。根据已有焊接工艺参数,在控制面板上设置盖面层具体参数(不同材质、厚度等)。

(5)盖面层的最后一道焊缝焊枪向上 0~15°。根据已有焊接工艺参数,在控制面板上设置盖面层具体参数(不同材质、厚度等)。

在横焊时,需要注意以下几点。

(1)每层的倒数第二道都应为最后一道预留 1~3 mm 的焊接空间。

(2)每层焊后都不应有卷边、夹杂、未填满等缺欠。

(3)除盖面层外,每层的最后一道焊接电流都应比上一道焊接电流稍大(一般大 10%~15%,一般最大电流不宜超过 300 A)。

(4)盖面层焊接电流总体要小于填充层焊接电流(一般小于 10%~20%)。

(5)导电嘴到焊缝的长度不得大于焊丝直径的 10~15 倍。

(6)气体流量室内为 15~20 L/min,室外为 20~25 L/min。

(7)注意观察焊枪是否堵塞,若有飞溅堵塞及时清理。

5.9.2　立焊位置的焊接及焊接工艺参数设置

立焊时,焊接每一层时要注意观察焊接电弧形态和坡口的状况,如有必要,要微调焊接电流、焊接电压、焊接速度和摆动幅度。

(1)打底层焊枪向下 0~10°。根据已有焊接工艺参数,在控制面板上设置打底层具体参数(不同材质、厚度等)。

(2)填充层焊枪基本保持水平状态。根据已有焊接工艺参数,在控制面板上设置填充层具体参数(不同材质、厚度等)。

(3)盖面层焊枪基本保持水平状态。根据已有焊接工艺参数,在控制面板上设置盖面层具体参数(不同材质、厚度等)。

在立焊时,需要注意以下几点。

(1)为了降低焊接热输入,当焊接坡口宽度大于 20 mm 时需要布道焊接。立焊布道焊接方式主要有自左向右、自右向左、自两边向中间,根据工艺规范选择不同的布道焊接方式。

(2)焊接时焊丝伸出长度不得大于焊丝直径的 10~15 倍。

(3)气体流量室内为 15~20 L/min,室外为 20~25 L/min。

(4)注意观察焊枪是否堵塞,若有飞溅堵塞及时清理。

(5)每层焊后应检查是否存在卷边、夹杂、未填满等缺欠。

5.9.3　仰焊位置的焊接及焊接工艺参数设置

仰焊时,焊枪角度的调整根据不同焊道决定调节范围。

(1)打底层焊枪角度向后 0~15°。根据已有焊接工艺参数,在控制面板上设置打底层具体参数(不同材质、厚度等)。

(2)填充层焊枪角度向后 0~15°。根据已有焊接工艺参数,在控制面板上设置填充层具体参数(不同材质、厚度等)。

(3)盖面层焊枪角度向后 0~15°。根据已有焊接工艺参数,在控制面板上设置盖面层具体参数(不同材质、厚度等)。

在仰焊时,需要注意以下几点。

(1)仰焊时,若坡口宽度大于 20 mm 时需要布置焊道焊接。仰焊布置焊道焊接形式主要有自左向右、自向左和自两边向中间,根据焊接热输入要求和工艺规范选择不同的布置焊道焊接方式。仰焊布置焊道时,焊枪要对着熔合线进行焊接,焊接最上面一道时要空出来 0.5~2 mm 间隙,防止出现未融合。同横焊操作方法一致。

(2)导电嘴到焊缝的长度不得大于焊丝直径的 10~15 倍。

(3)气体流量室内为 15~20 L/min,室外为 20~25 L/min。

(4)注意观察焊枪是否堵塞,若有飞溅堵塞及时清理。

(5)每层焊后应检查是否存在卷边、夹杂、未填满等缺欠。

5.9.4 管道的焊接及焊接工艺参数设置

(1)管道机焊接时,需要架好管道爬行机,调整好激光跟踪器的位置。

(2)通常,管道焊接采取对称焊接,自下向上焊接(也称管道的立向上焊接)。针对特定的管道类型,如特定的管材料、管直径、管壁厚、管的坡口形状,也可以采取全位置焊接。

(3)焊枪向焊接反方向倾斜 0~15°。根据评定合格的焊接工艺参数,在控制面板上设置打底层、填充层、盖面层的具体参数(不同材质、厚度等)。

(4)在仰焊位时,焊接电流比立焊位置小 10%~15%;平焊位时,焊接电流应比立焊位时焊接电流小 5%~10%,焊接速度提高 10%。

(5)导电嘴到焊缝的长度不得大于焊丝直径的 10~15 倍。

(6)气体流量室内为 15~20 L/min,室外为 20~25 L/min。

(7)注意观察焊枪是否堵塞,若有飞溅堵塞及时清理。

(8)每层焊后应检查是否存在卷边、夹杂、未填满等缺欠。

5.10 爬行机器人的实际操作演练

任务:设计某一爬行机器人的焊接工艺规范,相关参数应包括母材的牌号、母材的厚度、碳当量的计算、母材的焊接坡口加工方式、母材的焊接坡口形式、焊接设备、焊接位置、焊接材料(包括焊丝的牌号和直径)、焊接工艺参数等。相关内容包括焊接电流、焊接电压、焊接速度、焊丝伸出长度、焊接保护气体牌号和流量、焊接热输入的计算等一套完整的焊接工艺设计。

上述任务以 9Ni 钢的焊接为例,具体焊接工艺参数见表 5-9。参照上述任务的相关参数设计一个管道机的整套焊接工艺规范,见表 5-10。

表 5-9　具体焊接工艺参数

项目名称:xxx-xx　　焊接人员:xxx　　焊接时间:xxxx　　焊接场地:xxxxx

焊道顺序（共 6 道）	焊接设备（SAF）	焊接位置	坡口角度 /(°)	焊枪角度 /(°)	焊接电流 /A	焊接电压 /V	焊接速度 /(mm·min^{-1})	焊丝伸出长度 /mm	摆动幅度 /mm	左右停留 /s	气体流量 /(L·min^{-1})	焊接时间
1(正面)	SAF/421	3G	50	水平偏下 0~5	127145/5.4	23.7~24.0	100~115	18	3~5	0.4/0.4	20	4′27″
2(正面)	SAF/421	3G	50	水平偏下 0~5	137155/5.8	23.8~24.0	120~140	18	7~8	0.4/0.4	20	3′35″
3(反面)	SAF/421	3G	50	水平偏下 0~5	136156/5.7	23.7~23.8	105~120	18	5.5	0.4/0.4	20	4′13″
4(反面)	SAF/421	3G	50	水平偏下 0~5	144164/5.9	24.0~24.1	96~101	18	8.5	0.4/0.4	20	5′01″
5(正面)	SAF/421	3G	50	水平偏下 0~5	129152/5.7	23.8~23.9	120~130	18	9.5	0.4/0.4	20	3′54″
6(正面)	SAF/421	3G	50	水平偏下 0~5	138154/5.6	23.5~23.7	110~115	18	13.5	0.4/0.4	20	4′19″

注:①焊接设备材质:9Ni 钢。

②焊接试板尺寸:500 mm×400 mm×22 mm。

③焊接试板坡口:X 形,50°,坡口深度正面 2/3,背面 1/3。

④焊接材料:药芯焊丝,ϕ1.2 mm。

⑤保护气体:100%CO_2。

表 5-10　爬行机器人焊接工艺卡

单位名称	北京博清自动化科技有限公司					工艺卡编号	20-219 * 16-5G-GTAW+GMAW	
项目名称	ϕ219 mm×16 mm 5G 管道焊接					部件名称	直管对直管	
环境参数及焊机、焊枪、辅材				热处理参数		接头特性		
温度/℃	20~25	相对湿度	40%~60%	预热方式	—	工件名称	直管	直管
气压/kPa	101	风速/$(m \cdot s^{-1})$	<2	预热温度/℃	—	母材材质	20	20
焊机品牌	奥太+麦格米特	焊机型号	—	层间温度/℃	100~300	材质厚度/mm	16	16
焊枪类型	501D	接口	欧式	热处理温度/℃	—	坡口形式	V 形	
正面气体	80%Ar+20%CO_2	流量/$(L \cdot min^{-1})$	GMAW：15~20	保温时间/h	—	坡口角度/(°)	25±2	
背面气体	—		—	升降温速度/$(℃ \cdot h^{-1})$	—	接头形式	对接接头	
其他气体	100%Ar		GTAW：5~10		—	间隙 R/min	3±0.5	
焊接位置	5G	焊剂类型	—	背面保护	无	钝边 N/mm	0~1	

坡口示意图(单位：mm)

焊层道号	焊接方法	焊机程序编号	焊接材料：焊材牌号	焊接材料：焊材规格/mm	电特性	V 送丝/$(m \cdot min^{-1})$ 电流范围/A	L 弧长调节 电压范围/V	电弧挺度	时间/s	焊枪角度/(°)：向下	焊枪角度/(°)：偏左	焊速/$(mm \cdot min^{-1})$	线能量/$(kJ \cdot cm^{-1})$	摆动参数：左停/s	摆动参数：左摆速/$(mm \cdot s^{-1})$	摆动参数：摆幅/mm	摆动参数：右摆速/$(mm \cdot s^{-1})$	摆动参数：右停/s	干伸长度/mm	焊接长度/mm	焊接时间/s	操作时间/s
1-1	GTAW	—	GTL-50	2.0	直流	— 110~130	— 18~24	—	—	—	—	—	—	—	—	—	—	—	—	—	—	—
2-1	GMAW	—	GML-W56	1.2	脉冲	2.8 85~95	0.1 17~20	2	—	—	—	105~115	11.23	0.7	25	3.5~4.5	25	0.7	10~15	—	—	—

表 5-10(续)

<table>
<tr><th colspan="10">焊机参数</th><th colspan="13">爬行机器人参数</th></tr>
<tr><th rowspan="2">焊层道号</th><th rowspan="2">焊接方法</th><th rowspan="2">焊机程序编号</th><th colspan="2">焊接材料</th><th rowspan="2">电特性</th><th>V 送丝/(m·min^{-1})</th><th>L 弧长调节</th><th rowspan="2">电弧挺度</th><th rowspan="2">时间/s</th><th colspan="2">焊枪角度/°</th><th rowspan="2">焊速(mm·min^{-1})</th><th rowspan="2">线能量(kJ·cm^{-1})</th><th colspan="5">摆动参数</th><th rowspan="2">干伸长度/mm</th><th rowspan="2">焊接长度/mm</th><th rowspan="2">焊接时间/s</th><th rowspan="2">操作时间/s</th></tr>
<tr><th>焊材牌号</th><th>焊材规格/mm</th><th>电流范围/A</th><th>电压范围/V</th><th>向下</th><th>偏左</th><th>左停/s</th><th>左摆速/(mm·s^{-1})</th><th>摆幅/mm</th><th>右摆速/(mm·s^{-1})</th><th>右停s</th></tr>
<tr><td rowspan="2">3-1</td><td rowspan="2">GMAW</td><td rowspan="2">—</td><td rowspan="2">GML-W56</td><td rowspan="2">1.2</td><td rowspan="2">脉冲</td><td>3</td><td>0.1</td><td rowspan="2">2</td><td rowspan="2">—</td><td rowspan="2">—</td><td rowspan="2">—</td><td rowspan="2">85~95</td><td rowspan="2">15.03</td><td rowspan="2">0.6</td><td rowspan="2">24</td><td rowspan="2">5.5~6.5</td><td rowspan="2">24</td><td rowspan="2">0.6</td><td rowspan="2">10~15</td><td rowspan="2">—</td><td rowspan="2">—</td><td rowspan="2">—</td></tr>
<tr><td>95~105</td><td>17~20</td></tr>
<tr><td rowspan="2">4-1</td><td rowspan="2">GMAW</td><td rowspan="2">—</td><td rowspan="2">GML-W56</td><td rowspan="2">1.2</td><td rowspan="2">脉冲</td><td>3.2</td><td>0.1</td><td rowspan="2">2</td><td rowspan="2">—</td><td rowspan="2">—</td><td rowspan="2">—</td><td rowspan="2">65~75</td><td rowspan="2">19.95</td><td rowspan="2">0.6</td><td rowspan="2">24</td><td rowspan="2">8.5~9.5</td><td rowspan="2">24</td><td rowspan="2">0.6</td><td rowspan="2">10~15</td><td rowspan="2">—</td><td rowspan="2">—</td><td rowspan="2">—</td></tr>
<tr><td>100~110</td><td>17~20</td></tr>
<tr><td rowspan="2">5-1</td><td rowspan="2">GMAW</td><td rowspan="2">—</td><td rowspan="2">GML-W56</td><td rowspan="2">1.2</td><td rowspan="2">脉冲</td><td>3.2</td><td>0.1</td><td rowspan="2">2</td><td rowspan="2">—</td><td rowspan="2">—</td><td rowspan="2">—</td><td rowspan="2">65~75</td><td rowspan="2">19.95</td><td rowspan="2">0.6</td><td rowspan="2">23</td><td rowspan="2">8.5~9.5</td><td rowspan="2">23</td><td rowspan="2">0.6</td><td rowspan="2">10~15</td><td rowspan="2">—</td><td rowspan="2">—</td><td rowspan="2">—</td></tr>
<tr><td>100~110</td><td>17~20</td></tr>
<tr><td></td><td></td><td></td><td></td><td></td><td></td><td></td><td></td><td></td><td></td><td></td><td></td><td></td><td></td><td></td><td></td><td></td><td></td><td></td><td></td><td></td><td></td><td></td></tr>
<tr><td></td><td></td><td></td><td></td><td></td><td></td><td></td><td></td><td></td><td></td><td></td><td></td><td></td><td></td><td></td><td></td><td></td><td></td><td></td><td></td><td></td><td></td><td></td></tr>
<tr><td></td><td></td><td></td><td></td><td></td><td></td><td></td><td></td><td></td><td></td><td></td><td></td><td></td><td></td><td></td><td></td><td></td><td></td><td></td><td></td><td></td><td></td><td></td></tr>
<tr><td></td><td></td><td></td><td></td><td></td><td></td><td></td><td></td><td></td><td></td><td></td><td></td><td></td><td></td><td></td><td></td><td></td><td></td><td></td><td></td><td></td><td></td><td></td></tr>
<tr><td colspan="23">其他事项</td></tr>
<tr><td>1</td><td colspan="22">焊前检查工件及坡口清理情况;注意对口质量,防止错口、折口;选择合理的施焊顺序</td></tr>
<tr><td>2</td><td colspan="22">注意层间清理和焊后自检,注意检查工件隐蔽位置焊缝质量</td></tr>
<tr><td>3</td><td colspan="22">施工过程中不能损伤管件;严禁在管件表面引弧和试验电流,引弧应在坡口内进行</td></tr>
<tr><td>4</td><td colspan="22">点焊工艺和施焊工艺应相同;注意焊缝接头和收弧质量</td></tr>
<tr><td colspan="4">编制</td><td colspan="4"></td><td colspan="4">审核</td><td colspan="4"></td><td colspan="4">批准</td><td colspan="3"></td></tr>
</table>

5.11 爬行机器人焊接时常见的故障代码和处理方法

5.11.1 常见的机械故障

(1)当出现爬行机器人行走时上下抖动的情况,应检查爬行机器人是否调磁合适,调整主磁铁至合适高度。

(2)当爬行机器人行走打滑时,首先检查履带磨损情况,若磨损严重,需更换履带;其次检查主磁铁和履带底部是否有吸附物;最后检查是否为主磁铁高度原因,如果是,则调节高度。

(3)当主磁铁磨损钢件表面,噪声过大时,首先检查万向球转动是否异常,如有异常,则清理万向球,使表面灰尘减少,用手指转动球面,球体转动卡滞则需要涂抹润滑油进行反复转动,自制卡滞情况减少或消除;其次调整履带与车体角度(使用爬行机器人提拉把手左右摇动履带,使履带垂直于带焊工件);最后检查是否为主磁铁高度原因,如果是,则调节高度。

(4)当焊枪夹持机构松动时,检查蝶型螺母和螺栓是否损坏;检查锯齿垫片是否损坏;检查整体是否变形。

(5)执行机构也是常见机械故障之一,遇到执行机构松动或异响时,应检查执行机构螺丝是否松动;检查执行机构内部是否有异物卡顿;较为复杂的问题请联系售后人员。

5.11.2 常见的电气故障

(1)当出现报错代码 16.0,界面显示 ID9 或 ID10 时,检查左右履带是否有异物卡住;检查电机动力线路是否松动、断开或接触不良;检查左、右电机线是否接反。

(2)当出现报错代码 16.0,界面显示 ID7 或 ID8 时,检查横纵滑块是否有异物卡住,或检查焊枪是否接触到母材表面;检查电机动力线路是否松动、断开或接触不良;检查横纵电机线是否接反;检查横纵滑是否到两头限位处,适当地调节阈值或电池没电无法归中。

(3)当界面显示伺服报错 21.0 或 21.1 时,检查电机编码器线路是否松动、断开或接触不良,是否完好地接地,接地电阻是否小于或等于 4 Ω。故障解决后,需断电重启清除。

(4)当界面显示通信异常时,在界面上点击“清除报错”,关闭控制柜电源,重新启动。

(5)当遥控器不灵敏时,检查天线位置是否有遮挡;检查遥控器电源;检查天线接线是否接触不良。

(6)当界面无响应时,点击控制柜重启按钮,重新启动。系统卡死,直接关闭电源(直接断电将对工控机有影响,正常情况下请先关掉工控机再断电)。

(7)当横、纵滑限位异常时,检查滑块是否有卡入异物 ,再将滑块归零、回中。

5.11.3　常见的激光跟踪故障

(1)当激光线模糊,软件无法识别时,检查防护玻璃是否需要更换,如果不需要,则调节软件中的亮度与曝光度。

(2)当发现跟踪偏移时,检查选择的跟踪模式是否正确,重新打开激光跟踪软件,重新抓取坡口特征;姿态角度重新设置正确。

(3)当激光软件打开空白时,检查网线插头是否松动或网线是否损坏。

第 6 章　爬行机器人的维护保养

6.1　维护保养概述

对爬行机器人需进行定期维护保养,以便安全和轻松地使用。

6.1.1　保养和检查时的注意事项

(1)检查爬行机器人前,先切断电源。

(2)请勿使用汽油、酒精、酸性及碱性清洗剂,以免外壳变色或破损。

6.1.2　检查项目和周期

正常使用爬行机器人的条件如下。

(1)环境条件为年平均环境温度 30 ℃。

(2)日运行时间 20 h 以下。

对爬行机器人日常检查和定期检查应按表 6-1 实施。

表 6-1　对爬行机器人日常检查和定期检查

类别	检查周期	检查项目
日常检查	日常	1. 确认使用温度、湿度、灰尘、异物等; 2. 是否有异常振动和异常声音; 3. 电源电压是否正常; 4. 是否有异味; 5. 相机玻璃片的清洁状况; 6. 各组成部分、连接部分是否损伤、松动; 7. 外部有无异物附着,内部有无异物进入
定期检查	3 个月	1. 紧固部位是否有松动; 2. 线缆是否有破损迹象

关于定期检查,在使用条件有变化的情况下,检查的周期也会变化。

6.1.3　关于零部件的更换

零部件更换的时间根据环境条件、使用方法而改变。发生异常时,零部件需要更换(修理)。禁止除维修人员以外的人员,对爬行机器人进行拆卸修理。

6.2　爬行机器人系统的维护保养

6.2.1　履带模块

1. 履带模块的保养

每次使用前、后需清理履带表面污垢、铁屑、油渍等杂物。

详细操作说明:使用钢丝刷+强力布基45 mm宽单面胶带对履带部件进行铁屑去除保养;清理链条上的油渍并保养。用干净且干燥的布擦拭链条上的灰尘和油渍,涂上耐高温润滑油,注意控制油量;锥齿轮上涂上耐高温润滑脂。

2. 履带模块的检查

(1)定期(3个月)检查履带张紧程度。

(2)定期(3个月)检查履带螺钉松动情况,及时拧紧螺丝防止掉落。

(3)定期(3个月)检查履带磁力衰退情况。

6.2.2　主磁体

1. 主磁体的保养

(1)每次使用前、后需清理主磁铁表面污垢、铁屑等杂物。

具体操作:使用钢丝刷+强力布基45 mm宽单面胶带对主磁铁部件进行铁屑去除保养。

(2)定期(1个月)清理万向球铁屑并涂抹润滑脂。

2. 主磁体的检查

(1)定期(1个月)检查主磁铁两端万向球的转动灵活度。

(2)定期(3个月)检查主磁铁底部防护板磨损情况。

6.2.3　执行机构

1. 执行机构的保养

(1)清理执行机构及裸露的螺丝表面的铁屑及附着物,检查螺丝保护套是否掉落与损坏。

(2)定期(1个月)清理执行机构内部丝杠,注意一定要用干净的布等擦净;丝杠上涂耐高温润滑油;检查执行机构位置记忆功能是否正常。

2. 执行机构的检查

(1)定期(1个月)检查锁紧垫片是否失效。

(2)定期(1个月)检查锁紧螺栓和螺纹是否滑牙与损坏。

(3)定期(1个月)检查螺丝是否松动。

(4)定期(3个月)检查主磁铁底部防护板磨损情况。

6.2.4 激光模块

1. 激光模块的保养

(1)激光器:每次使用前、后需清理激光器观测玻璃表面污渍,若无法清理,需及时更换玻璃片。

(2)激光模块:清理激光模块表面的灰尘和附着物。

2. 激光模块的检查

(1)定期(1个半月)检查玻璃是否有破损、熔化现象产生,如发现需及时更换玻璃片。

(2)定期(1个半月)检查激光模块支架是否变形。支架变形会导致激光线歪斜,影响激光跟踪的稳定性。

(3)定期(1个半月)检查激光模块网线和电源线是否破损。

(4)定期(1个半月)检查防护罩是否损坏;检查激光亮度是否异常。

6.2.5 控制柜

1. 控制柜的保养

(1)电缆要保持表面清洁,切忌受潮、受冻、受热、受压。

(2)定时给遥控器充电和更换遥控器电池。

(3)定期(3个月)用软刷或吹风机(不能用压缩空气,用干燥的非压缩气体)清除控制柜表面灰尘,禁止使用汽油、酒精、酸性及碱性清洗剂。

2. 控制柜的检查

(1)分清电压(直流24 V、交流单相220 V、交流三相380 V)。

(2)检查接地,要求接地电阻不大于4 Ω。

(3)检查电源开关,应动作灵活可靠,无显著噪声。

(4)检查电缆是否受潮、受冻、受热、受压。

(5)检查航空插头是否有变形、损坏,航空插头端子是否弯曲和退针。

(6)检查天线和线缆是否有损坏。

6.2.6 焊接系统

1. 焊接系统的保养

(1)清理焊机、送丝机、焊枪、地线表面灰尘和附着物。

(2)焊机、送丝机、水箱内部灰尘清理,用干燥的非压缩气体吹净。

2. 焊接系统的检查(表6-2)

表 6-2　焊接系统的检查

类别	检查周期	检查项目
焊枪	每焊接 6 m	1. 导电嘴的孔径是否磨损变大； 2. 焊缝外观是否恶化或黏丝； 3. 导电嘴末端是否粘上飞溅； 4. 导电嘴是否松动
送丝软管	每焊接 100 m	1. 弹簧软管长时间使用后，将会积存大量铁粉、尘埃、焊丝的镀屑等，这样会使送丝不稳定，可以将其卷曲并轻轻敲击，使积存物抖落，然后用压缩空气吹掉； 2. 弹簧软管如果错丝或严重变形弯曲，就要更换新的软管； 3. 换管时要确认是否适合于所使用的焊丝直径和长度，而且在切断面不要出现毛刺
送丝机	每次装丝	1. 送丝辊轮加压力要根据所用的焊丝直径适当地调节，如果压力不足，焊丝将打滑；压力过大，焊丝将被刻伤、变形； 2. 若用药芯焊丝，送丝轮加压力要比实芯焊丝小； 3. 焊丝盘的安装是否牢固，若安装不到位，焊丝盘在旋转中就有掉下来的危险，产生严重后果； 4. 检查制动块或插销是否可靠地装上； 5. 必须装上适合于所用焊丝直径的送丝轮，并检查滚轮上所刻的数字是否与所用焊丝直径一致； 6. 检查送丝滚轮的沟槽是否磨耗，沟槽表面是否刻伤，沟槽中是否黏附着尘埃、铁粉、焊丝镀屑等； 7. 清理时要用棉纱抹布等擦净
焊接电源	每月	对焊机内部或外部等接头端子检查时，必须把人力电源开关关闭后才可施行
	说明书	具体维护保养要求参见焊接电源的维护保养要求
冷却水箱	每月	冷却液是否损失、是否有杂渍，及时更换和添加冷却液，根据当地的最低温选择合适的冷却液
其他	每月	1. 检查地线、焊把线接头是否破损； 2. 检查送丝轮磨损、转盘轴卡涩情况； 3. 检查水管接头老化和漏水情况

6.2.7　其他保养和检查

1. 其他保养

(1)使用过程中整齐规整好线缆，防止外力损坏。

(2)线缆、水管有破损情况及时处理或更换。

2. 其他检查

(1)检查各线缆保护套磨损情况，及时更换保护套。

(2)检查中级线缆接头是否变形或端子退针情况,检查重载线缆固定处有无损伤或紧固失效情况。

6.3 常见问题排查及处理方式

6.3.1 机械故障

机械故障现象和解决方法见表 6-3。

表 6-3 机械故障现象和解决方法

故障现象	解决方法
爬行机器人行走时上下抖动	调整主磁铁高度
爬行机器人行走打滑	1. 检查履带磨损情况; 2. 检查主磁铁或履带底部是否吸附异物; 3. 调整主磁铁高度
主磁铁磨损钢件表面,噪声过大	1. 检查万向球是否转动异常; 2. 调整履带与车体角度; 3. 调整主磁铁高度
十字滑块抖动	检查螺丝是否松动

6.3.2 电气故障

电气故障现象和解决方法见表 6-4。

表 6-4 电气故障现象和解决方法

故障现象	解决方法
界面显示左轮伺服报错	1. 界面点击“清除报错”; 2. 检查伺服航空插头是否松动; 3. 关闭控制柜电源,重新启动
界面显示右轮伺服报错	1. 界面点击“清除报错”; 2. 检查伺服航空插头是否松动; 3. 关闭控制柜电源,重新启动
界面显示横滑伺服报错	1. 界面点击“清除报错”; 2. 检查伺服航空插头是否松动; 3. 关闭控制柜电源,重新启动

表 6-4(续)

故障现象	解决方法
界面显示纵滑伺服报错	1. 界面点击“清除报错”; 2. 检查伺服航空插头是否松动; 3. 关闭控制柜电源,重新启动
界面显示通信异常	1. 界面点击“清除报错”; 2. 关闭控制柜电源,重新启动
遥控器按钮和旋钮失效	检查遥控器电源
界面无响应	点击控制柜重启按钮,重新启动

6.3.3　激光模块故障

激光模块故障提示与解决方法见表 6-5。

表 6-5　激光模块故障提示与解决方法

故障提示	解决方法
激光线模糊,软件无法识别	1. 更换防护玻璃; 2. 调节软件中亮度与曝光度
跟踪偏移	1. 检查选择的跟踪模式; 2. 关闭激光跟踪,重新抓取坡口特征; 3. 调节姿态角度设置

6.3.4　系统故障

1. 错误代码

报警代码一览表见表 6-6。

表 6-6　报警代码一览表

<table>
<tr><th colspan="2">报警代码</th><th rowspan="2">内容</th><th colspan="3">属性</th><th rowspan="2">详细页</th></tr>
<tr><th>ID</th><th>错误码</th><th>历史记录</th><th>可清除</th><th>立即停止</th></tr>
<tr><td rowspan="5">7</td><td>1</td><td>横滑伺服 Modbus 协议非法功能异常</td><td>●</td><td>◆</td><td>●</td><td></td></tr>
<tr><td>2</td><td>横滑伺服 Modbus 协议非法数据地址异常</td><td>●</td><td>◆</td><td>●</td><td></td></tr>
<tr><td>3</td><td>横滑伺服 Modbus 协议非法数据值异常</td><td>●</td><td>◆</td><td>●</td><td></td></tr>
<tr><td>4</td><td>横滑伺服 Modbus 协议从设备故障异常</td><td>●</td><td>◆</td><td>●</td><td></td></tr>
<tr><td>5</td><td>横滑伺服 Modbus 主机无效响应从机 ID 异常</td><td>●</td><td>◆</td><td>●</td><td></td></tr>
</table>

表 6-6(续 1)

报警代码		内容	属性			详细页
ID	错误码		历史记录	可清除	立即停止	
	6	横滑伺服 ModBus 主机无效响应函数异常	●	◆	●	
	7	横滑伺服 ModBus 主机响应超时异常	●	◆	●	
	8	横滑伺服 ModBus 主机无效响应 CRC 异常	●	◆	●	
	9	横滑伺服通信线未连接	●	◆	●	
	10	横滑伺服位置异常	●	◆	●	
	2816	横滑伺服报错 11.00,控制电源欠压保护	●	◆	●	
	3072	横滑伺服报错 12.00,过压保护	●	◆	●	
	3328	横滑伺服报错 13.00,主电欠压保护(PN 之间电压不足)	●	◆	●	
	3329	横滑伺服报错 13.01,主电欠压保护(AC 切断检出)	●	◆	●	
	3840	横滑伺服电机报错 15.00,过热保护	●	◆	●	
	3841	横滑伺服电机报错 15.01,编码器过热保护	●	◆	●	
	4096	横滑伺服报错 16.00,过载保护	●	◆	●	
	4097	横滑伺服报错 16.01,转矩饱和异常保护	●	◆	●	
	5376	横滑伺服报错 21.00,编码器通信断线异常保护	●		●	
	5377	横滑伺服报错 21.01,编码器通信异常保护	●		●	
	5888	横滑伺服报错 23.00,编码器通信数据异常保护	●		●	
	6656	横滑伺服报错 26.00,过速度保护	●		●	
8	1	高度滑块伺服 Modbus 协议非法功能异常	●	◆	●	
	2	高度滑块伺服 Modbus 协议非法数据地址异常	●	◆	●	
	3	高度滑块伺服 Modbus 协议非法数据值异常	●	◆	●	
	4	高度滑块伺服 Modbus 协议从设备故障异常	●	◆	●	
	5	高度滑块伺服 Modbus 主机无效响应从机 ID 异常	●	◆	●	
	6	高度滑块伺服 ModBus 主机无效响应函数异常	●	◆	●	
	7	高度滑块伺服 ModBus 主机响应超时异常	●	◆	●	
	8	高度滑块伺服 ModBus 主机无效响应 CRC 异常	●	◆	●	
	9	高度滑块伺服通信线未连接	●	◆	●	
	10	高度滑块伺服位置异常	●	◆	●	
	2816	高度滑块伺服报错 11.00,控制电源欠压保护	●	◆	●	
	3072	高度滑块伺服报错 12.00,过压保护	●	◆	●	
	3328	高度滑块伺服报错 13.00,主电欠压保护(PN 之间电压不足)	●	◆	●	
	3329	高度滑块伺服报错 13.01,主电欠压保护(AC 切断检出)	●	◆	●	
	3840	高度滑块伺服电机报错 15.00,过热保护	●	◆	●	

表 6-6(续 2)

报警代码		内容	属性			详细页
ID	错误码		历史记录	可清除	立即停止	
	3841	高度滑块伺服电机报错 15.01,编码器过热保护	●	◆	●	
	4096	高度滑块伺服报错 16.00,过载保护	●	◆	●	
	4097	高度滑块伺服报错 16.01,转矩饱和异常保护	●	◆	●	
	5376	高度滑块伺服报错 21.00,编码器通信断线异常保护	●		●	
	5377	高度滑块伺服报错 21.01,编码器通信异常保护	●		●	
	5888	高度滑块伺服报错 23.00,编码器通信数据异常保护	●		●	
	6656	高度滑块伺服报错 26.00,过速度保护	●		●	
9	1	左驱滑块伺服 Modbus 协议非法功能异常	●	◆	●	
	2	左驱滑块伺服 Modbus 协议非法数据地址异常	●	◆	●	
	3	左驱滑块伺服 Modbus 协议非法数据值异常	●	◆	●	
	4	左驱滑块伺服 Modbus 协议从设备故障异常	●	◆	●	
	5	左驱滑块伺服 Modbus 主机无效响应从机 ID 异常	●	◆	●	
	6	左驱滑块伺服 ModBus 主机无效响应函数异常	●	◆	●	
	7	左驱滑块伺服 ModBus 主机响应超时异常	●	◆	●	
	8	左驱滑块伺服 ModBus 主机无效响应 CRC 异常	●	◆	●	
	9	左驱滑块伺服通信线未连接	●	◆	●	
	10	左驱滑块伺服位置异常	●	◆	●	
	2816	左驱滑块伺服报错 11.00,控制电源欠压保护	●	◆	●	
	3072	左驱滑块伺服报错 12.00,过压保护	●	◆	●	
	3328	左驱滑块伺服报错 13.00,主电欠压保护(PN 之间电压不足)	●	◆	●	
	3329	左驱滑块伺服报错 13.01,主电欠压保护(AC 切断检出)	●	◆	●	
	3840	左驱滑块伺服电机报错 15.00,过热保护	●	◆	●	
	3841	左驱滑块伺服电机报错 15.01,编码器过热保护	●	◆	●	
	4096	左驱滑块伺服报错 16.00,过载保护	●	◆	●	
	4097	左驱滑块伺服报错 16.01,转矩饱和异常保护	●	◆	●	
	5376	左驱滑块伺服报错 21.00,编码器通信断线异常保护	●		●	
	5377	左驱滑块伺服报错 21.01,编码器通信异常保护	●		●	
	5888	左驱滑块伺服报错 23.00,编码器通信数据异常保护	●		●	
	6656	左驱滑块伺服报错 26.00,过速度保护	●		●	

表 6-6(续 3)

报警代码		内容	属性			详细页
ID	错误码		历史记录	可清除	立即停止	
10	1	右驱滑块伺服 Modbus 协议非法功能异常	●	◆	●	
	2	右驱滑块伺服 Modbus 协议非法数据地址异常	●	◆	●	
	3	右驱滑块伺服 Modbus 协议非法数据值异常	●	◆	●	
	4	右驱滑块伺服 Modbus 协议从设备故障异常	●	◆	●	
	5	右驱滑块伺服 Modbus 主机无效响应从机 ID 异常	●	◆	●	
	6	右驱滑块伺服 ModBus 主机无效响应函数异常	●	◆	●	
	7	右驱滑块伺服 ModBus 主机响应超时异常	●	◆	●	
	8	右驱滑块伺服 ModBus 主机无效响应 CRC 异常	●	◆	●	
	9	右驱滑块伺服通信线未连接	●	◆	●	
	10	右驱滑块伺服位置异常	●	◆	●	
	2816	右驱滑块伺服报错 11.00,控制电源欠压保护	●	◆	●	
	3072	右驱滑块伺服报错 12.00,过压保护	●	◆	●	
	3328	右驱滑块伺服报错 13.00,主电欠压保护(PN 之间电压不足)	●	◆	●	
	3329	右驱滑块伺服报错 13.01,主电欠压保护(AC 切断检出)	●	◆	●	
	3840	右驱滑块伺服电机报错 15.00,过热保护	●	◆	●	
	3841	右驱滑块伺服电机报错 15.01,编码器过热保护	●	◆	●	
	4096	右驱滑块伺服报错 16.00,过载保护	●	◆	●	
	4097	右驱滑块伺服报错 16.01,转矩饱和异常保护	●	◆	●	
	5376	右驱滑块伺服报错 21.00,编码器通信断线异常保护	●		●	
	5377	右驱滑块伺服报错 21.01,编码器通信异常保护	●		●	
	5888	右驱滑块伺服报错 23.00,编码器通信数据异常保护	●		●	
	6656	右驱滑块伺服报错 26.00,过速度保护	●		●	
80	80	激光激光跟踪未打开	●	◆	●	
	81	激光图像 X 轴超限	●	◆	●	
	82	激光图像 Y 轴超限	●	◆	●	
	83	激光图像可信度低	●	◆	●	
100	100	爬行机器人姿态纠正异常	●	◆	●	
	101	爬行机器人温度超标	●	◆	●	
	102	爬行机器人起摆位置左侧异常	●	◆	●	
	103	爬行机器人起摆位置右侧异常	●	◆	●	

表 6-6(续 4)

报警代码		内容	属性			详细页
ID	错误码		历史记录	可清除	立即停止	
255	255	上位机未连接	●	◆	●	
	256	姿态传感器未连接	●	◆	●	
	257	激光传感器未连接	●	◆	●	
	258	RS485 遥控接收器未连接	●	◆	●	
	260	急停	●	◆	●	
	261	数据存储异常	●	◆	●	

注:●代表“能”。
　◆代表“部分能”。
　代表“不能”。

2. 故障对策

(1)伺服 ModBus 通信出错(表 6-7)

表 6-7　伺服 ModBus 通信出错

区分	原因		处理
参数	伺服驱动器串口波特率设定错误	驱动器刷入的参数是否正确	在 PANATERM 软件的参数列表 5. 30(RS485 波特率)中是否是 6
参数	伺服驱动器 ID 号设定错误	驱动器是否刷入对应的参数	在 PANATERM 软件的参数列表 5. 31(轴编号)中号码是否与对应的 ID 号一致
	伺服驱动器 ModBus 连接设定	驱动器是否刷入对应的参数	在 PANATERM 软件的参数列表 5. 37(ModBus 连接设定)中号码是否与对应的 ID 号一致
	伺服驱动器 ModBus 通信设定	驱动器是否刷入对应的参数	在 PANATERM 软件的参数列表 5. 38(ModBus 通信设定)中号码是否与对应的 ID 号一致
接线	ModBus 主机通信超时异常	RS485 通信线路是否存在短路和断路	用万用表测量 RS485 的 A、B 通信线是否短路、断路
	ModBus 主机通信 CRC 异常	RS485 通信线路的屏蔽接地是否牢靠,是否为双绞屏蔽线	检查 RS485 通信线路的接地情况

(2)伺服驱动器报错(表 6-8)

表 6-8　伺服驱动器报错

<table>
<tr><th>区分</th><th colspan="2">原因</th><th>处理</th></tr>
<tr><td rowspan="4">结构</td><td rowspan="2">伺服驱动器出现过载保护</td><td>滑块软限位是否超限</td><td>滑块移动到机械中位，检查实时位置值是否接近0，若超过±2，按照3.1.1进行滑块位置清零</td></tr>
<tr><td>是否有滑块卡顿、飞溅、障碍、结构松动</td><td>检查结构相关部件</td></tr>
<tr><td>伺服驱动器过速保护</td><td>伺服电机负载突变导致超过速度限制范围</td><td>检查传动是否存在卡顿或者松懈</td></tr>
<tr><td>伺服驱动器过热保护</td><td>伺服电机负载是否变大</td><td>在PANATERM软件的监视器界面监控电机的负载率</td></tr>
<tr><td rowspan="3">接线</td><td rowspan="3">伺服驱动器出现过载保护</td><td>电机抱闸是否放开</td><td>用万用表检查抱闸回路是否有断线、短路的情况；上电情况下，启动电机检查抱闸是否有输出电压；检查电机的抱闸是否已损坏</td></tr>
<tr><td>滑块的伺服电机的编码器是否缺电</td><td>用万用表检查编码器电池电路是否有断线、短路的情况；检查编码器电池是否有电</td></tr>
<tr><td>伺服电机动力线是否正常</td><td>用万用表检查伺服电机动力线回路是否存在断线、短路的情况；检查伺服电机动力线的UWV相线是否接错；检查伺服电机的底线是否有效接地</td></tr>
<tr><td rowspan="2"></td><td>伺服驱动器出现编码器报错</td><td>伺服电机编码器接线是否正常</td><td>用万用表检查伺服电机的编码器线回路是否存在断线、短路的情况；检查伺服电机编码器是否有效接地；检查伺服编码器信号线是否为双绞线；检查伺服编码器线是否为双绞屏蔽线</td></tr>
<tr><td>伺服驱动器出现超速异常</td><td>编码器功能是否正常</td><td>检查编码器线是否存在接反的情况；用正常运行时反馈的实时速度检验电机编码器是否存在异常</td></tr>
</table>

(3)伺服常见错误代码一览表(表6-9)

表 6-9　伺服常见错误代码一览表

<table>
<tr><th colspan="2">报警代码</th><th rowspan="2">内容</th><th colspan="3">属性</th><th rowspan="2">详细页</th></tr>
<tr><th>主码</th><th>辅码</th><th>历史记录</th><th>可清除</th><th>立即停止</th></tr>
<tr><td>11</td><td>0</td><td>控制电源不足电压保护</td><td></td><td>O</td><td></td><td rowspan="4">6-5</td></tr>
<tr><td>12</td><td>0</td><td>过电压保护</td><td>O</td><td>O</td><td></td></tr>
<tr><td rowspan="2">13</td><td>0</td><td>主电源不足电压保护(PN之间电压不足)</td><td></td><td>O</td><td></td></tr>
<tr><td>0</td><td>主电源不足电压保护(AC切断检出)</td><td></td><td>O</td><td>O</td></tr>
</table>

表 6-9(续 1)

报警代码		内容	属性			详细页
主码	辅码		历史记录	可清除	立即停止	
14	0	过电流保护	O			6-6
	1	IPM 异常保护	O			
15	0	过热保护	O		O	
	1	编码器过热保护	O		O	
16	0	过载保护	O	O*2	可切换*3	6-7
	1	转矩饱和异常保护	O	O		
18	0	再生过负载保护	O		O	
	1	再生 Tr 异常保护	O			6-8
21	1	编码器通信断线异常保护(需重启)	O			
	0	编码器通信异常保护(需重启)	O			
23	0	编码器通信数据异常保护(需重启)	O			
24	0	位置偏差过大保护	O	O	O	
	1	速度偏差过大保护	O	O	O	
25	0	混合偏差过大异常保护	O		O	
26	0	过速度保护	O	O	O	6-9
	1	第 2 过速度保护	O	O		
27	0	指令脉冲输入频率异常保护	O	O	O	
	1	绝对式清零异常保护	O			
	2	指令脉冲倍频异常保护	O	O	O	
28	0	脉冲再生界限保护	O	O	O	
29	0	偏差计数器溢出保护	O	O		
	1	计数器溢出异常保护 1	O			
	2	计数器溢出异常保护 2	O			
31	0	安全功能异常保护 1	O			
	2	安全功能异常保护 2	O			
33	0	I/F 输入重复分配异常 1 保护	O			6-10
	1	I/F 输入重复分配异常 2 保护	O			
	2	I/F 输入功能编号异常	O			
	3	I/F 输入功能编号异常 2	O			
	4	I/F 输出功能编号异常	O			
	5	I/F 输出功能编号异常 2	O			
	6	计数器清除分配异常	O			
	7	指令脉冲禁止输入分配异常	O			

表 6-9(续 2)

报警代码		内容	属性			详细页
主码	辅码		历史记录	可清除	立即停止	
34	0	电机可动范围设定异常保护	O	O		
36	0~1	EEPROM 参数异常				
37	0~2	EEPROM 检验代码异常				
38	0	驱动禁止输入保护		O		6-11
39	0	模拟输入 1(AI1)过大保护	O	O	O	
	1	模拟输入 2(AI2)过大保护	O	O	O	
	2	模拟输入 3(AI3)过大保护	O	O	O	
40	0	绝对式系统停止异常保护	O	O*4		
41	0	绝对式计数器溢出异常保护	O			
42	0	绝对式过速度异常保护	O	O*4		
43	0	编码器初始化异常保护	O			
44	0	绝对式/增量式单圈计数保护	O			
45	0	绝对式多圈计数/增量式计数异常保护	O			
47	0	绝对式状态异常保护	O			6-12
48	0	增量式编码器 Z 相异常保护	O			
49	0	增量式编码器 CS 相异常保护	O			
50	0	外部位移传感器接线异常保护	O			
	1	外部位移传感器通信数据异常	O			
51	0	外部位移传感器 ST 异常 0	O			
	1	外部位移传感器 ST 异常 1	O			
	2	外部位移传感器 ST 异常 2	O			
	3	外部位移传感器 ST 异常 3	O			
	4	外部位移传感器 ST 异常 4	O			6-13
	5	外部位移传感器 ST 异常 5	O			
55	0	A 相接线异常保护	O			
	1	B 相接线异常保护	O			
	2	Z 相接线异常保护	O			
70	0	U 相电流检出器异常保护	O			
	1	W 相电流检出器异常保护	O			
72	0	热保护器异常	O			
80	0	Modbus 通信延时保护	O			
87	0	强制报警输入保护		O		

表 6-9(续 3)

报警代码		内容	属性			详细页
主码	辅码		历史记录	可清除	立即停止	
92	0	编码器数据恢复异常保护	O			6-14
	1	外部位移传感器复原异常保护	O			
	3	多圈数据上限值不一致异常保护	O			
93	0	参数设定异常保护 1	O			
	1	块数据设定异常保护	O	O		
	2	参数设定异常保护 2	O			
	3	外部位移传感器接线异常保护	O			
	8	参数设定异常保护 6	O			
94	0	块数据动作异常保护	O	O		
	2	原点复位异常保护	O	O		
95	0~4	电机自动识别异常保护				
97	0	控制模式设定异常保护				
其他编号		其他异常	O			

备注：部分故障可尝试关机重启解决。

参 考 文 献

[1] 冯消冰,王建军,王永科,等.面向大型结构件爬行机器人智能焊接技术[J].清华大学学报(自然科学版),2023,63(10):1608-1625.

[2] 冯消冰,潘际銮,高力生,等.爬行焊接机器人在球罐自动焊接中的应用[J].清华大学学报(自然科学版),2021,61(10):1132-1143.

[3] 方乃文,王星星,徐锴,等.保护气体对低镍不锈钢激光:电弧复合焊电弧特性及组织性能影响[J].稀有金属材料与工程,2022,51(8):3089-3094.

[4] 方乃文,王丽萍,李连胜,等.镁合金焊接技术研究现状及发展趋势[J].焊接,2017(5):22-26,69.

[5] 方乃文,邵丹丹,李爱民,等.高效弧焊技术研究现状[J].机械制造文摘(焊接分册),2018(5):11-16.

[6] 黄瑞生,方乃文,武鹏博,等.厚壁钛合金熔化焊接技术研究现状[J].电焊机,2022,52(6):10-24.

[7] 储继君,陈默,孙少凡,等.中国最新焊接材料标准修订概述[J].焊接,2008(12):58-60.

[8] 李连胜,栾敬岳,孙晓红,等.我国焊接材料发展状况浅析(上)[J].电器工业,2010(1):10-16.

[9] 李连胜,栾敬岳,孙晓红,等.我国焊接材料发展状况浅析(下)[J].电器工业,2010(2):10-14,16-22.

[10] 储继君,陈默,栾敬岳,等.国际上主要焊接材料标准体系现状及我国面临的接轨形势[J].机械制造文摘(焊接分册),2011(1):15-19.

[11] 方乃文,黄瑞生,闫德俊,等.低镍含氮奥氏体不锈钢激光:电弧焊电弧特性及组织性能[J].焊接学报,2021,42(1):70-75,102.

[12] 方乃文,郭二军,徐锴,等. 钛合金激光填丝焊缝晶粒生长及相变原位观察[J].中国有色金属学报,2022,32(6):1665-1672.

[13] 方乃文,黄瑞生,武鹏博,等. 钛合金激光填药芯焊丝接头组织性能[J].焊接学报,2023,44(3):61-69,132.

[14] 邱振生,柳猛,匡艳军,等.国产核岛主设备焊接技术现状及发展趋势分析[J].焊接,2016(12):6,13-20.

[15] 李爱民,李波,李连胜,等.焊接专利与科技成果介绍:2014~2016 年北京·埃森焊接与切割展览会展示区部分成果[J].机械制造文摘(焊接分册),2017(1):1-17.

[16] 武鹏博,徐锴,黄瑞生,等.薄壁钛合金 T 形接头摆动激光填丝焊组织与性能[J].兵工学报,2023,44(4),1015-1022.

[17] 马青军,王泽军,韦晨,等. 基于专利角度分析钛合金焊接技术发展现状[J]. 电焊机,2022,52(6):55-61.

[18] 徐亦楠,马青军,武鹏博,等. 浅析厚壁金属材料窄间隙激光填丝焊存在的问题[J]. 金属加工(热加工),2022(8):42-48.

[19] 武鹏博,徐锴,刘孔丰,等. 电弧熔丝增材制造节镍不锈钢块体缺陷的成因分析及控制方法[J]. 金属加工(热加工),2022(9):1-7,20.

[20] 方乃文,黄瑞生,龙伟民,等. 填充金属对 TC4 钛合金激光填丝焊接头组织性能影响[J]. 稀有金属材料与工程,2023,52(5):1725-1736.